海洋潮汐学

李　威　聂红涛　韩桂军
陈　儒　王　煊　杨　伟　编著

海洋出版社
2024年·北京

图书在版编目(CIP)数据

海洋潮汐学/李威等编著. --北京:海洋出版社,
2024.1
ISBN 978-7-5210-1240-8

Ⅰ.①海 … Ⅱ.①李 … Ⅲ.①潮汐学-高等学校-教
材 Ⅳ.①P731.23

中国国家版本馆 CIP 数据核字(2024)第 043690 号

审图号:GS 京(2024)1382 号

责任编辑:程净净
责任印制:安 森
海洋出版社 出版发行
http://www.oceanpress.com.cn
北京市海淀区大慧寺路 8 号 邮编:100081
涿州市般润文化传播有限公司印刷 新华书店经销
2024 年 6 月第 1 版 2024 年 6 月北京第 1 次印刷
开本:787mm×1092mm 1/16 印张:16.75
字数:360 千字 定价:116.00 元
发行部:010-62100090 总编室:010-62100034

前　言

潮汐现象与沿海人类生活息息相关，从牛顿建立平衡潮理论起算，以数学和物理学为基础对其进行研究，潮汐学形成一门系统的科学理论已有三四百年的历史。海洋潮汐学属于经典的物理海洋学范畴，既有以平衡潮理论为基础的静力学和以潮波(潮汐与潮流)动力方程为基础的潮波动力学等理学内容，也有调和常数计算与潮位预报、海平面和海图基准面、工程潮位等工程计算方面的工学内容，适合培养学生解决复杂问题的综合能力和高阶思维。海洋潮汐学虽然属于理学范畴，但对海洋潮汐学的科研和教学不能只停留在对海洋规律的认知和探究层面，而更应侧重于应用海洋的规律进行分析预报，为国防安全、防灾减灾和国计民生等提供强有力的保障。当今，发达国家均高度重视以海洋分析和预报为宗旨的业务化海洋学研究，其首要服务对象就是其国家的海军，潮波的分析预报更是其中的重要内容。

我国“海洋强国”建设和“一带一路”倡议等的推进，需要大批能够从事海洋分析预报工作的创新型人才。在此需求牵引下，国内众多高校加强了海洋科学类专业的建设，对海洋科学类相关课程的要求提升到了新高度。笔者基于自身 20 年的业务化海洋学从业经验，于 2018 年在天津大学开设了海洋潮汐学课程，通过 5 轮的授课积累了教学经验，紧密围绕上述国家需求，按照“金课”的标准不断对课程进行改革，产出了一些教学成果，该门课程于 2021 年获批天津市一流本科线下课程。以此为基础，梳理了教案和讲义，编写了本书，试图将与潮汐学有关的物理海洋学内容均纳入本书，因此，除了包含现有教材已涵盖的潮波静力学和动力学理论，以及潮波计算和工程应用等内容外，还包含了卫星测高资料潮波信息提取和内潮波这两个国内现有专门教材未涉及的前沿内容，并将有关天文知识、球面三角函数、数理方程、傅里叶谱分析、海洋原始方程组简介和波动运动学有关知识归并到附录，帮助学生构建完整的潮汐学知识体系，试图让学生只需要具备大学一年级基本的物理和数学知识，就可以几乎无障碍地学习本教材，为进一步的海洋分析预报实践奠定必要的理论基础。

全书包含潮波静力学理论、潮波动力学理论、潮波的计算、潮波的工程应用 4 个部分，共 12 章。潮波静力学理论部分包括第 1 章到第 4 章。第 1 章主要介绍潮汐潮流现象、观测手段、潮汐相关名词和类型，以及定性的潮汐形成机制和潮不等现象；第 2 章主要介绍利用大学物理和高等数学知识推导引潮力、引潮势和平衡潮的公式；第 3 章主要介绍平衡潮的展开，即达尔文展开和杜德森展开；第 4 章则阐述其他形式的潮汐，包括由太阳辐射引起的太阳辐射潮，由水动力非线性效应形成的浅水分潮，以及在太阳和月球引潮力的作用下固体地球产生的固体潮现象。潮波动力学理论部分包括第 5 章和第 6 章。第 5 章通过引入垂向平均方程组介绍了正压潮波，包括无界等深水域中的庞加莱波，有界等深水域中的开尔文波，以及赤道附近的潮波；第 6 章则介绍了较为前沿的内潮波理论，分别在非静力和静力近似下介绍了内潮波的线性理论，以及内潮波的能量。潮波的计算部分包括第 7 章到第 10 章。第 7 章通过引入调和常数的概念，介绍了潮汐潮流的调和分析和预报方法，包括长期观测资料的调和分析，中期观测资料的调和分析（包括主要分潮的订正和次要分潮的推算），平衡潮的准调和展开与短期资料的准调和分析，以及潮流的椭圆要素；第 8 章介绍了比较前沿的基于卫星测高资料的正压潮信息提取和内潮波信息提取技术；第 9 章介绍了潮汐的响应分析方法，并给出一些应用实例；第 10 章以 POM 外模式为例介绍了正压潮波的数值模拟技术。潮波的工程应用部分包括第 11 章和第 12 章。第 11 章阐述了海平面和海图基准面的概念和确定方法；第 12 章介绍了潮汐特征值、设计高低水位、多年一遇高低水位、乘潮水位等工程潮位方面的概念和计算方法。

本书可以作为海洋科学类专业大学二年级及以上年级的本科生教材，其中某些章节也可以作为研究生教材使用。李威教授撰写了第 2 章、第 3 章、第 4 章、第 7 章、第 8 章和附录；聂红涛副教授撰写了第 1 章、第 11 章、第 12 章；韩桂军教授撰写了第 10 章；陈儒教授撰写了第 5 章；王煊副教授撰写了第 9 章；杨伟副教授撰写了第 6 章。由于时间仓促，加之水平有限，书中难免存在一些欠妥甚至遗漏之处，诚望同行专家指正。

李　威

2023. 5. 18

目　　录

第一部分

潮波静力学理论

第 1 章　潮汐潮流现象概述

1.1　潮汐潮流现象

1.1.1　潮汐现象

潮汐现象是指海水在天体(主要是月球和太阳)引潮力作用下所产生的周期性运动。在多数情况下，潮汐运动的平均周期为半天左右，每昼夜约有两次涨落。东晋葛洪(约284—364 年，江苏句容人)在《抱朴子》中说："潮者，据朝来也；汐者，言夕至也。"在我国古代，人们把白天上涨的称为潮，夜晚上涨的称为汐，合称潮汐。习惯上，把海面周期性的上升和下降称为潮汐。在浩瀚无际的大海里，海水总是处在运动之中，潮汐只是海水运动中的一种形式。其实，不仅在海洋里有潮汐，在大气里和似乎坚如磐石的地壳里也都存在着潮汐涨落现象(大气中的潮汐涨落是用气压来度量的)，只不过海洋的潮汐涨落最为显著，其高度差(潮差)可达数米到十余米，例如，我国杭州湾最大潮差达 9 m，加拿大芬迪湾潮差达 15~16 m。

1.1.2　潮流现象

海水是连续的，海面在天体(主要是月球和太阳)引潮力作用下垂直方向周期性的上升和下降，必然伴随着海水水平方向周期性的辐聚和辐散流动，于是，将海水相应的周期性的水平流动称为潮流。潮流的流向是指海水流去的方向，流向以正北为 0°，顺时针为正，向东为 90°，向南为 180°，向西为 270°。以流向的变化可将潮流划分为旋转式和往复式两种。

1.1.2.1　*旋转式潮流*

旋转式潮流，也称回转式潮流或八卦流。在开阔海域，潮流流向一般呈现旋转式变化。它不是指水质点的旋转，而是指不同时刻在同一地点潮流流向的旋转。在科里奥利力(Coriolis Force，简称科氏力)和海底地形的作用下，北半球潮波波峰线一般呈逆时针方向旋转，而潮流流向可能呈逆时针方向旋转，也可能呈顺时针方向旋转。潮流在一个周期内旋转 1 周，流速也具有周期性的变化。一个周期内，潮流流速两次达到最大，其流向大体相反，两次最小流速的方向也大体相反。对海区的特定地点，每天的最大流速方向大体一致，但其流速具有长周期的变化。

1.1.2.2 往复式潮流

往复式潮流，也称来往式或直线式潮流。在海峡、水道或狭窄的海湾，受地形影响，潮流不能旋转，而只能呈现往复式的流动形式。半个周期内，潮流大体上向一个方向流动，而在另外半个周期内，潮流向相反的方向流动。潮流流速呈周期性的变化，一个周期内两次达到最大流速。在两次潮流转向的时刻，流速很小，甚至为 0，此时称为转流或憩流。

1.2 潮汐及潮不等现象的成因

1.2.1 潮汐的成因

假设地球是规则的圆球，其上覆盖海水，若不考虑陆地的存在，这层海水可呈球壳的形状覆盖在地球表面。在此基础上，不考虑摩擦和地转偏向力的影响，仅考虑地球和月球系统的作用，月球对地球上的海水有万有引力，其方向指向月球中心；地球和月球在万有引力的作用下绕公共质心运动，导致地球上的海水还受到惯性离心力的作用，而且惯性离心力在地球上处处相等，方向与公共质心指向地心的方向相同，大体上与月球万有引力方向相反。在面向月球一侧，月球万有引力大于惯性离心力，而在背向月球一侧，月球万有引力小于惯性离心力。为了维持平衡，在月球万有引力和惯性离心力的共同作用下，地球上的海水将向面向月球一侧和背向月球一侧堆积，形成椭球壳形状，即“潮汐椭球”。地球的自转导致地球上除极地外的某地将在一天内感受到两次高低水位，这就是半日潮的成因(图 1-2-1)。

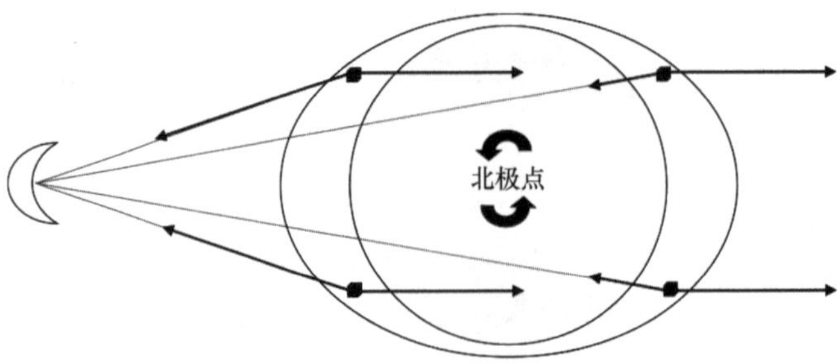

图 1-2-1　月球引起的潮汐椭球

1.2.2 潮不等现象及其成因

认真观看数天的潮汐记录曲线，则可以看出每一天的潮差是不相等的，而且是逐日改变的。较明显的现象是两个相邻的高潮或者低潮的高度并不相等，此种不等现象随着月球和太阳对地球的相对位置的变化而变化。

1.2.2.1 潮汐的半月不等(大潮和小潮以及半日潮龄)

月球和太阳都会促使地球海洋形成“潮汐椭球”。在一个朔望月中，当朔(农历初一)或望(农历十五)时，月球和太阳的引潮力方向一致，太阳造成的“潮汐椭球”与月球造成的“潮汐椭球”长轴方向一致，潮汐效应相互叠加，半日潮海区产生的潮差最大，造成大潮。

上弦月(农历初八前后)或下弦月(农历二十二或二十三)时，月球和太阳的引潮力的方向相互垂直，太阳造成的“潮汐椭球”与月球造成的“潮汐椭球”长轴方向垂直，潮汐效应相互抵消，产生的潮差最小，造成小潮。

实际的海洋潮汐，大潮发生在朔或望之后的 2~3 d，小潮发生在上弦月或下弦月之后的 2~3 d。对于半日潮海区，从朔或望至大潮来临的时间间隔叫作半日潮龄。

上述的大潮和小潮与月的盈亏有密切关系，因此也称为盈亏(月相)不等，其周期为从朔(望)至望(朔)的半个朔望月(1 朔望月=29.530 588 平太阳日)。

1.2.2.2 潮汐的日不等(回归潮和分点潮以及日潮龄)

月球或太阳赤纬(地月连线或日地连线与赤道平面的夹角)为 0°时，潮汐椭球长轴位于赤道平面，地球自转影响下，地球上极地除外的某点在一天内感受到两次高低水位，即半日潮；月球或太阳赤纬增大时，潮汐椭球的长轴向两极偏移，从而造成高纬度的某地点(极地除外)在地球自转过程中，一天感受到的两次高低水位有明显不同，造成日不等现象，甚至只有 1 个高低水位(图 1-2-2)。

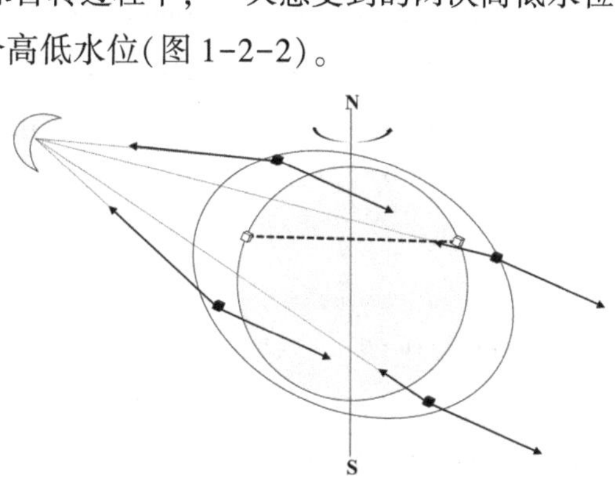

图 1-2-2 潮汐随月球赤纬的变化

在一个回归年中，太阳于春分和秋分两次经过赤道上空，太阳赤纬等于0°。于夏至和冬至太阳赤纬分别达到北赤纬最大和南赤纬最大。在一年之中由于太阳引起的潮汐部分，于春分和秋分时日不等现象不明显，而当夏至和冬至时日不等现象最明显。

在一个回归月内，月球两次位于赤道上空，月赤纬等于0°。当月球达到北赤纬最大后，再经过半个回归月达到南赤纬最大。由于回归月与朔望月的长度不相等，每月达到北、南最大赤纬的日期是不同的。当月球达到最北或最南赤纬附近时，由月球引起的潮汐，其日不等现象最明显，一天之中的两个高潮(低潮)的高度相差最大，此时的潮汐叫回归潮。月球位于赤道附近，由月球引起的潮汐，其潮汐日不等现象很不明显，一天之中两个高潮(低潮)的高度大约相等，此时的潮汐叫分点潮。对于全日潮海区，大潮发生在月球北、南最大赤纬之后2~3 d的时间里，这段时间间隔叫作日潮龄。回归潮和分点潮随月球赤纬而变化，所以叫回归不等，其周期为半个回归月(1回归月=27.321 582平太阳日)。

1.2.2.3 潮汐的月不等(视差潮龄)

潮差的大小还随月球与地球距离的近与远而变化，月地距离近，潮差较大，通常在月球经过近地点2 d后，潮差为最大，而在月球经过远地点后的2 d左右为最小。此种现象也叫视差不等。从近地点至最大潮差的时间间隔叫作视差潮龄，通常为2~3 d。视差不等的周期为一个近点月(1近点月=27.554 55平太阳日)。

1.2.2.4 潮汐的年不等

潮汐的年周期变化主要起因于气象的季节变化，例如，渤海、黄海、东海北端封闭，南面与太平洋相通，形似大海湾，夏季南风盛行，把外洋的海水推向湾内，加上夏季气压较低，湾内的平均海平面较高，冬季的气象情况相反，平均海平面较低，这样就形成周年变化。这种变化与太阳引潮力的长周期部分一样，取决于太阳赤纬，春分和秋分时，太阳赤纬为0°，夏至时太阳北赤纬最大，冬至时太阳南赤纬最大。此外，地球绕太阳公转的轨道为椭圆形，因此一年之中日地距离也在不断变化，地球在轨道上距太阳最近时为“近日点”，距太阳最远时为“远日点”，日地距离的变化也会使潮汐产生微弱的年不等现象。

1.2.2.5 潮汐的多年不等

月球轨道的长轴方向是不断变化的，月球近地点和远地点移动1周的时间约为8.85 a，故潮汐的多年变化有8.85 a的周期；此外黄道与白道的交点移动的周期为18.61 a，使潮汐产生了18.61 a的长周期变化。

1.3 潮汐的相关基本概念

1.3.1 潮汐基本要素

高潮和低潮：在海面升降的一个潮周期中，海面上升到最高时称为高潮，海面下降到最低时称为低潮。

平潮和停潮，高潮时和低潮时，高潮高和低潮高：当海面达到高潮的时候，海面暂时停止升降的现象称为平潮；当海面达到低潮的时候，海面暂时停止升降的现象称为停潮。一般取平潮(停潮)的中间时刻为高潮时(低潮时)，其对应的潮位高度称为高潮高(低潮高)。

涨潮和落潮，涨潮时间和落潮时间：从低潮到高潮，海面逐渐上升称为涨潮；自高潮至低潮，海面逐渐下降为落潮。从低潮时至高潮时所经历的时间，称为涨潮时间；从高潮时至低潮时所经历的时间，称为落潮时间。

高高潮，低高潮，低低潮，高低潮：一天之中的两个高潮和两个低潮中，高的高潮为高高潮，低的高潮为低高潮，低的低潮为低低潮，高的低潮为高低潮。

潮差，平均潮差，月平均潮差：相邻的高潮与低潮之潮位高度差为潮差。潮差的平均值是平均潮差。月平均潮差等于月平均高潮高与月平均低潮高之差。

日潮不等：一天之中两次高潮高不相等，或两次低潮高不相等的现象叫日潮不等现象。

高潮间隙和低潮间隙，平均高潮间隙和平均低潮间隙：从月中天到高潮时的时间间隔叫作高潮间隙，从月中天到低潮时的时间间隔叫作低潮间隙。其平均值是平均高(低)潮间隙。高(低)潮间隙因地而异，而且同一地点的高(低)潮间隙也随月相的变化而略有差异。

1.3.2 假想天体和分潮

采用球面三角函数公式，并考虑地球、月球和太阳三者的相对位置关系，进一步可以将引潮力(或对应的引潮势或平衡潮)展开为若干正弦或余弦函数的叠加形式，其中每一项正弦或余弦函数表示与天体物理量和所在地经纬度有关的一个分潮。由于月球和太阳相对于地球的运动是十分复杂的，它们的运动又具有诸多的周期。人们为了计算太阳、月球的引潮力所引起的海洋潮汐，就把具有多周期的潮汐看作是由许多单一周期的潮汐叠加而成，对大洋潮汐，这种线性叠加的方法可以获得高度近似的结果。这些潮汐周期长短各异，称之为“分潮”，而且假设每一个单一周期的潮汐都对应一个天体，即

“假想天体”。这样，可以认为真正天体对潮汐的影响，不是天体本身的作用，而是由一系列假想天体共同作用的结果。从理论上来讲，分潮的数目是很多的，但大部分影响较小。大量观测结果表明：在一般情况下，只要采用几百个分潮便可以相当准确地推算实际潮汐了。而从实用上来说，通常只要选用其中 8~11 个振幅较大的主要分潮，就可以得到与实际潮汐很接近的计算结果。前 4 个主要半日分潮按照振幅大小依次为 M_2、S_2、N_2、K_2；前 4 个主要全日分潮按照振幅大小依次为 K_1、O_1、P_1、Q_1；到了浅海，M_2 和 S_2 在非线性作用下，还会产生浅水分潮，包括一天 4 个周期的 M_4 和 MS_4，以及一天 6 个周期的 M_6。上述各个分潮的名称、周期和相对振幅如表 1-3-1 所示。

表 1-3-1　11 个主要分潮的名称、周期和相对振幅

分潮符号（假想天体符号）	名称	周期（平太阳时）	相对振幅（取 $M_2=100$）
半日分潮			
M_2	太阴主要半日分潮	12.421	100.0
S_2	太阳主要半日分潮	12.000	46.5
N_2	太阴椭率主要半日分潮	12.658	19.1
K_2	太阴-太阳赤纬半日分潮	11.967	12.7
全日分潮			
K_1	太阴-太阳赤纬全日分潮	23.934	54.4
O_1	太阴主要全日分潮	25.819	41.5
P_1	太阳主要全日分潮	24.066	19.3
Q_1	太阴椭率主要全日分潮	26.868	7.9
浅水分潮			
M_4	太阴浅水 1/4 日分潮	6.210	
MS_4	太阴、太阳浅水 1/4 日分潮	6.103	
M_6	太阴浅水 1/6 日分潮	6.140	

1.3.3　潮汐类型

潮汐周期一般是半天左右，即每天大约有两次高潮和低潮，如果某一港口的潮汐属于这种情况，就称它为半日潮港。但是也有一些港口在大多数日子里每天只有 1 次高潮和 1 次低潮，这样的港口叫作日潮港。还有一些港口的潮汐情况介于两者之间，叫作混合潮港。实际上任何一个港口的潮汐变化中均包含有日周期振动和半日周期振动，这两部分振动的相对大小则决定潮汐类型。在实际应用中为了方便和统一，常常根据日分潮和半日分潮的振幅比来划分潮汐类型。在日分潮中最主要的是 K_1 和 O_1 这两个分潮，在半日分潮中最主要的是 M_2 分潮，在我国，通常根据 K_1 和 O_1 两个日分潮的振幅之和(即 $H_{K_1}+H_{O_1}$)对 M_2 这个半日分潮的振幅(即 H_{M_2})的比值大小，把潮汐划分成各种类型。

正规半日潮：这种类型的潮汐在一个太阴日(24 h 50 min)内有两次高潮和两次低潮，潮汐日不等现象不明显，且相邻两个高潮(低潮)的时间间隔(周期)约为 12 h 25 min。凡 $\dfrac{H_{K_1}+H_{O_1}}{H_{M_2}}<0.5$ 者，属于正规半日潮。

在浅水和江河口海域，潮波在传播过程中由于受到浅水效应的作用而变形，普遍会出现涨潮时间短、落潮时间长的现象，而且浅水分潮具有明显的量值，涨潮与落潮时间的差别一般可由比值 H_{M_4}/H_{M_2} 算出，其中 H_{M_4} 为主要浅海分潮太阴 1/4 日分潮的振幅。如果是在半日潮海区，随着 H_{M_4}/H_{M_2} 比值的增加，涨、落潮时间差会变大，如果 $H_{M_4}/H_{M_2}>0.5$，则在一太阴日中就可能出 4 次高潮和 4 次低潮的现象，浅水效应明显的半日潮类型属于非正规的半日浅水潮类型。

不正规半日潮混合潮：在一太阴日内有两次高潮和两次低潮，但相邻的两次高潮(低潮)高度不相等，而且涨潮时间与落潮时间也不相等，这种潮汐日不等现象还会每天变化。凡 $0.5\leqslant\dfrac{H_{K_1}+H_{O_1}}{H_{M_2}}<2.0$ 者，属于不正规半日潮混合潮。

不正规日潮混合潮：在一个月中的部分日子里，一太阴日出现 1 次高潮和 1 次低潮的现象。凡 $2.0\leqslant\dfrac{H_{K_1}+H_{O_1}}{H_{M_2}}<4.0$ 者，属于不正规日潮混合潮。

正规日潮：在一个月中的多数日子里，一太阴日内只有 1 次高潮和 1 次低潮；少数日子里，一太阴日有两次高潮和两次低潮。凡 $\dfrac{H_{K_1}+H_{O_1}}{H_{M_2}}>4.0$ 者，属于正规日潮。

1.4　潮汐和潮流的观测手段

1.4.1　潮汐的观测手段(验潮站、卫星遥感)

1.4.1.1　验潮站

我国设有若干长期验潮站，进行长期连续观测。为了完成海道测量、港口建设等项目，还设立了大量的短期验潮站，只进行短期的验潮。

短期验潮站可以设立水尺进行人工观测。每个验潮站均确定自己的水尺零点（水位零点），作为水位的起始面。水尺零点的位置相对来说是任取的，一般定在低潮线之下的某一高度上。各站的水尺零点可以不在同一水平面上。水尺零点一经确定，不能随意变动，以便保持资料的连续性和完整性。再设立永久水准点或临时水准点，通过测量水尺零点与水准点之间的高度差来确定水尺零点的位置并检查其是否变动。当潮差较大，一根水尺不够用时，可以设立数根水尺，不同时段在不同的水尺上读数，但最后均应归化至该站的水尺零点上。

长期验潮站建有验潮井，采用验潮仪进行自记观测。井壁设有管孔与井外海水相通，使井内的水面与井外海面同步升降，而又能消掉海浪的影响。井内外各设有水尺以检验井内外的水位是否一致和验潮仪的水尺零点是否变动。

现在我国已经使用电子仪器进行验潮，例如，安德拉水位仪能够自动地记录置于其上水柱压力的变化，从而换算成潮汐资料。这种自记水位仪能够消除海浪的影响，但也需要设立水尺以检验仪器零点（水尺零点）的位置及其变动情况。依据每月的验潮资料整理成潮汐月报表，记录每天 24 h 的潮位值，高、低潮的潮时和潮高，以及有关的潮汐特征值。

1.4.1.2　卫星遥感观测

卫星高度计从海洋上空向海面发送出一系列极其狭窄的雷达脉冲，然后检测从海面反射回到卫星上的电磁波脉冲，精确计算从发射到接受的时间间隔，乘以电磁波的传播速度（光速）再除以 2，就可以得出卫星高度计到星下点的距离，而卫星到地心的距离以及大地水准面和参考椭球到地心的距离是已知的，于是就可以计算得到星下点的瞬时海面高度，这就是我们要进行大洋潮汐信息提取所需的水位资料。

卫星在围绕地球按照固定轨道从北到南再从南到北飞行的过程中，地球一直在自转，于是卫星运行轨道在地球上的投影（即星下点的轨迹）就逐渐向西偏移，从而可以完成对全球大洋的海面高度观测，通过精确设计，星下点轨迹可以实现精确重复，即在测量了某地点的海面高度以后，经过一段时间（可能已经经历了几个潮周期，例如，下文讲到的 TOPEX/Poseidon 卫星和 Jason 系列卫星的重复周期是 9.9156 d），卫星会重复经过该点并再次测量该点的海面高度，我们称这段时间为卫星轨道的重复周期。经过一段时间积累，并经过质量控制和订正，人们会获得覆盖全球大洋的、具有一定时间采样间隔的卫星遥感观测海面高度资料（图 1-4-1），利用本书后续介绍的混淆周期计算方法和瑞利准则，我们可以确定能够提取哪些分潮的潮汐信息；利用本书后续介绍的调和分析方法和响应分析方法，我们可以计算这些分潮的潮汐信息。

最早的卫星高度计装载在美国国家海洋和大气管理局（NOAA）的 GEOS-3（1975—1978 年）和美国国家航空航天局（NASA）的 SeaSAT-A（1978 年）卫星上。20 世纪 80 年代，美国海军发射的卫星 Geosat(1985—1988 年)也装载有高度计，其海面高度的测量精度可达 5 cm，其后的 Geosat Follow-On(1998 年)则继续高度计测量地球物理参数的使命。90 年代以来，美国 NASA 与法国国家空间研究中心(CNES)联合发射了高度计卫星 TOPEX/Poseidon(1992 年)，随着雷达高度计和支持设备精度的提高以及校正工作的改进，TOPEX/Poseidon 测量海面高度的精度达到了 4.3 cm。欧洲航天局(ESA)则发射了兼顾多种任务的环境卫星 ERS-1(1991 年)和 ERS-2(1995 年)，其装载的雷达高度计也获得了大量的数据。进入 21 世纪以后，美国 NASA 与法国国家空间研究中心(CNES)又联合发射了 Jason-1(2001 年)，这是 TOPEX/Poseidon 的第一颗后续卫星，ESA 又发射了一个环境卫星 Envisat(2001 年)，作为 ERS-1 和 ERS-2 的后续卫星。

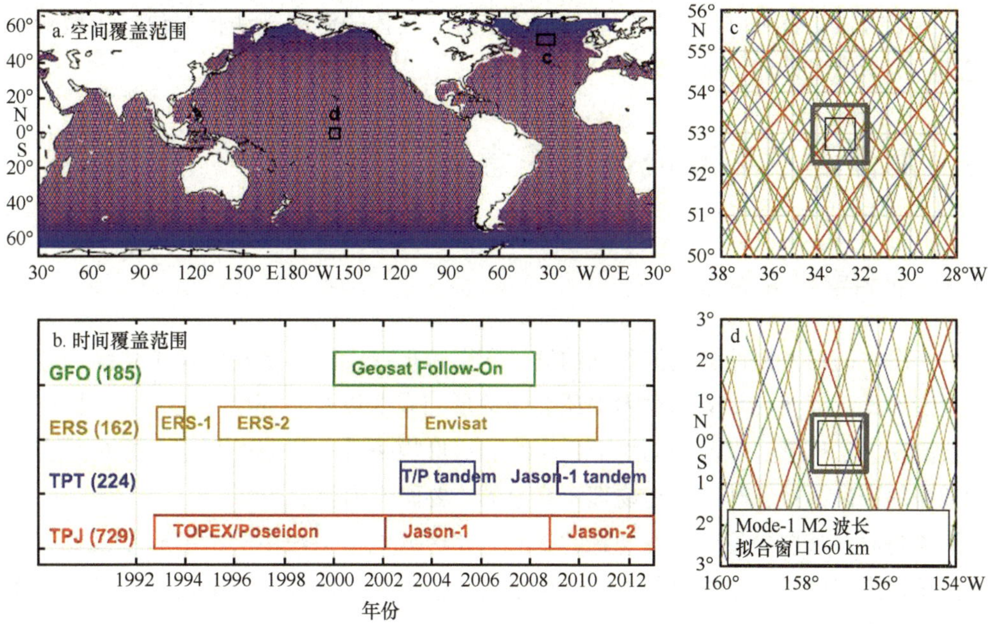

图 1-4-1　多源卫星观测资料的时空分布

a. 空间分布；b. 时间分布；c 是 a 中标号为 c 的方框中的放大；d 是 a 中标号为 d 的方框中的放大。TP：TOPEX/Poseidon；J1：Jason－1；J2：Jason－2；ERS－2(E2)：European Remote Sensing Satellite 2；EN：Envisat；GFO：Geosat Follow-On。红色：TPJ(TP、J1、J2)；蓝：TPT(TP tandem 和 J1 tandem)；褐：ERS；绿色：GFO。引自 Zhao 等(2016)

总的来说，不论是验潮站水位观测还是卫星高度计水位观测，得到的都是包含潮汐、风增水和海面动力高度在内的综合水位信息，其中潮汐信号是具有固定频率的周期信号，是可以精确预报的，尤其在浅海海域，潮汐信号通常是主要信号，因此我们需要从上述水位观测中分离出潮汐信息。验潮站只能观测沿岸验潮站所在地点的水位，难以进行大面观测，但采样间隔小，在积累了相当长一段时间的水位资料之后，可以提取出验潮站所在地点相当完整的分潮潮汐信息；而卫星高度计采样间隔大，能提取的分潮信息较少，但人类目前已经积累了覆盖世界大洋的相当长时间的卫星高度计水位资料，能够给出世界大洋的前十几个主要分潮的潮汐信息，进一步结合海洋数值模式和海洋数据同化技术，科学家们已经研制出精度足够高的世界大洋主要分潮的潮汐信息产品。

1.4.2 潮流的观测手段

潮流是海水流动的形式之一，海水的流动不仅有周期性的潮流，还有非周期性的风海流、密度流等海流。实测的海流流向和流速是上述潮流、风海流和密度流等的综合结果。对研究海域中某一点进行逐时的海流观测，积累一段时间之后，利用本书后续介绍的调和分析方法，就可以计算各分潮的潮流信息。具体的海流观测仪器包括机械转子式海流计、声学海流计和电磁海流计三大类。

1.5 海洋潮汐和潮流研究的意义

1.5.1 对科学研究的意义

由于海水的巨大惯性，我们看到的潮汐和潮流现象实际上是在海洋中传播的潮波的具体表现形式，潮波在传播的过程中还会受地形和岸线以及底部摩擦的影响。因此，研究潮波的动力学机制，以及不同地形、岸线和底摩擦条件下潮波的形态，并最终实现潮汐和潮流的准确预报，其本身是物理海洋学的重要研究内容。

潮流是海水整层的流动，在开阔的深海海盆区域流速一般不大，但到了浅海或近岸以及海峡通道等处，潮流得以集中，流速增大，造成强烈的混合，形成潮汐锋等海洋现象，改变近岸温度、盐度、密度和环流结构；此外，潮汐和潮流还能够改变连接各大洋的海峡通道两侧的温度、盐度、密度和压力结构，从而影响热量和盐量在海水中的分布，进而影响大洋之间的质量、盐量、热量收支；在潮汐和潮流的大尺度混合效应方面，Munk 和 Wunsch(1998)估计得出，维持大洋热盐环流(或者更严格地说，经向翻转流)需要约 2 TW(1 TW = 10^{12} W)的能量。Egbert 和 Ray(2000)基于卫星高度计数据计算得出其中约 1 TW 来源于由正压潮与地形相互作用产生的内潮。正压潮流过陡峭海底地形时，由垂向运动在层结海水中激发出来的内潮波会向四周传播，造成海洋内部混合，为大洋的经向翻转环流提供了重要的能量来源。大洋经向翻转环流与全球气候息息相关，因此从这种意义上来说，潮汐潮流对全球气候也有重要的调制作用。

1.5.2 对航运的意义

海上航运事业与潮汐关系更加密切，潮流影响着航行的方向和速度。例如，在某些海区潮流速度很大，逆水行舟是很困难的，反之，顺流航行则既能节省燃料，又能缩短航行时间。因此，海上航运必须了解潮汐和潮流情况。

掌握潮汐规律，还能够使港口增加大船的通过能力。我国有些海港如天津港、上海港等就是利用涨潮时的自然水深，使万吨远洋海轮顺流而入，及时进港停靠，又利用退潮时刻顺流出港，也比较省力和方便。

此外，建筑海港码头时，为了使高潮时不致淹没码头，低潮时又不致使船只搁浅，在施工前也必须掌握潮汐涨落的高度。

1.5.3 对新能源开发的意义

海水周期性的涨落运动蕴藏巨大能量，其水位差表现为势能，其潮流的速度表现为动能。这两种能量都可以利用，属于可再生能源。由于在海水的各种运动中潮汐最守信，最具规律性，又涨落于岸边，也最早为人们所认识和利用，在各种海洋能的利用中，潮汐能的利用是最成熟的。潮汐发电利用的是潮差势能，但是，世界上最高的潮差也不过十多米，在我国潮差最高才达 9 m，因此不可能像水力发电那样利用数十米、百余米的水头发电，潮汐发电的水轮机组必须适应“低水头、大流量”的特点，水轮做得较大。与河水的流动不同，潮水的流动是不断变换方向的，潮汐发电有以下 3 种形式：①单库单向电站，只用一个水库，仅在涨潮(或落潮)时发电；②单库双向电站，用一个水库，但是涨潮与落潮时均可发电，只是在平潮时不能发电；③双库双向电站，用两个相邻的水库，使一个水库在涨潮时进水，另一个水库在落潮时放水，这样前一个水库的水位总比后一个水库的水位高，故前者称为上水库，后者称为下水库，水轮发电机组放在两水库之间的隔坝内，两水库始终保持着水位差，故可以全天发电。

据海洋学家估算，世界上可开发的潮汐能资源量在 1×10^8 kW 以上。20 世纪初，欧美一些国家开始研究潮汐发电。第一座具有商业实用价值的潮汐电站是 1967 年建成的法国朗斯潮汐电站，安装有 24 台能正反向发电的灯泡型贯流式发电机组，年发电量达 5.4×10^8 kW·h，至今运行正常。中国是世界上建造潮汐电站最多的国家，早在 20 世纪 50 年代中期就已开始建设潮汐电站，但限于当时社会环境和科技水平，建成后不久就出现泥沙淤积严重，发电与排灌、通航矛盾等问题，致使多数电站运行不长时间就停办或废弃了。中国自行设计的潮汐电站中，位于浙江省乐清湾北端的江厦潮汐电站技术比较成熟。该电站 1973 年动工兴建，1980 年第一台机组并网发电，1985 年年底 5 台机组全部并网发电，设计年发电量 997×10^4 kW·h，实际发电量在 $503.5\times10^4\sim667.2\times10^4$ kW·h 间(王传崑和卢苇，2009)。该电站水轮发电机组等设备和土建工程，全由国内各单位联合攻关完成，在海上建筑和机组防锈蚀、防止海洋生物附着等方面也以较先进的办法取得了良好效果。

1.5.4 对国防军事的意义

潮汐能改变沿岸水深和海滩情况，对登陆工具抢滩、离滩，对敌水中障碍的破除和登陆兵的上陆速度影响很大。在高潮，特别乘大潮高潮上陆，登陆舰艇可直接抵达近岸，使登陆兵滩头冲击时间缩短。但是，高潮时对破除敌防高潮登陆设置的水中障碍不利。尤其是在高潮以后转为落潮，水位降低，海滩逐渐扩大，影响后续兵力上陆，造成抢滩、离滩困难，甚至造成搁浅事故。在低潮，由于滩头干出，敌防高潮登陆的滩头障碍全部暴露，易于被发现和破除。但是，登陆工具抵滩到上岸的距离远，登陆兵在滩头的时间长。因此，登陆作战最需要了解的就是登陆点的潮汐和潮流信息，历史上每次成功的登陆战役都是如此。

潮汐对布设水雷封锁也有较大影响，布设锚雷时就要准确计算潮汐引起的水深变化，根据预定打击目标正确选择水雷定深。布设太深，高潮时会失去作用；布设太浅，低潮时易露出被敌方发现。由于潮流对锚雷的压力，使锚雷雷索偏离垂直位置呈倾斜状态，锚雷的定深就会加大，以致不能爆破敌舰。但也可以利用潮流释放漂雷来封锁敌港口、航道和打击敌舰艇。1939 年，德国利用北海到英吉利海峡的潮流变化规律，精确计算潮流变化的大小及方向，确定锚雷的深度、方位，在上游布放漂雷，拦袭了夜间进出英吉利海峡的英国舰船。

潮流会影响舰艇的航向和航速，在较大横流作用下，会导致舰艇偏离预定航线，特别是在狭窄复杂航道航行或者通过水雷障碍物时，舰艇偏离航线就会发生航海事故或被冲到水雷上。潮流还能增加或者降低舰艇的航速，当舰艇航行方向与潮流方向一致时，航速增加，可节约时间和燃料；相反则会降低航速，增加燃料消耗和航行时间。

正压潮流在经过陡峭海底地形的时候，诱导的垂向强流会在层结海洋中激发出内潮波，内潮波向四周传播的过程中，在非线性作用下有可能会逐渐演化出内孤立波，这种内孤立波的振幅可达上百米，形成密度断崖，并可能伴有每秒几分米的垂向强流，在温跃层上坐底航行的潜艇遇到这种内孤立波，如不及时处置，将会面临掉深甚至坠毁的危险。

1.6 本书讨论的潮汐现象范畴

海水受到月球和太阳引潮力的作用产生规律性的上升和下降运动，这种由引潮力引起的潮汐，也称为引力潮(属于本书讨论范畴)。另外，太阳热辐射的周期性变化会引起气象的周期性变化，从而间接地引起海面的周期性升降运动，这叫作太阳辐射潮(也属于本书讨论范畴)。太阳辐射潮通常比引力潮小得多，但是在海面的年周期变化过程中太阳辐射潮却起着主要作用。再者，由风、气压、降水和蒸发等气象因素引起的海面振动现象，称为气象潮(不属于本书讨论范畴)。气象潮通常比引力潮小很多，但是在台风过程中气象潮起主要作用，例如，风暴潮就是特大的气象潮。

固体地球在天体的引潮力周期性作用下，也会产生周期性形变，包括地面倾斜、重力及地球应力的周期性变化，分别对应倾斜潮汐、重力潮汐和应变潮汐，统称为固体潮(这部分也属于本书讨论范畴)。

大气受月球和太阳引潮力以及太阳辐射加热日夜更替等因素的作用，也有类似于海洋的潮汐现象，主要体现为大气压的周期性涨落，被称为大气潮汐(不属于本书讨论范畴)，但远不如海洋潮汐明显。

第 2 章　引潮力和引潮势与平衡潮

2.1　引潮力

月球和太阳都对地球有引潮力作用，但是，由力学知识可知，三体系统的运动问题远比两体系统的运动问题复杂得多、困难得多，因此，在引潮力这个问题上，我们不要直接分析月球-地球-太阳这个三体系统，而是化难为易，从两体系统出发进行分析。让我们先考虑地球和月球这个两体系统中，月球对地球的引潮力作用。在地月两体系统中，地球上的物体受月球的万有引力、地球的万有引力、地球自转惯性离心力、地球围绕地月公共质心平动公转惯性离心力的共同作用，其中，地球的万有引力和地球自转惯性离心力构成了地球上物体所受的重力，而月球的万有引力和地球围绕地月公共质心平动公转惯性离心力则构成了月球的引潮力，即月球的引潮力是月球的万有引力和地球围绕地月公共质心平动公转惯性离心力的合力。在受力分析中，我们暂不考虑地球自转的影响。如图 2-1-1 所示，左边的大圆代表地球，地心用 E 表示，右边的小圆代表月球，月心用 M 表示，地心到月心的距离为 D，月球与地球上某点 P 的距离为 L，月球质量也用 M 表示，μ_0 为万有引力常数，则月球对 P 点单位质量物体的万有引力为 $\mu_0 M/L^2$，方向为由 P 指向 M 。

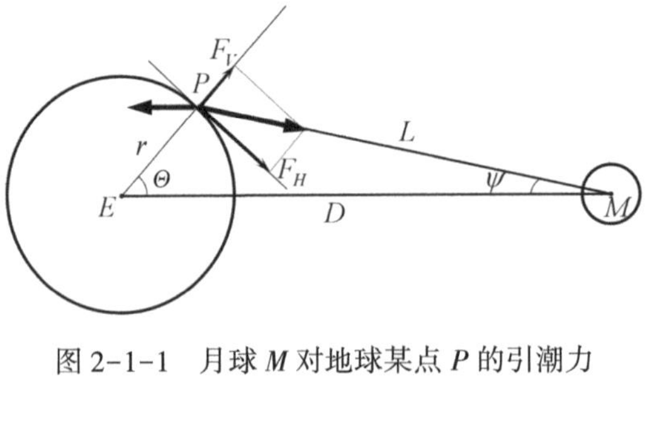

图 2-1-1　月球 M 对地球某点 P 的引潮力

地球和月球围绕着它们的公共质心进行公转，而地月之间的万有引力则提供了这一两体运动的向心力。地球携带其上的各个部分围绕着地月公共质心进行平动公转，因此，地球上各个地点在平动公转中的任意时刻，其运动速度大小是完全相同的，方向是相互平行的，所以轨迹就是完全相同的，只是根据各个地点的位置不同，轨迹也有相应的平移而已。通过上述分析，若以地球这个非惯性系为参考系，我们会发现地球上各个地点的单位质量物体在平动公转中所感受到的惯性离心力都是相同的，都等于地心 E 处的单位质量物体所感受到的惯性离心力，其量值等于地心 E 处的单位质量物体所感受到的向心力 $\mu_0 M/D^2$，方向则与向心力相反，即由 M 指向 E 。因此，地球上任意一点 P 的单位质量物体在地球围绕地月公共质心平动公转过程中所感受到的惯性离心力量值为 $\mu_0 M/D^2$，方向平行于由 M 指向 E 的方向。

下面我们在 P 点建立局地的水平和垂向的坐标系，将月球对 P 点单位质量物体的万有引力，以及 P 点单位质量物体在地球围绕地月公共质心平动公转过程中所感受到的惯性离心力，在水平和垂向坐标系上投影。由附录 1 的天文知识可知，图中角 Θ 就是月球的天顶距，下标 H 代表 P 点局地水平方向，下标 V 代表 P 点垂向方向，下标“引”代表月球对 P 点单位质量物体的万有引力，下标“惯”代表 P 点单位质量物体在地球围绕地月公共质心平动公转过程中所感受到的惯性离心力，于是月球 M 对地球上 P 点的引潮力在 P 点局地水平和垂向坐标系上的垂向分量 F_V 和水平分量 F_H 分别为

$$\begin{cases} F_V = F_{V\text{引}} + F_{V\text{惯}} = \dfrac{\mu_0 M}{L^2}\cos(\Theta + \Psi) - \dfrac{\mu_0 M}{D^2}\cos(\Theta) \\ F_H = F_{H\text{引}} + F_{H\text{惯}} = \dfrac{\mu_0 M}{L^2}\sin(\Theta + \Psi) - \dfrac{\mu_0 M}{D^2}\sin(\Theta) \end{cases}$$

考虑到如下的几何关系，

$$\begin{cases} \cos(\Theta + \Psi) = \dfrac{D\cos(\Theta) - r}{L} \\ \sin(\Theta + \Psi) = \dfrac{D\sin(\Theta)}{L} \end{cases}$$

于是，

$$\begin{cases} F_V = \dfrac{\mu_0 M}{D^2}\left\{\dfrac{D^3}{L^3}\left[\cos(\Theta) - \dfrac{r}{D}\right] - \cos(\Theta)\right\} \\ F_H = \dfrac{\mu_0 M}{D^2}\left[\dfrac{D^3}{L^3}\sin(\Theta) - \sin(\Theta)\right] \end{cases}$$

由上式可见，月球对地球上 P 点的单位质量物体的引潮力可以表示为万有引力常数 μ_0、月球质量 M、地心到 P 点的距离 r、地月质心距离 D、月心到地球上 P 点的距离 L 和月球天顶距 Θ 的函数。其中，μ_0 和 M 均为常数；由于我们考虑地球表面海水所受的引潮力，而海水的深度与地球半径相比是小量，因此，r 近似为地球半径；月球绕地球公转的轨道实际上是个椭圆，因此，D 不是常数，但可以通过天文变量进行精确计算；下面我们将看到，L 不是独立的，它与 r 和 D 以及 Θ 有关，可以用这 3 个量表示。由余弦定理可知

$$L^2 = r^2 + D^2 - 2rD\cos(\Theta)$$

或者改写为

$$\frac{1}{L} = \frac{1}{D}\left[1 - 2\left(\frac{r}{D}\right)\cos(\Theta) + \left(\frac{r}{D}\right)^2\right]^{-\frac{1}{2}}$$

由于 r 与 D 相比是小量，因此我们可以将上式对 r/D 进行泰勒展开

$$\frac{1}{L} = \frac{1}{D}\left\{1 + \left(\frac{r}{D}\right)\cos(\Theta) + \left(\frac{r}{D}\right)^2\frac{1}{2}[3\cos^2(\Theta) - 1]\right.$$
$$\left. + \left(\frac{r}{D}\right)^3\frac{1}{2}[5\cos^3(\Theta) - 3\cos(\Theta)] + \cdots\right\}$$

由附录 3 的数学物理方程知识可知，上述展开式实际上对应着勒让德(Legendre)多项式，即

$$\begin{cases} P_0[\cos(\Theta)] = 1 \\ P_1[\cos(\Theta)] = \cos(\Theta) \\ P_2[\cos(\Theta)] = \dfrac{1}{2}[3\cos^2(\Theta) - 1] \\ P_3[\cos(\Theta)] = \dfrac{1}{2}[5\cos^3(\Theta) - 3\cos(\Theta)] \\ P_n[\cos(\Theta)] = \dfrac{2n-1}{n}\cos(\Theta)P_{n-1}[\cos(\Theta)] - \dfrac{n-1}{n}P_{n-2}[\cos(\Theta)] \quad (n \geqslant 4) \end{cases}$$

于是 $1/L$ 展开式可以采用勒让德多项式写成简洁的形式，即

$$\frac{1}{L} = \frac{1}{D}\sum_{n=0}^{\infty}\left(\frac{r}{D}\right)^n P_n[\cos(\Theta)]$$

利用上述展开式，月球引潮力的垂向分量 F_V 和水平分量 F_H 可以改写为

$$\begin{cases} F_V = \dfrac{\mu_0 M}{D^2}\left(\left\{\displaystyle\sum_{n=0}^{\infty}\left(\frac{r}{D}\right)^n P_n[\cos(\Theta)]\right\}^3\left\{P_1[\cos(\Theta)] - \frac{r}{D}\right\} - P_1[\cos(\Theta)]\right) \\ F_H = \dfrac{\mu_0 M}{D^2}\left(\left\{\displaystyle\sum_{n=0}^{\infty}\left(\frac{r}{D}\right)^n P_n[\cos(\Theta)]\right\}^3\sin(\Theta) - \sin(\Theta)\right) \end{cases}$$

设 a 为地球半径，$\bar{D}$ 为地月平均距离，则在地球表面月球引潮力的垂向和水平分量还可以改写为

$$\begin{cases} F_V = \dfrac{\mu_0 M}{D^2}\left(\dfrac{\bar{D}}{D}\right)^2\left(\left\{\displaystyle\sum_{n=0}^{\infty}\left(\frac{a}{\bar{D}}\right)^n\left(\frac{\bar{D}}{D}\right)^n P_n[\cos(\Theta)]\right\}^3\left\{P_1[\cos(\Theta)] - \frac{a}{\bar{D}}\frac{\bar{D}}{D}\right\} - P_1[\cos(\Theta)]\right) \\ F_H = \dfrac{\mu_0 M}{D^2}\left(\dfrac{\bar{D}}{D}\right)^2\left(\left\{\displaystyle\sum_{n=0}^{\infty}\left(\frac{a}{\bar{D}}\right)^n\left(\frac{\bar{D}}{D}\right)^n P_n[\cos(\Theta)]\right\}^3\sin(\Theta) - \sin(\Theta)\right) \end{cases}$$

如此一来，μ_0、M、a 和 $\bar{D}$ 均为常数，月球引潮力的垂向分量 F_V 和水平分量 F_H 仅随月

球天顶距 Θ 以及地月平均距离与瞬时距离之比 $\overline{D}/D$ 变化，而后者可以通过天文变量进行精确计算，因此，我们只要知道了月球天顶距 Θ，就可以计算引潮力了。如果忽略 $a/\overline{D}$ 的二阶项以上的高阶项，则月球的引潮力可以近似为

$$\begin{cases} F_V \approx \dfrac{\mu_0 M}{\overline{D}^2}\left(\dfrac{\overline{D}}{D}\right)^2 \dfrac{a}{\overline{D}}\left(\dfrac{\overline{D}}{D}\right)[3\cos^2(\Theta)-1] = \dfrac{\mu_0 Ma}{D^3}[3\cos^2(\Theta)-1] \\ F_H \approx \dfrac{\mu_0 M}{\overline{D}^2}\left(\dfrac{\overline{D}}{D}\right)^2 \dfrac{a}{\overline{D}}\left(\dfrac{\overline{D}}{D}\right)\dfrac{3}{2}\sin(2\Theta) = \dfrac{3\mu_0 Ma}{2D^3}\sin(2\Theta) \end{cases}$$

按照上述的地月两体系统的推导过程，我们也可以推导太阳和地球这个两体系统中太阳对地球的引潮力的垂向分量 F_V^S 和水平分量 F_H^S，不同之处在于，需要将月球质量 M 替换为太阳质量 S，将地月距离 D(或者地月平均距离 $\overline{D}$)替换为日地距离 D_S(或者日地平均距离 $\overline{D}_S$)，将月球天顶距 Θ 替换为太阳天顶距 Θ_S。同样地，仿照上述推导过程，如果忽略 $a/\overline{D}_S$ 的二阶项以上的高阶项，则太阳的引潮力可以近似为

$$\begin{cases} F_V^S \approx \dfrac{\mu_0 Sa}{D_S^3}[3\cos^2(\Theta_S)-1] \\ F_H^S \approx \dfrac{3\mu_0 Sa}{2D_S^3}\sin(2\Theta_S) \end{cases}$$

由上述论述可见，月球(或太阳)的天顶距 Θ 对于月球(或太阳)引潮力的计算至关重要。由附录3的数学物理方程中的球函数的加法公式可知，勒让德(Legendre)多项式与球谐函数满足如下的关系式，

$$P_n[\cos(\Theta)] = \frac{4\pi}{2n+1}\sum_{m=-n}^{n} Y_n^m(\theta,\ \psi)Y_n^m(Z,\ L)^*$$

其中，Z 为月球(或太阳)的余赤纬，θ 为地球上 P 点的余纬度，其与 P 点地理纬度 φ 的关系为 $\varphi+\theta=90°$，L 和 ψ 分别是从格林尼治子午线起算的月球(或太阳)和点 P 的陆地东经。设 $U_n^m(\theta,\ \psi)$ 和 $V_n^m(\theta,\ \psi)$ 分别为 $Y_n^m(\theta,\ \psi)$ 的实部和虚部，$U_n^m(Z,\ L)$ 和 $V_n^m(Z,\ L)$ 分别为 $Y_n^m(Z,\ L)$ 的实部和虚部，即

$$\begin{cases} Y_n^m(\theta,\ \psi) = U_n^m(\theta,\ \psi) + \mathrm{i}V_n^m(\theta,\ \psi) \\ Y_n^m(Z,\ L) = U_n^m(Z,\ L) + \mathrm{i}V_n^m(Z,\ L) \end{cases} \tag{2-1-1}$$

利用球谐函数的如下性质，

$$\begin{cases} Y_n^{-m}(\theta,\ \psi) = (-1)^m Y_n^m(\theta,\ \psi)^* \\ Y_n^{-m}(Z,\ L) = (-1)^m Y_n^m(Z,\ L)^* \end{cases}$$

于是，

$$P_n[\cos(\Theta)] = \frac{4\pi}{2n+1}\sum_{m=-n}^{n} Y_n^m(\theta,\ \psi)Y_n^m(Z,\ L)^*$$

$$= \frac{4\pi}{2n+1}\sum_{m=0}^{n} A_m [U_n^m(\theta, \psi) U_n^m(Z, L) + V_n^m(\theta, \psi) V_n^m(Z, L)]$$

$$= \sum_{m=0}^{n} A_m \frac{(n-m)!}{(n+m)!} P_n^m[\cos(Z)] P_n^m[\cos(\theta)] \cos[m(L-\psi)] \tag{2-1-2}$$

其中，

$$\begin{cases} A_m = 1 & m = 0 \\ A_m = 2 & m \neq 0 \end{cases}$$

将上述公式代入月球(或太阳)的引潮力公式中，则只要给定月球(或太阳)在地球坐标系统中的纬度和经度位置，就可以求出月球(或太阳)的天顶距，从而方便地求出月球(或太阳)的引潮力。

2.2 引潮势

由大学物理的力学知识可知，如果一个力 $\vec{\mathbf{F}}$ 是保守的，那么我们可以引入位势 V，将力表达为负向位势梯度的形式，即 $\vec{\mathbf{F}} = -\nabla V$。前面我们通过两体问题的力学分析，获得了月球和太阳对地球引潮力的垂向和水平分量的具体形式。由于引潮力是保守力，因此本节我们将由引潮力的具体形式推导引潮势的具体形式。

我们首先推导月球的引潮势，如前节所述，μ_0 为万有引力常数，M 为月球质量，设 R 为月心到宇宙空间某点的距离，以月心指向该点的方向为正向，可以在月心与该点的连线上通过积分来获得月球万有引力的位势，由于月球对该点单位质量物体的万有引力为 $F_{M引} = -\mu_0 M/R^2$，而在该连线上月球万有引力与其位势的关系为 $F_{M引} = -\mathrm{d}V_{M引}/\mathrm{d}R$，于是我们有

$$\frac{\mu_0 M}{R^2} = \frac{\mathrm{d}V_{M引}}{\mathrm{d}R}$$

设 L 为前节提到的月心到地球某地点 P 的距离，将上式从 L 到∞积分

$$\int_L^\infty \mathrm{d}V_{M引} = \int_L^\infty \frac{\mu_0 M}{R^2}\mathrm{d}R$$

我们可以将无穷远处的位势定义为 0，即 $V_{M引}|_{R\to\infty} = 0$，于是有

$$V_{M引} = -\frac{\mu_0 M}{L}$$

这就是月球对地球某地点 P 的单位质量物体的万有引力的位势。利用上节提到的 $1/L$ 的勒让德多项式展开，我们有

$$V_{M引} = -\frac{\mu_0 M}{L} = -\frac{\mu_0 M}{D}\sum_{n=0}^{\infty}\left(\frac{r}{D}\right)^n P_n[\cos(\Theta)]$$

$$= -\frac{\mu_0 M}{D} - \frac{\mu_0 M r}{D^2}\cos(\Theta) - \frac{\mu_0 M r^2}{D^3}\frac{1}{2}[3\cos^2(\Theta) - 1] + \cdots$$

$$= V_{0M引} + V_{1M引} + V_{2M引} + V_{3M引} + \cdots$$

其中,

$$\begin{cases} V_{0M引} = -\dfrac{\mu_0 M}{D} \\ V_{1M引} = -\dfrac{\mu_0 M r}{D^2}\cos(\Theta) \\ V_{2M引} = -\dfrac{\mu_0 M r^2}{D^3}\dfrac{1}{2}[3\cos^2(\Theta) - 1] \\ \vdots \end{cases}$$

下面我们再来推导地球围绕地月公共质心平动公转中，地球某点 P 的单位质量物体所感受到的惯性离心力的位势。由图 2-2-1 所示，如果由 P 点引 x 坐标轴平行于地月质心连线，以地心指向月心方向为正，由 2.1 节讨论可知，地球围绕地月公共质心平动公转中，地球各个地点的单位质量物体所受到的惯性离心力都是相同的，方向平行于由月心指向地心的方向，即 $F_{M惯}=-\mu_0 M/D^2$，而在 x 轴上惯性离心力与其位势的关系为 $F_{M惯} = -\mathrm{d}V_{M惯}/\mathrm{d}x$，于是我们有，

$$\frac{\mu_0 M}{D^2} = \frac{\mathrm{d}V_{M惯}}{\mathrm{d}x}$$

惯性离心力的位势积分出来为

$$V_{M惯} = \frac{\mu_0 M}{D^2}x$$

由图 2-2-1 的几何关系可见 $x=r\cos(\Theta)$，代入上式，我们发现

$$V_{M惯} = \frac{\mu_0 M r}{D^2}\cos(\Theta)$$

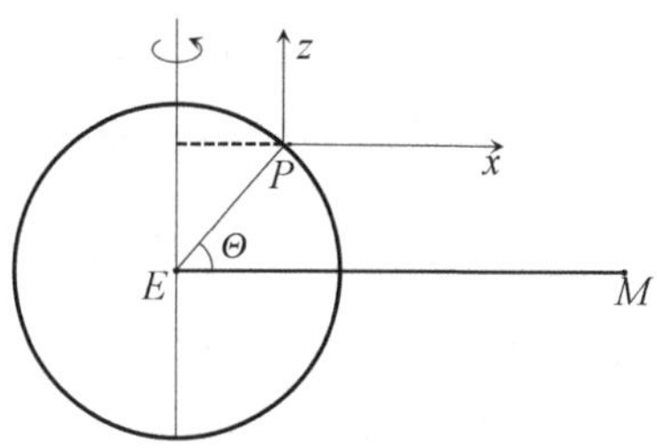

图 2-2-1　公转惯性离心力的位势的计算

这一项恰好能够与月球万有引力位势的一阶项相抵消，

$$V_{1M引} = -\frac{\mu_0 M}{D^2}\left(\frac{r}{D}\right)\cos(\Theta) = -\frac{\mu_0 M}{D^2}x$$

考虑到月球万有引力位势的零阶项为常数，对万有引力无贡献，可以去掉，于是月球的引潮势最终可以表达为

$$\begin{aligned} V_M &= V_{2M引} + V_{3M引} + \cdots \\ &= -\frac{\mu_0 M}{D}\sum_{n=2}^{\infty}\left(\frac{r}{D}\right)^n P_n[\cos(\Theta)] \end{aligned}$$

设 $r = a$ 为地球半径，则有

$$V_M = -\frac{\mu_0 M}{D}\sum_{n=2}^{\infty}\left(\frac{a}{D}\right)^n P_n[\cos(\Theta)]$$

令 S 为太阳的质量，D_S 为日心到地心的距离，Θ_S 为太阳的天顶距，则按照上述相同的推导过程，我们可以得到太阳的引潮势：

$$V_S = -\frac{\mu_0 S}{D_S}\sum_{n=2}^{\infty}\left(\frac{a}{D_S}\right)^n P_n[\cos(\Theta_S)]$$

2.3 平衡潮

假设地球是完美的球形，在重力的作用下，其上覆盖一层海水，在引潮力的作用下海面必然发生倾斜形成压强梯度力，那么单位质量的海水受引潮力$\vec{\mathbf{F}}_{引潮力}$、重力 $\vec{\mathbf{G}}$ 和压强梯度力 $-\nabla p$ 的共同作用，平衡潮理论假设不论地球与月球的相对位置如何变化，每时每刻这 3 个力都能达到平衡(图 2-3-1)，即

$$-\nabla p + \vec{\mathbf{G}} + \vec{\mathbf{F}}_{引潮力} = 0$$

令 $\hat{\mathbf{h}}$ 和 $\hat{\mathbf{k}}$ 分别表示水平和垂向的单位矢量。引潮力可以使用引潮势来表达，并且可以分解为水平和垂向两个部分

$$\vec{\mathbf{F}}_{引潮力} = -\nabla V_{引潮势} = F_H\hat{\mathbf{h}} + F_V\hat{\mathbf{k}} = -\nabla_H V_{引潮势} + F_V\hat{\mathbf{k}}$$

此处 ∇_H 表示求水平空间梯度；重力可以表示为 $\vec{\mathbf{G}} = -g\hat{\mathbf{k}}$；假设海洋是均质的(不考虑层结)，海面为 $\overline{\eta}$，于是在重力和引潮力垂向分量的共同作用下，从海底算起 z 位置处单位质量海水所受的压强为 $p = (g - F_V)(\overline{\eta} - z)$，计算该处压强梯度力并分解为水平和垂向两个部分得到 $-\nabla p = -(g - F_V)\nabla_H\overline{\eta} + (g - F_V)\hat{\mathbf{k}}$。将上述各个力代入平衡方程中，我们发现垂向的分量相互抵消了，即平衡了，而水平方向要想保证平衡，则要求 $-(g - F_V)\nabla_H\overline{\eta} - \nabla_H V_{引潮势} = 0$

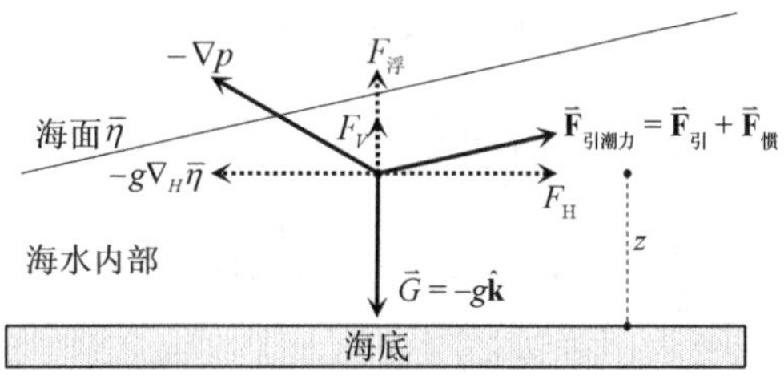

图 2-3-1　引潮力、重力和压强梯度力平衡

于是有 $\bar{\eta}=-\dfrac{V_{引潮势}}{g-F_V}$，考虑到 $g\gg F_V$，于是有 $\bar{\eta}\approx-\dfrac{V_{引潮势}}{g}$，分别将月球和太阳引潮势代入上式，即可得到由月球和太阳造成的平衡潮

$$\bar{\eta}_M=-\frac{V_M}{g}=\frac{\mu_0 M}{gD}\sum_{n=2}^{\infty}\left(\frac{a}{D}\right)^n P_n[\cos(\Theta)] \tag{2-3-1}$$

$$\bar{\eta}_S=-\frac{V_S}{g}=\frac{\mu_0 S}{gD_S}\sum_{n=2}^{\infty}\left(\frac{a}{D_S}\right)^n P_n[\cos(\Theta_S)] \tag{2-3-2}$$

在上述求和号中忽略三阶及三阶以上的高阶项后，我们可以仔细分析一下二阶项所对应平衡潮公式，仍然以月球的平衡潮为例

$$\bar{\eta}_{2M}=-\frac{V_{2M}}{g}=\frac{\mu_0 Ma^2}{gD^3}\left[\frac{3}{2}\cos^2(\Theta)-\frac{1}{2}\right]$$

如图 2-3-2 所示，X 为地球上某地点，φ 为该点的纬度，$\theta=90°-\varphi$ 为该点的余纬度，M 为月球，δ 为月球赤纬，$Z=90°-\delta$ 为其余赤纬，T_1 为月球时角，N 为北极，则 ΔPXM 构成球面三角形。

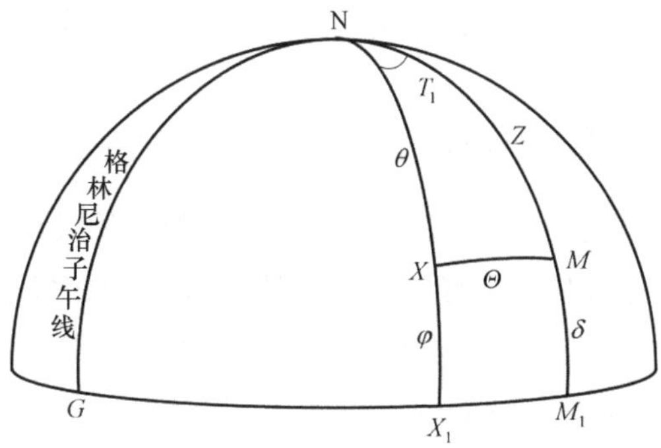

图 2-3-2　月球天顶距余弦的球面三角展开

因此，由附录 2 球面三角的边的余弦公式得

$$\cos(\Theta)=\cos(\theta)\cos(Z)+\sin(\theta)\sin(Z)\cos(T_1)=\sin(\varphi)\sin(\delta)+\cos(\varphi)\cos(\delta)\cos(T_1)$$

于是，

$$
\begin{aligned}
\cos^2(\Theta) &= \sin^2(\varphi)\sin^2(\delta) + 2\sin(\varphi)\sin(\delta)\cos(\varphi)\cos(\delta)\cos(T_1) + \cos^2(\varphi)\cos^2(\delta)\cos^2(T_1) \\
&= \sin^2(\varphi)\sin^2(\delta) + \frac{1}{2}\sin(2\varphi)\sin(2\delta)\cos(T_1) + \cos^2(\varphi)\cos^2(\delta)\frac{\cos(2T_1)+1}{2} \\
&= \sin^2(\varphi)\sin^2(\delta) + \frac{1}{2}\cos^2(\varphi)\cos^2(\delta) + \frac{1}{2}\sin(2\varphi)\sin(2\delta)\cos(T_1) \\
&\quad + \frac{1}{2}\cos^2(\varphi)\cos^2(\delta)\cos(2T_1) \\
&= \sin^2(\varphi)\sin^2(\delta) + \frac{1}{2}[1-\sin^2(\varphi)][1-\sin^2(\delta)] + \frac{1}{2}\sin(2\varphi)\sin(2\delta)\cos(T_1) \\
&\quad + \frac{1}{2}\cos^2(\varphi)\cos^2(\delta)\cos(2T_1) \\
&= \frac{1}{2} - \frac{1}{2}[\sin^2(\varphi) + \sin^2(\delta)] + \frac{3}{2}\sin^2(\varphi)\sin^2(\delta) + \frac{1}{2}\sin(2\varphi)\sin(2\delta)\cos(T_1) \\
&\quad + \frac{1}{2}\cos^2(\varphi)\cos^2(\delta)\cos(2T_1) \\
&= \frac{1}{3} + \frac{3}{2}\left[\sin^2(\varphi) - \frac{1}{3}\right]\left[\sin^2(\delta) - \frac{1}{3}\right] + \frac{1}{2}\sin(2\varphi)\sin(2\delta)\cos(T_1) \\
&\quad + \frac{1}{2}\cos^2(\varphi)\cos^2(\delta)\cos(2T_1)
\end{aligned}
$$

将上式代入月球平衡潮的二阶展开式中，得

$$
\begin{aligned}
\bar{\eta}_{2M} &= -\frac{V_{2M}}{g} = \frac{\mu_0 M a^2}{g D^3}\left[\frac{3}{2}\cos^2(\Theta) - \frac{1}{2}\right] = \frac{3}{2}\frac{\mu_0 M a^2}{g D^3}\left[\cos^2(\Theta) - \frac{1}{3}\right] \\
&= \frac{3}{4}\frac{\mu_0 M a^2}{g D^3}\left\{3\left[\sin^2(\varphi) - \frac{1}{3}\right]\left[\sin^2(\delta) - \frac{1}{3}\right] + \sin(2\varphi)\sin(2\delta)\cos(T_1)\right. \\
&\quad \left. + \cos^2(\varphi)\cos^2(\delta)\cos(2T_1)\right\}
\end{aligned}
$$

由上式可见，从数学角度看，月球平衡潮是月球到观测点的天顶距的函数，而天顶距又与观测点和月球的经纬度相对位置有关，而观测点和月球的经度差正好对应于月球时角，因此月球平衡潮最终化成了观测点纬度、月球赤纬、月球时角的函数。固定观测点位置，地球自转一圈，月球时角变化一个周期，即月球时角的变化速度近似等于地球自转的速度，一天一个周期，而相比于月球时角的变化速度，月球赤纬大约在一个月内才能变化一个周期，属于慢变的量。因此，上式等号右端大括号中第一项仅随月球赤纬变化，属于长周期项，但是月球赤纬的变化周期有多种，有的为半个太阴月，有的更长，最长的为 18.61 a，从公式中还可以看出，在 $\sin^2(\varphi) - \frac{1}{3} = 0$ 的纬度(即南北纬 35.26°)，长周期分潮潮高为 0；第二项表示在一天的时间里基本上变化一个周期，属于全日潮项，

全日潮在纬度 $\varphi = 45°$ 上是最大的，越往赤道和两极越小，在赤道和两极全日潮潮高为0，月球赤纬为0°时，全日潮消失，月球赤纬越高，全日潮越大；第三项表示在一天的时间里基本上变化两个周期，属于半日潮项，半日潮在赤道上是最大的，越往两极越小，在两极半日潮潮高为0。需要指出的是，这是月球平衡潮二阶展开式的直接推论，属于潮汐的静力学范畴，但是，实际的海洋中，海水是流动的，并以波动的形式传播，潮汐的情况要复杂得多。

设 E 为地球质量，我们可以将万有引力常数 μ_0 表示为 $\mu_0 = \dfrac{ga^2}{E}$，如果定义 $G \equiv \dfrac{3}{4}g \times \dfrac{M}{E}\left(\dfrac{a}{\overline{D}}\right)^3 a$ 和 $G_S \equiv \dfrac{3}{4}g\dfrac{S}{E}\left(\dfrac{a}{\overline{D}_S}\right)^3 a$，其中 $\overline{D}$ 为地月平均距离，$\overline{D}_S$ 为日地平均距离，那么上述平衡潮公式可以改写为

$$\overline{\eta}_M = \frac{G}{g}\sum_{n=2}^{\infty}\frac{4}{3}\left(\frac{a}{\overline{D}}\right)^{n-2}\left(\frac{\overline{D}}{D}\right)^{n+1}P_n[\cos(\Theta)] \qquad (2-3-3)$$

$$\overline{\eta}_S = \frac{G_S}{g}\sum_{n=2}^{\infty}\frac{4}{3}\left(\frac{a}{\overline{D}_S}\right)^{n-2}\left(\frac{\overline{D}_S}{D_S}\right)^{n+1}P_n[\cos(\Theta_S)] \qquad (2-3-4)$$

第 3 章　平衡潮的展开

3.1　达尔文展开

首先，我们推导月球平衡潮二阶展开式的达尔文(Darwin)展开。如图 3-1-1 所示，X 为观测点，M 为月球所在的位置，γ 为春分点，γ' 为辅助春分点，$\Theta = \overset{\frown}{MX}$ 为月球天顶距，$T_1 = \overset{\frown}{M_1X_1}$ 为月球时角，$\varphi = \overset{\frown}{XX_1}$ 为观测点地理纬度，$\delta = \overset{\frown}{MM_1}$ 为月球赤纬。

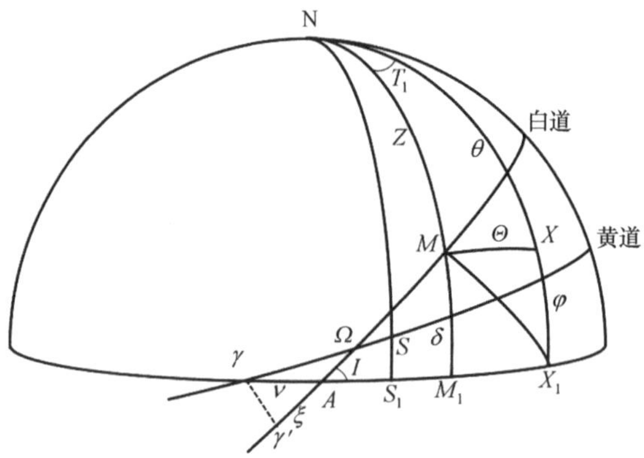

图 3-1-1　达尔文展开各变量几何关系

在球面三角形 ΔMM_1X_1 中，利用边的余弦公式得

$$\cos(\overset{\frown}{MX_1}) = \cos(\delta)\cos(T_1)$$

在球面三角形 ΔMAX_1 中，利用边的余弦公式得

$$\cos(\overset{\frown}{MX_1}) = \cos(\overset{\frown}{AM})\cos(\overset{\frown}{AX_1}) + \sin(\overset{\frown}{AM})\sin(\overset{\frown}{AX_1})\cos(I)$$

于是有

$$\cos(\delta)\cos(T_1) = \cos(\overset{\frown}{AM})\cos(\overset{\frown}{AX_1}) + \sin(\overset{\frown}{AM})\sin(\overset{\frown}{AX_1})\cos(I)$$

在球面三角形 ΔMAM_1 中，利用正弦公式得

$$\sin(\delta) = \sin(\overset{\frown}{AM})\sin(I)$$

在球面三角形 ΔNMX 中，利用边的余弦公式，并结合上两式得

$$\begin{aligned}\cos(\Theta) &= \cos(90° - \delta)\cos(90° - \varphi) + \sin(90° - \delta)\sin(90° - \varphi)\cos(T_1)\\ &= \sin(\delta)\sin(\varphi) + \cos(\delta)\cos(\varphi)\cos(T_1)\\ &= \sin(\delta)\sin(\varphi) + \cos(\delta)\cos(T_1)\cos(\varphi)\\ &= \sin(\overset{\frown}{AM})\sin(I)\sin(\varphi) + [\cos(\overset{\frown}{AM})\cos(\overset{\frown}{AX_1}) + \sin(\overset{\frown}{AM})\sin(\overset{\frown}{AX_1})\cos(I)]\cos(\varphi)\end{aligned}$$

如此，天顶距的余弦 $\cos(\Theta)$ 便化成了观测点地理纬度 φ 、白赤交角 I 、白道上白赤交点到月球的视距离 $\overset{\frown}{AM}$ 、赤道上白赤交点到观测点所在经线与赤道交点的视距离 $\overset{\frown}{AX_1}$ 的函数。进一步地，我们还可以得到，

$$\begin{aligned}\cos^2(\Theta) &= \left[\frac{1}{2} - \frac{3}{2}\sin^2(\varphi)\right]\left[\frac{1}{3} - \frac{1}{2}\sin^2(I)\right]\\ &+ \left[\frac{1}{2} - \frac{3}{2}\sin^2(\varphi)\right]\frac{1}{2}\sin^2(I)\cos(2\overset{\frown}{AM})\\ &+ \frac{1}{2}\sin(2\varphi)\sin(I)\cos^2\left(\frac{I}{2}\right)\sin(2\overset{\frown}{AM} - \overset{\frown}{AX_1})\\ &+ \frac{1}{2}\sin(2\varphi)\sin(I)\sin^2\left(\frac{I}{2}\right)\sin(2\overset{\frown}{AM} + \overset{\frown}{AX_1})\\ &+ \frac{1}{2}\sin(2\varphi)\sin(I)\cos(I)\sin(\overset{\frown}{AX_1})\\ &+ \frac{1}{2}\cos^2(\varphi)\cos^4\left(\frac{I}{2}\right)\cos(2\overset{\frown}{AM} - 2\overset{\frown}{AX_1})\\ &+ \frac{1}{2}\cos^2(\varphi)\sin^4\left(\frac{I}{2}\right)\cos(2\overset{\frown}{AM} + 2\overset{\frown}{AX_1})\\ &+ \frac{1}{4}\cos^2(\varphi)\sin^2(I)\cos(2\overset{\frown}{AX_1})\\ &+ \frac{1}{3}\end{aligned}$$

将上式代入月球平衡潮的二阶展开式中，得

$$\begin{aligned}\bar{\eta}_{2M} &= \frac{3}{2}\frac{M}{E}\frac{a^4}{D^3}\left[\cos^2(\Theta) - \frac{1}{3}\right]\\ &= \frac{3}{4}\frac{M}{E}\frac{a^4}{D^3}[1 - 3\sin^2(\varphi)]\left[\frac{1}{3} - \frac{1}{2}\sin^2(I)\right]\\ &+ \frac{3}{4}\frac{M}{E}\frac{a^4}{D^3}[1 - 3\sin^2(\varphi)]\frac{\sin^2(I)}{2}\cos(2\overset{\frown}{AM})\\ &+ \frac{3}{4}\frac{M}{E}\frac{a^4}{D^3}\sin(2\varphi)\sin(I)\cos^2\left(\frac{I}{2}\right)\cos(2\overset{\frown}{AM} - \overset{\frown}{AX_1} - 90°)\\ &+ \frac{3}{4}\frac{M}{E}\frac{a^4}{D^3}\sin(2\varphi)\sin(I)\sin^2\left(\frac{I}{2}\right)\cos(2\overset{\frown}{AM} + \overset{\frown}{AX_1} - 90°)\end{aligned}$$

$$
\begin{aligned}
&+\frac{3}{4}\frac{M}{E}\frac{a^4}{D^3}\sin(2\varphi)\sin(I)\cos(I)\cos(\widehat{AX_1}-90^\circ)\\
&+\frac{3}{4}\frac{M}{E}\frac{a^4}{D^3}\cos^2(\varphi)\cos^4\left(\frac{I}{2}\right)\cos(2\widehat{AM}-2\widehat{AX_1})\\
&+\frac{3}{4}\frac{M}{E}\frac{a^4}{D^3}\cos^2(\varphi)\sin^4\left(\frac{I}{2}\right)\cos(2\widehat{AM}+2\widehat{AX_1})\\
&+\frac{3}{4}\frac{M}{E}\frac{a^4}{D^3}\cos^2(\varphi)\frac{\sin^2(I)}{2}\cos(2\widehat{AX_1})
\end{aligned}
\tag{3-1-1}
$$

从图 3-1-1 中的几何关系可以看出，$\widehat{\gamma' M}$ 是从辅助春分点 γ' 起算的月球在白道上的真经度，于是有

$$\widehat{AM}=\widehat{\gamma' M}-\xi=s+\varepsilon-\xi \tag{3-1-2}$$

其中，$\widehat{\gamma' M}$ 与从辅助春分点 γ' 起算的月球在白道上的平均经度 s 之间的差为 ε ，即 $\widehat{\gamma' M}-s=\varepsilon$ ，天文学家已经给出了 ε 的计算公式：

$$
\begin{aligned}
\varepsilon=&\ 2e_M\sin(s-p)+\frac{5}{4}e_M^2\sin(2s-2p)+\frac{15}{4}m\cdot e_M\cdot\sin(s-2h-p)\\
&+\frac{11}{8}m^2\cdot\sin(2s-2h)+\cdots
\end{aligned}
$$

其中，$e_M=0.0549$ 为月球轨道偏心率，$m=0.0748$ 是日月在轨道上运行速度之比值，h 是从春分点 γ 起算的太阳在赤道上的平均经度。令 T 为太阳时角，即 $T=S_1X_1$，于是从图上还可以得出如下几何关系：

$$AX_1=T+h-\nu \tag{3-1-3}$$

而太阳时角 T 与格林尼治地方平时 t 和观测点经度 ψ 满足关系：

$$T=15^\circ t-180^\circ+\psi \tag{3-1-4}$$

再注意到地月距离不是常数，天文学家已经给出了瞬时地月距离的计算公式：

$$\frac{\overline{D}}{D}=1+e_M\cos(s-p)+e_M^2\cos(2s-2p)+\frac{15}{8}me_M\cos(s-2h-p)+m^2\cos(2s-2h)+\cdots$$

将上述各公式代入月球平衡潮的二阶展开式中，就得到了月球平衡潮的二阶展开式的达尔文展开。

总结起来，$\overline{\eta}_{2M}$ 一开始只是月球天顶距 Θ 和地月距离 D 的函数 $\overline{\eta}_{2M}(D,\ \Theta)$ ，通过球面三角函数公式推导转变为（D，φ，δ，T_1）的函数，并进一步转变为（D，φ，I，$\widehat{AM}$，$\widehat{AX_1}$）的函数，然后利用基本天文变量表达了 $\widehat{AM}$ 和 $\widehat{AX_1}$ 以及 D ，从而使得 $\overline{\eta}_{2M}$ 转变为（φ，I，s，h，p，ξ，ν，T）的函数，最终考虑到太阳时角 T 与地理经度 ψ 和格林尼治地方平时 t 的关系，将 $\overline{\eta}_{2M}$ 转变为（φ，I，s，h，p，ξ，ν，t，ψ）的函数，即

$$\begin{aligned}\overline{\eta}_{2M}(D, \Theta) &= \overline{\eta}_{2M}(D, \varphi, \delta, T_1)\\ &= \overline{\eta}_{2M}(D, \varphi, I, \overset{\frown}{AM}, \overset{\frown}{AX_1})\\ &= \overline{\eta}_{2M}(\varphi, I, s, h, p, \xi, \nu, T)\\ &= \overline{\eta}_{2M}(\varphi, I, s, h, p, \xi, \nu, t, \psi)\end{aligned}$$

同理，还可以推导月球平衡潮三阶等高阶展开式的达尔文展开，此处略去。

其次，再来看看太阳平衡潮二阶展开式的达尔文展开，在球面三角形 ΔSS_1X_1 中，利用边的余弦公式得

$$\cos(\overset{\frown}{SX_1}) = \cos(\overset{\frown}{SS_1})\cos(T)$$

在球面三角形 $\Delta S\gamma X_1$ 中，利用边的余弦公式得

$$\cos(\overset{\frown}{SX_1}) = \cos(\overset{\frown}{\gamma S})\cos(\overset{\frown}{\gamma X_1}) + \sin(\overset{\frown}{\gamma S})\sin(\overset{\frown}{\gamma X_1})\cos(\omega)$$

于是有

$$\cos(\overset{\frown}{SS_1})\cos(T) = \cos(\overset{\frown}{\gamma S})\cos(\overset{\frown}{\gamma X_1}) + \sin(\overset{\frown}{\gamma S})\sin(\overset{\frown}{\gamma X_1})\cos(\omega)$$

在球面三角形 $\Delta S\gamma S_1$ 中，利用正弦公式得

$$\sin(\overset{\frown}{SS_1}) = \sin(\overset{\frown}{\gamma S})\sin(\omega)$$

在球面三角形 ΔNSX 中，利用边的余弦公式，并结合上两式得

$$\begin{aligned}\cos(\Theta_S) &= \cos(90° - \overset{\frown}{SS_1})\cos(90° - \varphi) + \sin(90° - \overset{\frown}{SS_1})\sin(90° - \varphi)\cos(T)\\ &= \sin(\overset{\frown}{SS_1})\sin(\varphi) + \cos(\overset{\frown}{SS_1})\cos(\varphi)\cos(T)\\ &= \sin(\overset{\frown}{SS_1})\sin(\varphi) + \cos(\overset{\frown}{SS_1})\cos(T)\cos(\varphi)\\ &= \sin(\overset{\frown}{\gamma S})\sin(\omega)\sin(\varphi) + [\cos(\overset{\frown}{\gamma S})\cos(\overset{\frown}{\gamma X_1}) + \sin(\overset{\frown}{\gamma S})\sin(\overset{\frown}{\gamma X_1})\cos(\omega)]\cos(\varphi)\end{aligned}$$

如此，天顶距的余弦 $\cos(\Theta_S)$ 便化成了观测点地理纬度 φ 、黄赤交角 ω 、黄道上从春分点 γ 起算的太阳的真经度 $\overset{\frown}{\gamma S}$ 、赤道上从春分点 γ 到观测点所在经线与赤道交点的视距离 $\overset{\frown}{\gamma X_1}$ 的函数。于是，太阳平衡潮的二阶展开式为

$$\begin{aligned}\overline{\eta}_{2S} &= \frac{3}{2}\frac{S}{E}\frac{a^4}{D_S^3}\left[\cos^2(\Theta_S) - \frac{1}{3}\right]\\ &= \frac{3}{4}\frac{S}{E}\frac{a^4}{D_S^3}[1 - 3\sin^2(\varphi)]\left[\frac{1}{3} - \frac{1}{2}\sin^2(\omega)\right]\\ &\quad + \frac{3}{4}\frac{S}{E}\frac{a^4}{D_S^3}[1 - 3\sin^2(\varphi)]\frac{\sin^2(\omega)}{2}\cos(2\overset{\frown}{\gamma S})\\ &\quad + \frac{3}{4}\frac{S}{E}\frac{a^4}{D_S^3}\sin(2\varphi)\sin(\omega)\cos^2\left(\frac{\omega}{2}\right)\cos(2\overset{\frown}{\gamma S} - \overset{\frown}{\gamma X_1} - 90°)\end{aligned}$$

$$+\frac{3}{4}\frac{S}{E}\frac{a^4}{D_S^3}\sin(2\varphi)\sin(\omega)\sin^2\left(\frac{\omega}{2}\right)\cos(2\,\widehat{\gamma S}+\widehat{\gamma X_1}-90°)$$

$$+\frac{3}{4}\frac{S}{E}\frac{a^4}{D_S^3}\sin(2\varphi)\sin(\omega)\cos(\omega)\cos(\widehat{\gamma X_1}-90°)$$

$$+\frac{3}{4}\frac{S}{E}\frac{a^4}{D_S^3}\cos^2(\varphi)\cos^4\left(\frac{\omega}{2}\right)\cos(2\,\widehat{\gamma S}-2\,\widehat{\gamma X_1})$$

$$+\frac{3}{4}\frac{S}{E}\frac{a^4}{D_S^3}\cos^2(\varphi)\sin^4\left(\frac{\omega}{2}\right)\cos(2\,\widehat{\gamma S}+2\,\widehat{\gamma X_1})$$

$$+\frac{3}{4}\frac{S}{E}\frac{a^4}{D_S^3}\cos^2(\varphi)\frac{\sin^2(\omega)}{2}\cos(2\,\widehat{\gamma X_1}) \tag{3-1-5}$$

天文学家已经给出了 $\widehat{\gamma S}$ 的计算公式

$$\widehat{\gamma S}=h+2e_S\sin(h-p_S)+\frac{5}{4}e_S^2\sin(2h-2p_S)$$

其中，$e_S=0.016\,75$ 为地球轨道偏心率，p_S 是从春分点 γ 起算的太阳近地点的平均经度。$\widehat{\gamma X_1}$ 则比较简单，为

$$\widehat{\gamma X_1}=T+h \tag{3-1-6}$$

再注意到日地距离不是常数，天文学家已经给出了瞬时日地距离的计算公式

$$\frac{\overline{D}_S}{D_S}=1+e_S\cos(h-p_S)+e_S^2\cos(2h-2p_S)+\cdots$$

将上述各公式代入太阳平衡潮的二阶展开式中，就得到了太阳平衡潮的二阶展开式的达尔文展开。

总结起来，$\overline{\eta}_{2S}$ 一开始只是太阳天顶距 Θ_S 和日地距离 D_S 的函数 $\overline{\eta}_{2S}(D_S,\Theta_S)$，通过球面三角函数公式推导转变为 $(D_S,\varphi,\widehat{SS_1},T)$ 的函数，并进一步转变为 $(D_S,\varphi,\widehat{\gamma S},\widehat{\gamma X_1})$ 的函数，然后利用基本天文变量表达了 $\widehat{\gamma S}$ 和 $\widehat{\gamma X_1}$ 以及 D_S，从而使 $\overline{\eta}_{2S}$ 转变为 (φ,h,p_S,T) 的函数，最终考虑到太阳时角 T 与地理经度 ψ 和格林尼治地方平时 t 的关系，将 $\overline{\eta}_{2S}$ 转变为 (φ,h,p_S,t,ψ) 的函数，即

$$\begin{aligned}\overline{\eta}_{2S}(D_S,\Theta_S)&=\overline{\eta}_{2S}(D_S,\varphi,\widehat{SS_1},T)\\&=\overline{\eta}_{2S}(D_S,\varphi,\widehat{\gamma S},\widehat{\gamma X_1})\\&=\overline{\eta}_{2S}(\varphi,h,p_S,T)\\&=\overline{\eta}_{2S}(\varphi,h,p_S,t,\psi)\end{aligned}$$

其中，由于黄赤交角 ω 比较稳定，可以当作常数，因此未列到自变量当中。同理，还可以推导太阳平衡潮三阶等高阶展开式的达尔文展开，此处略去。

综合月球和太阳平衡潮的达尔文展开，二阶平衡潮 $\overline{\eta}_2$ 乃至高阶平衡潮基本上可以写成 $(\varphi, I, s, h, p, p_S, \xi, \nu, t, \psi)$ 的函数形式，写成通式为

$$\overline{\eta} = \frac{G}{g}\sum_i G_1^i(\varphi)G_2^i(I)\cos(n_1^iT + n_2^is + n_3^ih + n_4^ip + n_5^ip_S + \Delta'^i + n'^i_1\xi + n'^i_2\nu)$$

其中，$G_1^i(\varphi)$ 是地理纬度的函数部分，$G_2^i(I)$ 是轨道参数部分，s、h、p 和 p_S 的含义参见附录1，在上面的推导中也有所阐述。n_1^i、n_2^i、n_3^i、n_4^i 和 n_5^i 分别是达尔文展开中 T、s、h、p 和 p_S 的系数，Δ'^i 是一角度，ξ 是辅助春分点 γ' 到白赤交点的弧长，ν 是春分点 γ 到白赤交点的弧长，n'^i_1 和 n'^i_2 分别是达尔文展开中 ξ 和 ν 的系数。上角标 i 代表第 i 个分潮，也就是说，达尔文展开将太阳和月球的平衡潮展开成若干分潮相叠加的形式，每个分潮都是简单的三角函数形式的振荡(或者说是简谐振荡)，其振幅都会随地理纬度和轨道参数变化。T、s、h、p 和 p_S 随时间是线性变化的，而 ξ 和 ν 具有三角函数的变化形式。于是可以将相角分为线性变化部分和非线性变化部分，

$$\begin{aligned}
& n_1^iT + n_2^is + n_3^ih + n_4^ip + n_5^ip_S + \Delta'^i + n'^i_1\xi + n'^i_2\nu \\
&\quad = (n_1^i\,15° + n_2^i\sigma_s + n_3^i\sigma_h + n_4^i\sigma_p + n_5^i\sigma_{pS})\cdot t \\
&\qquad + (-180°n_1^i + n_2^is_0 + n_3^ih_0 + n_4^ip_0 + n_5^ip_{S\,0} + \Delta'^i) \\
&\qquad + n_1^i\psi + (n'^i_1\xi + n'^i_2\nu) \\
&\quad = (n_1^i\,15° + n_2^i\sigma_s + n_3^i\sigma_h + n_4^i\sigma_p + n_5^i\sigma_{pS})\cdot t \\
&\qquad + (180°n_1^i + n_2^is_0 + n_3^ih_0 + n_4^ip_0 + n_5^ip_{S\,0} + \Delta'^i) \\
&\qquad + n_1^i\psi + (n'^i_1\xi + n'^i_2\nu) \\
&\quad = \sigma_it + V_{0_i} + n_1^i\psi + u_i
\end{aligned}$$

其中，

分潮角频率：$\sigma_i = n_1^i\,15° + n_2^i\sigma_s + n_3^i\sigma_h + n_4^i\sigma_p + n_5^i\sigma_{pS}$

天文初位相：$V_{0_i} = 180°n_1^i + n_2^is_0 + n_3^ih_0 + n_4^ip_0 + n_5^ip_{S_0} + \Delta'^i$

订正角：$u_i = n'^i_1\xi + n'^i_2\nu$，$\xi$ 和 ν 的计算公式为①

$$\begin{cases}\xi = 11°.87\sin(N) - 1°.34\sin(2N) + 0°.19\sin(3N) \\ \nu = 12°.94\sin(N) - 1°.34\sin(2N) + 0°.19\sin(3N)\end{cases}$$

3.2 达尔文展开交点因子 *f* 和订正角 *u* 的计算

上一节我们得到了达尔文展开的通式

$$\overline{\eta} = \frac{G}{g}\sum_i G_1^i(\varphi)G_2^i(I)\cos(n_1^iT + n_2^is + n_3^ih + n_4^ip + n_5^ip_S + \Delta'^i + n'^i_1\xi + n'^i_2\nu)$$

① 本书中“°”写在整数部分。

$$= \frac{G}{g} \sum_i G_1^i(\varphi) G_2^i(I) \cos(\sigma_i t + V_{0i} + n_1^i \psi + u_i)$$

振幅中包含了轨道参数部分 $G_2^i(I)$ ，它是随时间缓慢变化的，在相角中包含了非线性的订正角 $u_i = n'^i_1 \xi + n'^i_2 \nu$ ，它也是随时间缓慢变化的。我们首先可以将振幅部分改写一下

$$\frac{G}{g} G_1^i(\varphi) G_2^i(I) = \frac{\frac{G}{g} G_1^i(\varphi) G_2^i(I)}{E_{18.61}\left[\frac{G}{g} G_1^i(\varphi) G_2^i(I) \cos(u_i)\right]} E_{18.61}\left[\frac{G}{g} G_1^i(\varphi) G_2^i(I) \cos(u_i)\right]$$

其中，$E_{18.61}[\bullet]$ 表示 18.61 a 的平均值，如果定义分潮的相对平均系数为

$$\overline{H}'_i \equiv E_{18.61}[G_2^i(I) \cos(u_i)]$$

那么可以定义分潮平均振幅(或平均系数)

$$\overline{H}_i \equiv E_{18.61}\left[\frac{G}{g} G_1^i(\varphi) G_2^i(I) \cos(u_i)\right] = \frac{G}{g} G_1^i(\varphi) E_{18.61}[G_2^i(I) \cos(u_i)] = \frac{G}{g} G_1^i(\varphi) \overline{H}'_i$$

而分潮的交点因子则被定义为

$$f_i \equiv \frac{\frac{G}{g} G_1^i(\varphi) G_2^i(I)}{E_{18.61}\left[\frac{G}{g} G_1^i(\varphi) G_2^i(I) \cos(u_i)\right]} = \frac{G_2^i(I)}{E_{18.61}[G_2^i(I) \cos(u_i)]}$$

通过推导，我们可以发现，交点因子 f_i 和订正角 u_i 最终均可推导为以 N (从春分点 γ 起算的月球升交点 Ω 在黄道上的平均经度)为变量的函数公式，以方便计算，于是交点因子 f_i 和订正角 u_i 的通式为

$$\begin{cases} f_i = f_0^i + f_1^i \cos(N) + f_2^i \cos(2N) + f_3^i \cos(3N) \\ u_i = u_1^i \sin(N) + u_2^i \sin(2N) + u_3^i \sin(3N) \end{cases}$$

上式中有关 N 的三角函数前面的系数可以通过查表获得。达尔文展开的通式最终可以表达为

$$\begin{aligned} \overline{\eta}(\psi, \varphi, t) &= \frac{G}{g} \sum_i G_1^i(\varphi) f_i \overline{H}'_i \cos(\sigma_i t + V_{0_i} + n_1^i \psi + u_i) \\ &= \sum_i f_i \overline{H}_i \cos(\sigma_i t + V_{0_i} + n_1^i \psi + u_i) \end{aligned}$$

3.3 杜德森展开

上述达尔文展开中使用的月球运动公式不太准确，为了得到尽量准确的结果，杜德森(Doodson)采用了更为准确的布朗(Brown)月理。布朗月理给出了月球黄经和黄纬以及地月距离的纯调和表达式，因此平衡潮的纯调和展开式很容易从布朗月理中导出。由附录 3 中的数学物理方程的球函数的加法公式，我们知道

$$P_n[\cos(\Theta)]=\frac{4\pi}{2n+1}\sum_{m=0}^{n}A_m[U_n^m(\theta,\ \psi)U_n^m(Z,\ L)+V_n^m(\theta,\ \psi)V_n^m(Z,\ L)]$$
$$=\frac{4\pi}{2n+1}\sum_{m=0}^{n}A_m[U_n^m(\theta,\ 0)U_n^m(Z,\ -T_1)+V_n^m(\theta,\ 0)V_n^m(Z,\ -T_1)]$$
$$=\frac{4\pi}{2n+1}\sum_{m=0}^{n}A_mU_n^m(\theta,\ 0)U_n^m(Z,\ -T_1)$$
$$=\sum_{m=0}^{n}A_m\frac{(n-m)!}{(n+m)!}P_n^m[\cos(\theta)]P_n^m[\cos(Z)]\cos(mT_1)$$

其中，

$$\begin{cases}A_m=1 & m=0\\ A_m=2 & m\neq 0\end{cases}$$

式中，Z 为月球的余赤纬，θ 为地理余纬度，其与地理纬度 φ 的关系为 $\varphi+\theta=90°$，L 和 ψ 分别是从格林尼治子午线起算的月球和观测点的陆地东经，T_1 是月球时角。将上述公式代入到月球平衡潮公式(2-3-3)中，得

$$\bar{\eta}_M=\frac{G}{g}\sum_{n=2}^{\infty}\frac{4}{3}\left(\frac{a}{\bar{D}}\right)^{n-2}\left(\frac{\bar{D}}{D}\right)^{n+1}\sum_{m=0}^{n}A_m\frac{(n-m)!}{(n+m)!}P_n^m[\cos(\theta)]P_n^m[\cos(Z)]\cos(mT_1)$$
$$=\frac{G}{g}\sum_{n=2}^{\infty}\frac{4}{3}\left(\frac{a}{\bar{D}}\right)^{n-2}\left(\frac{\bar{D}}{D}\right)^{n+1}\sum_{m=0}^{n}A_m\frac{(n-m)!}{(n+m)!}P_n^m[\sin(\varphi)]P_n^m[\cos(Z)]\cos(mT_1)$$

注意到缔合勒让德函数 $P_n^m(\bullet)$ 的具体形式，如果对于 $n=2$ 的缔合勒让德函数取

$$\begin{cases}G_2^0(\varphi)=G\left[\frac{1}{2}-\frac{3}{2}\sin^2(\varphi)\right]\\ G_2^1(\varphi)=G\sin(2\varphi)\\ G_2^2(\varphi)=G\cos^2(\varphi)\end{cases}\qquad\begin{cases}H_2^0=\frac{2}{3}-2\cos^2(Z)\\ H_2^1=\sin(2Z)\cos(T_1)\\ H_2^2=\sin^2(Z)\cos(2T_1)\end{cases}$$

对于 $n=3$ 的缔合勒让德函数取

$$\begin{cases}G_3^0(\varphi)=1.118\,03G\sin(\varphi)[3-5\sin^2(\varphi)]\\ G_3^1(\varphi)=0.726\,18G\cos(\varphi)[1-5\sin^2(\varphi)]\\ G_3^2(\varphi)=2.598\,08G\sin(\varphi)\cos^2(\varphi)\\ G_3^3(\varphi)=G\cos^3(\varphi)\end{cases}\qquad\begin{cases}H_3^0=\cos(Z)[3-5\cos^2(Z)]\\ H_3^1=\sin(Z)[1-5\cos^2(Z)]\cos(T_1)\\ H_3^2=\sin^2(Z)\cos(Z)\cos(2T_1)\\ H_3^3=\sin^3(Z)\cos(3T_1)\end{cases}$$

那么月球平衡潮的二阶和三阶展开式可以写成

$$\begin{cases}\bar{\eta}_{2M}=\frac{1}{g}\left(\frac{\bar{D}}{D}\right)^3(G_2^0H_2^0+G_2^1H_2^1+G_2^2H_2^2)\\ \bar{\eta}_{3M}=\frac{1}{g}\left(\frac{\bar{D}}{D}\right)^4(0.004\,947G_3^0H_3^0+0.011\,425G_3^1H_3^1+0.031\,935G_3^2H_3^2+0.0138\,28G_3^3H_3^3)\end{cases}$$

如图 3-3-1 所示，M 代表月球，X 代表观测点，$\angle\gamma PM=90°$，$\overset{\frown}{\gamma P}$ 就是月球黄经，$\overset{\frown}{PM}$

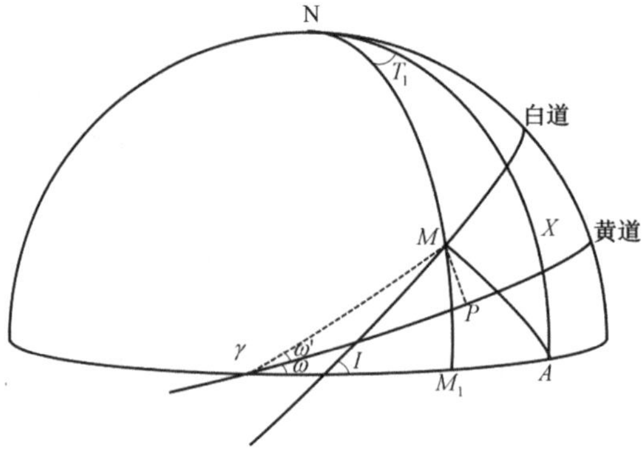

图 3-3-1 杜德森展开各变量几何关系

就是月球黄纬，在球面三角形 ΔNMA 中，利用边的余弦公式，得

$$\cos(\overset{\frown}{MA}) = \cos(Z)\cos(90°) + \sin(Z)\sin(90°)\cos(T_1) = \sin(Z)\cos(T_1)$$

于是有

$$\begin{cases} H_2^0 = \dfrac{2}{3} - 2\cos^2(Z) \\ H_2^1 = 2\cos(Z)\cos(\overset{\frown}{MA}) \\ H_2^2 = 2\cos^2(\overset{\frown}{MA}) - \sin^2(Z) \end{cases}$$

$$\begin{cases} H_3^0 = \cos(Z)\,[3 - 5\cos^2(Z)] \\ H_3^1 = \cos(\overset{\frown}{MA})[1 - 5\cos^2(Z)] \\ H_3^2 = \cos(Z)\,[2\cos^2(\overset{\frown}{MA}) - \sin^2(Z)] \\ H_3^3 = \cos(\overset{\frown}{MA})[4\cos^2(\overset{\frown}{MA}) - 3\sin^2(Z)] \end{cases}$$

在球面三角形 $\Delta\gamma MM_1$ 中，利用正弦公式，得

$$\frac{\sin(\overset{\frown}{MM_1})}{\sin(\omega' + \omega)} = \frac{\sin(\overset{\frown}{\gamma M})}{\sin(90°)} = \sin(\overset{\frown}{\gamma M})$$

即

$$\sin(\overset{\frown}{MM_1}) = \sin(\omega' + \omega)\sin(\overset{\frown}{\gamma M}) \qquad (3-3-1)$$

注意到

$$\cos(Z) = \sin(\overset{\frown}{MM_1})$$

于是有

$$\cos(Z) = \sin(\overset{\frown}{\gamma M})\sin(\omega' + \omega)$$

$$= \sin(\overset{\frown}{\gamma M})\sin(\omega')\cos(\omega) + \sin(\overset{\frown}{\gamma M})\cos(\omega')\sin(\omega) \tag{3-3-2}$$

在球面三角形 $\Delta M\gamma P$ 中，利用正弦公式，得

$$\frac{\sin(\overset{\frown}{PM})}{\sin(\omega')} = \frac{\sin(\overset{\frown}{\gamma P})}{\sin(\angle \gamma MP)} = \frac{\sin(\overset{\frown}{\gamma M})}{\sin(90°)} = \sin(\overset{\frown}{\gamma M})$$

于是有

$$\sin(\overset{\frown}{\gamma P}) = \sin(\angle \gamma MP)\sin(\overset{\frown}{\gamma M}) \tag{3-3-3}$$

$$\sin(\overset{\frown}{PM}) = \sin(\omega')\sin(\overset{\frown}{\gamma M}) \tag{3-3-4}$$

利用边的余弦公式，得

$$\cos(\overset{\frown}{\gamma M}) = \cos(\overset{\frown}{PM})\cos(\overset{\frown}{\gamma P}) + \sin(\overset{\frown}{PM})\sin(\overset{\frown}{\gamma P})\cos(90°) = \cos(\overset{\frown}{PM})\cos(\overset{\frown}{\gamma P}) \tag{3-3-5}$$

$$\cos(\overset{\frown}{PM}) = \cos(\overset{\frown}{\gamma P})\cos(\overset{\frown}{\gamma M}) + \sin(\overset{\frown}{\gamma P})\sin(\overset{\frown}{\gamma M})\cos(\omega') \tag{3-3-6}$$

式(3-3-6)两端乘以 $\sin(\angle \gamma MP)$，并利用式(3-3-5)和式(3-3-3)，得

$$\begin{aligned}
&\cos(\overset{\frown}{PM})\sin(\angle \gamma MP)\\
&= \cos(\overset{\frown}{\gamma P})\cos(\overset{\frown}{\gamma M})\sin(\angle \gamma MP) + \sin(\overset{\frown}{\gamma P})\sin(\overset{\frown}{\gamma M})\cos(\omega')\sin(\angle \gamma MP)\\
&= \cos^2(\overset{\frown}{\gamma P})\cos(\overset{\frown}{PM})\sin(\angle \gamma MP) + \sin^2(\overset{\frown}{\gamma P})\cos(\omega')
\end{aligned}$$

即

$$\cos(\overset{\frown}{PM})\sin(\angle \gamma MP) = \cos(\omega') \tag{3-3-7}$$

将式(3-3-4)和式(3-3-7)代入式(3-3-2)，并利用式(3-3-3)，得

$$\begin{aligned}
\cos(Z) &= \sin(\overset{\frown}{PM})\cos(\omega) + \sin(\overset{\frown}{\gamma M})\cos(\overset{\frown}{PM})\sin(\angle \gamma MP)\sin(\omega)\\
&= \sin(\overset{\frown}{PM})\cos(\omega) + \sin(\overset{\frown}{\gamma P})\cos(\overset{\frown}{PM})\sin(\omega)
\end{aligned} \tag{3-3-8}$$

在球面三角形 $\Delta M\gamma A$ 中，利用边的余弦公式，并综合利用式(3-3-3)、式(3-3-4)、式(3-3-5)和式(3-3-7)，得

$$\begin{aligned}
\cos(\overset{\frown}{MA}) &= \cos(\overset{\frown}{\gamma M})\cos(\overset{\frown}{\gamma A}) + \sin(\overset{\frown}{\gamma M})\sin(\overset{\frown}{\gamma A})\cos(\omega' + \omega)\\
&= \cos(\overset{\frown}{PM})\cos(\overset{\frown}{\gamma P})\cos(\overset{\frown}{\gamma A}) + \sin(\overset{\frown}{\gamma M})\sin(\overset{\frown}{\gamma A})[\cos(\omega')\cos(\omega) - \sin(\omega')\sin(\omega)]\\
&= \cos(\overset{\frown}{PM})\cos(\overset{\frown}{\gamma P})\cos(\overset{\frown}{\gamma A})\\
&\quad + [\sin(\overset{\frown}{\gamma M})\cos(\overset{\frown}{PM})\sin(\angle \gamma MP)\cos(\omega) - \sin(\overset{\frown}{\gamma M})\sin(\omega')\sin(\omega)]\sin(\overset{\frown}{\gamma A})\\
&= \cos(\overset{\frown}{PM})\cos(\overset{\frown}{\gamma P})\cos(\overset{\frown}{\gamma A}) + [\sin(\overset{\frown}{\gamma P})\cos(\overset{\frown}{PM})\cos(\omega) - \sin(\overset{\frown}{PM})\sin(\omega)]\sin(\overset{\frown}{\gamma A})
\end{aligned} \tag{3-3-9}$$

利用式(3-3-8)和式(3-3-9)，就可以将月球引潮势的二阶和三阶展开式展开成月球

黄经 $\overset{\frown}{\gamma P}$ 和月球黄纬 $\overset{\frown}{PM}$ 以及春分点 γ 到观测点所在经线与赤道交点的视距离 $\overset{\frown}{\gamma A}$ 的函数。如果 t 是格林尼治地方平时，于是有，

$$\overset{\frown}{\gamma A} = 15°t + h - 180° + \psi$$

令 τ 是地方平太阴时角，则有

$$\tau = \overset{\frown}{\gamma A} - s + 180° = 15°t - s + h + \psi$$

总结起来，$\bar{\eta}_M$ 一开始只是月球天顶距 Θ 和地月距离 D 的函数 $\bar{\eta}_M(D, \Theta)$，通过球函数加法公式推导转变为 (D, φ, Z, T_1) 的函数，并采用球面三角边的余弦公式转变为 $(D, \varphi, Z, \overset{\frown}{MA})$ 的函数，进一步采用球面三角形的公式转变为月球黄经 $\overset{\frown}{\gamma P}$ 和月球黄纬 $\overset{\frown}{PM}$ 以及春分点 γ 到观测点所在经线与赤道交点的视距离 $\overset{\frown}{\gamma A}$ 等变量的函数形式，即 $(D, \varphi, Z, \overset{\frown}{PM}, \overset{\frown}{\gamma P}, \overset{\frown}{\gamma A})$ 的函数形式，然后利用基本天文变量表达了 Z、$\overset{\frown}{PM}$、$\overset{\frown}{\gamma P}$、$\overset{\frown}{\gamma A}$ 和 D，从而使 $\bar{\eta}_M$ 转变为 $(\varphi, \tau, s, h, p, N', p_S)$ 的函数，最终考虑到地方平太阴时角 τ 与地理经度 ψ 和格林尼治地方平时 t 的关系，将 $\bar{\eta}_M$ 转变为 $(\varphi, t, s, h, p, N', p_S, \psi)$ 的函数，即

$$\begin{aligned}\bar{\eta}_M(D, \Theta) &= V_M(D, \varphi, Z, T_1)\\ &= \bar{\eta}_M(D, \varphi, Z, \overset{\frown}{MA})\\ &= \bar{\eta}_M(D, \varphi, Z, \overset{\frown}{PM}, \overset{\frown}{\gamma P}, \overset{\frown}{\gamma A})\\ &= \bar{\eta}_M(\varphi, \tau, s, h, p, N', p_S)\\ &= \bar{\eta}_M(\varphi, t, s, h, p, N', p_S, \psi)\end{aligned}$$

太阳引潮势的展开较简单，由于太阳的黄纬等于0°，而不必展开，太阳经度的展开也只有几项。

杜德森对月球、太阳引潮势的展开结果，去掉了许多小量项，保留386项，每一项称为一个分潮，均可以写成 $(\varphi, t, s, h, p, N', p_S, \psi)$ 的函数形式，综合月球和太阳平衡潮的杜德森展开，写成通式为

$$\begin{aligned}\bar{\eta} = &\frac{1}{g}G_2^0(\varphi)\sum_i A_2^i\cos(n_1^i\tau + n_2^i s + n_3^i h + n_4^i p + n_5^i N' + n_6^i p_S)\\ &+ \frac{1}{g}G_3^0(\varphi)\sum_i B_3^i\sin(n_1^i\tau + n_2^i s + n_3^i h + n_4^i p + n_5^i N' + n_6^i p_S)\\ &+ \frac{1}{g}G_2^1(\varphi)\sum_i B_2^i\sin(n_1^i\tau + n_2^i s + n_3^i h + n_4^i p + n_5^i N' + n_6^i p_S)\\ &+ \frac{1}{g}G_3^1(\varphi)\sum_i A_3^i\cos(n_1^i\tau + n_2^i s + n_3^i h + n_4^i p + n_5^i N' + n_6^i p_S)\\ &+ \frac{1}{g}G_2^2(\varphi)\sum_i A_2^i\cos(n_1^i\tau + n_2^i s + n_3^i h + n_4^i p + n_5^i N' + n_6^i p_S)\end{aligned}$$

$$+\frac{1}{g}G_3^2(\varphi)\sum_i B_3^i\sin(n_1^i\tau+n_2^i s+n_3^i h+n_4^i p+n_5^i N'+n_6^i p_S)$$

$$+\frac{1}{g}G_3^3(\varphi)\sum_i A_3^i\cos(n_1^i\tau+n_2^i s+n_3^i h+n_4^i p+n_5^i N'+n_6^i p_S)$$

A 是的 cos(•) 系数，B 是的 sin(•) 系数，下角标 2 代表二阶项(即 $n=2$ 的缔合勒让德函数)展开的结果，下角标 3 代表三阶项($n=3$ 的缔合勒让德函数)展开的结果。将上述的展开通式中的正弦函数统一转化为余弦函数，得

$$\begin{aligned}\bar{\eta}=&\frac{1}{g}G_2^0(\varphi)\sum_i A_2^i\cos(n_1^i\tau+n_2^i s+n_3^i h+n_4^i p+n_5^i N'+n_6^i p_S)\\&+\frac{1}{g}G_3^0(\varphi)\sum_i B_3^i\cos(n_1^i\tau+n_2^i s+n_3^i h+n_4^i p+n_5^i N'+n_6^i p_S+270^\circ)\\&+\frac{1}{g}G_2^1(\varphi)\sum_i B_2^i\cos(n_1^i\tau+n_2^i s+n_3^i h+n_4^i p+n_5^i N'+n_6^i p_S+270^\circ)\\&+\frac{1}{g}G_3^1(\varphi)\sum_i A_3^i\cos(n_1^i\tau+n_2^i s+n_3^i h+n_4^i p+n_5^i N'+n_6^i p_S)\\&+\frac{1}{g}G_2^2(\varphi)\sum_i A_2^i\cos(n_1^i\tau+n_2^i s+n_3^i h+n_4^i p+n_5^i N'+n_6^i p_S)\\&+\frac{1}{g}G_3^2(\varphi)\sum_i B_3^i\cos(n_1^i\tau+n_2^i s+n_3^i h+n_4^i p+n_5^i N'+n_6^i p_S+270^\circ)\\&+\frac{1}{g}G_3^3(\varphi)\sum_i A_3^i\cos(n_1^i\tau+n_2^i s+n_3^i h+n_4^i p+n_5^i N'+n_6^i p_S)\end{aligned}$$

其中，$G_n^m(\varphi)$ 是地理纬度的函数部分，s 、h 、p 、N' 和 p_S 的含义参见附录 1，在上面的推导中也阐述过。n_1^i、n_2^i、n_3^i、n_4^i、n_5^i 和 n_6^i 分别是杜德森展开中 τ 、s 、h 、p 、N' 和 p_S 的系数。上角标 i 代表第 i 个分潮，也就是说，杜德森展开将太阳和月球的平衡潮展开成若干分潮相叠加的形式，每个分潮都是简单的三角函数形式的振荡(或者说是简谐振荡)，其振幅都会随地理纬度变化。τ 、s 、h 、p 、N' 和 p_S 随时间是线性变化的，相角可以进一步化为如下形式

$$\begin{aligned}&n_1^i\tau+n_2^i s+n_3^i h+n_4^i p+n_5^i N'+n_6^i p_S+\Delta^i\\&\quad=n_1^i(15^\circ t-s+h+\psi)+n_2^i s+n_3^i h+n_4^i p+n_5^i N'+n_6^i p_S+\Delta^i\\&\quad=n_1^i(15^\circ t+\psi)+(n_2^i-n_1^i)s+(n_3^i+n_1^i)h+n_4^i p+n_5^i N'+n_6^i p_S+\Delta^i\\&\quad=n_1^i(15^\circ t+\psi)+(n_2^i-n_1^i)(\sigma_s t+s_0)+(n_3^i+n_1^i)(\sigma_h t+h_0)\\&\qquad+n_4^i(\sigma_p t+p_0)+n_5^i(\sigma_{N'}t+N'_0)+n_6^i(\sigma_{pS}t+p_{S0})+\Delta^i\\&\quad=[n_1^i\,15^\circ+(n_2^i-n_1^i)\sigma_s+(n_3^i+n_1^i)\sigma_h+n_4^i\sigma_p+n_5^i\sigma_{N'}+n_6^i\sigma_{pS}]\cdot t+n_1^i\psi\\&\qquad+[(n_2^i-n_1^i)s_0+(n_3^i+n_1^i)h_0+n_4^i p_0+n_5^i N'_0+n_6^i p_{S0}+\Delta^i]\\&\quad=\sigma_i t+V_{0_i}+n_1^i\psi\end{aligned}$$

其中，

分潮角频率：$\sigma_i = n_1^i 15° + (n_2^i - n_1^i)\sigma_s + (n_3^i + n_1^i)\sigma_h + n_4^i\sigma_p + n_5^i\sigma_{N'} + n_6^i\sigma_{PS}$

天文初位相：$V_{0_i} = (n_2^i - n_1^i)s_0 + (n_3^i + n_1^i)h_0 + n_4^i p_0 + n_5^i N'_0 + n_6^i p_{S0} + \Delta^i$

式中，$\Delta^i = 90°$ 或180° 或270°。

对于杜德森展开，我们需要学会查附表 1 获得平衡潮的杜德森的展开式。幅角数表示各分潮的相角：幅角数第 1 位是 n_1，第 2~6 位是 n_2~ n_6 各个数字加 5，-6 用 L 表示，-5 用 O 表示，5 用 X 表示，6 用 E 表示。幅角数第 1 位相同的各个分潮组成一个分潮族；幅角数前 2 位相同的各个分潮组成一个分潮群；幅角数前 3 位相同的各个分潮组成一个分潮组，具有相同的分潮数。于是杜德森展开的通式可以写为

$$\bar{\eta}(\psi,\ \varphi,\ t) = \frac{1}{g}\sum_i G^i(\varphi)\overline{H}'_i\cos(\sigma_i t + V_{0_i} + n_1^i\psi)$$

其中，

$$\overline{H}'_i = A_2 \text{ 或 } B_3 \text{ 或 } A_3 \text{ 或 } B_2$$

$$G^i(\varphi) = G_2^0(\varphi) \text{ 或 } G_2^1(\varphi) \text{ 或 } G_2^2(\varphi) \text{ 或 } G_3^0(\varphi) \text{ 或 } G_3^1(\varphi) \text{ 或 } G_3^2(\varphi) \text{ 或 } G_3^3(\varphi)。$$

3.4 杜德森展开交点因子 *f* 和订正角 *u* 的计算

在实际的水位分析中，如果要分析一年的逐时水位资料，则要求待分析的分潮之间的频率间隔满足 $\Delta\sigma \geq 0°.041/\text{h}$（参见附录 4 的瑞利准则），否则将无法使用一年的逐时水位资料将这些分潮严格区分出来。但是杜德森展开分辨率很高，每个分潮均是单一频率的振荡，相邻两个分潮的频率间隔不能满足上述要求，因此，需要将分潮相角中 τ 、s 、h 的系数相同且地理因子相同的各个分潮（即同一分潮组）合并成一个分潮。严格地说，合并后的分潮不再是一个调和分潮，但在实际工作中仍然称其为一个调和分潮。与达尔文展开类似，合并后的分潮中将会自然地产生交点因子 $f \neq 1$ 和订正角 $u \neq 0$。假设某一分潮组中共有 M 个分潮，σ_i 是该分潮组中平衡潮振幅最大的分潮，那么这一分潮组可以表达为

$$\frac{1}{g}G^i(\varphi)\left[\overline{H}'_i\cos(\sigma_i t + V_{0_i} + n_1^i\psi) + \sum_{j=1,\ j\neq i}^{M}\overline{H}'_j\cos(\sigma_j t + V_{0_j} + n_1^i\psi)\right]$$

$$= \frac{1}{g}G^i(\varphi)\overline{H}'_i\left\{\cos(\sigma_i t + V_{0_i} + n_1^i\psi) + \sum_{j=1,\ j\neq i}^{M}\frac{\overline{H}'_j}{\overline{H}'_i}\cos[(\sigma_i t + V_{0_i} + n_1^i\psi) + (\sigma_j - \sigma_i)t + (V_{0_j} - V_{0_i})]\right\}$$

$$= \frac{1}{g}G^i(\varphi)\overline{H}'_i\left\{\cos(\sigma_i t + V_{0_i} + n_1^i\psi) + \sum_{j=1,\ j\neq i}^{M}\frac{\overline{H}'_j}{\overline{H}'_i}[\cos(\sigma_i t + V_{0_i} + n_1^i\psi)\right.$$

$$\times \cos(\delta\sigma_j t + \delta V_{0_j}) - \sin(\sigma_i t + V_{0_i} + n_1^i\psi)\sin(\delta\sigma_j t + \delta V_{0_j})]\Big\}$$

$$= \frac{1}{g}G^i(\varphi)\overline{H}'_i\left\{\cos(\sigma_i t + V_{0_i} + n_1^i\psi)\left[1 + \sum_{j=1,\ j\neq i}^{M}\frac{\overline{H}'_j}{\overline{H}'_i}\cos(\delta\sigma_j t + \delta V_{0_j})\right]\right.$$

$$\left. - \sin(\sigma_i t + V_{0_i} + n_1^i\psi)\sum_{j=1,\ j\neq i}^{M}\frac{\overline{H}'_j}{\overline{H}'_i}\sin(\delta\sigma_j t + \delta V_{0_j})\right\}$$

如果定义

$$\begin{cases} f_i\cos(u_i) = 1 + \sum\limits_{j=1,\ j\neq i}^{M}\dfrac{\overline{H}'_j}{\overline{H}'_i}\cos(\delta\sigma_j t + \delta V_{0_j}) \\ f_i\sin(u_i) = \sum\limits_{j=1,\ j\neq i}^{M}\dfrac{\overline{H}'_j}{\overline{H}'_i}\sin(\delta\sigma_j t + \delta V_{0\ j}) \end{cases}$$

则有

$$\frac{1}{g}G^i(\varphi)\left[\overline{H}'_i\cos(\sigma_i t + V_{0_i} + n_1^i\psi) + \sum_{j=1,\ j\neq i}^{M}\overline{H}'_j\cos(\sigma_j t + V_{0_j} + n_1^i\psi)\right]$$

$$= \frac{1}{g}G^i(\varphi)\overline{H}'_i f_i\cos(\sigma_i t + V_{0_i} + n_1^i\psi + u_i)$$

式中，f_i 和 u_i 分别是第 i 个分潮的交点因子和订正角。依据上述交点因子和订正角的定义式，可以直接计算交点因子和订正角。附表 2.2 给出了杜德森展开中 35 个分潮的交点因子和订正角的计算公式。如果定义平均振幅(或平均系数)

$$\overline{H}_i = \frac{1}{g}G^i(\varphi)\overline{H}'_i$$

其中，$\overline{H}'_i$ 被定义为相对平均系数，则平衡潮可以进一步表示为

$$\overline{\eta}(\psi,\ \varphi,\ t) = \frac{1}{g}\sum_i G^i(\varphi)f_i\overline{H}'_i\cos(\sigma_i t + V_{0_i} + n_1^i\psi + u_i)$$

$$= \sum_i f_i\overline{H}_i\cos(\sigma_i t + V_{0_i} + n_1^i\psi + u_i)$$

注意，杜德森的这个最终平衡潮展开通式与达尔文的最终平衡潮展开通式在形式上是相同的。

3.5 达尔文展开和杜德森展开中二阶展式的通式

对于像渤海这样的海区，潮波由外海传入，引潮力在当地产生的平衡潮很小，可以忽略不计。对于大的海域，特别是对大洋的潮波进行计算时，必须考虑到当地的平衡潮，最好考虑到固体潮对海潮的影响。如前所述，不论是达尔文展开还是杜德森展开，

月球和太阳的平衡潮(或者引潮势)的二阶展开式均可以写成长周期分潮、全日分潮、半日分潮这三项相加的形式。进一步地，达尔文展开成如下形式

$$\bar{\eta}(\psi,\ \varphi,\ t)=\frac{G}{g}\sum_{i}G_{1}^{i}(\varphi)f_{i}\bar{H}_{i}'\cos(\sigma_{i}t+V_{0_{i}}+n_{1}^{i}\psi+u_{i})$$

杜德森展开成如下形式

$$\bar{\eta}(\psi,\ \varphi,\ t)=\frac{1}{g}\sum_{i}G^{i}(\varphi)f_{i}\bar{H}_{i}'\cos(\sigma_{i}t+V_{0_{i}}+n_{1}^{i}\psi+u_{i})$$

不难看出上述两种展开式在形式上是完全等价的，均写成不同分潮求和的形式，而每一个分潮均写成了纬度因子$\left[\text{对于达尔文展开是}\ \frac{G}{g}G_{1}^{i}(\varphi)\text{，对于杜德森展开是}\ \frac{1}{g}G^{i}(\varphi)\right]$与交点因子、相对平均系数和余弦函数相乘的形式。

目前，我们使用的平衡潮调和展开形式主要是杜德森展开，注意到同一个分潮族具有相同的纬度因子(这一点在达尔文展开中也是一样的)，最终可以写成

$$\begin{aligned}\bar{\eta}(\psi,\ \varphi,\ t)=&\sum_{l}\frac{G}{g}\left[\frac{1}{2}-\frac{3}{2}\sin^{2}(\varphi)\right]f_{l}\bar{H}_{l}'\cos(\sigma_{l}t+V_{0l}+u_{l})\\&+\sum_{d}\frac{G}{g}\sin(2\varphi)f_{d}\bar{H}_{d}'\cos(\sigma_{d}t+V_{0\,d}+\psi+u_{d})\\&+\sum_{s}\frac{G}{g}\cos^{2}(\varphi)f_{s}\bar{H}_{s}'\cos(\sigma_{s}t+V_{0\,s}+2\psi+u_{s})\end{aligned}$$

其中，下标 l 是长周期分潮指标，d 是全日分潮指标，s 是半日分潮指标。后面等到学习完固体潮的有关知识，我们将会看到，在利用海洋数值模式进行潮波模拟时，需要在上面的形式(实际上是二阶展开式)的基础上进一步采用勒夫数(LOVE 数)进行修正，才能作为最终的平衡潮引入海洋数值模式中进行数值模拟。

第 4 章　其他形式的潮汐

4.1　太阳辐射潮

由引潮力引起的潮汐变化，通常叫作引力潮或天文潮。地球上气象因素的变化也能引起水位的周期性变化，这是由于太阳辐射直接或间接作用的结果。由气象因素引起的水位周期性变化被称为太阳辐射潮。太阳辐射潮具有不可忽略的量值，特别是在长周期潮中更为明显。对太阳辐射潮的研究首先是由 Munk 和 Cartwright(1966)在对潮汐进行响应分析时开始的，而后 Cartwright 和 Tayler(1971)又对太阳辐射势进行了展开，以便在潮汐调和分析中引入气象分潮。Munk 和 Cartwright(1966)定义太阳辐射势为

$$V_{辐} = \begin{cases} s\dfrac{\overline{D}_S}{L}\cos(\Theta_S) & 0° \leqslant \Theta_S \leqslant 90°(白天) \\ 0 & 90° \leqslant \Theta_S \leqslant 180°(晚上) \end{cases}$$

式中，s 为太阳辐射常数，Θ_S 为太阳天顶距，$\overline{D}_S$ 为日地平均距离，L 为观测点与太阳的距离。至于为什么是这样的形式，读者类比万有引力和万有引力势的关系就可以明白，万有引力与 $1/L^2$ 成正比，而万有引力势则与 $1/L$ 成正比。设想半径为 L 、以太阳为中心的球，球的表面积为 $4\pi L^2$，如果单位时间太阳的热量输出量是一定的，那么球面上单位面积的输出功率就与 $1/L^2$ 成正比。类比于万有引力和万有引力势的关系，太阳辐射势则应该与 $1/L$ 成正比。另外，考虑到太阳距离我们非常遥远，其辐射出来的球面波到达地球时已经基本接近平面波，对于以地心为中心确定的天球和以观测者为中心确定的天球，这两个天球上太阳的天顶距差别不大，于是通过几何关系我们可以发现太阳辐射势还应该与 $\cos(\Theta_S)$ 成正比。当凌晨或傍晚时，太阳在地平线上，Θ_S 接近 90°，$\cos(\Theta_S)$ 几乎为 0，于是辐射量为 0，而当正午时，太阳在上中天，Θ_S 接近 0°，$\cos(\Theta_S)$ 几乎为 1，于是辐射量达到最大，这与我们的日常感受是相同的。当太阳已经在地平线以下，甚至到了下中天的时候，太阳并不会从地球上吸热，即辐射量不可能为负值，而只能是 0，所以上述辐射势采用了分段函数的形式。设 a 为地球半径，由于

$$\frac{1}{L} = \frac{1}{D_S}\sum_{n=0}^{\infty}\left(\frac{a}{D_S}\right)^n P_n[\cos(\Theta_S)]$$

因此太阳辐射势可以按照勒让德多项式进行展开，

$$V_{辐}=\begin{cases} s\dfrac{\overline{D}_S}{D_S}\cos(\Theta_S)\displaystyle\sum_{n=0}^{\infty}\left(\dfrac{a}{D_S}\right)^n P_n[\cos(\Theta_S)] & 0^\circ \leqslant \Theta_S \leqslant 90^\circ(白天) \\ 0 & 90^\circ \leqslant \Theta_S \leqslant 180^\circ(晚上) \end{cases}$$

$$=\begin{cases} s\dfrac{\overline{D}_S}{D_S}\mu\displaystyle\sum_{n=0}^{\infty}\xi^n P_n(\mu) & 1 \geqslant \mu \geqslant 0(白天) \\ 0 & 0 \geqslant \mu \geqslant -1(晚上) \end{cases}$$

式中，

$$\begin{cases} \mu \equiv \cos(\Theta_S) \\ \xi \equiv \dfrac{a}{D_S} \end{cases}$$

辐射与引力的不同之处是辐射对地球是不可穿透的，夜间的辐射为0。为了得到一个连续的表达式，令

$$\sum_{n=0}^{\infty}K_n P_n(\mu)=\begin{cases} \mu\displaystyle\sum_{n=0}^{\infty}\xi^n P_n(\mu) \approx \mu & 1 \geqslant \mu \geqslant 0(白天) \\ 0 & 0 \geqslant \mu \geqslant -1(晚上) \end{cases}$$

式中，K_n 为待定常数，对上式按照最小二乘法原理处理，构造如下目标函数，

$$J(K_0,\ \cdots,\ K_m,\ \cdots)=\frac{1}{2}\int_0^1\left[\sum_{n=0}^{\infty}K_n P_n(\mu)-\mu\right]^2 \mathrm{d}\mu+\frac{1}{2}\int_{-1}^0\left[\sum_{n=0}^{\infty}K_n P_n(\mu)-0\right]^2 \mathrm{d}\mu$$

使目标函数取极小值，即可求出待定常数，其等价于

$$\begin{aligned}
&\frac{\partial J(K_0,\ \cdots,\ K_m,\ \cdots)}{\partial K_m}\\
&=\int_0^1\left[\sum_{n=0}^{\infty}K_n P_n(\mu)-\mu\right]P_m(\mu)\mathrm{d}\mu+\int_{-1}^0\left[\sum_{n=0}^{\infty}K_n P_n(\mu)\right]P_m(\mu)\mathrm{d}\mu\\
&=\int_0^1\left[\sum_{n=0}^{\infty}K_n P_n(\mu)\right]P_m(\mu)\mathrm{d}\mu-\int_0^1\mu P_m(\mu)\mathrm{d}\mu+\int_{-1}^0\left[\sum_{n=0}^{\infty}K_n P_n(\mu)\right]P_m(\mu)\mathrm{d}\mu\\
&=\int_{-1}^1\left[\sum_{n=0}^{\infty}K_n P_n(\mu)\right]P_m(\mu)\mathrm{d}\mu-\int_0^1\mu P_m(\mu)\mathrm{d}\mu\\
&=0
\end{aligned}$$

利用勒让德多项式的正交性

$$\begin{cases} \displaystyle\int_{-1}^1 P_n(\mu)P_m(\mu)\mathrm{d}\mu=0 & (n \neq m) \\ \displaystyle\int_{-1}^1 P_n(\mu)P_m(\mu)\mathrm{d}\mu=\dfrac{2}{2n+1} & (n=m) \end{cases}$$

我们可以得到待定常数为

$$K_m=\frac{2m+1}{2}\int_0^1\mu P_m(\mu)\mathrm{d}\mu$$

下面列出前几个待定常数为

$$\begin{cases} K_0 = \dfrac{1}{2}\displaystyle\int_0^1 \mu \mathrm{d}\mu = \dfrac{1}{4} \\ K_1 = \dfrac{3}{2}\displaystyle\int_0^1 \mu^2 \mathrm{d}\mu = \dfrac{1}{2} \\ K_2 = \dfrac{5}{2}\displaystyle\int_0^1 \mu \dfrac{1}{2}(3\mu^2 - 1)\mathrm{d}\mu = \dfrac{5}{16} \\ K_3 = \dfrac{7}{2}\displaystyle\int_0^1 \mu \dfrac{1}{2}(5\mu^3 - 3\mu)\mathrm{d}\mu = 0 \\ K_4 = \dfrac{9}{2}\displaystyle\int_0^1 \mu \dfrac{1}{8}(35\mu^4 - 30\mu^2 + 3)\mathrm{d}\mu = -\dfrac{3}{32} \\ \vdots \end{cases}$$

归结为

$$K_n = \begin{cases} \dfrac{1}{4} & n = 0 \\ \dfrac{1}{2} & n = 1 \\ \dfrac{2n+1}{2}\left[\dfrac{1\cdot(-1)\cdot\cdots\cdot(3-n)}{2\cdot 4\cdot\cdots\cdot(2+n)}\right] & n = 2,\ 4,\ 6,\ \cdots \\ 0 & n = 3,\ 5,\ 7,\ \cdots \end{cases}$$

于是太阳辐射势可以展开为

$$\begin{aligned} V_{辐} &= s\frac{\overline{D}_S}{D_S}\sum_{n=0}^{\infty} K_n P_n[\cos(\Theta_S)] \\ &= s\frac{\overline{D}_S}{D_S}\left\{\frac{1}{4} + \frac{1}{2}P_1[\cos(\Theta_S)] + \sum_{n=2,\ 4,\ 6,\ \cdots} K_n P_n[\cos(\Theta_S)]\right\} \\ &= s\frac{\overline{D}_S}{D_S}\left\{\frac{1}{4} + \frac{1}{2}\cos(\Theta_S) + \frac{5}{32}[3\cos^2(\Theta_S) - 1]\right. \\ &\quad \left. - \frac{3}{256}[35\cos^4(\Theta_S) - 30\cos^2(\Theta_S) + 3] + \cdots\right\} \\ &= s\frac{\overline{D}_S}{D_S}\left\{\frac{1}{4}P_0[\cos(\Theta_S)] + \frac{1}{2}P_1[\cos(\Theta_S)] + \frac{5}{16}P_2[\cos(\Theta_S)]\right. \\ &\quad \left. - \frac{3}{32}P_4[\cos(\Theta_S)] + \cdots\right\} \end{aligned}$$

式中，第一项是常数项，代表太阳辐射的平均值，这表明与跟太阳光线相垂直的平面相比，地球表面接收到的平均热量只有它的四分之一，这个结果很容易理解，如果通过地球中心作一与太阳光线相垂直的截面，则它接收到的辐射热量与整个地球表面所接收到的热量相同，而地球表面积是这个截面积的 4 倍，因此按面积平均接收到的热量便只有这个截面单位面积接收到的热量的四分之一了。由于这一项是常数项，因此不会引起潮汐现象，于是进一步将太阳辐射势简化为

$$
\begin{aligned}
V_{辐} &= s\frac{\overline{D}_S}{D_S}\sum_{n=1}^{\infty}K_nP_n[\cos(\Theta_S)] \\
&= s\frac{\overline{D}_S}{D_S}\left\{\frac{1}{2}P_1[\cos(\Theta_S)]+\frac{5}{16}P_2[\cos(\Theta_S)]-\frac{3}{32}P_4[\cos(\Theta_S)]+\cdots\right\}
\end{aligned}
\tag{4-1-1}
$$

4.2 浅水分潮

潮波进入浅水区域后，会发生变形，从而产生一系列浅水分潮。通过推导，我们可以得到潮波满足的浅水波方程(附录 5)为

$$
\begin{cases}
\dfrac{\partial\eta}{\partial t}+\nabla_h\cdot[(\eta+H)\vec{\mathbf{V}}_h]=0 \\
\dfrac{\partial[(\eta+H)\vec{\mathbf{V}}_h]}{\partial t}+\nabla_h\cdot[(\eta+H)\vec{\mathbf{V}}_h\vec{\mathbf{V}}_h]+f(\eta+H)\hat{\mathbf{k}}\times\vec{\mathbf{V}}_h \\
=-g(\eta+H)\nabla(\eta-\overline{\eta})+\vec{\boldsymbol{\tau}}_{top}+\vec{\boldsymbol{\tau}}_{bottom}
\end{cases}
$$

其中，η 为水位，H 为水深，$\vec{\mathbf{V}}_h=U\hat{\mathbf{i}}+V\hat{\mathbf{j}}$ 为矢量形式的垂向平均水平流速（$\hat{\mathbf{i}}$ 和 $\hat{\mathbf{j}}$ 为局地直角坐标系的水平方向的单位矢量，U 和 V 为 $\vec{\mathbf{V}}_h$ 在 $\hat{\mathbf{i}}$ 和 $\hat{\mathbf{j}}$ 方向投影得到的分量)，f 为科里奥利力参数，$\hat{\mathbf{k}}$ 为垂向单位矢量，g 为重力加速度，而 $\overline{\eta}=\overline{\eta}_M+\overline{\eta}_S$，这里 $\overline{\eta}_M$ 和 $\overline{\eta}_S$ 分别是月球和太阳平衡潮，$\vec{\boldsymbol{\tau}}_{top}$ 和 $\vec{\boldsymbol{\tau}}_{bottom}$ 分别是海面和海底的外部强迫应力。简化为一维问题，并忽略地转项、上边界驱动、底摩擦和水深变化，得到（推导过程可参见叶安乐和李凤岐编著的《物理海洋学》第 579 页至第 585 页）

$$
\begin{cases}
\dfrac{\partial\eta}{\partial t}+H\dfrac{\partial U}{\partial x}+\dfrac{\partial(\eta U)}{\partial x}=0 \\
\dfrac{\partial U}{\partial t}+g\dfrac{\partial\eta}{\partial x}+\dfrac{1}{2}\dfrac{\partial(U^2)}{\partial x}=0
\end{cases}
$$

将一维的水位和海流展开为零阶项和一阶项

$$
\begin{cases}
\eta=\eta_0+\eta_1 \\
U=U_0+U_1
\end{cases}
$$

零阶项满足线性的一维浅水波方程

$$\begin{cases}\dfrac{\partial \eta_0}{\partial t}+H\dfrac{\partial U_0}{\partial x}=0\\ \dfrac{\partial U_0}{\partial t}+g\dfrac{\partial \eta_0}{\partial x}=0\end{cases}$$

其解为

$$\begin{cases}\eta_0=R\cos\left(\sigma t-\dfrac{\sigma}{\sqrt{gH}}x\right)\\ U_0=\sqrt{\dfrac{g}{H}}R\cos\left(\sigma t-\dfrac{\sigma}{\sqrt{gH}}x\right)\end{cases}$$

而一阶项则满足如下的方程

$$\begin{cases}\dfrac{\partial \eta_1}{\partial t}+H\dfrac{\partial U_1}{\partial x}+\dfrac{\partial[(\eta_0+\eta_1)(U_0+U_1)]}{\partial x}=0\\ \dfrac{\partial U_1}{\partial t}+g\dfrac{\partial \eta_1}{\partial x}+\dfrac{1}{2}\dfrac{\partial[(U_0+U_1)^2]}{\partial x}=0\end{cases}$$

忽略高阶小量，得到

$$\begin{cases}\dfrac{\partial \eta_1}{\partial t}+H\dfrac{\partial U_1}{\partial x}=-\dfrac{\partial(\eta_0 U_0)}{\partial x}\\ \dfrac{\partial U_1}{\partial t}+g\dfrac{\partial \eta_1}{\partial x}=-\dfrac{1}{2}\dfrac{\partial(U_0^2)}{\partial x}\end{cases}$$

由上面的方程可见，潮波进入浅水区域后，非线性相互作用项 $\dfrac{\partial(\eta_0 U_0)}{\partial x}$ 和 $\dfrac{\partial(U_0^2)}{\partial x}$ 的存在，会使 η_1 和 U_1 产生一系列具有原始潮波和、差、倍频率的浅水分潮。以 M_2 分潮和 S_2 分潮为例，

$$\begin{cases}\eta_{M_2}=f_{M_2}H_{M_2}\cos(\sigma_{M_2}t+V_{0_{M_2}}+u_{M_2})\\ \eta_{S_2}=f_{S_2}H_{S_2}\cos(\sigma_{S_2}t+V_{0_{S_2}}+u_{S_2})\end{cases}$$

通过与二次方有关的非线性相互作用，即

$$\begin{aligned}&(\eta_{M_2}+\eta_{S_2})^2\\ &\quad=\frac{1}{2}f_{M_2}^2H_{M_2}^2+\frac{1}{2}f_{S_2}^2H_{S_2}^2\\ &\qquad+\frac{1}{2}f_{M_2}^2H_{M_2}^2\cos(2\sigma_{M_2}t+2V_{0_{M_2}}+2u_{M_2})\\ &\qquad+\frac{1}{2}f_{S_2}^2H_{S_2}^2\cos(2\sigma_{S_2}t+2V_{0_{S_2}}+2u_{S_2})\\ &\qquad+f_{M_2}f_{S_2}H_{M_2}H_{S_2}\cos[(\sigma_{M_2}+\sigma_{S_2})t+(V_{0_{M_2}}+V_{0_{S_2}})+(u_{M_2}+u_{S_2})]\end{aligned}$$

$$+f_{M_2}f_{S_2}H_{M_2}H_{S_2}\cos[(\sigma_{M_2}-\sigma_{S_2})t+(V_{0_{M_2}}-V_{0_{S_2}})+(u_{M_2}-u_{S_2})]$$

会产生与二次方有关的浅水分潮，即

$$\begin{cases} f_{M_4}=f_{M_2}^2 \\ H_{M_4}=\dfrac{1}{2}H_{M_2}^2 \\ \sigma_{M_4}=2\sigma_{M_2} \\ V_{0_{M_4}}=2V_{0_{M_2}} \\ u_{M_4}=2u_{M_2} \end{cases} \quad \begin{cases} f_{S_4}=f_{S_2}^2 \\ H_{S_4}=\dfrac{1}{2}H_{S_2}^2 \\ \sigma_{S_4}=2\sigma_{S_2} \\ V_{0_{S_4}}=2V_{0_{S_2}} \\ u_{S_4}=2u_{S_2} \end{cases} \quad \begin{cases} f_{MS_4}=f_{M_2}f_{S_2} \\ H_{MS_4}=H_{M_2}H_{S_2} \\ \sigma_{MS_4}=\sigma_{M_2}+\sigma_{S_2} \\ V_{0_{MS_4}}=V_{0_{M_2}}+V_{0_{S_2}} \\ u_{MS_4}=u_{M_2}+u_{S_2} \end{cases} \quad \begin{cases} f_{MS_f}=f_{M_2}f_{S_2} \\ H_{MS_f}=H_{M_2}H_{S_2} \\ \sigma_{MS_f}=\sigma_{M_2}-\sigma_{S_2} \\ V_{0_{MS_f}}=V_{0_{M_2}}-V_{0_{S_2}} \\ u_{MS_f}=u_{M_2}-u_{S_2} \end{cases}$$

通过查附表 1 得到 M_2 分潮和 S_2 分潮的相对平均系数 $\overline{H}'_{M_2}$ 和 $\overline{H}'_{S_2}$ 分别为 0.908 12 和 0.423 58，因此可以估计得到浅水分潮 M_4、MS_4、MS_f、S_4 的相对平均系数分别为 0.41、0.38、0.38、0.09。采用上述定义，与二次方有关的非线性相互作用会形成浅水分潮，可以表达为

$$\begin{aligned}(\eta_{M_2}+\eta_{S_2})^2 = & \frac{1}{2}f_{M_2}^2H_{M_2}^2+\frac{1}{2}f_{S_2}^2H_{S_2}^2 \\ & +f_{M_4}H_{M_4}\cos(\sigma_{M_4}t+V_{0_{M_4}}+u_{M_4}) \\ & +f_{S_4}H_{S_4}\cos(\sigma_{S_4}t+V_{0_{S_4}}+u_{S_4}) \\ & +f_{MS_4}H_{MS_4}\cos(\sigma_{MS_4}t+V_{0MS_4}+u_{MS_4}) \\ & +f_{MS_f}H_{MS_f}\cos(\sigma_{MS_f}t+V_{0_{MS_f}}+u_{MS_f})\end{aligned}$$

感兴趣的读者可以自行推导与三次方非线性相互作用有关的浅水分潮。

4.3 固体潮

4.3.1 固体潮的基本概念

固体潮是指在日、月引潮力的作用下，固体地球产生的周期形变现象。月球和太阳对地球的引力不但可以引起地球表面流体的潮汐(如海潮、大气潮)，还能引起地球固体部分的周期性形变。受固体潮的影响，地面不停地变形，影响到各种测量数据的精确度。

地球的固体部分并不是完全的刚体。地壳上层具有一定的刚性，地幔物质具有某种塑性，地核外层为液态。固体潮使大地水准面的形状发生周期性的变化，局部发生倾斜，面上的重力值也发生变化。引潮力使地球各部分发生形变，并引起地球密度的变化，由此产生附加的引力位。在引起固体地球形变的种种因素(例如，冰雪和海水的负荷、大陆漂移、岩石层的构造运动等)中，只有固体潮能从理论上预先计算出引起形变

的作用力。由于对地球内部构造模式的改进，已有可能以相当高的精度估算出地面点由于固体潮产生的形变量，从而可为精密大地测量工作提供地面变形的改正数据。在天文学中，固体潮可用于研究地球自转、极移和岁差、章动等现象；在地球物理学中，固体潮可用于研究地球内部构造。

在月球、太阳引潮力的作用下，地面能够产生倾斜，并形成周期性的潮汐变化，重力和形变地球表面的应变也能产生潮汐变化过程，它们分别被称为地面倾斜潮、重力潮、应变潮汐，通称为固体潮(体潮或地潮)。海洋潮汐对固体潮能产生额外的负荷作用，形成相应的倾斜负荷潮、重力负荷潮、应变负荷潮。沿海地区的负荷潮较大，内陆也受到海洋潮汐负荷的影响。观测到的倾斜潮汐、重力潮汐、应变潮汐是固体潮和负荷潮共同作用的结果。

4.3.2 勒夫数

设想地球是绝对刚体，如果在引潮力作用下地球不发生形变，那么观测值应等于理论计算值。事实上，观测值总小于理论值，这说明地球能够发生某种程度的形变。达尔文(1883)引用海洋潮汐观测的结果，发现观测值只有理论值的 0.7 倍。

勒夫(Love，1909)引入两个描述球体弹性的新参数 k 和 h ，被称为勒夫数。志田顺(Shida，1912)引入第 3 个参数 l (志田数)。这 3 个无量纲参数建立了真实地球对引潮力的响应关系，表达了弹性地球形变与理想流体地球形变之间的关系。其中，k 为弹性地球形变后产生的附加引力位与相应的原引潮力位的比值；h 为弹性地球表面在引潮力作用下产生的径向位移(称为固体潮高)与其对应点的平衡潮高的比值；l 为弹性地球表面在引潮力作用下产生的水平位移(称为固体潮水平位移)与相应点的平衡潮水平位移的比值。若位势可以展开成球函数多项式，则利用这 3 个参数可以实际表示这种位势产生的所有形变现象。因为这些函数正交，所以每一种形变效应(例如，压力、体膨胀、线位移分量、附加位势等)可以同样展开成球函数，这种展开中的每一项与扰动位的相应项成正比。

固体地球形变引起的体膨胀和物质表面移动所伴随的密度变化，会造成平衡潮(或引潮势)产生相应的修正，即

$$\overline{\eta}_0 = -\sum_{n=2}^{\infty} \frac{V_n}{g} - \sum_{n=2}^{\infty} K_n(r)\frac{V_n}{g} = -\sum_{n=2}^{\infty}\left[1 + K_n(r)\right]\frac{V_n}{g}$$

式中，$K_n(r)$ 为弹性地球形变后产生的附加位势与原引潮势的比值。如果令 $H_n(r)$ 为弹性地球表面在引潮力作用下产生的径向位移与平衡潮高的比值，则地壳的固体潮为

$$\overline{\eta}_r = -\sum_{n=2}^{\infty} H_n(r)\frac{V_n}{g}$$

在地球表面，即 $r = a$ 时，$K_n(a) = k_n$ ，$H_n(a) = h_n$ ，其中，k_n 和 h_n 为 n 阶勒夫数，而 $1 + k_2 - h_2 \approx 0.7$。于是考虑了地壳固体潮影响下的平衡潮潮高则为

$$\bar{\eta} = \bar{\eta}_0 - \bar{\eta}_r = -\sum_{n=2}^{\infty}(1 + k_n - h_n)\frac{V_n}{g}$$

4.3.3 负荷勒夫数

真实的大洋潮位 $\eta = \sum_n \eta_n$ 在固体地球表面附加了一个荷载 $\rho g \sum_n \eta_n$，这一荷载的位势为 $g\sum_n \frac{3\rho}{(2n+1)\rho_{\text{earth}}}\eta_n$，其中 $\rho_{\text{earth}} = 5\ 518\ \text{kg/m}^3$，由于这一负载的存在，将引起一个附加的引潮势 $g\sum_n \frac{3\rho}{(2n+1)\rho_{\text{earth}}}k'_n\eta_n$，因此，大洋总的平衡潮为 $-\sum_n\left[(1+k_n)\frac{V_n}{g} + (1+k'_n)\frac{3\rho}{(2n+1)\rho_{\text{earth}}}\eta_n\right]$。固体地球由于这一荷载而引起的高度改变量为 $-\sum_n \frac{3\rho}{(2n+1)\rho_{\text{earth}}}h'_n\eta_n$，这就是负荷潮，引潮力和海潮负载引起的总的固体潮高度为 $-\sum_n\left[h_n\frac{V_n}{g} + h'_n\frac{3\rho}{(2n+1)\rho_{\text{earth}}}\eta_n\right]$。因此，相对于海底总的平衡潮为 $-\sum_n\left[(1+k_n-h_n)\frac{V_n}{g} + (1+k'_n-h'_n)\frac{3\rho}{(2n+1)\rho_{\text{earth}}}\eta_n\right]$，其中 k'_n 和 h'_n 为 n 阶负荷勒夫数。

4.3.4 考虑到固体潮、平衡潮的潮波数值计算

综上所述，在利用海洋数值模式进行潮波数值模拟时，需要进一步考虑固体潮的影响，总的来说，包含两个部分。一方面，需要利用勒夫数对平衡潮进行修正，即需要将平衡潮的最终展开通式改写为

$$\begin{aligned}
&\bar{\eta}(\psi, \varphi, t)\\
&= \sum_l \frac{G}{g}\left[\frac{1}{2} - \frac{3}{2}\sin^2(\varphi)\right][1 + k_2(l) - h_2(l)]f_l\bar{H}'_l\cos(\sigma_l t + V_{0_l} + u_l)\\
&\quad + \sum_d \frac{G}{g}\sin(2\varphi)[1 + k_2(d) - h_2(d)]f_d\bar{H}'_d\cos(\sigma_d t + V_{0_d} + \psi + u_d)\\
&\quad + \sum_s \frac{G}{g}\cos^2(\varphi)[1 + k_2(s) - h_2(s)]f_s\bar{H}'_s\cos(\sigma_s t + V_{0_s} + 2\psi + u_s) \quad (4-3-1)
\end{aligned}$$

式中，下标 l 是长周期分潮指标，d 是全日分潮指标，s 是半日分潮指标。另一方面，需要考虑负荷潮的影响，即在海洋数值模式中引入

$$\eta_{\text{SAL}} = \sum_n (1 + k'_n - h'_n)\frac{3\rho}{(2n+1)\rho_{\text{earth}}}\eta_n$$

潮波满足的浅水波方程需要改写为

$$\begin{cases}\dfrac{\partial\eta}{\partial t}+\nabla_h\cdot[(\eta+H)\vec{\mathbf{V}}_h]=0\\ \dfrac{\partial[(\eta+H)\vec{\mathbf{V}}_h]}{\partial t}+\nabla_h\cdot[(\eta+H)\vec{\mathbf{V}}_h\vec{\mathbf{V}}_h]+f(\eta+H)\hat{\mathbf{k}}\times\vec{\mathbf{V}}_h\\ \quad=-g(\eta+H)\nabla(\eta-\overline{\eta}-\eta_{\mathrm{SAL}})+\vec{\boldsymbol{\tau}}_{\mathrm{top}}-\vec{\boldsymbol{\tau}}_{\mathrm{bottom}}\end{cases}$$

需要指出的是，直接计算 η_{SAL} 非常费时，因此，人们发明了近似计算方法，例如，Arbic 等(2004)在数值模拟中将负荷潮近似为 $\eta_{\mathrm{SAL}}\approx\beta\eta$（标量近似），其中 $\beta=0.094$。

4.3.5 重力潮

在引潮力的作用下，重力加速度不再是常量，而能够产生周期性的潮汐变化。按潮汐的静力学理论，把地球作为刚体，对于由引潮力引起的地球重力变化，可以通过引潮势对地球径向求一阶导数来计算重力变化的理论值。考虑月球和太阳引潮势：

$$V_M=-\frac{\mu_0 M}{D}\sum_{n=2}^{\infty}\left(\frac{a}{D}\right)^n P_n[\cos(\Theta)],$$

$$V_S=-\frac{\mu_0 S}{D_S}\sum_{n=2}^{\infty}\left(\frac{a}{D_S}\right)^n P_n[\cos(\Theta_S)]$$

则重力变化的理论值为

$$\begin{aligned}\Delta g&=-\frac{\partial V_M}{\partial a}-\frac{\partial V_S}{\partial a}=\mu_0 M\sum_{n=2}^{\infty}n\frac{a^{n-1}}{D^{n+1}}P_n[\cos(\Theta)]+\mu_0 S\sum_{n=2}^{\infty}n\frac{a^{n-1}}{D_S^{n+1}}P_n[\cos(\Theta_S)]\\
&\approx-\frac{\partial V_{2M}}{\partial a}-\frac{\partial V_{3M}}{\partial a}-\frac{\partial V_{2S}}{\partial a}\\
&=3\mu_0 M\frac{a}{D^3}\left[\cos^2(\Theta)-\frac{1}{3}\right]+\frac{3}{2}\mu_0 M\frac{a^2}{D^4}[5\cos^3(\Theta)-3\cos(\Theta)]\\
&\quad+3\mu_0 S\frac{a}{D_S^3}\left[\cos^2(\Theta_S)-\frac{1}{3}\right]\\
&=3\frac{\mu_0 E}{\overline{a}^2}\frac{M}{E}\left(\frac{\overline{a}}{\overline{D}}\right)^3\frac{a}{a}\left(\frac{\overline{D}}{D}\right)^3\left[\cos^2(\Theta)-\frac{1}{3}\right]\\
&\quad+\frac{3}{2}\frac{\mu_0 E}{\overline{a}^2}\frac{M}{E}\left(\frac{\overline{a}}{\overline{D}}\right)^4\left(\frac{a}{\overline{a}}\right)\left(\frac{\overline{D}}{D}\right)^4[5\cos^3(\Theta)-3\cos(\Theta)]\\
&\quad+3\frac{\mu_0 E}{\overline{a}^2}\frac{S}{E}\left(\frac{\overline{a}}{\overline{D}_S}\right)^3\frac{a}{\overline{a}}\left(\frac{\overline{D}_S}{D_S}\right)^3\left[\cos^2(\Theta_S)-\frac{1}{3}\right]\end{aligned}$$

取 $\mu_0 E=398\ 603\ \mathrm{km}^3/\mathrm{s}^2$，地球赤道半径 $\overline{a}=6378.16\ \mathrm{km}$，地月平均距离 $\overline{D}=384\ 400\ \mathrm{km}$，

月地质量之比$\frac{M}{E}=\frac{1}{81.3}$，日地平均距离 $\overline{D}_S = 1.49 \times 10^8$ km，日地质量之比$\frac{S}{E}=332\ 946$，代入上式，再取

$$\frac{a}{\bar{a}} \equiv F(\varphi) = 0.998\ 327 + 0.001\ 676\cos(2\varphi)$$

依此得到重力潮理论值的基本公式

$$\begin{aligned}\Delta g \approx\ & 165.17F(\varphi)\left(\frac{\overline{D}}{D}\right)^3\left[\cos^2(\Theta) - \frac{1}{3}\right] \\ & + 1.37F^2(\varphi)\left(\frac{\overline{D}}{D}\right)^4\left[5\cos^3(\Theta) - 3\cos(\Theta)\right] \\ & + 76.08F(\varphi)\left(\frac{\overline{D}_S}{D_S}\right)^3\left[\cos^2(\Theta_S) - \frac{1}{3}\right]\end{aligned}$$

由于地球并非刚体，而是一个弹性体，重力潮的理论值应乘以一个重力潮汐因子 δ 才能等于实测的重力固体潮。δ 与勒夫数 k 和 h 的关系为

$$\delta = \frac{\text{实际观测到的重力变化}}{\text{理论的重力变化}} = 1 + h - \frac{3}{2}k$$

实际观测表明，由于地球各部分的区域构造不同，各地的 δ 存在着某些差异，平均值大约为 1.16。

第二部分

潮波动力学理论

第 5 章　正压潮波

尽管平衡潮理论(潮汐静力学理论)在某些方面能对海洋中的潮汐现象给出一定解释，但用静力学观点来处理本来属于动力学的潮汐问题是不恰当的，平衡潮理论所得到的结论与实际海洋潮汐现象的某些方面相差甚远，究其主要原因是将海水的周期性运动以力的平衡机制进行了简化。

1775—1776 年，拉普拉斯(Laplace)提出了潮汐动力学理论，这一理论揭示了海洋潮汐运动的动力学机制，即指明了海洋潮汐现象的实质是海水以重力为恢复力的重力长波。这种潮波在大洋即以天文引潮力为驱动力的强迫波，而在近岸海域(陆架、海湾等)则是由大洋潮波传入而形成的谐振波。

按照波即振动的传播这一物理概念，海洋上的重力波的一个主要表现为海面在任一定点的起伏现象——海面呈垂直方向的振动。而在任一瞬间，任一分潮波沿其传播方向又呈一正弦形的波面。这一波形两相邻的同位相点之间的距离即这一分潮波的波长，而其任一位相沿传播方向传播一个波长的距离所用的时间即分潮波的周期，它也是这一分潮波造成的海面垂向起伏的振动周期。潮波的波长在大洋中可达数千甚至近万千米，即使在近岸也有数百千米，远远大于海区的深度，因而属于一种重力长波。

如上所述，潮波主要是一种表面波，因此在潮波动力学中，一般略去海洋密度不均匀的层化作用，而讨论海洋表面潮波，这就是正压潮波。此外，在某些层化较为严重的海区，通过正压潮波与地形相互作用，还会在不同密度水层的交界面处激发出潮周期的振动，并在海洋内部传播，此即所谓的内潮波。本章主要讨论正压潮波。

5.1　小振幅波动满足的简化的垂向平均方程组

附录 5 给出了忽略密度变化和垂向剪切后(即考虑正压流体)，海洋近似方程组的垂向平均方程组，如下所示

$$\begin{cases}\dfrac{\partial\eta}{\partial t}+\nabla_h\cdot\left[(\eta+H)\vec{\mathbf{V}}_h\right]=0\\[2ex] \dfrac{\partial\left[(\eta+H)\vec{\mathbf{V}}_h\right]}{\partial t}+\nabla_h\cdot\left[(\eta+H)\vec{\mathbf{V}}_h\vec{\mathbf{V}}_h\right]+f(\eta+H)\hat{\mathbf{k}}\times\vec{\mathbf{V}}_h\\[2ex] \quad=-\dfrac{1}{\rho_0}(\eta+H)\nabla_h p_a-g(\eta+H)\nabla_h\eta+g(\eta+H)\nabla_h(\overline{\eta}_M+\overline{\eta}_S)+\vec{\boldsymbol{\tau}}_{\mathrm{top}}-\vec{\boldsymbol{\tau}}_{\mathrm{bottom}}\end{cases}$$

对于这样复杂的非线性方程组，人们到现在还没有找到解析通解。但是，我们可以考虑主要矛盾，将上述方程组简化，从而求解化简后的方程组。考虑小振幅波动，即潮波的振幅远远小于当地的水深(这是一个非常合理的近似)，从而有 $\eta \ll H$ ，于是连续性方程可以简化为

$$\frac{\partial \eta}{\partial t} + \nabla_h \cdot (H\vec{\mathbf{V}}_h) = 0$$

对于水平动量方程，局地导数项 $\frac{\partial[(\eta + H)\vec{\mathbf{V}}_h]}{\partial t}$ 可以分解为 $\frac{\partial[(\eta + H)\vec{\mathbf{V}}_h]}{\partial t} = (\eta + H)\frac{\partial \vec{\mathbf{V}}_h}{\partial t} + \vec{\mathbf{V}}_h \frac{\partial(\eta + H)}{\partial t}$，由于 $\eta \ll H$，且地形不随时间变化，所以 $\frac{\partial[(\eta + H)\vec{\mathbf{V}}_h]}{\partial t} \approx (\eta + H)\frac{\partial \vec{\mathbf{V}}_h}{\partial t}$。在大洋中垂向平均的水平流速 $\vec{\mathbf{V}}_h$ 通常很小，因此可以忽略非线性项 $\nabla_h \cdot [(\eta + H)\vec{\mathbf{V}}_h \vec{\mathbf{V}}_h]$。进一步地，如果不考虑大气强迫，即忽略大气压强梯度力项 $-\frac{1}{\rho_0}(\eta + H)\nabla_h p_a$ 和风应力项 $\vec{\boldsymbol{\tau}}_{\text{top}}$，于是水平动量方程可以简化为

$$\frac{\partial \vec{\mathbf{V}}_h}{\partial t} + f\hat{\mathbf{k}} \times \vec{\mathbf{V}}_h = -g\nabla_h(\eta - \overline{\eta}_M - \overline{\eta}_S) - \frac{\vec{\boldsymbol{\tau}}_{\text{bottom}}}{\eta + H}$$

平衡潮的水平梯度项 $g\nabla_h(\overline{\eta}_M + \overline{\eta}_S)$ 在方程中属于驱动力项，相当于能量的输入源(天体对海水做功，使海水机械能增加)，因此，必须要在方程中保留摩擦项 $\frac{-\vec{\boldsymbol{\tau}}_{\text{bottom}}}{\eta + H}$，以使海洋能量总量保持平衡。在局地直角坐标系中，$\vec{\mathbf{V}}_h = U\hat{\mathbf{i}} + V\hat{\mathbf{j}}$，上述矢量形式的方程组可以写为

$$\begin{cases} \frac{\partial \eta}{\partial t} + \frac{\partial(HU)}{\partial x} + \frac{\partial(HV)}{\partial x} = 0 \\ \frac{\partial U}{\partial t} - fV = -g\frac{\partial(\eta - \overline{\eta}_M - \overline{\eta}_S)}{\partial x} - \frac{\tau^x_{\text{bottom}}}{\eta + H} \\ \frac{\partial V}{\partial t} + fU = -g\frac{\partial(\eta - \overline{\eta}_M - \overline{\eta}_S)}{\partial y} - \frac{\tau^y_{\text{bottom}}}{\eta + H} \end{cases}$$

如果我们认为每时每刻海水都是立刻响应月球和太阳的引潮力，即不存在流动，那么摩擦力也就不存在了，于是有 $\eta = \overline{\eta}_M + \overline{\eta}_S$ ，可见，这恰恰就是平衡潮。上述方程是非齐次泛定方程，等号的右端是平衡潮强迫项和摩擦耗散项，可以采用数学物理方程的解法进行求解，在该强迫作用下，将会产生与潮汐频率相同的波动，即正压潮波。由于这是一个线性方程，因此可以将水位 η 函数表示为由月球引起的潮汐水位 η_M 和太阳引起的潮

汐水位 η_S 相叠加的形式，即 $\eta = \eta_M + \eta_S$。如前所述，月球平衡潮 $\overline{\eta}_M$ 和太阳平衡潮 $\overline{\eta}_S$ 又可以分别分解为长周期项、全日潮项和半日潮项，而每一项里面又包含有若干单一频率的振动(即分潮)，所以，我们又可以将上面每一个方程进一步分解为若干个由单一分潮作为强迫项的方程，每一个方程的解就是与对应的单一分潮强迫项频率相一致的波动解，将上述所有方程的波动解叠加起来，就可以得到地球上忽略了非线性作用、摩擦作用的无界等深正压流体的潮波解。拉普拉斯曾详细讨论过平衡潮强迫项分别为长周期项、全日潮项和半日潮项的情况下方程的解，本书不打算讨论它的解法，感兴趣的读者可以参考叶安乐和李凤岐编著的《物理海洋学》第 518 页至第 524 页的内容。下面我们从频散关系的角度讨论一下潮波的性质。

5.2 无界等深水域中的潮波

本节我们抛开平衡潮强迫项，分析一下线性正压流体的波动性质。如前所述，抛开平衡潮强迫项和摩擦项，方程组为

$$\begin{cases}\dfrac{\partial U}{\partial t} - fV = - g\dfrac{\partial \eta}{\partial x} \\ \dfrac{\partial V}{\partial t} + fU = - g\dfrac{\partial \eta}{\partial y} \\ \dfrac{\partial \eta}{\partial t} + \dfrac{\partial (HU)}{\partial x} + \dfrac{\partial (HV)}{\partial y} = 0\end{cases} \tag{5-2-1}$$

在上面的方程组中，将式(5-2-1)的第 1 式和第 2 式分别对时间 t 求偏导数

$$\begin{cases}\dfrac{\partial^2 U}{\partial t^2} - f\dfrac{\partial V}{\partial t} = - g\dfrac{\partial^2 \eta}{\partial x \partial t} \\ \dfrac{\partial^2 V}{\partial t^2} + f\dfrac{\partial U}{\partial t} = - g\dfrac{\partial^2 \eta}{\partial y \partial t}\end{cases} \tag{5-2-2}$$

再利用式(5-2-1)的第 2 式和第 1 式分别消去式(5-2-2)中的 $\dfrac{\partial V}{\partial t}$ 和 $\dfrac{\partial U}{\partial t}$，

$$\begin{cases}\dfrac{\partial^2 U}{\partial t^2} + f\left(fU + g\dfrac{\partial \eta}{\partial y}\right) = - g\dfrac{\partial^2 \eta}{\partial x \partial t} \\ \dfrac{\partial^2 V}{\partial t^2} + f\left(fV - g\dfrac{\partial \eta}{\partial x}\right) = - g\dfrac{\partial^2 \eta}{\partial y \partial t}\end{cases}$$

整理得，

$$\begin{cases}\dfrac{\partial^2 U}{\partial t^2} + f^2 U = - g\dfrac{\partial^2 \eta}{\partial x \partial t} - fg\dfrac{\partial \eta}{\partial y} \\ \dfrac{\partial^2 V}{\partial t^2} + f^2 V = - g\dfrac{\partial^2 \eta}{\partial y \partial t} + fg\dfrac{\partial \eta}{\partial x}\end{cases} \tag{5-2-3}$$

用水深 H 乘以式(5-2-3)，然后让式(5-2-3)的第 1 式对 x 求偏导数，让式(5-2-3)的第 2 式对 y 求偏导数，此处忽略科里奥利参数 f 随纬度的变化，得到

$$\begin{cases}\dfrac{\partial^3(HU)}{\partial t^2\partial x}+f^2\dfrac{\partial(HU)}{\partial x}=-g\dfrac{\partial}{\partial x}\left(H\dfrac{\partial^2\eta}{\partial x\partial t}\right)-fg\dfrac{\partial}{\partial x}\left(H\dfrac{\partial\eta}{\partial y}\right)\\ \dfrac{\partial^3(HU)}{\partial t^2\partial y}+f^2\dfrac{\partial(HV)}{\partial y}=-g\dfrac{\partial}{\partial y}\left(H\dfrac{\partial^2\eta}{\partial y\partial t}\right)+fg\dfrac{\partial}{\partial y}\left(H\dfrac{\partial\eta}{\partial x}\right)\end{cases}$$

将上两式相加，

$$\begin{aligned}&\left(\frac{\partial^2}{\partial t^2}+f^2\right)\left[\frac{\partial(HU)}{\partial x}+\frac{\partial(HV)}{\partial y}\right]\\ &=-\frac{\partial}{\partial t}[\nabla_h\cdot(gH\nabla_h\eta)]-fg\left(\frac{\partial H}{\partial x}\frac{\partial\eta}{\partial y}-\frac{\partial H}{\partial y}\frac{\partial\eta}{\partial x}\right)\end{aligned}$$

其中，在直角坐标系中 $\nabla_h\equiv\frac{\partial}{\partial x}\hat{\mathbf{i}}+\frac{\partial}{\partial y}\hat{\mathbf{j}}$。利用连续性方程，则可以得到一个仅含有未知函数 η 的方程

$$\frac{\partial}{\partial t}\left[\left(\frac{\partial^2}{\partial t^2}+f^2\right)\eta-\nabla_h\cdot(gH\nabla_h\eta)\right]=fg\left(\frac{\partial H}{\partial x}\frac{\partial\eta}{\partial y}-\frac{\partial H}{\partial y}\frac{\partial\eta}{\partial x}\right)$$

在无界等深水域中，我们假设 $H=H_0=\text{Constant}$，本节我们将在这种条件下得到一种形式的波动，这种波动被称为庞加莱波，或者惯性重力波。令 $c_0\equiv\sqrt{gH_0}$，于是上式等号右端为 0，则有

$$\frac{\partial}{\partial t}\left[\left(\frac{\partial^2}{\partial t^2}+f^2\right)\eta-c_0^2\nabla_h^2\eta\right]=0$$

此处，$\nabla_h^2=\frac{\partial^2}{\partial x^2}+\frac{\partial^2}{\partial y^2}$，于是，上式可以写为

$$\frac{\partial}{\partial t}\left[\left(\frac{\partial^2}{\partial t^2}+f^2\right)\eta-c_0^2\left(\frac{\partial^2}{\partial x^2}+\frac{\partial^2}{\partial y^2}\right)\eta\right]=0 \qquad (5-2-4)$$

上述方程是空间二维问题，因此，可以假设波动解的形式为

$$\eta(x,\ y,\ t)=\bar{\eta}_0\cos(k_x x+k_y y-\sigma t+\theta_0)$$

其中，$\bar{\eta}_0$ 为振幅，k_x 和 k_y 分别为 x 轴和 y 轴方向的波数，σ 为波动频率，θ_0 为一个初位相，它不影响我们的分析结论。将这个试探解代入式(5-2-4)，有

$$[(-\sigma^2+f^2)+c_0^2(k_x^2+k_y^2)]\bar{\eta}_0\sigma\sin(k_x x+k_y y-\sigma t+\theta_0)=0$$

整理后可以得到频散关系

$$\sigma^2=f^2+c_0^2k_x^2+c_0^2k_y^2=f^2+c_0^2K^2$$

其中，$K^2\equiv k_x^2+k_y^2$。利用相速度的定义，我们可以得到这种波动的相速度为

$$c\equiv\frac{\sigma}{K}=\pm\sqrt{c_0^2+\frac{f^2}{K^2}}$$

进一步地，如果定义罗斯贝(Rossby)变形半径为 $R \equiv c_0/f = \sqrt{gH_0}/f$，频散关系还可以表示为

$$\left(\frac{\sigma}{f}\right)^2 = 1 + \left(\frac{c_0}{f}\right)^2 K^2 = 1 + R^2K^2$$

有了水位 η 的波动解后，可以进一步求得庞加莱波中海流东分量 U 和北分量 V 的解，同样是波动形式的，设海流的试探解为

$$\begin{cases} U(x, y, t) = U_c\cos(k_x x + k_y y - \sigma t + \theta_0) + U_s\sin(k_x x + k_y y - \sigma t + \theta_0) \\ V(x, y, t) = V_c\cos(k_x x + k_y y - \sigma t + \theta_0) + V_s\sin(k_x x + k_y y - \sigma t + \theta_0) \end{cases}$$

代入到式(5-2-3)中，可以得出

$$\begin{cases} U_c = \dfrac{g\bar{\eta}_0\sigma k_x}{\sigma^2 - f^2} = \dfrac{g\bar{\eta}_0\sigma k_x}{c_0^2K^2} = \dfrac{\bar{\eta}_0\sigma k_x}{H_0K^2} \\ U_s = \dfrac{-g\bar{\eta}_0 f k_y}{\sigma^2 - f^2} = \dfrac{-g\bar{\eta}_0 f k_y}{c_0^2K^2} = \dfrac{-\bar{\eta}_0 f k_y}{H_0K^2} \end{cases}, \quad \begin{cases} V_c = \dfrac{g\bar{\eta}_0\sigma k_y}{\sigma^2 - f^2} = \dfrac{g\bar{\eta}_0\sigma k_y}{c_0^2K^2} = \dfrac{\bar{\eta}_0\sigma k_y}{H_0K^2} \\ V_s = \dfrac{g\bar{\eta}_0 f k_x}{\sigma^2 - f^2} = \dfrac{g\bar{\eta}_0 f k_x}{c_0^2K^2} = \dfrac{\bar{\eta}_0 f k_x}{H_0K^2} \end{cases}$$

即

$$\begin{cases} U(x, y, t) = \dfrac{\bar{\eta}_0\sigma k_x}{H_0K^2}\cos(k_x x + k_y y - \sigma t + \theta_0) - \dfrac{\bar{\eta}_0 f k_y}{H_0K^2}\sin(k_x x + k_y y - \sigma t + \theta_0) \\ V(x, y, t) = \dfrac{\bar{\eta}_0\sigma k_y}{H_0K^2}\cos(k_x x + k_y y - \sigma t + \theta_0) + \dfrac{\bar{\eta}_0 f k_x}{H_0K^2}\sin(k_x x + k_y y - \sigma t + \theta_0) \end{cases}$$

海流是矢量，我们也可以将其在平行于波动传播方向(相速度方向) $\vec{\mathbf{K}}/K$ 和垂直于波动传播方向 $(\vec{\mathbf{K}}/K)\times\hat{\mathbf{k}}$ (以波动传播方向的右侧为正)上投影，得到这两个方向上的海流分量分别为

$$\begin{cases} V_{//}(x, y, t) = \vec{\mathbf{V}}\cdot\dfrac{\vec{\mathbf{K}}}{K} = [U(x, y, t)\hat{\mathbf{i}} + V(x, y, t)\hat{\mathbf{j}}]\cdot\left(\dfrac{k_x}{K}\hat{\mathbf{i}} + \dfrac{k_y}{K}\hat{\mathbf{j}}\right) \\ \qquad = \dfrac{c}{H_0}\bar{\eta}_0\cos(k_x x + k_y y - \sigma t + \theta_0) \\ V_{\perp}(x, y, t) = \vec{\mathbf{V}}\cdot\left(\dfrac{\vec{\mathbf{K}}}{K}\times\hat{\mathbf{k}}\right) = [U(x, y, t)\hat{\mathbf{i}} + V(x, y, t)\hat{\mathbf{j}}]\cdot\left(\dfrac{k_y}{K}\hat{\mathbf{i}} - \dfrac{k_x}{K}\hat{\mathbf{j}}\right) \\ \qquad = -\dfrac{f}{\sigma}\dfrac{c}{H_0}\bar{\eta}_0\sin(k_x x + k_y y - \sigma t + \theta_0) \end{cases}$$

我们可以进一步将上式改写为如下的形式

$$\frac{V_{//}^2}{\left(\dfrac{c}{H_0}\bar{\eta}_0\right)^2} + \frac{V_{\perp}^2}{\left(\dfrac{c}{H_0}\bar{\eta}_0\dfrac{f}{\sigma}\right)^2} = 1$$

由此可见，在一个波动周期中，庞加莱波中潮流矢量的末端实际上构成了一个椭圆，而且不难看出，这个椭圆的旋转方向在北半球为顺时针，在南半球为逆时针。

5.3 有界等深水域中的潮波

我们仍设水深 H_0 为常数，即 $H = H_0 = \text{Constant}$，但区域变为在 x 方向无限长的渠道，平行于 x 轴的刚壁分别位于 $y = 0$ 和 $y = L$，即 L 为渠道的宽度。在这种情况下，控制方程仍然如式(5-2-1)所述，但在刚壁上须满足法向速度为0[$V(x, 0, t) = V(x, L, t) = 0$]的边界条件。令 $c_0 \equiv \sqrt{gH_0}$，仿照前述推导，仍然可以得到式(5-2-4)。刚壁上须满足法向速度为0的边界条件，利用式(5-2-3)可以将其转化为水位的边界条件

$$\frac{\partial^2 \eta}{\partial y \partial t} - f\frac{\partial \eta}{\partial x} = 0 \quad 当 y = 0 或者 y = L \tag{5-3-1}$$

显然，振幅为常数的均匀平面波解不能满足上述边界条件。我们可以设如下形式的解

$$\eta(x, y, t) = \eta_0(y)\cos(k_x x - \sigma t + \theta_0) \tag{5-3-2}$$

将试探解式(5-3-2)代入式(5-2-4)中，得

$$\left\{(-\sigma^2 + f^2)\eta_0(y) - c_0^2\left[-k_x^2\eta_0(y) + \frac{\mathrm{d}^2\eta_0(y)}{\mathrm{d}y^2}\right]\right\}\sigma\sin(k_x x - \sigma t + \theta_0) = 0$$

令 $\alpha^2 \equiv \dfrac{\sigma^2 - f^2}{c_0^2} - k_x^2$，上式整理得

$$\frac{\mathrm{d}^2\eta_0(y)}{\mathrm{d}y^2} + \alpha^2\eta_0(y) = 0 \tag{5-3-3}$$

将试探解式(5-3-2)代入边界条件式(5-3-1)中，得

$$\frac{\mathrm{d}\eta_0(y)}{\mathrm{d}y}\sigma\sin(k_x x - \sigma t + \theta_0) + fk_x\eta_0(y)\sin(k_x x - \sigma t + \theta_0) = 0,\ 当 y = 0 或者 y = L$$

整理得

$$\frac{\mathrm{d}\eta_0(y)}{\mathrm{d}y} + f\frac{k_x}{\sigma}\eta_0(y) = 0 \quad 当 y = 0 或者 y = L \tag{5-3-4}$$

由于 $\alpha^2 \equiv \dfrac{\sigma^2 - f^2}{c_0^2} - k_x^2$ 可正可负，依据 $\eta_0(y)$ 满足的方程式(5-3-3)，我们知道 $\eta_0(y)$ 应该具有如下的复数形式

$$\eta_0(y) = A\mathrm{e}^{\mathrm{i}\alpha y} + B\mathrm{e}^{-\mathrm{i}\alpha y} \tag{5-3-5}$$

式中，A 和 B 是待定复系数。代入上述 $\eta_0(y)$ 满足的边界条件式(5-3-4)中

$$\begin{cases}\left(\mathrm{i}\alpha + f\dfrac{k_x}{\sigma}\right)A + \left(-\mathrm{i}\alpha + f\dfrac{k_x}{\sigma}\right)B = 0 & 当 y = 0 \\ \left(\mathrm{i}\alpha + f\dfrac{k_x}{\sigma}\right)\mathrm{e}^{\mathrm{i}\alpha L}A + \left(-\mathrm{i}\alpha + f\dfrac{k_x}{\sigma}\right)\mathrm{e}^{-\mathrm{i}\alpha L}B = 0 & 当 y = L\end{cases}$$

A 和 B 有非零解的必要条件是上述方程组系数矩阵的行列式为 0，于是

$$\left(\mathrm{i}\alpha+f\frac{k_x}{\sigma}\right)\left(-\mathrm{i}\alpha+f\frac{k_x}{\sigma}\right)\mathrm{e}^{-\mathrm{i}\alpha L}-\left(-\mathrm{i}\alpha+f\frac{k_x}{\sigma}\right)\left(\mathrm{i}\alpha+f\frac{k_x}{\sigma}\right)\mathrm{e}^{\mathrm{i}\alpha L}=0$$

整理得

$$\left(\alpha^2+f^2\frac{k_x^2}{\sigma^2}\right)\sin(\alpha L)=0$$

或者

$$\left(\frac{\sigma^2-f^2}{c_0^2}-k_x^2+f^2\frac{k_x^2}{\sigma^2}\right)\sin\left(L\sqrt{\frac{\sigma^2-f^2}{c_0^2}-k_x^2}\right)=0$$

即

$$\frac{\sigma^4-(f^2+c_0^2k_x^2)\sigma^2+f^2c_0^2k_x^2}{c_0^2\sigma^2}\sin\left(L\sqrt{\frac{\sigma^2-f^2}{c_0^2}-k_x^2}\right)=0$$

因式分解得

$$\frac{(\sigma^2-f^2)(\sigma^2-c_0^2k_x^2)}{c_0^2\sigma^2}\sin\left(L\sqrt{\frac{\sigma^2-f^2}{c_0^2}-k_x^2}\right)=0$$

解有 3 种可能，分别对应于 $\sin\left(L\sqrt{\frac{\sigma^2-f^2}{c_0^2}-k_x^2}\right)=0$、$\sigma^2=c_0^2k_x^2$ 和 $\sigma^2=f^2$。

对于第 1 种可能 $\sin\left(L\sqrt{\frac{\sigma^2-f^2}{c_0^2}-k_x^2}\right)=0$，即 $\alpha^2=\frac{\sigma^2-f^2}{c_0^2}-k_x^2=\frac{n^2\pi^2}{L^2}$，有

$$\sigma^2=f^2+c_0^2\left(k_x^2+\frac{n^2\pi^2}{L^2}\right)$$

式中，n 为整数，但不能为 0，否则 $\alpha=0$ 对应于不能满足边界条件的非零常系数均匀平面波解。对于 n 为非零整数，上述的频散关系与庞加莱波的频散关系在本质上完全相同，差别只在于由于边界的影响，波数矢量的 y 分量 k_y 被离散化为 π/L 的整数倍了。所以这种频散关系不代表新的波型，仍然是庞加莱波，下面我们要解出其解析解，来看看在有边界的影响下，解与前面的无界等深的庞加莱波的解有什么不同。代入边界条件得复系数 A 和 B 必须满足关系

$$\frac{A}{B}=\frac{\mathrm{i}\alpha-f\frac{k_x}{\sigma}}{\mathrm{i}\alpha+f\frac{k_x}{\sigma}}=\frac{\mathrm{i}\frac{n\pi}{L}-f\frac{k_x}{\sigma}}{\mathrm{i}\frac{n\pi}{L}+f\frac{k_x}{\sigma}}$$

于是，为了保持量纲，可以令

$$A=\left(\bar{\eta}_rR-\mathrm{i}\frac{\bar{\eta}_0}{2}R\right)\left(\mathrm{i}\frac{n\pi}{L}-f\frac{k_x}{\sigma}\right),\quad B=\left(\bar{\eta}_rR-\mathrm{i}\frac{\bar{\eta}_0}{2}R\right)\left(\mathrm{i}\frac{n\pi}{L}+f\frac{k_x}{\sigma}\right)$$

其中，$\bar{\eta}_r$ 和 $\bar{\eta}_0$ 是待定的实数，$R\equiv c_0/f=\sqrt{gH_0}/f$ 是罗斯贝变形半径，于是

$$\begin{aligned}\eta(x,\ y,\ t)&=\mathrm{Re}\left[A\mathrm{e}^{\mathrm{i}\alpha y}+B\mathrm{e}^{-\mathrm{i}\alpha y}\right]\cos(k_x x-\sigma t+\theta_0)\\&=\bar{\eta}_0\left[R\frac{n\pi}{L}\cos\left(\frac{n\pi}{L}y\right)-Rk_x\frac{f}{\sigma}\sin\left(\frac{n\pi}{L}y\right)\right]\cos(k_x x-\sigma t+\theta_0)\end{aligned}$$

代入到方程式(5-2-3)中，可以得出

$$\begin{cases}U(x,\ y,\ t)=\dfrac{c_0}{H_0}\bar{\eta}_0\left[\dfrac{f}{\sigma}R^2k_x\dfrac{n\pi}{L}\cos\left(\dfrac{n\pi}{L}y\right)-\sin\left(\dfrac{n\pi}{L}y\right)\right]\cos(k_x x-\sigma t+\theta_0)\\V(x,\ y,\ t)=-\dfrac{c_0}{H_0}\bar{\eta}_0\dfrac{\dfrac{f^2}{\sigma^2}k_x^2+\dfrac{n^2\pi^2}{L^2}}{\dfrac{f}{\sigma}\left(k_x^2+\dfrac{n^2\pi^2}{L^2}\right)}\sin\left(\dfrac{n\pi}{L}y\right)\sin(k_x x-\sigma t+\theta_0)\end{cases}$$

可以看到，由于岸界的影响，这个波解与无界等深水域的庞加莱波解之间存在一定的区别，潮流矢量的末端构成的椭圆，其旋转方向不再满足“在北半球为顺时针，在南半球为逆时针”的规律。

第 2 种可能是 $\sigma^2=c_0^2k_x^2$，其波速为 $c=c_{px}=\dfrac{\sigma}{k_x}=\pm c_0$，形式上它与非旋转($f=0$)流体中的浅水重力波的波速相同，但是，它在这里所代表的是旋转($f\neq0$)流体中的一种具有独特动力结构的波，被称为开尔文(Kelvin)波，它是由于边界的存在而出现的不同于庞加莱波的新波型。由这种频散关系得

$$\alpha^2\equiv\frac{\sigma^2-f^2}{c_0^2}-k_x^2=-\frac{f^2}{c_0^2}$$

因此，$\alpha=\mathrm{i}\dfrac{f}{\pm c_0}=\mathrm{i}\dfrac{f}{c}$，代入试探解式(5-3-5)中，得

$$\eta_0(y)=A\ \exp\left(-\frac{f}{c}y\right)+B\ \exp\left(\frac{f}{c}y\right)$$

但是，需要注意的是，可以验证 $\exp\left(\dfrac{f}{c}y\right)$ 形式的解在 $y=0$ 处无法满足边界条件 $\dfrac{\mathrm{d}\eta_0(y)}{\mathrm{d}y}+f\dfrac{k_x}{\sigma}\eta_0(y)=0$，从而必须舍弃，于是有

$$\eta_0(y)=\bar{\eta}_0\exp\left(-\frac{f}{c}y\right)$$

其中，$\bar{\eta}_0$ 为振幅系数。代入式(5-3-2)，合起来水位的波动解为

$$\eta(x,\ y,\ t)=\bar{\eta}_0\exp\left(-\frac{f}{c}y\right)\cos(k_x x-\sigma t+\theta_0)=\bar{\eta}_0\exp\left(-\frac{f}{c}y\right)\cos\left[k_x(x-ct)+\theta_0\right]$$

按照波速的定义，$c=\pm c_0$ 可正可负，即允许存在沿 x 轴正、反两个方向传播的波，但是，如果渠道宽度 L 趋于无限大，即研究区域变为整个 $y\geqslant0$ 的半平面，那么沿 x 轴负方向传

播的波 $\bar{\eta}_0 \exp\left(\frac{f}{c_0}y\right)\cos[k_x(x+c_0t)+\theta_0]$ 会由于 $\exp\left(\frac{f}{c_0}y\right)$ 项的存在而使得解发散，因此对于这种情况，$c=-c_0$ 的波动必须舍弃，所以只能存在如下的波动解

$$\eta(x, y, t)=\bar{\eta}_0 \exp\left(-\frac{f}{c_0}y\right)\cos[k_x(x-c_0t)+\theta_0]$$

将上述水位解代入方程式(5-2-3)，得开尔文(Kelvin)波的解为

$$\begin{cases}\eta(x, y, t)=\bar{\eta}_0 \exp\left(-\frac{f}{c_0}y\right)\cos[k_x(x-c_0t)+\theta_0] \\ U(x, y, t)=\frac{g}{c_0}\bar{\eta}_0 \exp\left(-\frac{f}{c_0}y\right)\cos[k_x(x-c_0t)+\theta_0]=\sqrt{\frac{g}{H_0}}\eta(x, y, t) \\ V(x, y, t)=0\end{cases}$$

这是在东西向渠道南边界($y=0$)处为了使内区不出现发散情况而得到的波动解。这个解要求自由面在 y 方向上有一定的坡度，实际上这正是地转平衡关系所要求的，即要求压强梯度力能与由于 x 方向的运动而出现的科氏力相平衡。我们也可以同理讨论北边界($y=L$)处的情况，为了处理方便，可以将北边界设置为 $y=0$，而将南边界设置为 $y=-L$，为了得到内区不出现发散情况的波动解，这个解将会是

$$\begin{cases}\eta(x, y, t)=\bar{\eta}_0 \exp\left(\frac{f}{c_0}y\right)\cos[k_x(x+c_0t)+\theta_0] \\ U(x, y, t)=\frac{g}{c_0}\bar{\eta}_0 \exp\left(\frac{f}{c_0}y\right)\cos[k_x(x+c_0t)+\theta_0]=\sqrt{\frac{g}{H_0}}\eta(x, y, t) \\ V(x, y, t)=0\end{cases}$$

读者可以自行推导。同理还可以讨论南北向渠道，即存在东西边界的情况，都会得到类似的波动解。这种结构限制了开尔文波不能存在于一个无界的区域中。开尔文波存在的一个必要条件是至少存在一个边界，在此边界处，波振幅取最大值，从边界处向内区过渡，振幅呈指数减小。振幅衰减的 e 折距离尺度为

$$R \equiv \frac{c_0}{f}=\frac{\sqrt{gH_0}}{f}$$

这正是前面定义过的罗斯贝变形半径。现在，我们又可以将这一参数理解为一个特征距离尺度，在这个距离尺度上，科氏力使自由表面变形的趋势与压强梯度力使自由表面复原的趋势相平衡。由于开尔文波只局限于边界附近，因此，有时开尔文波也被称为“边界波”或者“岸边陷波”(coastal-trapped wave)。总的来说，这种波动有一个特点，就是其传播方向与边界的位置有关，在北半球($f>0$)，其边界须位于其传播方向的右侧，而在南半球($f<0$)，其边界须位于其传播方向的左侧。

第3种可能是 $\sigma^2=f^2$，于是 $\alpha^2 \equiv \frac{\sigma^2-f^2}{c_0^2}-k_x^2=-k_x^2$，代入试探解式(5-3-5)中，得

$$\eta_0(y) = A\exp(-k_x y) + B\exp(k_x y)$$

但是，同样需要注意的是，可以验证 $\exp(k_x y)$ 形式的解在 $y=0$ 处无法满足边界条件式(5-3-4)，从而必须舍弃，于是有

$$\eta_0(y) = \bar{\eta}_0\exp(-k_x y)$$

其中 $\bar{\eta}_0$ 为振幅系数。代入式(5-3-2)，合起来水位的波动解为

$$\eta(x, y, t) = \bar{\eta}_0\exp(-k_x y)\cos(k_x x - ft + \theta_0)$$

设潮流的试探解为

$$\begin{cases} U(x, y, t) = U_c(y)\cos(k_x x - ft + \theta_0) + U_s(y)\sin(k_x x - ft + \theta_0) \\ V(x, y, t) = V_c(y)\cos(k_x x - ft + \theta_0) + V_s(y)\sin(k_x x - ft + \theta_0) \end{cases}$$

代入方程式(5-2-1)，得

$$\begin{aligned} & fU_c(y)\sin(k_x x - ft + \theta_0) - fU_s(y)\cos(k_x x - ft + \theta_0) \\ & - fV_c(y)\cos(k_x x - ft + \theta_0) - fV_s(y)\sin(k_x x - ft + \theta_0) \\ & = g\bar{\eta}_0 k_x\exp(-k_x y)\sin(k_x x - ft + \theta_0) \end{aligned}$$

$$\begin{aligned} & fV_c(y)\sin(k_x x - ft + \theta_0) - fV_s(y)\cos(k_x x - ft + \theta_0) \\ & + fU_c(y)\cos(k_x x - ft + \theta_0) + fU_s(y)\sin(k_x x - ft + \theta_0) \\ & = g\bar{\eta}_0 k_x\exp(-k_x y)\cos(k_x x - ft + \theta_0) \end{aligned}$$

$$\begin{aligned} & f\bar{\eta}_0\exp(-k_x y)\sin(k_x x - ft + \theta_0) \\ & - H_0 k_x U_c(y)\sin(k_x x - ft + \theta_0) + H_0 k_x U_s(y)\cos(k_x x - ft + \theta_0) \\ & + H_0\frac{\mathrm{d}V_c(y)}{\mathrm{d}y}\cos(k_x x - ft + \theta_0) + H_0\frac{\mathrm{d}V_s(y)}{\mathrm{d}y}\sin(k_x x - ft + \theta_0) = 0 \end{aligned}$$

将上述方程组中等号两端 $\cos(k_x x - ft + \theta_0)$ 项和 $\sin(k_x x - ft + \theta_0)$ 项分别合并，得到如下4个相互独立的方程组成的方程组

$$\begin{cases} U_s(y) + V_c(y) = 0 \\ U_c(y) - V_s(y) = \dfrac{gk_x}{f}\bar{\eta}_0\exp(-k_x y) \\ \dfrac{\mathrm{d}V_c(y)}{\mathrm{d}y} + k_x U_s(y) = 0 \\ \dfrac{\mathrm{d}V_s(y)}{\mathrm{d}y} - k_x U_c(y) = -\dfrac{f}{H_0}\bar{\eta}_0\exp(-k_x y) \end{cases}$$

将前两个等式的关系代入后两个等式，得

$$\begin{cases} \dfrac{\mathrm{d}V_c(y)}{\mathrm{d}y} - k_x V_c(y) = 0 \\ \dfrac{\mathrm{d}V_s(y)}{\mathrm{d}y} - k_x V_s(y) = \dfrac{gH_0 k_x^2 - f^2}{fH_0}\bar{\eta}_0\exp(-k_x y) \end{cases}$$

通解为

$$\begin{cases}V_c(y)=\overline{V}_c\exp(k_x y)\\ V_s(y)=\overline{V}_s\exp(k_x y)-\dfrac{gH_0k_x^2-f^2}{fH_0}\dfrac{\overline{\eta}_0}{2k_x}\exp(-k_x y)\end{cases}$$

其中，$\overline{V}_c$ 和 $\overline{V}_s$ 为待定系数。注意到边界条件 $V(x,0,t)=V(x,L,t)=0$，这要求 $V_c(0)=V_c(L)=V_s(0)=V_s(L)=0$，因此必须有 $\overline{V}_c=\overline{V}_s=0$，进而得到 $V_c(y)=V_s(y)=0$，所以 $V(x,y,t)=0$，并且还能得出 $c_0^2k_x^2=gH_0k_x^2=f^2=\sigma^2$，而这恰恰是开尔文波的频散关系。将上述结果代入方程，还可以进一步解得 $U_s(y)=0$ 和 $U_c(y)=\dfrac{gk_x}{f}\overline{\eta}_0\exp(-k_x y)=\dfrac{f}{k_xH_0}\overline{\eta}_0\exp(-k_x y)$。于是解为

$$\begin{cases}\eta(x,y,t)=\overline{\eta}_0\exp(-k_x y)\cos(k_x x-ft+\theta_0)\\ U(x,y,t)=\dfrac{gk_x}{f}\overline{\eta}_0\exp(-k_x y)\cos(k_x x-ft+\theta_0)=\sqrt{\dfrac{g}{H_0}}\eta(x,y,t)\\ V(x,y,t)=0\end{cases}$$

这正是开尔文波的解，只是此处角频率 σ 恰好为 f。

5.4 赤道附近的潮波

在赤道上，f 近似随纬度呈线性变化，可以表示为 $f=\beta_0 y$，于是潮波满足的线性方程组变为

$$\begin{cases}\dfrac{\partial U}{\partial t}-\beta_0 yV=-g\dfrac{\partial\eta}{\partial x}\\ \dfrac{\partial V}{\partial t}+\beta_0 yU=-g\dfrac{\partial\eta}{\partial y}\\ \dfrac{\partial\eta}{\partial t}+H_0\dfrac{\partial U}{\partial x}+H_0\dfrac{\partial V}{\partial y}=0\end{cases}\tag{5-4-1}$$

如果将赤道看成一个“固体边界”，我们可以分析一下径向流速 V 为 0 的波解的形式，于是上述方程组变为

$$\begin{cases}\dfrac{\partial U}{\partial t}=-g\dfrac{\partial\eta}{\partial x}\\ \beta_0 yU=-g\dfrac{\partial\eta}{\partial y}\\ \dfrac{\partial\eta}{\partial t}+H_0\dfrac{\partial U}{\partial x}=0\end{cases}$$

很容易验证，上述方程存在如下的波解

$$\begin{cases}\eta(x,\ y,\ t)=H_0F(x-c_0t)\mathrm{e}^{-\frac{y^2}{2R_{\mathrm{eq}}^2}}\\ U(x,\ y,\ t)=c_0F(x-c_0t)\mathrm{e}^{-\frac{y^2}{2R_{\mathrm{eq}}^2}}\\ V(x,\ y,\ t)=0\end{cases}$$

其中，$F(\bullet)$ 为任意函数形式，$R_{\mathrm{eq}}\equiv\sqrt{\dfrac{\sqrt{gH_0}}{\beta_0}}=\sqrt{\dfrac{c_0}{\beta_0}}$ 为赤道罗斯贝变形半径。上述波解描述了一种沿赤道由西向东以速度 $c_0\equiv\sqrt{gH_0}$ 传播的波，它的形态相对于赤道是对称的，在赤道上有最大值，随着纬度变大，振幅依据赤道罗斯贝变形半径衰减，这种波与我们之前介绍的岸界附近的开尔文波类似，被称为赤道开尔文波。

除了上述赤道开尔文波解的形式，赤道附近线性方程组式(5-4-1)还允许存在其他形式的波解，令试探解为

$$\begin{cases}\eta(x,\ y,\ t)=\eta_0(y)\cos(k_xx-\sigma t+\theta_0)\\ U(x,\ y,\ t)=U_c(y)\cos(k_xx-\sigma t+\theta_0)+U_s(y)\sin(k_xx-\sigma t+\theta_0)\\ V(x,\ y,\ t)=V_c(y)\cos(k_xx-\sigma t+\theta_0)+V_s(y)\sin(k_xx-\sigma t+\theta_0)\end{cases}$$

代入方程组式(5-4-1)得

$$\begin{aligned}&\sigma U_c(y)\sin(k_xx-\sigma t+\theta_0)-\sigma U_s(y)\cos(k_xx-\sigma t+\theta_0)\\&-\beta_0yV_c(y)\cos(k_xx-\sigma t+\theta_0)-\beta_0yV_s(y)\sin(k_xx-\sigma t+\theta_0)\\&=gk_x\eta_0(y)\sin(k_xx-\sigma t+\theta_0)\end{aligned}$$

$$\begin{aligned}&\sigma V_c(y)\sin(k_xx-\sigma t+\theta_0)-\sigma V_s(y)\cos(k_xx-\sigma t+\theta_0)\\&+\beta_0yU_c(y)\cos(k_xx-\sigma t+\theta_0)+\beta_0yU_s(y)\sin(k_xx-\sigma t+\theta_0)\\&=-g\frac{\mathrm{d}\eta_0(y)}{\mathrm{d}y}\cos(k_xx-\sigma t+\theta_0)\end{aligned}$$

$$\begin{aligned}&\sigma\eta_0(y)\sin(k_xx-\sigma t+\theta_0)\\&-H_0k_xU_c(y)\sin(k_xx-\sigma t+\theta_0)+H_0k_xU_s(y)\cos(k_xx-\sigma t+\theta_0)\\&+H_0\frac{\mathrm{d}V_c(y)}{\mathrm{d}y}\cos(k_xx-\sigma t+\theta_0)+H_0\frac{\mathrm{d}V_s(y)}{\mathrm{d}y}\sin(k_xx-\sigma t+\theta_0)=0\end{aligned}$$

将方程组中等号两端 $\cos(k_xx-\sigma t+\theta_0)$ 项和 $\sin(k_xx-\sigma t+\theta_0)$ 项分别合并，得到如下 6 个相互独立的方程组成的方程组

$$
\begin{cases}
\sigma U_c(y) - \beta_0 y V_s(y) = g k_x \eta_0(y) \\
-\sigma U_s(y) - \beta_0 y V_c(y) = 0 \\
\sigma V_c(y) + \beta_0 y U_s(y) = 0 \\
-\sigma V_s(y) + \beta_0 y U_c(y) = -g \dfrac{\mathrm{d}\eta_0(y)}{\mathrm{d}y} \\
\sigma \eta_0(y) - H_0 k_x U_c(y) + H_0 \dfrac{\mathrm{d}V_s(y)}{\mathrm{d}y} = 0 \\
H_0 k_x U_s(y) + H_0 \dfrac{\mathrm{d}V_c(y)}{\mathrm{d}y} = 0
\end{cases} \tag{5-4-2}
$$

由式(5-4-2)的第2、第3、第6式得 $U_s(y)=V_c(y)=0$，即试探解应该为

$$
\begin{cases}
\eta(x,\ y,\ t) = \eta_0(y)\cos(k_x x - \sigma t + \theta_0) \\
U(x,\ y,\ t) = U_c(y)\cos(k_x x - \sigma t + \theta_0) \\
V(x,\ y,\ t) = V_s(y)\sin(k_x x - \sigma t + \theta_0)
\end{cases}
$$

由式(5-4-2)的第1式得 $U_c(y)=\dfrac{\beta_0 y}{\sigma}V_s(y)+\dfrac{gk_x}{\sigma}\eta_0(y)$，分别代入式(5-4-2)的第4式和第5式得

$$
\begin{cases}
-\sigma V_s(y) + \beta_0 y\left[\dfrac{\beta_0 y}{\sigma}V_s(y) + \dfrac{gk_x}{\sigma}\eta_0(y)\right] = -g\dfrac{\mathrm{d}\eta_0(y)}{\mathrm{d}y} \\
\sigma\eta_0(y) - H_0 k_x\left[\dfrac{\beta_0 y}{\sigma}V_s(y) + \dfrac{gk_x}{\sigma}\eta_0(y)\right] + H_0\dfrac{\mathrm{d}V_s(y)}{\mathrm{d}y} = 0
\end{cases}
$$

整理得

$$
\begin{cases}
(\beta_0^2 y^2 - \sigma^2)V_s(y) = -g\sigma\dfrac{\mathrm{d}\eta_0(y)}{\mathrm{d}y} - \beta_0 y g k_x \eta_0(y) \\
(\sigma^2 - gH_0 k_x^2)\eta_0(y) = -H_0\sigma\dfrac{\mathrm{d}V_s(y)}{\mathrm{d}y} + H_0 k_x \beta_0 y V_s(y)
\end{cases} \tag{5-4-3}
$$

式(5-4-3)的第2式对 y 求导数，并应用式(5-4-3)的第1式得

$$
\frac{\mathrm{d}^2 V_s(y)}{\mathrm{d}y^2} + \left(\frac{\sigma^2 - \beta_0^2 y^2}{gH_0} - \frac{\beta_0 k_x}{\sigma} - k_x^2\right)V_s(y) = 0 \tag{5-4-4}
$$

上述方程等号左端第2项 $V_s(y)$ 前系数括号中包含了变量 y，因此，其解将不再具有正弦函数形式，事实上，在远离赤道的地方，变量 y 将会变得足够大，以至于 $V_s(y)$ 前系数将会变为负值，而我们希望 $V_s(y)$ 在远离赤道的地方能够呈指数型衰减。令

$$
\frac{\sigma^2}{gH_0} - \frac{\beta_0 k_x}{\sigma} - k_x^2 = \frac{\lambda}{R_{\mathrm{eq}}^2}
$$

或者

$$\frac{\sigma^2}{c_0^2} - \frac{\beta_0 k_x}{\sigma} - k_x^2 = \frac{\lambda}{R_{eq}^2} \tag{5-4-5}$$

其中 λ 为待定常数，于是方程式(5-4-4)变为

$$\frac{\mathrm{d}^2 V_s(y)}{\mathrm{d}y^2} + \left(\frac{\lambda}{R_{eq}^2} - \frac{y^2}{R_{eq}^4}\right) V_s(y) = 0$$

如果令 $\xi \equiv \frac{y}{R_{eq}}$，那么上述方程将变为

$$\frac{\mathrm{d}^2 V_s(\xi)}{\mathrm{d}\xi^2} + (\lambda - \xi^2) V_s(\xi) = 0 \tag{5-4-6}$$

设置试探解为

$$V_s(\xi) = \mathrm{H}_n(\xi)\mathrm{e}^{-\frac{\xi^2}{2}} \tag{5-4-7}$$

代入上述方程式(5-4-6)，得

$$\frac{\mathrm{d}^2 \mathrm{H}_n(\xi)}{\mathrm{d}\xi^2} - 2\xi \frac{\mathrm{d}\mathrm{H}_n(\xi)}{\mathrm{d}\xi} + (\lambda - 1)\mathrm{H}_n(\xi) = 0$$

可以证明，只有当 $\lambda = 2n + 1$($n = 0, 1, 2, \cdots$)时，上述方程才有 $(-\infty, \infty)$ 上的有限解，这时有

$$\frac{\mathrm{d}^2 H_n(\xi)}{\mathrm{d}\xi^2} - 2\xi \frac{\mathrm{d}H_n(\xi)}{\mathrm{d}\xi} + 2nH_n(\xi) = 0$$

称为 n 阶厄米(Hermite)方程，其唯一的多项式解就是厄米多项式，设 $H_n(\bullet)$ 为 n 自由度的厄米多项式，前面几阶的形式为 $H_0(\xi) = 1$、$H_1(\xi) = 2\xi$、$H_2(\xi) = 4\xi^2 - 2$。代入式(5-4-7)，得南北向流速的解为

$$V_s(y) = H_n\left(\frac{y}{R_{eq}}\right)\mathrm{e}^{-\frac{y^2}{2R_{eq}^2}}$$

依据上述推导过程中使用的关系式(5-4-5)，我们有上述波解的频散关系为

$$\frac{\sigma^2}{gH_0} - \frac{\beta_0 k_x}{\sigma} - k_x^2 = \frac{2n+1}{R_{eq}^2}$$

于是上述波解形成了一系列离散的模态。如果忽略 β_0 项，则第 n 个模态的频散关系近似为

$$\sigma_n \approx \pm\sqrt{\frac{2n+1}{T_{eq}^2} + gH_0 k_x^2} = \pm\sqrt{\frac{2n+1}{T_{eq}^2} + c_0^2 k_x^2}$$

式中，$T_{eq} \equiv \frac{1}{\sqrt{\beta_0\sqrt{gH_0}}} = \frac{1}{\sqrt{\beta_0 c_0}} = \frac{R_{eq}}{c_0}$ 为赤道惯性时间，它描述的是以波速 $c_0 \equiv \sqrt{gH_0}$ 传播距离 R_{eq} 所用的时间，上述频散关系与庞加莱波的频散关系非常相近，属于低纬度的庞加莱波。考虑低频的长波近似，即 $\sigma \to 0$ 和 $k \approx 0$，则有

$$\frac{\sigma_n}{k_x} \approx -\frac{\beta_0 R_{\mathrm{eq}}^2}{2n+1} = -\frac{c_0}{2n+1}$$

这与罗斯贝波(受篇幅限制，本书并未讲解罗斯贝波，同学们可以参考专门的物理海洋学教材自学这部分内容)的频散关系非常相近，也是一种向西传播的波动。应用前面的方程式(5-4-3)的第2式，很容易得出

$$\eta_0(y) = -\frac{H_0\sigma}{\sigma^2 - gH_0k_x^2}\frac{\mathrm{d}V_s(y)}{\mathrm{d}y} + \frac{H_0k_x\beta_0}{\sigma^2 - gH_0k_x^2}yV_s(y)$$

将 $V_s(y)$ 的解代入上式，我们发现：偶数阶的解的水位相对于赤道是反对称的，即 $\eta(x,\ -y,\ t) = -\eta(x,\ y,\ t)$；奇数阶的解的水位相对于赤道是对称的，即 $\eta(x,\ -y,\ t) = \eta(x,\ y,\ t)$，且在赤道上有 $V_s(0) = 0$。

第6章　内潮波

内波有很多种，风可以引起温跃层近惯性振荡，从而引起内波；正压潮流在流过地形陡峭地区时，由于水平流动的辐聚和辐散会引起较强的上升流和下降流，从而使温跃层抬升和下降，造成内潮波；内波在传播过程中如果非线性效应与频散效应可以相比拟，还会产生内孤立波。内波本身会增强混合，如果内波传播时，非线性效应较强，会造成内波破碎，这会造成很强的混合。研究表明，热盐环流(或经向翻转流)的维持需要约 2 TW 的能量输入(Munk and Wunsch，1998)，其中正压潮与地形相互作用产生的内潮可贡献约 1 TW 的能量(Egbert and Ray，2000)。内潮有个临界纬度(critical latitude)说法，在临界纬度处局地科氏频率等于内潮频率的一半(半日潮临界纬度约为 30°，全日潮临界纬度约为 15°)。在临界纬度以内的中低纬度地区，内潮可以将自己的能量通过参量次谐波不稳定性(parametric subharmonic instability，PSI)机制传递给 0.5 倍自身频率的次谐波，次谐波的垂向波数要远大于内潮波，因此能量被从大尺度传向小尺度，造成海洋能量降尺度串级。在临界纬度以外的中高纬度地区，产生的内潮会保持自身的频率和波数向源地外传播出去。

6.1　非静力近似下内潮波线性理论

6.1.1　内潮波满足的基本方程

我们来考察一下质量守恒原始方程组中的动量方程和连续性方程

$$\begin{cases}\dfrac{\partial \vec{\mathbf{v}}}{\partial t}+\vec{\mathbf{v}}\cdot\nabla\vec{\mathbf{v}}=-\dfrac{1}{\rho}\nabla p-\nabla(V_M+V_S)-2\vec{\mathbf{\Omega}}\times\vec{\mathbf{v}}+\vec{\mathbf{g}}+\dfrac{1}{\rho}\vec{\mathbf{F}}_{\text{friction}}\\ \dfrac{\partial\rho}{\partial t}+\nabla\cdot(\rho\vec{\mathbf{v}})=0\end{cases}$$

令 $\rho(x,\ y,\ z,\ t)\equiv\bar{\rho}(z)+\tilde{\rho}(x,\ y,\ z,\ t)$ 和 $p(x,\ y,\ z,\ t)\equiv\bar{p}(z)+\tilde{p}(x,\ y,\ z,\ t)$，其中，$\bar{\rho}(z)$ 和 $\bar{p}(z)$ 分别是密度和压力的参考值，它们其实分别是研究海区各水层的密度和压力的水平平均值，都只是垂向坐标 z 的函数，而 $\tilde{\rho}(x,\ y,\ z,\ t)$ 和 $\tilde{p}(x,\ y,\ z,\ t)$ 则分别是密度和压力的扰动量。假设 $\dfrac{\mathrm{d}\rho}{\mathrm{d}t}\equiv\dfrac{\partial\rho}{\partial t}+\vec{v}\cdot\nabla\rho=0$，也就是认为水质点在运动过

程中密度不发生变化，即体积守恒。我们暂时不考虑摩擦的作用，那么

$$\begin{cases}(\bar{\rho}+\tilde{\rho})\left(\dfrac{\partial\vec{\mathbf{v}}}{\partial t}+\vec{\mathbf{v}}\cdot\nabla\vec{\mathbf{v}}+2\vec{\mathbf{\Omega}}\times\vec{\mathbf{v}}\right)+\nabla(\bar{p}+\tilde{p})+(\bar{\rho}+\tilde{\rho})\nabla(V_M+V_S)+(\bar{\rho}+\tilde{\rho})g\hat{\mathbf{k}}=0\\ \dfrac{\partial}{\partial t}(\bar{\rho}+\tilde{\rho})+\nabla\cdot[(\bar{\rho}+\tilde{\rho})\vec{\mathbf{v}}]=0\\ \dfrac{\partial(\bar{\rho}+\tilde{\rho})}{\partial t}+\vec{\mathbf{v}}\cdot\nabla(\bar{\rho}+\tilde{\rho})=0\end{cases}$$

考虑到 $\bar{\rho}(z)$ 和 $\bar{p}(z)$ 基本满足水静力平衡关系，即

$$\frac{\mathrm{d}\bar{p}(z)}{\mathrm{d}z}=-\bar{\rho}(z)g$$

因此，在很多文献中 $\bar{p}(z)$ 也被称为静压力，而将 $\tilde{p}(x, y, z, t)$ 称为动压力。假设扰动量远小于参考值，即 $\tilde{\rho}(x, y, z, t)\ll\bar{\rho}(z)$ 和 $\tilde{p}(x, y, z, t)\ll\bar{p}(z)$，那么上述方程组线性化后取一阶近似，并结合水静力平衡关系，得到

$$\begin{cases}\bar{\rho}\dfrac{\partial\vec{\mathbf{v}}}{\partial t}+\bar{\rho}2\vec{\mathbf{\Omega}}\times\vec{\mathbf{v}}+\nabla\tilde{p}+\bar{\rho}\nabla(V_M+V_S)+\tilde{\rho}g\hat{\mathbf{k}}=0\\ \nabla\cdot\vec{\mathbf{v}}=0\\ \dfrac{\partial\tilde{\rho}}{\partial t}+w\dfrac{\mathrm{d}\bar{\rho}}{\mathrm{d}z}=0\end{cases}$$

其中，w 是流速 $\vec{\mathbf{v}}$ 的垂向分量。进一步地，将流速和压力扰动量分解为正压项和斜压项两部分，即令 $\vec{\mathbf{v}}=\vec{\mathbf{v}}_e+\vec{\mathbf{v}}_i$，$\tilde{p}=\tilde{p}_e+\tilde{p}_i$，$\vec{\mathbf{v}}_e$ 和 $\tilde{p}_e$ 分别为流速和压力扰动量的正压项，$\vec{\mathbf{v}}_i$ 和 $\tilde{p}_i$ 分别为流速和压力扰动量的斜压项，并令 ρ_0 为 $\bar{\rho}(z)$ 的垂向平均值，在布西内斯克(Boussinesq)近似下，上述方程组为

$$\begin{cases}\dfrac{\partial(\vec{\mathbf{v}}_e+\vec{\mathbf{v}}_i)}{\partial t}+2\vec{\mathbf{\Omega}}\times(\vec{\mathbf{v}}_e+\vec{\mathbf{v}}_i)+\dfrac{1}{\rho_0}\nabla(\tilde{p}_e+\tilde{p}_i)+\nabla(V_M+V_S)+\dfrac{\tilde{\rho}g}{\rho_0}\hat{\mathbf{k}}=0\\ \nabla\cdot(\vec{\mathbf{v}}_e+\vec{\mathbf{v}}_i)=0\\ \dfrac{\partial\tilde{\rho}}{\partial t}+(w_e+w_i)\dfrac{\mathrm{d}\bar{\rho}}{\mathrm{d}z}=0\end{cases}$$

注意到正压项满足方程

$$\begin{cases}\dfrac{\partial\vec{\mathbf{v}}_e}{\partial t}+2\vec{\mathbf{\Omega}}\times\vec{v}_e+\dfrac{1}{\rho_0}\nabla\tilde{p}_e+\nabla(V_M+V_S)=0\\ \nabla\cdot\vec{\mathbf{v}}_e=0\end{cases}$$

于是斜压项满足方程为

$$\begin{cases} \dfrac{\partial \vec{\mathbf{v}}_i}{\partial t} + 2\vec{\boldsymbol{\Omega}} \times \vec{\mathbf{v}}_i + \dfrac{1}{\rho_0} \nabla \widetilde{p}_i + \dfrac{\widetilde{\rho} g}{\rho_0} \hat{\mathbf{k}} = 0 \\ \nabla \cdot \vec{\mathbf{v}}_i = 0 \\ \dfrac{\partial \widetilde{\rho}}{\partial t} + w_i \dfrac{\mathrm{d}\overline{\rho}}{\mathrm{d}z} = - w_e \dfrac{\mathrm{d}\overline{\rho}}{\mathrm{d}z} \end{cases} \tag{6-1-1}$$

上述两个方程组表达的意思就是引潮势驱动出正压潮流，而正压潮流经过陡峭地形时在层结海水中激发出了内潮。在局地直角坐标系中，上述斜压方程组的分量形式为

$$\begin{cases} \dfrac{\partial u_i}{\partial t} - f v_i + \dfrac{1}{\rho_0} \dfrac{\partial \widetilde{p}_i}{\partial x} = 0 \\ \dfrac{\partial v_i}{\partial t} + f u_i + \dfrac{1}{\rho_0} \dfrac{\partial \widetilde{p}_i}{\partial y} = 0 \\ \dfrac{\partial w_i}{\partial t} + \dfrac{1}{\rho_0} \dfrac{\partial \widetilde{p}_i}{\partial z} + \dfrac{\widetilde{\rho} g}{\rho_0} = 0 \\ \dfrac{\partial u_i}{\partial x} + \dfrac{\partial v_i}{\partial y} + \dfrac{\partial w_i}{\partial z} = 0 \\ \dfrac{\partial \widetilde{\rho}}{\partial t} + w_i \dfrac{\mathrm{d}\overline{\rho}}{\mathrm{d}z} = - w_e \dfrac{\mathrm{d}\overline{\rho}}{\mathrm{d}z} \end{cases} \tag{6-1-2}$$

6.1.2 本征方程与模态

式(6-1-2)中的第 1 式对 z 求导减去第 3 式对 x 求导，得

$$\frac{\partial}{\partial t}\left(\frac{\partial u_i}{\partial z} - \frac{\partial w_i}{\partial x}\right) - \frac{g}{\rho_0}\frac{\partial \widetilde{\rho}}{\partial x} - f\frac{\partial v_i}{\partial z} = 0$$

然后将式(6-1-2)中的第 2 式对 z 求导减去第 3 式对 y 求导，得

$$\frac{\partial}{\partial t}\left(\frac{\partial v_i}{\partial z} - \frac{\partial w_i}{\partial y}\right) - \frac{g}{\rho_0}\frac{\partial \widetilde{\rho}}{\partial y} + f\frac{\partial u_i}{\partial z} = 0$$

上两式中，前者对 t 和 x 求二阶导加上后者对 t 和 y 求二阶导，得

$$\frac{\partial^2}{\partial t^2}\left[\frac{\partial}{\partial z}\left(\frac{\partial u_i}{\partial x} + \frac{\partial v_i}{\partial y}\right) - \frac{\partial^2 w_i}{\partial x^2} - \frac{\partial^2 w_i}{\partial y^2}\right] - \frac{g}{\rho_0}\left(\frac{\partial^2}{\partial x^2} + \frac{\partial^2}{\partial y^2}\right)\frac{\partial \widetilde{\rho}}{\partial t} - f\frac{\partial^2}{\partial t \partial z}\left(\frac{\partial v_i}{\partial x} - \frac{\partial u_i}{\partial y}\right) = 0$$

应用式(6-1-2)中的第 4 式和第 5 式，得

$$\frac{\partial^2}{\partial t^2}\left[-\frac{\partial^2 w_i}{\partial z^2} - \frac{\partial^2 w_i}{\partial x^2} - \frac{\partial^2 w_i}{\partial y^2}\right] + \frac{g}{\rho_0}\left(\frac{\partial^2}{\partial x^2} + \frac{\partial^2}{\partial y^2}\right)\left(w_i\frac{\mathrm{d}\overline{\rho}}{\mathrm{d}z} + w_e\frac{\mathrm{d}\overline{\rho}}{\mathrm{d}z}\right) - f\frac{\partial^2}{\partial t \partial z}\left(\frac{\partial v_i}{\partial x} - \frac{\partial u_i}{\partial y}\right) = 0$$

即

$$\frac{\partial^2}{\partial t^2}\left[\frac{\partial^2 w_i}{\partial x^2}+\frac{\partial^2 w_i}{\partial y^2}+\frac{\partial^2 w_i}{\partial z^2}\right]+N^2\left(\frac{\partial^2 w_i}{\partial x^2}+\frac{\partial^2 w_i}{\partial y^2}\right)+f\frac{\partial^2}{\partial t\partial z}\left(\frac{\partial v_i}{\partial x}-\frac{\partial u_i}{\partial y}\right)=-N^2\left(\frac{\partial^2 w_e}{\partial x^2}+\frac{\partial^2 w_e}{\partial y^2}\right)$$

其中，$N\equiv\sqrt{-\frac{g}{\rho_0}\frac{\mathrm{d}\bar{\rho}}{\mathrm{d}z}}$ 被称为布伦特–维赛拉(Brunt–Väisälä)频率或者浮力频率，它描述了海水的层结强弱。上述方程中，等号右端是正压源项，属于驱动项，正压潮流经过陡峭地形后会产生较大的正压垂向流速 w_e，从而在层结流体(N不为0)中产生了内部运动，w_i就是这一内部运动的垂向流速。不考虑f随纬度的变化，将式(6–1–2)的第2式对x求导减去第1式对y求导，得 $\frac{\partial}{\partial t}\left(\frac{\partial v_i}{\partial x}-\frac{\partial u_i}{\partial y}\right)=f\frac{\partial w_i}{\partial z}$，代入上式得

$$\frac{\partial^2}{\partial t^2}\left[\frac{\partial^2 w_i}{\partial x^2}+\frac{\partial^2 w_i}{\partial y^2}+\frac{\partial^2 w_i}{\partial z^2}\right]+N^2\left(\frac{\partial^2 w_i}{\partial x^2}+\frac{\partial^2 w_i}{\partial y^2}\right)+f^2\frac{\partial^2 w_i}{\partial z^2}=-N^2\left(\frac{\partial^2 w_e}{\partial x^2}+\frac{\partial^2 w_e}{\partial y^2}\right)$$

由于考虑的是线性波动方程，所以在复数空间分析波动问题是比较方便的，如果得到了复数形式的波动解，那么其实部和虚部将都会满足上述线性的波动方程。如果 $w_e(x, y, z, t)=\widetilde{w}_e(x, y, z)\exp(\mathrm{i}\sigma t)$，那么设试探解为 $w_i(x, y, z, t)=\widetilde{w}_i(x, y, z)\exp(\mathrm{i}\sigma t)$，代入上式得

$$\frac{\partial^2\widetilde{w}_i}{\partial x^2}+\frac{\partial^2\widetilde{w}_i}{\partial y^2}-\frac{\sigma^2-f^2}{N^2-\sigma^2}\frac{\partial^2\widetilde{w}_i}{\partial z^2}=-\frac{N^2}{N^2-\sigma^2}\left(\frac{\partial^2\widetilde{w}_e}{\partial x^2}+\frac{\partial^2\widetilde{w}_e}{\partial y^2}\right)\tag{6-1-3}$$

我们可以暂时不考虑正压源项，而是仔细研究一下等号右端为0的齐次方程，如此我们可以分析内潮波的属性。令 $\widetilde{w}_i(x, y, z)\equiv W_i(z)F_i(x, y)$，则有

$$\left(\frac{\partial^2 F_i}{\partial x^2}+\frac{\partial^2 F_i}{\partial y^2}\right)W_i-\frac{\sigma^2-f^2}{N^2-\sigma^2}F_i\frac{\mathrm{d}^2 W_i}{\mathrm{d}z^2}=0$$

即

$$\frac{\dfrac{\partial^2 F_i}{\partial x^2}+\dfrac{\partial^2 F_i}{\partial y^2}}{F_i}=\frac{\dfrac{\sigma^2-f^2}{N^2-\sigma^2}\dfrac{\mathrm{d}^2 W_i}{\mathrm{d}z^2}}{W_i}$$

等号左端是仅关于(x, y)的函数，而右端则是仅关于(z)的函数，要使两端相等，它们必须等于同一个常数，令这一常数为$(-K_h^2)$，于是可以得到如下本征方程

$$\begin{cases}\dfrac{\partial^2 F_i}{\partial x^2}+\dfrac{\partial^2 F_i}{\partial y^2}+K_h^2F_i=0\\[2ex]\dfrac{\mathrm{d}^2 W_i}{\mathrm{d}z^2}+\dfrac{N^2-\sigma^2}{\sigma^2-f^2}K_h^2W_i=0\end{cases}\tag{6-1-4}$$

由上述垂向的本征方程并结合海面和海底的边界条件，可以解出内潮波的本征垂向模

态，而常数（$-K_h^2$）就是与本征垂向模态相对应的本征值。综上所述，内潮波垂向流速的解为 $w_i(x, y, z, t) \equiv W_i(z)F_i(x, y)\exp(\mathrm{i}\sigma t)$ 。如果垂向流速具有平面波的形式，即 $w_i(x, y, z, t)=\overline{w}_0\exp(\mathrm{i}\sigma t-\mathrm{i}k_x x-\mathrm{i}k_y y-\mathrm{i}k_z z)$ ，此处 $F_i(x, y)=\exp(-\mathrm{i}k_x x-\mathrm{i}k_y y)$ 和 $W_i(z)=\overline{w}_0\exp(-\mathrm{i}k_z z)$ ，将 $F_i(x, y)=\exp(-\mathrm{i}k_x x-\mathrm{i}k_y y)$ 代入本征方程组式(6-1-4)的第1式，我们会发现

$$K_h^2=k_x^2+k_y^2$$

因此，K_h 恰恰是水平波数的模，将 $W_i(z)=\overline{w}_0\exp(-\mathrm{i}k_z z)$ 代入垂向的本征方程，即式(6-1-4)的第2式，就可以得到 K_h 与垂向波数 k_z 的关系为

$$0=-k_z^2+\frac{N^2-\sigma^2}{\sigma^2-f^2}K_h^2=-k_z^2+\frac{N^2-\sigma^2}{\sigma^2-f^2}(k_x^2+k_y^2)$$

于是，

$$\frac{K_h}{k_z}=\sqrt{\frac{k_x^2+k_y^2}{k_z^2}}=\sqrt{\frac{\sigma^2-f^2}{N^2-\sigma^2}}$$

或者

$$\frac{\sigma^2-f^2}{N^2-f^2}=\frac{K_h^2}{K_h^2+k_z^2}=\frac{k_x^2+k_y^2}{k_x^2+k_y^2+k_z^2}$$

注意到通常情况下对于潮波有 $N>\sigma$ ，那么上述公式成立的条件就是 $\sigma>f=2\Omega\sin(\varphi)$。

6.1.3 频散关系

由上述公式，可以得到内潮的频散关系为

$$\sigma^2=f^2+\frac{N^2-f^2}{k_x^2+k_y^2+k_z^2}(k_x^2+k_y^2)$$

或者

$$\sigma=\pm\left(\frac{N^2k_x^2+N^2k_y^2+f^2k_z^2}{k_x^2+k_y^2+k_z^2}\right)^{\frac{1}{2}}$$

由附录6中群速度的定义有

$$\begin{cases} c_{gx}\equiv\dfrac{\partial\sigma}{\partial k_x}=\pm\left(\dfrac{N^2k_x^2+N^2k_y^2+f^2k_z^2}{k_x^2+k_y^2+k_z^2}\right)^{-\frac{1}{2}}\dfrac{(N^2-f^2)k_xk_z^2}{(k_x^2+k_y^2+k_z^2)^2}=\pm\dfrac{1}{\sigma}\dfrac{(N^2-f^2)k_xk_z^2}{(k_x^2+k_y^2+k_z^2)^2} \\ c_{gy}\equiv\dfrac{\partial\sigma}{\partial k_y}=\pm\left(\dfrac{N^2k_x^2+N^2k_y^2+f^2k_z^2}{k_x^2+k_y^2+k_z^2}\right)^{-\frac{1}{2}}\dfrac{(N^2-f^2)k_yk_z^2}{(k_x^2+k_y^2+k_z^2)^2}=\pm\dfrac{1}{\sigma}\dfrac{(N^2-f^2)k_yk_z^2}{(k_x^2+k_y^2+k_z^2)^2} \\ c_{gz}\equiv\dfrac{\partial\sigma}{\partial k_z}=\pm\left(\dfrac{N^2k_x^2+N^2k_y^2+f^2k_z^2}{k_x^2+k_y^2+k_z^2}\right)^{-\frac{1}{2}}\dfrac{(f^2-N^2)(k_x^2+k_y^2)k_z}{(k_x^2+k_y^2+k_z^2)^2}=\mp\dfrac{1}{\sigma}\dfrac{(N^2-f^2)(k_x^2+k_y^2)k_z}{(k_x^2+k_y^2+k_z^2)^2} \end{cases}$$

不难看出群速度矢量 $\vec{\mathbf{c}}_g$ 与波数矢量 $\vec{\mathbf{K}}$ 正交，即

$$\vec{\mathbf{c}}_g \cdot \vec{\mathbf{K}} = (c_{gx}\hat{\mathbf{i}} + c_{gy}\hat{\mathbf{j}} + c_{gz}\hat{\mathbf{k}}) \cdot (k_x\hat{\mathbf{i}} + k_y\hat{\mathbf{j}} + k_z\hat{\mathbf{k}}) = c_{gx}k_x + c_{gy}k_y + c_{gz}k_z = 0$$

或者也可以说是群速度矢量 $\vec{\mathbf{c}}_g$ 与相速度矢量 $\vec{\mathbf{c}}_p = \dfrac{\sigma}{K^2}\vec{\mathbf{K}}$ 正交。群速度的方向代表能量传输方向，而相速度的方向则是位相的传播方向，上述关系式则说明能量传播方向与位相传播方向相互垂直。群速度的水平分量的模 $c_{gh} \equiv \sqrt{c_{gx}^2 + c_{gy}^2}$ 与群速度的垂向分量 c_{gz} 的比值为

$$\frac{c_{gh}}{c_{gz}} = \frac{\sqrt{c_{gx}^2 + c_{gy}^2}}{c_{gz}} = -\frac{k_z}{\sqrt{k_x^2 + k_y^2}} = -\frac{k_z}{K_h} = \sqrt{\frac{N^2 - \sigma^2}{\sigma^2 - f^2}}$$

6.1.4 各要素之间的位相关系

设内潮波垂向流速试探解为 $w_i(x, y, z, t) = \overline{w}_0\exp(\mathrm{i}\sigma t - \mathrm{i}k_x x - \mathrm{i}k_y y - \mathrm{i}k_z z)$，如果不考虑正压源项，那么利用式(6-1-2)的第 5 式可以解得

$$\begin{aligned}\tilde{\rho}(x, y, z, t) &= \tilde{\rho}(x, y, z, 0) - \int_0^t w_i \frac{\mathrm{d}\overline{\rho}}{\mathrm{d}z}\mathrm{d}t \\ &= \tilde{\rho}(x, y, z, 0) + \mathrm{i}\frac{\mathrm{d}\overline{\rho}}{\mathrm{d}z}\frac{1}{\sigma}\overline{w}_0\exp(\mathrm{i}\sigma t - \mathrm{i}k_x x - \mathrm{i}k_y y - \mathrm{i}k_z z) \\ &= \mathrm{i}\frac{\mathrm{d}\overline{\rho}}{\mathrm{d}z}\frac{1}{\sigma}\overline{w}_0\exp(\mathrm{i}\sigma t - \mathrm{i}k_x x - \mathrm{i}k_y y - \mathrm{i}k_z z)\end{aligned}$$

上式假定了初始密度扰动为 0，即 $\tilde{\rho}(x, y, z, 0) = 0$。利用式(6-1-2)的第 3 式可以解得

$$\begin{aligned}\tilde{p}_i(x, y, z, t) &= \tilde{p}_i(x, y, 0, t) + \int_z^0 \left(\rho_0 \frac{\partial w_i}{\partial t} + \tilde{\rho}g\right)\mathrm{d}z \\ &= \tilde{p}_i(x, y, 0, t) + \mathrm{i}\overline{w}_0\exp(\mathrm{i}\sigma t - \mathrm{i}k_x x - \mathrm{i}k_y y)\int_z^0 \left(\sigma\rho_0 + \frac{\mathrm{d}\overline{\rho}}{\mathrm{d}z}\frac{g}{\sigma}\right)\exp(-\mathrm{i}k_z z)\mathrm{d}z \\ &= \mathrm{i}\overline{w}_0\exp(\mathrm{i}\sigma t - \mathrm{i}k_x x - \mathrm{i}k_y y)\int_z^0 \left(\sigma\rho_0 + \frac{\mathrm{d}\overline{\rho}}{\mathrm{d}z}\frac{g}{\sigma}\right)\exp(-\mathrm{i}k_z z)\mathrm{d}z\end{aligned}$$

上式假定了由斜压引起的海面动压力为 0，即 $\tilde{p}_i(x, y, 0, t) = 0$。在式(6-1-2)中，让第 1 式和第 2 式都对 t 求导，再分别利用第 2 式和第 1 式得

$$\frac{\partial^2 u_i}{\partial t^2} + f^2 u_i + \frac{f}{\rho_0}\frac{\partial \tilde{p}_i}{\partial y} + \frac{1}{\rho_0}\frac{\partial^2 \tilde{p}_i}{\partial x \partial t} = 0$$

$$\frac{\partial^2 v_i}{\partial t^2} + f^2 v_i - \frac{f}{\rho_0}\frac{\partial \tilde{p}_i}{\partial x} + \frac{1}{\rho_0}\frac{\partial^2 \tilde{p}_i}{\partial y \partial t} = 0$$

于是

$$u_i = \frac{k_y f + \mathrm{i}\sigma k_x}{\sigma^2 - f^2} \frac{\overline{w}_0}{\rho_0} \exp(\mathrm{i}\sigma t - \mathrm{i}k_x x - \mathrm{i}k_y y) \int_z^0 \left(\sigma\rho_0 + \frac{\mathrm{d}\overline{\rho}}{\mathrm{d}z} \frac{g}{\sigma}\right) \exp(-\mathrm{i}k_z z)\mathrm{d}z$$

$$v_i = \frac{-k_x f + \mathrm{i}\sigma k_y}{\sigma^2 - f^2} \frac{\overline{w}_0}{\rho_0} \exp(\mathrm{i}\sigma t - \mathrm{i}k_x x - \mathrm{i}k_y y) \int_z^0 \left(\sigma\rho_0 + \frac{\mathrm{d}\overline{\rho}}{\mathrm{d}z} \frac{g}{\sigma}\right) \exp(-\mathrm{i}k_z z)\mathrm{d}z$$

密度变化与垂向流速变化相差位相 $\frac{\pi}{2}$（90°）；如果 z 方向的波长很长(或者波数 k_z 很小)，例如，第一斜压模态中，压力变化(或者反映到海面上的水位变化)与密度变化基本同位相，对于较高模态，情况会有所不同；一般来说，水平流速的变化既有与压力变化同位相的分量[等号右端与（$\mathrm{i}\sigma k_x$）或（$\mathrm{i}\sigma k_y$）相对应的项]，也有与压力变化相差位相 $\frac{\pi}{2}$ 的分量[等号右端与（$k_y f$）或（$-k_x f$）相对应的项]，不同分量在计算内潮能通量时，贡献是不同的，其中，与压力变化相差位相 $\frac{\pi}{2}$ 的分量与压力相乘并在一个潮周期上求平均后算得的内潮平均水平能通量应该为 0，而与压力变化同位相的分量与压力相乘并在一个潮周期上求平均后算得的内潮平均水平能通量应该为正，且垂向平均后方向与（k_x，k_y）相同。对于正压潮，情况是类似的，不同的是正压潮略掉与 z 有关的项。

6.1.5 二维情况讨论

为了直观起见，下面我们在二维平面上，例如，在 $x-z$ 平面上，分析一下群速度和相速度的传播方向问题。上述内潮方程组化为

$$\begin{cases} \dfrac{\partial u_i}{\partial t} - f v_i + \dfrac{1}{\rho_0} \dfrac{\partial \tilde{p}_i}{\partial x} = 0 \\ \dfrac{\partial v_i}{\partial t} + f u_i = 0 \\ \dfrac{\partial w_i}{\partial t} + \dfrac{1}{\rho_0} \dfrac{\partial \tilde{p}_i}{\partial z} + \dfrac{\tilde{\rho} g}{\rho_0} = 0 \\ \dfrac{\partial u_i}{\partial x} + \dfrac{\partial w_i}{\partial z} = 0 \\ \dfrac{\partial \tilde{\rho}}{\partial t} + w_i \dfrac{\mathrm{d}\overline{\rho}}{\mathrm{d}z} = - w_e \dfrac{\mathrm{d}\overline{\rho}}{\mathrm{d}z} \end{cases} \tag{6-1-5}$$

由式(6-1-5)的第 1 式得 $v_i = \frac{1}{f}\left(\frac{\partial u_i}{\partial t} + \frac{1}{\rho_0}\frac{\partial \tilde{p}_i}{\partial x}\right)$，代入式(6-1-5)的第 2 式得

$$\frac{\partial^2 u_i}{\partial t^2}+\frac{1}{\rho_0}\frac{\partial^2 \widetilde{p}_i}{\partial x\partial t}+f^2 u_i=0 \tag{6-1-6}$$

式(6-1-5)的第3式对时间求偏导得 $\frac{\partial^2 w_i}{\partial t^2}+\frac{1}{\rho_0}\frac{\partial^2 \widetilde{p}_i}{\partial z\partial t}+\frac{g}{\rho_0}\frac{\partial \widetilde{\rho}}{\partial t}=0$，将式(6-1-5)的第5式代入该方程得

$$\frac{\partial^2 w_i}{\partial t^2}+\frac{1}{\rho_0}\frac{\partial^2 \widetilde{p}_i}{\partial z\partial t}-\frac{g}{\rho_0}\left(w_i\frac{\mathrm{d}\bar{\rho}}{\mathrm{d}z}+w_e\frac{\mathrm{d}\rho}{\mathrm{d}z}\right)=0 \tag{6-1-7}$$

由式(6-1-5)的第4式可以得知该流体为二维无势流体，可令 $u_i=-\frac{\partial\psi}{\partial z}$，$w_i=\frac{\partial\psi}{\partial x}$，让式(6-1-7)对 x 求导减去式(6-1-6)对 z 求导，于是得到

$$\left(\frac{\partial^2}{\partial x^2}+\frac{\partial^2}{\partial z^2}\right)\frac{\partial^2\psi}{\partial t^2}+N^2\frac{\partial^2\psi}{\partial x^2}+f^2\frac{\partial^2\psi}{\partial z^2}=-N^2\frac{\partial w_e}{\partial x} \tag{6-1-8}$$

边界处法向速度为0则要求边界条件为

$$\begin{cases}\psi(x,\ z,\ t)\big|_{z=0}=0\\ \psi(x,\ z,\ t)\big|_{z=-H(x)}=0\end{cases} \tag{6-1-9}$$

如果 $w_e(x,\ z,\ t)=\widetilde{w}_e(x,\ z)\exp(\mathrm{i}\sigma t)$，那么设试探解为 $\psi(x,\ z,\ t)=W_i(z)F_i(x)\exp(\mathrm{i}\sigma t)$，代入方程式(6-1-8)得

$$-\sigma^2\left(W_i\frac{\mathrm{d}^2F_i}{\mathrm{d}x^2}+\frac{\mathrm{d}^2W_i}{\mathrm{d}z^2}F_i\right)+N^2W_i\frac{\mathrm{d}^2F_i}{\mathrm{d}x^2}+f^2\frac{\mathrm{d}^2W_i}{\mathrm{d}z^2}F_i=-N^2\frac{\partial\widetilde{w}_e}{\partial x}$$

仔细研究一下等号右端为0的齐次方程，此时整理一下，得

$$\frac{\dfrac{\mathrm{d}^2F_i}{\mathrm{d}x^2}}{F_i}=\frac{\dfrac{\sigma^2-f^2}{N^2-\sigma^2}\dfrac{\mathrm{d}^2W_i}{\mathrm{d}z^2}}{W_i}$$

等号左端是仅关于 (x) 的函数，而右端则是仅关于 (z) 的函数，要使两端相等，它们必须等于同一个常数，令这一常数为 $(-K_h^2)$，于是可以得到如下本征方程

$$\begin{cases}\dfrac{\mathrm{d}^2F_i}{\mathrm{d}x^2}+K_h^2F_i=0\\ \dfrac{\mathrm{d}^2W_i}{\mathrm{d}z^2}+\dfrac{N^2-\sigma^2}{\sigma^2-f^2}K_h^2W_i=0\end{cases} \tag{6-1-10}$$

由式(6-1-9)可得海面和海底的边界条件

$$\begin{cases}W_i(z)\big|_{z=0}=0\\ W_i(z)\big|_{z=-H(x)}=0\end{cases}$$

由上述垂向的本征方程并结合海面和海底的边界条件，可以解出内潮波的本征垂向模态，而常数 $(-K_h^2)$ 就是与本征垂向模态相对应的本征值。同样地，可以设内潮波具有平面波解的形式，即 $\psi(x, z, t)=\overline{\psi}_0\exp(\mathrm{i}\sigma t-\mathrm{i}k_x x-\mathrm{i}k_z z)$ ，此处 $F_i(x)=\exp(-\mathrm{i}k_x x)$ 和 $W_i(z)=\overline{\psi}_0\exp(-\mathrm{i}k_z z)$ ，代入方程式(6-1-10)的第 2 式，可得内潮波的频散关系为

$$\sigma=\left(\frac{N^2k_x^2+f^2k_z^2}{k_x^2+k_z^2}\right)^{\frac{1}{2}}$$

而且 $K_h=k_x$ 。由附录 6 得群速度为

$$\begin{cases} c_{gx}\equiv\dfrac{\partial\sigma}{\partial k_x}=\left(\dfrac{N^2k_x^2+f^2k_z^2}{k_x^2+k_z^2}\right)^{-\frac{1}{2}}\dfrac{(N^2-f^2)k_xk_z^2}{(k_x^2+k_z^2)^2}=\dfrac{1}{\sigma}\dfrac{(N^2-f^2)k_xk_z^2}{(k_x^2+k_z^2)^2} \\ c_{gz}\equiv\dfrac{\partial\sigma}{\partial k_z}=\left(\dfrac{N^2k_x^2+f^2k_z^2}{k_x^2+k_z^2}\right)^{-\frac{1}{2}}\dfrac{(f^2-N^2)k_x^2k_z}{(k_x^2+k_z^2)^2}=\dfrac{-1}{\sigma}\dfrac{(N^2-f^2)k_x^2k_z}{(k_x^2+k_z^2)^2} \end{cases}$$

于是

$$\frac{c_{gx}}{c_{gz}}=\frac{\partial\sigma}{\partial k_x}\Big/\frac{\partial\sigma}{\partial k_z}=-\frac{k_z}{k_x}=\sqrt{\frac{N^2-\sigma^2}{\sigma^2-f^2}} \tag{6-1-11}$$

6.2 静力近似下内潮波线性理论

6.2.1 静力近似下内潮波满足的基本方程

当前，为了减少计算量，很多海洋数值模式都采用水静力平衡近似，即要求重力与浮力相平衡，那么对于这种模型，其内潮的频散关系会发生什么变化呢？仿照前面的推导，对于水静力平衡近似情况，分量形式为

$$\begin{cases} \dfrac{\partial u_i}{\partial t}-fv_i+\dfrac{1}{\rho_0}\dfrac{\partial\tilde{p}_i}{\partial x}=0 \\ \dfrac{\partial v_i}{\partial t}+fu_i+\dfrac{1}{\rho_0}\dfrac{\partial\tilde{p}_i}{\partial y}=0 \\ \dfrac{\partial\tilde{p}_i}{\partial z}+\tilde{\rho}g=0 \\ \dfrac{\partial u_i}{\partial x}+\dfrac{\partial v_i}{\partial y}+\dfrac{\partial w_i}{\partial z}=0 \\ \dfrac{\partial\tilde{\rho}}{\partial t}+w_i\dfrac{\mathrm{d}\overline{\rho}}{\mathrm{d}z}=-w_e\dfrac{\mathrm{d}\overline{\rho}}{\mathrm{d}z} \end{cases} \tag{6-2-1}$$

6.2.2 静力近似下内潮波的本征方程与模态

对于上述方程组式(6-2-1)，将第1式对 z 求导减去第3式乘以 $1/\rho_0$，再对 x 求导，得

$$\frac{\partial}{\partial t}\left(\frac{\partial u_i}{\partial z}\right)-\frac{g}{\rho_0}\frac{\partial\tilde{\rho}}{\partial x}-f\frac{\partial v_i}{\partial z}=0 \tag{6-2-2}$$

第2式对 z 求导减去第3式乘以 $1/\rho_0$，再对 y 求导，得

$$\frac{\partial}{\partial t}\left(\frac{\partial v_i}{\partial z}\right)-\frac{g}{\rho_0}\frac{\partial\tilde{\rho}}{\partial y}+f\frac{\partial u_i}{\partial z}=0 \tag{6-2-3}$$

上两式中式(6-2-2)对 t 和 x 求导加上式(6-2-3)对 t 和 y 求导，得

$$\frac{\partial^2}{\partial t^2}\left[\frac{\partial}{\partial z}\left(\frac{\partial u_i}{\partial x}+\frac{\partial v_i}{\partial y}\right)\right]-\frac{g}{\rho_0}\left(\frac{\partial^2}{\partial x^2}+\frac{\partial^2}{\partial y^2}\right)\frac{\partial\tilde{\rho}}{\partial t}-f\frac{\partial^2}{\partial t\partial z}\left(\frac{\partial v_i}{\partial x}-\frac{\partial u_i}{\partial y}\right)=0$$

应用式(6-2-1)的第4式和第5式，得

$$\frac{\partial^2}{\partial t^2}\left[-\frac{\partial^2 w_i}{\partial z^2}\right]+\frac{g}{\rho_0}\left(\frac{\partial^2}{\partial x^2}+\frac{\partial^2}{\partial y^2}\right)\left(w_i\frac{\mathrm{d}\bar{\rho}}{\mathrm{d}z}+w_e\frac{\mathrm{d}\bar{\rho}}{\mathrm{d}z}\right)-f\frac{\partial^2}{\partial t\partial z}\left(\frac{\partial v_i}{\partial x}-\frac{\partial u_i}{\partial y}\right)=0$$

即

$$\frac{\partial^2}{\partial t^2}\left[\frac{\partial^2 w_i}{\partial z^2}\right]+N^2\left(\frac{\partial^2 w_i}{\partial x^2}+\frac{\partial^2 w_i}{\partial y^2}\right)+f\frac{\partial^2}{\partial t\partial z}\left(\frac{\partial v_i}{\partial x}-\frac{\partial u_i}{\partial y}\right)=-N^2\left(\frac{\partial^2 w_e}{\partial x^2}+\frac{\partial^2 w_e}{\partial y^2}\right)$$

式(6-2-1)中的第2式对 x 求导减去第1式对 y 求导，并应用式(6-2-1)的第4式得 $\frac{\partial}{\partial t}\left(\frac{\partial v_i}{\partial x}-\frac{\partial u_i}{\partial y}\right)=f\frac{\partial w_i}{\partial z}$，代入上式得

$$\frac{\partial^2}{\partial t^2}\left[\frac{\partial^2 w_i}{\partial z^2}\right]+N^2\left(\frac{\partial^2 w_i}{\partial x^2}+\frac{\partial^2 w_i}{\partial y^2}\right)+f^2\frac{\partial^2 w_i}{\partial z^2}=-N^2\left(\frac{\partial^2 w_e}{\partial x^2}+\frac{\partial^2 w_e}{\partial y^2}\right)$$

令 $w_i(x,y,z,t)=\tilde{w}_i(x,y,z)\exp(\mathrm{i}\sigma t)$，$w_e(x,y,z,t)=\tilde{w}_e(x,y,z)\exp(\mathrm{i}\sigma t)$，代入上式得

$$\frac{\partial^2\tilde{w}_i}{\partial x^2}+\frac{\partial^2\tilde{w}_i}{\partial y^2}-\frac{\sigma^2-f^2}{N^2}\frac{\partial^2\tilde{w}_i}{\partial z^2}=-\left(\frac{\partial^2\tilde{w}_e}{\partial x^2}+\frac{\partial^2\tilde{w}_e}{\partial y^2}\right)$$

对比非静力平衡近似下的方程式(6-1-3)，上式相当于是前者在 $N^2\gg\sigma^2$ 条件下的近似。

不考虑正压源项，令 $\tilde{w}_i(x,y,z)\equiv W_i(z)F_i(x,y)$，代入上式则有

$$\left(\frac{\partial^2 F_i}{\partial x^2}+\frac{\partial^2 F_i}{\partial y^2}\right)W_i-\frac{\sigma^2-f^2}{N^2}F_i\frac{\mathrm{d}^2 W_i}{\mathrm{d}z^2}=0$$

即

$$\frac{\dfrac{\partial^2 F_i}{\partial x^2}+\dfrac{\partial^2 F_i}{\partial y^2}}{F_i}=\frac{\dfrac{\sigma^2-f^2}{N^2}\dfrac{\mathrm{d}^2 W_i}{\mathrm{d}z^2}}{W_i}$$

等号左端是仅关于 (x, y) 的函数，而右端则是仅关于 (z) 的函数，要使两端相等，它们必须等于同一个常数，令这一常数为 $(-K_h^2)$，于是可以得到如下本征方程

$$\begin{cases}\dfrac{\partial^2 F_i}{\partial x^2}+\dfrac{\partial^2 F_i}{\partial y^2}+K_h^2 F_i=0\\[2ex]\dfrac{\mathrm{d}^2 W_i}{\mathrm{d}z^2}+\dfrac{N^2}{\sigma^2-f^2}K_h^2 W_i=0\end{cases}$$

6.2.3 静力近似下内潮波的频散关系

假设内潮波具有平面波解 $w_i(x, y, z, t)=\overline{w}_0\exp(\mathrm{i}\sigma t-\mathrm{i}k_x x-\mathrm{i}k_y y-\mathrm{i}k_z z)$，此处 $F_i(x, y)=\exp(-\mathrm{i}k_x x-\mathrm{i}k_y y)$ 和 $W_i(z)=\overline{w}_0\exp(-\mathrm{i}k_z z)$，代入上述方程组，得水静力平衡近似下内波频散关系为

$$\sigma=\left(\frac{N^2k_x^2+N^2k_y^2+f^2k_z^2}{k_z^2}\right)^{\frac{1}{2}}$$

或者

$$\sigma^2=f^2+\frac{N^2}{k_z^2}(k_x^2+k_y^2)$$

对应的群速度为

$$\begin{cases}c_{gx}\equiv\dfrac{\partial\sigma}{\partial k_x}=\left(\dfrac{N^2k_x^2+N^2k_y^2+f^2k_z^2}{k_z^2}\right)^{-\frac{1}{2}}\dfrac{N^2k_x}{k_z^2}=\dfrac{1}{\sigma}\dfrac{N^2k_x}{k_z^2}\\[2ex]c_{gy}\equiv\dfrac{\partial\sigma}{\partial k_y}=\left(\dfrac{N^2k_x^2+N^2k_y^2+f^2k_z^2}{k_z^2}\right)^{-\frac{1}{2}}\dfrac{N^2k_y}{k_z^2}=\dfrac{1}{\sigma}\dfrac{N^2k_y}{k_z^2}\\[2ex]c_{gz}\equiv\dfrac{\partial\sigma}{\partial k_z}=\left(\dfrac{N^2k_x^2+N^2k_y^2+f^2k_z^2}{k_z^2}\right)^{-\frac{1}{2}}\dfrac{(-N^2)(k_x^2+k_y^2)k_z}{(k_z^2)^2}=\dfrac{-1}{\sigma}\dfrac{N^2(k_x^2+k_y^2)}{k_z^3}\end{cases}$$

同样，不难看出群速度矢量 $\vec{\mathbf{c}}_g$ 与波数矢量 $\vec{\mathbf{K}}$ 正交，即

$$\vec{\mathbf{c}}_g\cdot\vec{\mathbf{K}}=(c_{gx}\hat{\mathbf{i}}+c_{gy}\hat{\mathbf{j}}+c_{gz}\hat{\mathbf{k}})\cdot(k_x\hat{\mathbf{i}}+k_y\hat{\mathbf{j}}+k_z\hat{\mathbf{k}})=c_{gx}k_x+c_{gy}k_y+c_{gz}k_z=0$$

或者也可以说是群速度矢量 $\vec{\mathbf{c}}_g$ 与相速度矢量 $\vec{\mathbf{c}}_p=\dfrac{\sigma}{K^2}\vec{\mathbf{K}}$ 正交。群速度的水平分量的模与群速度的垂向分量的比值为

$$\frac{c_{gh}}{c_{gz}}=\frac{\sqrt{c_{gx}^2+c_{gy}^2}}{c_{gz}}=-\frac{k_z}{\sqrt{k_x^2+k_y^2}}=-\frac{k_z}{K_h}=\sqrt{\frac{N^2}{\sigma^2-f^2}}$$

6.2.4 静力近似下各要素之间的位相关系

设内潮波垂向流速试探解为 $w_i(x, y, z, t)=\overline{w}_0\exp(\mathrm{i}\sigma t-\mathrm{i}k_x x-\mathrm{i}k_y y-\mathrm{i}k_z z)$，如果不考虑正压源项，仿照前述推导，可得

$$\widetilde{\rho}(x, y, z, t)=\mathrm{i}\frac{\mathrm{d}\overline{\rho}}{\mathrm{d}z}\frac{1}{\sigma}\overline{w}_0\exp(\mathrm{i}\sigma t-\mathrm{i}k_x x-\mathrm{i}k_y y-\mathrm{i}k_z z)$$

$$\widetilde{p}_i(x, y, z, t)=\mathrm{i}\overline{w}_0\exp(\mathrm{i}\sigma t-\mathrm{i}k_x x-\mathrm{i}k_y y)\int_z^0\frac{\mathrm{d}\overline{\rho}}{\mathrm{d}z}\frac{g}{\sigma}\exp(-\mathrm{i}k_z z)\mathrm{d}z$$

$$u_i=\frac{k_y f+\mathrm{i}\sigma k_x}{\sigma^2-f^2}\frac{\overline{w}_0}{\rho_0}\exp(\mathrm{i}\sigma t-\mathrm{i}k_x x-\mathrm{i}k_y y)\int_z^0\frac{\mathrm{d}\overline{\rho}}{\mathrm{d}z}\frac{g}{\sigma}\exp(-\mathrm{i}k_z z)\mathrm{d}z$$

$$v_i=\frac{-k_x f+\mathrm{i}\sigma k_y}{\sigma^2-f^2}\frac{\overline{w}_0}{\rho_0}\exp(\mathrm{i}\sigma t-\mathrm{i}k_x x-\mathrm{i}k_y y)\int_z^0\frac{\mathrm{d}\overline{\rho}}{\mathrm{d}z}\frac{g}{\sigma}\exp(-\mathrm{i}k_z z)\mathrm{d}z$$

6.2.5 静力近似下的二维情况讨论

同样地，为了直观起见，讨论一下 $x-z$ 平面上静力近似条件下的问题，上述内潮方程组化为

$$\begin{cases}\dfrac{\partial u_i}{\partial t}-fv_i+\dfrac{1}{\rho_0}\dfrac{\partial\widetilde{p}_i}{\partial x}=0\\ \dfrac{\partial v_i}{\partial t}+fu_i=0\\ \dfrac{\partial\widetilde{p}_i}{\partial z}+\widetilde{\rho}g=0\\ \dfrac{\partial u_i}{\partial x}+\dfrac{\partial w_i}{\partial z}=0\\ \dfrac{\partial\widetilde{\rho}}{\partial t}+w_i\dfrac{\mathrm{d}\widetilde{\rho}}{\mathrm{d}z}=-w_e\dfrac{\mathrm{d}\widetilde{\rho}}{\mathrm{d}z}\end{cases}\tag{6-2-4}$$

由式(6-2-4)的第 1 式得 $v_i=\dfrac{1}{f}\left(\dfrac{\partial u_i}{\partial t}+\dfrac{1}{\rho_0}\dfrac{\partial\widetilde{p}_i}{\partial x}\right)$，代入式(6-2-4)的第 2 式得

$$\frac{\partial^2 u_i}{\partial t^2}+\frac{1}{\rho_0}\frac{\partial^2\widetilde{p}_i}{\partial x\partial t}+f^2u_i=0\tag{6-2-5}$$

式(6-2-4)的第 3 式对时间求偏导并乘以 $1/\rho_0$ 得 $\dfrac{1}{\rho_0}\dfrac{\partial^2\widetilde{p}_i}{\partial z\partial t}+\dfrac{g}{\rho_0}\dfrac{\partial\widetilde{\rho}}{\partial t}=0$，将式(6-2-4)的

第5式代入该方程得

$$\frac{1}{\rho_0}\frac{\partial^2 \widetilde{p_i}}{\partial z \partial t} - \frac{g}{\rho_0}\left(w_i \frac{\mathrm{d}\overline{\rho}}{\mathrm{d}z} + w_e \frac{\mathrm{d}\overline{\rho}}{\mathrm{d}z}\right) = 0 \tag{6-2-6}$$

由式(6-2-4)的第4式可以得知该流体为二维无势流体，可令 $u_i = -\frac{\partial \psi}{\partial z}$，$w_i = \frac{\partial \psi}{\partial x}$，让式(6-2-6)对 x 求导减去式(6-2-5)对 z 求导，于是得到

$$\frac{\partial^2}{\partial z^2}\left(\frac{\partial^2 \psi}{\partial t^2}\right) + N^2 \frac{\partial^2 \psi}{\partial x^2} + f^2 \frac{\partial^2 \psi}{\partial z^2} = - N^2 \frac{\partial w_e}{\partial x} \tag{6-2-7}$$

边界处法向速度为0则要求边界条件为

$$\begin{cases} \psi(x, z, t)\big|_{z=0} = 0 \\ \psi(x, z, t)\big|_{z=-H(x)} = 0 \end{cases}$$

设内潮波具有平面波解的形式，即

$$\psi(x, z, t) = \overline{\psi}_0 \exp(\mathrm{i}\sigma t - \mathrm{i}k_x x - \mathrm{i}k_z z)$$

代入上述方程式(6-2-7)所对应的齐次方程，可得内潮波的频散关系为

$$\sigma = \left(\frac{N^2 k_x^2 + f^2 k_z^2}{k_z^2}\right)^{\frac{1}{2}}$$

由附录6得群速度为

$$\begin{cases} c_{gx} \equiv \dfrac{\partial \sigma}{\partial k_x} = \left(\dfrac{N^2 k_x^2 + f^2 k_z^2}{k_z^2}\right)^{-\frac{1}{2}} \dfrac{N^2 k_x}{k_z^2} = \dfrac{1}{\sigma}\dfrac{N^2 k_x}{k_z^2} \\ c_{gz} \equiv \dfrac{\partial \sigma}{\partial k_z} = \left(\dfrac{N^2 k_x^2 + f^2 k_z^2}{k_z^2}\right)^{-\frac{1}{2}} \dfrac{(-N^2) k_x^2 k_z}{(k_z^2)^2} = \dfrac{-1}{\sigma}\dfrac{N^2 k_x^2}{k_z^3} \end{cases}$$

于是，

$$\frac{c_{gx}}{c_{gz}} = \frac{\partial \sigma}{\partial k_x} \Big/ \frac{\partial \sigma}{\partial k_z} = -\frac{k_z}{k_x} = \sqrt{\frac{N^2}{\sigma^2 - f^2}} = \frac{1}{c}$$

相比于非静力近似下的结果式(6-1-10)，静力近似会高估群速度与垂直方向的夹角。

6.3 内潮波的能量

6.3.1 内潮满足的能量方程

从内潮理论线性方程组式(6-1-1)，可以推导能量方程，设 $\vec{\mathbf{F}}$ 代表耗散，则方程式(6-1-1)的第1式可改写为

$$\frac{\partial \vec{\mathbf{v}}_i}{\partial t} + 2\vec{\mathbf{\Omega}} \times \vec{\mathbf{v}}_i + \frac{1}{\rho_0} \nabla \tilde{p}_i + \frac{\tilde{\rho} g}{\rho_0} \hat{\mathbf{k}} + \vec{\mathbf{F}} = 0$$

两边同点乘以 $\vec{\mathbf{v}}_i$，再乘以 ρ_0，并考虑到式(6-1-1)的第 2 式 $\nabla \cdot \vec{\mathbf{v}}_i = 0$，于是有

$$\frac{\partial \left(\frac{1}{2} \rho_0 \, |\vec{\mathbf{v}}_i|^2 \right)}{\partial t} + \nabla \cdot (\tilde{p}_i \vec{\mathbf{v}}_i) + \tilde{\rho} g w_i + D = 0$$

再注意到式(6-1-1)的第 3 式 $\frac{\partial \tilde{\rho}}{\partial t} + w_i \frac{\mathrm{d}\bar{\rho}}{\mathrm{d}z} = - w_e \frac{\mathrm{d}\bar{\rho}}{\mathrm{d}z}$，两边同乘以 $\tilde{\rho} \frac{g}{-\frac{\mathrm{d}\bar{\rho}}{\mathrm{d}z}}$，得到

$$\frac{\partial \left(\frac{1}{2} \tilde{\rho}^2 \frac{g}{-\frac{\mathrm{d}\bar{\rho}}{\mathrm{d}z}} \right)}{\partial t} - \tilde{\rho} g w_i = \tilde{\rho} g w_e$$

与上式相加得

$$\frac{\partial}{\partial t} \left(\frac{1}{2} \rho_0 \, |\vec{v}_i|^2 + \frac{1}{2} \tilde{\rho}^2 \frac{g}{-\frac{\mathrm{d}\bar{\rho}}{\mathrm{d}z}} \right) + \nabla \cdot (\tilde{p}_i \vec{v}_i) + D = \tilde{\rho} g w_e$$

其中，D 是由扩散引发的耗损能量的绝对值，对上式等号左端第一项进行一个潮周期上的时间积分，由于周期性，其结果应该为 0，因此，上式在潮周期内取平均，再对研究区域积分，并利用高斯公式得

$$\iint \langle \tilde{p}_i \vec{v}_i \rangle \cdot \mathrm{d}S = g \iiint \langle \tilde{\rho} w_e \rangle \mathrm{d}V - \iiint \langle D \rangle \mathrm{d}V$$

6.3.2 内潮的能通量

能通量矢量实际上就是压力对水体做功的功率矢量，东分量是 $\langle pu \rangle$，北分量是 $\langle pv \rangle$，其中 $\langle \bullet \rangle$ 代表在潮周期上的时间平均。对于斜压潮，需要将正压与斜压分开，再行计算(Cummins and Oey，1997)，即

$$u_{bc} = u - \bar{u}, \quad v_{bc} = v - \bar{v}$$

其中，$\bar{u}$ 和 $\bar{v}$ 为垂向平均的流速东分量和北分量，代表正压流速，u_{bc} 和 v_{bc} 则为分离出来的斜压流速。斜压应力可利用下式计算，假设内潮运动引起的压力扰动满足水静力近似 $\frac{\partial p}{\partial z} = - \rho g$，且满足线性的绝热的密度方程 $\frac{\partial \rho}{\partial t} = - w \frac{\partial \rho}{\partial z}$，于是斜压应力 p_{bc} 随时间的变化为

$$\frac{\partial p_{bc}}{\partial t} = - g \int_z^0 w \frac{\partial \rho}{\partial s} \mathrm{d}s$$

计算上式时需要扣除正压上升流 w_{bt} 的贡献。正压情况下，w_{bt} 随 z 一定是呈线性变化的，这是因为

$$\begin{aligned}\frac{\partial w_{bt}}{\partial z} &= -\left(\frac{\partial \overline{u}}{\partial x}+\frac{\partial \overline{v}}{\partial y}\right) = -\frac{1}{H+\eta}\left[(H+\eta)\frac{\partial \overline{u}}{\partial x}+(H+\eta)\frac{\partial \overline{v}}{\partial y}\right]\\ &= \frac{1}{H+\eta}\left[\frac{\partial (H+\eta)}{\partial t}+\overline{u}\frac{\partial (H+\eta)}{\partial x}+\overline{v}\frac{\partial (H+\eta)}{\partial y}\right]\\ &= \frac{1}{H+\eta}\left[\frac{\partial \eta}{\partial t}+\overline{u}\frac{\partial \eta}{\partial x}+\overline{v}\frac{\partial \eta}{\partial y}+\overline{u}\frac{\partial H}{\partial x}+\overline{v}\frac{\partial H}{\partial y}\right]\\ &= \frac{1}{H+\eta}\left[\frac{\mathrm{D}\eta}{\mathrm{D}t}+\overline{u}\cdot\nabla H\right]\end{aligned}$$

其中，$\frac{\mathrm{D}\eta}{\mathrm{D}t}\equiv\frac{\partial \eta}{\partial t}+\overline{u}\frac{\partial \eta}{\partial x}+\overline{v}\frac{\partial \eta}{\partial y}$，$\overline{\mathbf{u}}\equiv\overline{u}\hat{\mathbf{i}}+\overline{v}\hat{\mathbf{j}}$。考虑到 w_{bt} 需要满足边界条件

$$\begin{cases} z=\eta,\ w_{bt}=\dfrac{\mathrm{D}\eta}{\mathrm{D}t}\\ z=-H,\ w_{bt}=-\overline{\mathbf{u}}\cdot\nabla H\end{cases}$$

于是解得

$$w_{bt}=\frac{z+H}{H+\eta}\frac{\mathrm{D}\eta}{\mathrm{D}t}+\frac{z-\eta}{H+\eta}\overline{\mathbf{u}}\cdot\nabla H$$

因此，还可以将正压上升流写为 $w_{bt}=(1+\sigma)\frac{\mathrm{D}\eta}{\mathrm{D}t}+\sigma\overline{\mathbf{u}}\cdot\nabla H$，其中 $\sigma=\frac{z-\eta}{H+\eta}$。

第三部分

潮波的计算

第 7 章　潮汐潮流调和分析与预报

7.1　调和常数

让我们回顾一下平衡潮的达尔文展开和杜德森展开的通式。达尔文展开的通式为

$$\begin{aligned}\overline{\eta}(\psi,\ \varphi,\ t) &= \frac{G}{g}\sum_i G_1^i(\varphi) f_i \overline{H}_i' \cos(\sigma_i t + V_{0_i} + n_1^i\psi + u_i) \\ &= \sum_i f_i \overline{H}_i \cos(\sigma_i t + V_{0_i} + n_1^i\psi + u_i)\end{aligned}$$

其中,

$$\overline{H}_i = \frac{G}{g} G_1^i(\varphi) \overline{H}_i'$$

杜德森展开的通式为

$$\begin{aligned}\overline{\eta}(\psi,\ \varphi,\ t) &= \frac{1}{g}\sum_i G^i(\varphi) f_i \overline{H}_i' \cos(\sigma_i t + V_{0_i} + n_1^i\psi + u_i) \\ &= \sum_i f_i \overline{H}_i \cos(\sigma_i t + V_{0_i} + n_1^i\psi + u_i)\end{aligned}$$

其中,

$$\overline{H}_i = \frac{1}{g} G^i(\varphi) \overline{H}_i'$$

在这些展开式中,f_i 、u_i 、σ_i 和 V_{0_i} 分别为第 i 个分潮的交点因子、订正角、角频率和天文初位相，它们的计算公式我们在前面已经介绍过了。由上述公式可见，我们似乎已经知道了各个地点的水位的平均振幅 $\overline{H}_i$ 和传播的相位 $-n_1^i\psi$ ，似乎可以计算各个地点在任意时刻的水位，但是，需要注意的是，上述公式仅是平衡潮的展开公式，也就是在海水可以瞬间响应引潮力变化的情况下的公式，然而，真实的海水本身具有惯性，海水对引潮力的响应会以波动的形式(潮波)在海盆中传播，且会受到水深、地形和底摩擦的影响，导致真实水位的振幅和相位会与平衡潮的平均振幅 $\overline{H}_i$ 和传播的相位 $-n_1^i\psi$ 有所不同，今后我们会用 H_i 和 g_i 分别表示这种真实海水的振幅和相位，它们分别被称作第 i 个分潮的振幅(振动的幅度)和迟角(相位的延迟)，它们可以分别类比于我们在达尔文展开或者杜德森展开中的平均振幅 $\overline{H}_i$ 和经度因子 $-n_1^i\psi$ 。在实际海洋中，受水深、地形、底摩擦和

海水惯性等的影响，H_i 和 g_i 是随地点变化的，并不能简单地写出其解析形式。在潮汐学中，振幅 H_i 和迟角 g_i 被统称为调和常数。于是真实的水位可以写成如下的形式

$$\eta(t) = \eta_0 + \sum_i f_i H_i \cos(\sigma_i t + V_{0_i} - g_i + u_i)$$

其中，η_0 为平均水位，代表无潮汐运动时海水的平衡位置；f_i、u_i、σ_i 和 V_{0_i} 分别为第 i 个分潮的交点因子、订正角、角频率和天文初位相，它们可以通过查表并套用公式而被计算出来，由上述可知，只要知道了某地点的各个分潮的调和常数，我们就可以重现该地点的潮汐水位，并对该点未来的潮汐水位进行预报。

7.2 长期观测资料的调和分析

7.2.1 长期资料调和分析

进行潮汐预报的关键就是要得到调和常数，那么，我们应该如何得到某地点的调和常数呢？人类在海洋的许多地方都设置了水位观测站，称为验潮站，它以一定的时间采样间隔记录着当地的水位值，很多站已经积累了相当长时间序列的观测资料。本节就是要介绍一种通过对长时间序列的水位资料进行分析来获取调和常数的方法，我们称之为调和分析方法。我们先考虑 1 a 的逐时水位资料，根据附录 4 的瑞利准则，1 a的逐时水位资料能够分辨的潮汐频率满足 $\Delta\sigma \geqslant 0°.041/\text{h}$，也就是说，频率差小于 $0°.041/\text{h}$ 的两个分潮是不能被 1 a 的逐时水位资料所区分开来的。通过计算，我们筛选出了能够利用 1 a 逐时水位资料分析的 170 个分潮，列于附表 2.1 中，第 2 列为分潮的名称，没有名字的分潮以序号表示。f 和 u 列中带有括号的 35 个分潮以及 $f = 1.0$ 的分潮为杜德森展开中的天文分潮，共 40 个，其他大部分是浅水分潮。年周期的 Sa 是气象分潮，它的幅角数是 056.555，而天文分潮 Sa 的幅角数为 056.554，两者的周期及角速率具有微小的差别，考虑到潮汐的年周期变化主要由气象因素引起的，在分析中取气象分潮 Sa（056.555）。另外，Q_1Sa_-、Q_1Sa_+、O_1Ssa_-、O_1Sa_-、O_1Sa_+、N_2Sa_-、N_2Sa_+、M_2Sa_- 等分潮是天文分潮和气象分潮相互干扰产生的浅水分潮，它们被称为天文-气象分潮。下面，我们来推导利用水位资料计算各个分潮调和常数的公式。为不失一般性，我们设分潮总数为 M 个，水位可以按照分潮展开为如下形式：

$$\eta(t) = \eta_0 + \sum_{i=1}^{M} f_i H_i \cos(\sigma_i t + V_{0_i} + u_i - g_i)$$

式中，η_0 为平均水位。假设某地点有 N 个水位观测值 $\eta_n^{\text{obs}}(n = 1, 2, \cdots, N)$。平均水位 η_0 以及调和常数 H_i 和 g_i 是待求的未知量，我们将采用最小二乘法来计算。为此，可以建立目标函数

$$J(\eta_0, H_1, g_1, \cdots, H_i, g_i, \cdots, H_M, g_M) = \frac{1}{2}\sum_{n=1}^{N}[\eta(t_n) - \eta_n^{\text{obs}}]^2$$

由上式可见，目标函数是平均水位 η_0 以及调和常数 H_i 和 g_i 的函数。接下来，需要寻找一组平均水位 η_0 以及调和常数 H_i 和 g_i，使得预报水位值 $\eta(t_n)$ 尽量贴近观测水位值 η_n^{obs}，而这恰恰对应着目标函数取极小值。将上述水位预报公式代入目标函数，得

$$\begin{aligned}
&J(\eta_0, H_1, g_1, \cdots, H_i, g_i, \cdots, H_M, g_M)\\
&= \frac{1}{2}\sum_{n=1}^{N}[\eta(t_n) - \eta_n^{\text{obs}}]^2\\
&= \frac{1}{2}\sum_{n=1}^{N}\left[\eta_0 + \sum_{i=1}^{M} f_i H_i \cos(\sigma_i t_n + V_{0_i} + u_i - g_i) - \eta_n^{\text{obs}}\right]^2\\
&= \frac{1}{2}\sum_{n=1}^{N}\Big[\eta_0 + \sum_{i=1}^{M} H_i \cos(g_i) f_i \cos(\sigma_i t_n + V_{0_i} + u_i)\\
&\quad + \sum_{i=1}^{M} H_i \sin(g_i) f_i \sin(\sigma_i t_n + V_{0_i} + u_i) - \eta_n^{\text{obs}}\Big]^2
\end{aligned}$$

由上式可见，迟角 g_i 处于三角函数中，这个函数形式是非线性的，很难直接求解，为此，我们需要做个变量替换，即

$$\begin{cases} A_i \equiv H_i \cos(g_i) \\ B_i \equiv H_i \sin(g_i) \end{cases}$$

并引入如下的定义

$$\begin{cases} C_{ni} \equiv f_i \cos(\sigma_i t_n + V_{0_i} + u_i) \\ S_{ni} \equiv f_i \sin(\sigma_i t_n + V_{0_i} + u_i) \end{cases}$$

如此一来，目标函数由自变量为 $(\eta_0, H_1, g_1, \cdots, H_i, g_i, \cdots, H_M, g_M)$ 的函数转变为自变量为 $(\eta_0, A_1, B_1, \cdots, A_i, B_i, \cdots, A_M, B_M)$ 的函数，即

$$J(\eta_0, A_1, B_1, \cdots, A_i, B_i, \cdots, A_M, B_M) = \frac{1}{2}\sum_{n=1}^{N}\left[\eta_0 + \sum_{i=1}^{M} A_i C_{ni} + \sum_{i=1}^{M} B_i S_{ni} - \eta_n^{\text{obs}}\right]^2$$

下面需要极小化上述目标函数，为此将目标函数对自变量(或者称为控制变量)求导数，得到

$$\begin{aligned}
\frac{\partial J(\eta_0, A_1, B_1, \cdots, A_i, B_i, \cdots, A_M, B_M)}{\partial \eta_0} &= \sum_{n=1}^{N}\left(\eta_0 + \sum_{i=1}^{M} A_i C_{ni} + \sum_{i=1}^{M} B_i S_{ni} - \eta_n^{\text{obs}}\right)\\
&= \eta_0 N + \sum_{i=1}^{M} A_i \sum_{n=1}^{N} C_{ni} + \sum_{i=1}^{M} B_i \sum_{n=1}^{N} S_{ni} - \sum_{n=1}^{N} \eta_n^{\text{obs}}
\end{aligned}$$

$$\begin{aligned}
\frac{\partial J(\eta_0, A_1, B_1, \cdots, A_i, B_i, \cdots, A_M, B_M)}{\partial A_j} &= \sum_{n=1}^{N}\left(\eta_0 + \sum_{i=1}^{M} A_i C_{ni} + \sum_{i=1}^{M} B_i S_{ni} - \eta_n^{\text{obs}}\right) C_{nj}\\
&= \eta_0 \sum_{n=1}^{N} C_{nj} + \sum_{i=1}^{M} A_i \sum_{n=1}^{N} C_{ni} C_{nj} + \sum_{i=1}^{M} B_i \sum_{n=1}^{N} S_{ni} C_{nj} - \sum_{n=1}^{N} \eta_n^{\text{obs}} C_{nj}
\end{aligned}$$

$$\frac{\partial J(\eta_0,\ A_1,\ B_1,\ \cdots,\ A_i,\ B_i,\ \cdots,\ A_M,\ B_M)}{\partial B_j} = \sum_{n=1}^{N}\left(\eta_0 + \sum_{i=1}^{M} A_i C_{ni} + \sum_{i=1}^{M} B_i S_{ni} - \eta_n^{\text{obs}}\right) S_{nj}$$

$$= \eta_0 \sum_{n=1}^{N} S_{nj} + \sum_{i=1}^{M} A_i \sum_{n=1}^{N} C_{ni} S_{nj} + \sum_{i=1}^{M} B_i \sum_{n=1}^{N} S_{ni} S_{nj} - \sum_{n=1}^{N} \eta_n^{\text{obs}} S_{nj}$$

为了极小化目标函数，令上述梯度值为0，从而可以得到如下线性方程组

$$\begin{cases} \eta_0 N + \sum\limits_{i=1}^{M} A_i \sum\limits_{n=1}^{N} C_{ni} + \sum\limits_{i=1}^{M} B_i \sum\limits_{n=1}^{N} S_{ni} = \sum\limits_{n=1}^{N} \eta_n^{\text{obs}} \\ \eta_0 \sum\limits_{n=1}^{N} C_{nj} + \sum\limits_{i=1}^{M} A_i \sum\limits_{n=1}^{N} C_{ni} C_{nj} + \sum\limits_{i=1}^{M} B_i \sum\limits_{n=1}^{N} S_{ni} C_{nj} = \sum\limits_{n=1}^{N} \eta_n^{\text{obs}} C_{nj} \quad (j = 1,\ 2,\ \cdots,\ M) \\ \eta_0 \sum\limits_{n=1}^{N} S_{nj} + \sum\limits_{i=1}^{M} A_i \sum\limits_{n=1}^{N} C_{ni} S_{nj} + \sum\limits_{i=1}^{M} B_i \sum\limits_{n=1}^{N} S_{ni} S_{nj} = \sum\limits_{n=1}^{N} \eta_n^{\text{obs}} S_{nj} \quad (j = 1,\ 2,\ \cdots,\ M) \end{cases}$$

该方程组涉及（η_0，A_1，B_1，…，A_i，B_i，…，A_M，B_M）共 $(2M+1)$ 个变量，共有 $(2M+1)$ 个方程，采用高斯(Gauss)消元法即可求解上述方程组，由上述推导可见，如此得到的控制变量（η_0，A_1，B_1，…，A_i，B_i，…，A_M，B_M）能够使目标函数取极小值，即可以使预报水位值 $\eta(t_n)$ 最大限度地贴近观测水位值 η_n^{obs}，那么这一组控制变量就是我们要求的结果。考虑到上述控制变量 A_i 和 B_i 与调和常数 H_i 和 g_i 的关系，于是，可以利用如下公式反推出调和常数

$$\begin{cases} H_i = \sqrt{A_i^2 + B_i^2} \\ g_i = \arctan\left(\dfrac{B_i}{A_i}\right) \end{cases}$$

有了上述各个分潮的调和常数 H_i 和 g_i，我们就可以对各个时刻的水位进行重现和预报，即

$$\eta(t) = \eta_0 + \sum_{i=1}^{M} f_i H_i \cos(\sigma_i t + V_{0_i} + u_i - g_i)$$

上述就是对水位资料进行调和分析得到调和常数的一般过程了。

其实，上述调和分析方法也可以采用更为简洁的矩阵形式来推导。根据前述定义，有

$$\begin{aligned} \eta(t_n) &= \eta_0 + \sum_{i=1}^{M} f_i H_i \cos(\sigma_i t_n + V_{0_i} + u_i - g_i) \\ &= \eta_0 + \sum_{i=1}^{M} H_i \cos(g_i) f_i \cos(\sigma_i t_n + V_{0_i} + u_i) + \sum_{i=1}^{M} H_i \sin(g_i) f_i \sin(\sigma_i t_n + V_{0_i} + u_i) \\ &= \eta_0 + \sum_{i=1}^{M} A_i C_{ni} + \sum_{i=1}^{M} B_i S_{ni} \end{aligned}$$

$$
= \begin{pmatrix} 1 & C_{11} & S_{11} & \cdots & C_{1i} & S_{1i} & \cdots & C_{1M} & S_{1M} \\ \vdots & \vdots & \vdots & \vdots & \vdots & \vdots & \vdots & \vdots & \vdots \\ 1 & C_{n1} & S_{n1} & \cdots & C_{ni} & S_{ni} & \cdots & C_{nM} & S_{nM} \\ \vdots & \vdots & \vdots & \vdots & \vdots & \vdots & \vdots & \vdots & \vdots \\ 1 & C_{N1} & S_{N1} & \cdots & C_{Ni} & S_{Ni} & \cdots & C_{NM} & S_{NM} \end{pmatrix}_{N\times M} \begin{pmatrix} \eta_0 \\ A_1 \\ B_1 \\ \vdots \\ A_i \\ B_i \\ \vdots \\ A_M \\ B_M \end{pmatrix}_{M\times 1}
$$

如果定义

$$
\boldsymbol{Q} \equiv \begin{pmatrix} 1 & C_{11} & S_{11} & \cdots & C_{1i} & S_{1i} & \cdots & C_{1M} & S_{1M} \\ \vdots & \vdots & \vdots & \vdots & \vdots & \vdots & \vdots & \vdots & \vdots \\ 1 & C_{n1} & S_{n1} & \cdots & C_{ni} & S_{ni} & \cdots & C_{nM} & S_{nM} \\ \vdots & \vdots & \vdots & \vdots & \vdots & \vdots & \vdots & \vdots & \vdots \\ 1 & C_{N1} & S_{N1} & \cdots & C_{Ni} & S_{Ni} & \cdots & C_{NM} & S_{NM} \end{pmatrix} \text{和} \boldsymbol{X} \equiv \begin{pmatrix} \eta_0 \\ A_1 \\ B_1 \\ \vdots \\ A_i \\ B_i \\ \vdots \\ A_M \\ B_M \end{pmatrix}
$$

以及

$$
\boldsymbol{Y} \equiv \begin{pmatrix} \eta_1^{\mathrm{obs}} \\ \vdots \\ \eta_n^{\mathrm{obs}} \\ \vdots \\ \eta_N^{\mathrm{obs}} \end{pmatrix}
$$

那么，计算调和常数的过程等价于寻求 $\boldsymbol{X}$，使 $\boldsymbol{QX}$ 尽量贴近 $\boldsymbol{Y}$，于是，可以构造如下的目标函数

$$
J(\boldsymbol{X}) = \frac{1}{2}(\boldsymbol{QX} - \boldsymbol{Y})^{\mathrm{T}}(\boldsymbol{QX} - \boldsymbol{Y})
$$

将上述目标函数展开，得到

$$
J(\boldsymbol{X}) = \frac{1}{2}(\boldsymbol{X}^{\mathrm{T}} \boldsymbol{Q}^{\mathrm{T}}\boldsymbol{QX} - \boldsymbol{X}^{\mathrm{T}} \boldsymbol{Q}^{\mathrm{T}}\boldsymbol{Y} - \boldsymbol{Y}^{\mathrm{T}}\boldsymbol{QX} + \boldsymbol{Y}^{\mathrm{T}}\boldsymbol{Y})
$$

上述目标函数相对于控制变量 $\boldsymbol{X}$ 的梯度为

$$\nabla J(\boldsymbol{X}) = \boldsymbol{Q}^{\mathrm{T}}\boldsymbol{Q}\boldsymbol{X} - \boldsymbol{Q}^{\mathrm{T}}\boldsymbol{Y}$$

为了让 $\boldsymbol{QX}$ 尽量贴近 $\boldsymbol{Y}$，需要使目标函数取极小值，即需要寻找令目标函数梯度为 0 的 $\boldsymbol{X}$ 值，于是得到方程组

$$\boldsymbol{Q}^{\mathrm{T}}\boldsymbol{Q}\boldsymbol{X} = \boldsymbol{Q}^{\mathrm{T}}\boldsymbol{Y}$$

则 $\boldsymbol{X}$ 的解为

$$\boldsymbol{X} = (\boldsymbol{Q}^{\mathrm{T}}\boldsymbol{Q})^{-1}\boldsymbol{Q}^{\mathrm{T}}\boldsymbol{Y}$$

利用 A_i 和 B_i 与调和常数 H_i 和 g_i 的关系，就可以由 $\boldsymbol{X}$ 的值计算调和常数了。读者不难发现，实际上，这种推导与前面方程组形式的推导是完全等价的，只是采用了矩阵的形式，使推导过程更为简洁。

细心的读者会发现，在上述推导中，我们并未假定观测是等间隔采样的，因此，上述推导得到的公式也适用于不等间隔采样的观测。我们在利用卫星高度计水位提取分潮调和常数信息时，卫星升轨和降轨的交叉点上的水位观测资料通常是不等间隔采样的，此外，如果综合利用不同的卫星高度计资料形成某点的水位时间序列，那么这种序列通常也是不等间隔的，恰好可以采用我们上述推导的公式来进行调和分析。

7.2.2 资料的剔除和补齐

真实的水位观测资料中不仅包含了潮汐信号，还包含了由风等额外的驱动力造成的海水堆积(由风引起的海水堆积被称为风增水)信号。通常情况下，这部分信号强度远小于潮汐信号，相对于潮汐信号，这部分信号可以被当作噪声来看待；但对于风暴潮等极端天气条件，这部分信号强度会超过潮汐信号，如果不加区分地将这些水位资料都用于调和分析，则会影响潮汐调和常数的分析精度。为此，需要在调和分析中引入异常资料的剔除机制，以保证调和常数的分析精度。具体做法是，在进行完一次调和分析之后，采用下式重新计算(简称回报)各个时刻的水位，即

$$\eta(t_n) = \eta_0 + \sum_{i=1}^{M} f_i H_i \cos(\sigma_i t_n + V_{0_i} + u_i - g_i) \quad (n = 1,\ 2,\ \cdots,\ N)$$

然后计算观测值与回报值之间的差

$$\Delta\eta(t_n) = \eta_n^{\mathrm{obs}} - \eta(t_n) = \eta_n^{\mathrm{obs}} - \eta_0 - \sum_{i=1}^{M} f_i H_i \cos(\sigma_i t_n + V_{0_i} + u_i - g_i)$$

并统计标准差

$$s = \sqrt{\frac{1}{N-1}\sum_{n=1}^{N}\Delta\eta^2(t_n)}$$

将大于 $3s$ 的实测水位资料(注意，这些超过 $3s$ 的实测水位资料大多包含了风暴潮信息，被定义为异常资料)删除，再利用剩余的实测水位资料进行如上的调和分析，如此循环，直到再也没有超过 $3s$ 的实测水位资料，此时获得的调和常数较为精确。

此外，对于缺测资料，也可以采用回报的方式来补齐，即以缺测时刻的回报的水位值填补缺测资料(注意，这种补齐的水位资料是不包含风暴潮信息的)，再重新进行调和分析，如此循环数次，从而得到较为准确的调和常数。

7.2.3 高低潮数据的调和分析

在计算潮汐调和常数时，通常利用逐时潮汐资料进行调和分析。但是，在某些港口只能得到高、低潮的潮高和潮时的数据，甚至对有的港口只能掌握公开发布的潮汐表中预报的每日高、低潮的数据。如果我们只有每日的高、低潮数据，那么该如何从中分析获得该港口分潮的调和常数呢？现在介绍王骥和方国洪(1986)利用高、低潮资料依据最小二乘法计算潮汐调和常数的方法。

已知在 $(t_1, \cdots, t_k, \cdots t_K)$ 时刻潮位达到高潮或低潮，相应的潮高为 $(\eta_1^{obs}, \cdots, \eta_k^{obs}, \cdots \eta_K^{obs})$。我们仍然可以像前面一样利用回报水位与观测的高、低潮水位的差，即 $[\eta(t_k) - \eta_k^{obs}]$，来构造以平均水位 η_0 以及调和常数 H_i 和 g_i 为控制变量的目标函数 $J(\eta_0, H_1, g_1, \cdots, H_i, g_i, \cdots, H_M, g_M)$。但是，我们需要注意到另外一个条件，那就是在发生高、低潮时，水位相对于时间的导数为 0，于是我们可以构造如下目标函数

$$J(\eta_0, H_1, g_1, \cdots, H_i, g_i, \cdots, H_M, g_M) = \frac{1}{2}\sum_{k=1}^{K}[\eta(t_k) - \eta_k^{obs}]^2 + \frac{1}{2}w\sum_{k=1}^{K}\left[\left.\frac{d\eta(t)}{dt}\right|_{t=t_k} - 0\right]^2$$

其中，w 是人为设定的权重。我们需要通过极小化上述目标函数，寻找一组最优的 $(\eta_0, H_1, g_1, \cdots, H_i, g_i, \cdots, H_M, g_M)$，使得回报的水位在 $(t_1, \cdots, t_k, \cdots t_K)$ 时刻尽量贴近观测的高、低潮潮高 $(\eta_1^{obs}, \cdots, \eta_k^{obs}, \cdots \eta_K^{obs})$，同时，还要保证在 $(t_1, \cdots, t_k, \cdots t_K)$ 时刻，水位恰好处于高潮或者低潮。这正是我们定义上述目标函数的初衷。将水位回报公式代入上式，得到

$$\begin{aligned}
&J(\eta_0, H_1, g_1, \cdots, H_i, g_i, \cdots, H_M, g_M)\\
&= \frac{1}{2}\sum_{k=1}^{K}[\eta(t_k) - \eta_k^{obs}]^2 + \frac{1}{2}w\sum_{k=1}^{K}\left[\left.\frac{d\eta(t)}{dt}\right|_{t=t_k} - 0\right]^2\\
&= \frac{1}{2}\sum_{k=1}^{K}\left[\eta_0 + \sum_{i=1}^{M}f_iH_i\cos(\sigma_it_k + V_{0_i} + u_i - g_i) - \eta_k^{obs}\right]^2\\
&\quad + \frac{1}{2}w\sum_{k=1}^{K}\left[\sum_{i=1}^{M}\sigma_if_iH_i\sin(\sigma_it_k + V_{0_i} + u_i - g_i)\right]^2\\
&= \frac{1}{2}\sum_{k=1}^{K}\left[\eta_0 + \sum_{i=1}^{M}H_i\cos(g_i)f_i\cos(\sigma_it_k + V_{0_i} + u_i)\right.\\
&\quad \left. + \sum_{i=1}^{M}H_i\sin(g_i)f_i\sin(\sigma_it_k + V_{0_i} + u_i) - \eta_k^{obs}\right]^2\\
&\quad + \frac{1}{2}w\sum_{k=1}^{K}\left[\sum_{i=1}^{M}H_i\cos(g_i)\sigma_if_i\sin(\sigma_it_k + V_{0_i} + u_i)\right.
\end{aligned}$$

$$- \sum_{i=1}^{M} H_i \sin(g_i) \sigma_i f_i \cos(\sigma_i t_k + V_{0_i} + u_i) \Bigg]^2$$

采用前面的变量替换公式，我们可以将控制变量为（η_0，H_1，g_1，…，H_i，g_i，…，H_M，g_M）的目标函数转变为控制变量为（η_0，A_1，B_1，…，A_i，B_i，…，A_M，B_M）的函数，

$$J(\eta_0, A_1, B_1, \cdots, A_i, B_i, \cdots, A_M, B_M)$$
$$= \frac{1}{2} \sum_{k=1}^{K} \left[\eta_0 + \sum_{i=1}^{M} A_i C_{ki} + \sum_{i=1}^{M} B_i S_{ki} - \eta_n^{\text{obs}} \right]^2 + \frac{1}{2} w \sum_{k=1}^{K} \left[\sum_{i=1}^{M} A_i \sigma_i S_{ki} - \sum_{i=1}^{M} B_i \sigma_i C_{ki} \right]^2$$

为了极小化目标函数，需要计算其对控制变量的梯度，并让其为 0，从而得到如下线性方程组

$$\begin{cases} \eta_0 K + \sum\limits_{i=1}^{M} A_i \sum\limits_{k=1}^{K} C_{ki} + \sum\limits_{i=1}^{M} B_i \sum\limits_{k=1}^{K} S_{ki} = \sum\limits_{k=1}^{K} \eta_k^{\text{obs}} \\ \eta_0 \sum\limits_{k=1}^{K} C_{kj} + \sum\limits_{i=1}^{M} A_i \left(\sum\limits_{k=1}^{K} C_{ki} C_{kj} + w\sigma_i \sigma_j \sum\limits_{k=1}^{K} S_{kj} S_{kj} \right) \\ \quad + \sum\limits_{i=1}^{M} B_i \left(\sum\limits_{k=1}^{K} S_{ki} C_{kj} - w\sigma_i \sigma_j \sum\limits_{k=1}^{K} C_{ki} S_{kj} \right) = \sum\limits_{k=1}^{K} \eta_k^{\text{obs}} C_{kj} \quad (j = 1, 2, \cdots, M) \\ \eta_0 \sum\limits_{k=1}^{K} S_{kj} + \sum\limits_{i=1}^{M} A_i \left(\sum\limits_{k=1}^{K} C_{ki} S_{kj} - w\sigma_i \sigma_j \sum\limits_{k=1}^{K} S_{kj} C_{kj} \right) \\ \quad + \sum\limits_{i=1}^{M} B_i \left(\sum\limits_{k=1}^{K} S_{ki} S_{kj} + w\sigma_i \sigma_j \sum\limits_{k=1}^{K} C_{ki} C_{kj} \right) = \sum\limits_{k=1}^{K} \eta_k^{\text{obs}} S_{kj} \quad (j = 1, 2, \cdots, M) \end{cases}$$

采用高斯消元法即可求解上述方程组，得到(η_0，A_1，B_1，…，A_i，B_i，…，A_M，B_M)，利用 A_i 和 B_i 与调和常数 H_i 和 g_i 的关系，就可以进一步计算调和常数了。

7.2.4 浅水港口问题

我国沿海城市有许多重要的浅水港口，这类港口由于航道较浅，对潮汐预报的准确度要求比较高，而这些地区的潮汐预报误差一般较大。除了气象影响在这些地区表现得更加强烈之外，从潮汐本身而言，主要是由于浅水地区非线性效应非常明显，从而导致潮汐预报误差较大。虽然可以通过增加浅水分潮，按照前面讲述的方法进行分析预报，但是高频的浅水分潮数目极大，难以用有限数目的浅水分潮来体现总的浅水效应。本节介绍方国洪和于克俊(1981)提出的一种方法，用以提高预报精度。

该方法分两步进行，第一步是对实测潮汐 $\eta(t)$ 进行调和分析，求出各分潮的调和常数。在分析过程中，为了消去高频部分对低频部分调和常数的影响，可以加入一些主要的浅水分潮，但分析后这些浅水分潮的调和常数可舍弃不用。第二步从实测水位中减

去平均水位、长周期分潮、全日潮和半日潮的潮位，依据剩余值再做进一步分析。

具体来说，已知有 1 a 逐时潮位资料，可以对其进行调和分析，计算长周期(0 族)、全日(1 族)和半日(2 族)各分潮的调和常数，其中，设 0 族、1 族和 2 族的分潮数目分别为 m_0、m_1 和 m_2。基于上述调和常数，我们可以计算实测水位与回报水位之间的差，即剩余值

$$\Delta\eta(t_n) = \eta_n^{\text{obs}} - \eta(t_n) = \eta_n^{\text{obs}} - \eta_0 - \sum_{i=1}^{m_0+m_1+m_2} f_i H_i \cos(\sigma_i t_n + V_{0_i} + u_i - g_i)$$

这些剩余值中包含了大量的非线性浅水分潮。由于资料长度限制难以区分所有的浅水调和分潮，因此采用前面的调和分析做法难以获得准确的浅水分潮信息。为此，我们需要将 0 族、1 族和 2 族的各个分潮分别进行合并，再进行分析。依据下式可以计算合并后的 0 族、1 族和 2 族的每小时振幅 $R(t)$ 和位相 $r(t)$ ，下角标 0、1 和 2 分别代表 0 族、1 族和 2 族。各族的振幅和位相已不再是常数，而具有缓慢的变化，我们称其为准调和项。

$$\begin{cases}
R_0(t)\cos[r_0(t)] = \sum_{i=1}^{m_0} f_i H_i \cos(\sigma_i t + V_{0_i} + u_i - g_i) \\
R_0(t)\sin[r_0(t)] = \sum_{i=1}^{m_0} f_i H_i \sin(\sigma_i t + V_{0_i} + u_i - g_i) \\
R_1(t)\cos[r_1(t)] = \sum_{i=m_0+1}^{m_0+m_1} f_i H_i \cos(\sigma_i t + V_{0_i} + u_i - g_i) \\
R_1(t)\sin[r_1(t)] = \sum_{i=m_0+1}^{m_0+m_1} f_i H_i \sin(\sigma_i t + V_{0_i} + u_i - g_i) \\
R_2(t)\cos[r_2(t)] = \sum_{i=m_0+m_1+1}^{m_0+m_1+m_2} f_i H_i \cos(\sigma_i t + V_{0_i} + u_i - g_i) \\
R_2(t)\sin[r_2(t)] = \sum_{i=m_0+m_1+1}^{m_0+m_1+m_2} f_i H_i \sin(\sigma_i t + V_{0_i} + u_i - g_i)
\end{cases}$$

根据潮波动力学，运动方程中的平流项和连续方程中的非线性项能够产生二阶摄动项，由这些二阶摄动项再与一阶项组合可得三阶摄动项，类似地由二阶与二阶组合或三阶与一阶组合，可以产生四阶项等。另外，由运动方程摩擦项也可以产生二阶摄动项。如此算下来，总共有 34 项高阶项，各个高阶项的振幅 A 和相位 a 列于表 7-2-1。

表 7-2-1　高阶项中振幅 A 和相位 a 的表达式

i	振幅(A_i)	相位(a_i)	族	i	振幅(A_i)	相位(a_i)	族
1	R_1^2	$3r_1$	3	3	$R_1^2R_2$	r_1+r_2	3
2	R_1R_2	r_1+r_2	3	4	R_1R_2	$2r_2-r_1$	3

续表

i	振幅(A_i)	相位(a_i)	族	i	振幅(A_i)	相位(a_i)	族
5	$R_1R_2^2$	$2r_2-r_1$	3	20	$R_1^2R_2$	$2r_1+2r_2$	6
6	$R_1R_2^3$	$2r_2-r_1$	3	21	R_2^2	$3r_2$	6
7	R_1^3	$4r_1$	4	22	R_2^3	$3r_2$	6
8	R_1R_2	$2r_1+r_2$	4	23	R_2^4	$3r_2$	6
9	$R_1^2R_2$	$2r_1+r_2$	4	24	$R_1R_2^2$	r_1+3r_2	7
10	$R_1^3R_2$	$2r_1+r_2$	4	25	$R_1R_2^3$	r_1+3r_2	7
11	R_2^2	$2r_2$	4	26	$R_1R_2^3$	$4r_2-r_1$	7
12	R_2^3	$2r_2$	4	27	$R_1R_2^4$	$4r_2-r_1$	7
13	$R_0R_2^2$	$2r_2$	4	28	R_2^3	$4r_2$	8
14	$R_1^2R_2$	$3r_1+r_2$	5	29	R_2^4	$4r_2$	8
15	R_1R_2	r_1+2r_2	5	30	$R_1R_2^4$	r_1+4r_2	9
16	$R_1R_2^2$	r_1+2r_2	5	31	R_2^4	$5r_2$	10
17	$R_1R_2^3$	r_1+2r_2	5	32	R_2^5	$5r_2$	10
18	$R_1R_2^2$	$3r_2-r_1$	5	33	R_2^5	$6r_2$	12
19	$R_1R_2^3$	$3r_2-r_1$	5	34	R_2^6	$6r_2$	12

下面，我们需要采用这些高阶项(即非线性浅水分潮)的组合 $\sum_{i=1}^{34}K_iA_i(t_n)\cos[a_i(t_n)-\theta_i]$ 来拟合上述水位剩余值 $\Delta\eta(t_n)$，其中，K_i 和 θ_i 为待定系数。为此，需要构建以 K_i 和 θ_i 为控制变量的目标函数

$$
\begin{aligned}
&J(K_1,\ \theta_1,\ \cdots,\ K_i,\ \theta_i,\ \cdots,\ K_{34},\ \theta_{34})\\
&=\frac{1}{2}\sum_{n=1}^{N}\left\{\sum_{i=1}^{34}A_i(t_n)K_i\cos[a_i(t_n)-\theta_i]-\Delta\eta(t_n)\right\}^2\\
&=\frac{1}{2}\sum_{n=1}^{N}\left\{\sum_{i=1}^{34}K_i\cos(\theta_i)A_i(t_n)\cos[a_i(t_n)]+\sum_{i=1}^{34}K_i\sin(\theta_i)A_i(t_n)\sin[a_i(t_n)]-\Delta\eta(t_n)\right\}^2
\end{aligned}
$$

定义

$$
\begin{cases}E_i\equiv K_i\cos(\theta_i)\\F_i\equiv K_i\sin(\theta_i)\end{cases}\text{和}\begin{cases}C_{ni}\equiv A_i(t_n)\cos[a_i(t_n)]\\S_{ni}\equiv A_i(t_n)\sin[a_i(t_n)]\end{cases}
$$

于是，关于 $(K_1,\ \theta_1,\ \cdots,\ K_i,\ \theta_i,\ \cdots,\ K_{34},\ \theta_{34})$ 的目标函数就可以转变为关于 $(E_1,\ F_1,\ \cdots,\ E_i,\ F_i,\ \cdots,\ E_{34},\ F_{34})$ 的目标函数：

$$J(E_1, F_1, \cdots, E_i, F_i, \cdots, E_{34}, F_{34}) = \frac{1}{2}\sum_{n=1}^{N}\left[\sum_{i=1}^{34} E_i C_{ni} + \sum_{i=1}^{34} F_i S_{ni} - \Delta\eta(t_n)\right]^2$$

令高阶项的组合 $\sum_{i=1}^{34} K_i A_i(t_n)\cos[a_i(t_n) - \theta_i]$ 尽量贴近水位剩余值，等价于目标函数取极小值，为此需要求上述目标函数的梯度，并令梯度为0，从而得到如下代数方程组

$$\begin{cases} \sum_{i=1}^{M} E_i \sum_{n=1}^{N} C_{ni}C_{nj} + \sum_{i=1}^{M} F_i \sum_{n=1}^{N} S_{ni}C_{nj} = \sum_{n=1}^{N} \Delta\eta(t_n)C_{nj} \quad (j = 1, 2, \cdots, 34) \\ \sum_{i=1}^{M} E_i \sum_{n=1}^{N} C_{ni}S_{nj} + \sum_{i=1}^{M} F_i \sum_{n=1}^{N} S_{ni}S_{nj} = \sum_{n=1}^{N} \Delta\eta(t_n)S_{nj} \quad (j = 1, 2, \cdots, 34) \end{cases}$$

采用高斯消元法解上述方程组，得到 $(E_1, F_1, \cdots, E_i, F_i, \cdots, E_{34}, F_{34})$，利用前述关系即可求得待定系数如下

$$\begin{cases} K_i = \sqrt{E_i^2 + F_i^2} \\ \theta_i = \arctan\left(\dfrac{F_i}{E_i}\right) \end{cases}$$

于是，对于浅水港口问题，水位预报方程则为

$$\eta(t) = \eta_0 + \sum_{i=1}^{m_0+m_1+m_2} f_i H_i \cos(\sigma_i t + V_{0_i} + u_i - g_i) + \sum_{i=1}^{34} A_i(t) K_i \cos[a_i(t) - \theta_i]$$

7.2.5 19年潮汐分析及潮汐分析的稳定性

19年是月球和太阳的冲和周期，接近月球升交点西退一周18.61 a的周期，19个回归年是6 939.60 d，235个朔望月是6 939.69 d，254个回归月是6 937.71 d。根据附录4的瑞利准则，利用连续19年(6 940 d)的逐时潮汐资料，能够分辨的潮汐最小频率差将达到 $\Delta\sigma = 0°.002\ 2/h$ 。黄祖珂等人对我国若干验潮站19年逐时潮汐资料进行了总体分析，得到472个分潮的调和常数。分析的472个分潮当中包含了杜德森展开中绝大部分的分潮，以及100多个浅水分潮和若干天文-气象分潮，还有太阳辐射分潮。平衡潮展开中周期大于1年的长周期分潮包括交点潮(幅角数055.565，周期18.61 a)、半交点潮(幅角数055.575，周期9.31 a)、近点潮(幅角数055.655，周期8.85 a)和极潮(由地轴扰动引起的分潮，幅角数056.45X，周期430 d左右)。在19年的潮汐分析中，选取了交点潮和极潮，由于半交点潮和近点潮的角速度差仅为 $\Delta\sigma = 0°.000\ 23/h$ ，即便在19年的分析中也不能将两者分开。考虑到近点潮的平衡潮振幅大于半交点潮的振幅，因而在19年的分析中选取了近点潮。由于杜德森展开中分潮的分辨率 $\Delta\sigma \geqslant 0°.002\ 2/h$ ，所以在分析中不需要考虑交点因子和订正角。

分析结果表明，一年分析中的一个分潮，在19年分析中可分析出一群分潮，而其中许多次要分潮具有相当大的振幅；一年分析中某些天文分潮受频率相近浅水的影响而

不能分离，在19年分析中可以将它们严格分离开，以便研究非线性效应的影响；一年分析中计算交点因子和订正角时不考虑引潮势(或平衡潮)三阶项分潮的影响，在19年分析中可以计算三阶项各分潮的量值并使其参与交点因子和订正角的计算，使结果稳定；同一分潮群内振幅较大的各分潮的迟角相接近；各主要分潮19年中每年的调和常数的算数平均值等于19年总体分析结果。总的来说，影响潮汐分析稳定性的因素包括天文引潮势(或平衡潮)的三阶项分潮、非线性效应和海底地形的变迁。

7.3 中期观测资料的调和分析

7.3.1 中期资料调和分析

在实际的水位分析中，如果要分析一个月的水位资料，则要求被分析的分潮的频率差满足 $\Delta\sigma \geqslant 0^\circ.5/\mathrm{h}$ (瑞利准则)，因而在年分析中分析的分潮不能在月分析中都得到分析。例如，π_1、P_1、S_1、K_1、ψ_1 和 φ_1 分潮，它们之间的最大角速度之差为 $\Delta\sigma \geqslant 0^\circ.205/\mathrm{h}$，因此在月分析中分离不开，而只能作为一个小组被分离出来。在这一组分潮中只能取最大的 K_1 分潮作为主要分潮，与其他各组的主要分潮在月分析中进行分析，再对分析的主要分潮的结果进行次要分潮的订正。本节介绍的这一方法共计算46个主要分潮的调和常数，再采用差比关系近似计算28个次要分潮的调和常数，具体见附表3。需要指出的是，在这些主要分潮中，有些相邻的主要分潮的角速度之差仅为 $\Delta\sigma \geqslant 0^\circ.47/\mathrm{h}$，这会造成一定的误差。长周期分潮中只分析 Mm、MS_f 和 Mn 这3个分潮。在只有一个月资料的情况下，不可能分析年周期的 Sa 分潮和半年周期的 Ssa 分潮，以及其他大于一个月周期的长周期分潮。

假设主要分潮的数目为 M (此处 $M=46$)，一个月的逐时水位资料数目为 N，首先仿照上一节的过程，基于一个月的逐时水位资料 η_n^{obs}，采用最小二乘法计算各主要分潮的初步的调和常数 $\widetilde{H}_i$ 和 $\widetilde{g}_i$，为此，列出目标函数

$$
\begin{aligned}
& J(\eta_0, \widetilde{H}_1, \widetilde{g}_1, \cdots, \widetilde{H}_i, \widetilde{g}_i, \cdots, \widetilde{H}_M, \widetilde{g}_M) \\
&= \frac{1}{2}\sum_{n=1}^{N}[\eta(t_n) - \eta_n^{\mathrm{obs}}]^2 \\
&= \frac{1}{2}\sum_{n=1}^{N}\left[\eta_0 + \sum_{i=1}^{M} f_i \widetilde{H}_i \cos(\sigma_i t_n + V_{0_i} + u_i - \widetilde{g}_i) - \eta_n^{\mathrm{obs}}\right]^2
\end{aligned}
$$

定义

$$
\begin{cases}
A_i \equiv \widetilde{H}_i \cos(\widetilde{g}_i) \\
B_i \equiv \widetilde{H}_i \sin(\widetilde{g}_i)
\end{cases}
\quad
\begin{cases}
C_{ni} \equiv f_i \cos(\sigma_i t_n + V_{0_i} + u_i) \\
C_{ni} \equiv f_i \sin(\sigma_i t_n + V_{0_i} + u_i)
\end{cases}
$$

于是上述目标函数可转变为

$$J(\eta_0,\ A_1,\ B_1,\ \cdots,\ A_i,\ B_i,\ \cdots,\ A_M,\ B_M)=\frac{1}{2}\sum_{n=1}^{N}\left[\eta_0+\sum_{i=1}^{M}A_iC_{ni}+\sum_{i=1}^{M}B_iS_{ni}-\eta_n^{\text{obs}}\right]^2$$

让目标函数取极小值，需要求出上述目标函数的梯度，并令梯度为0，从而得到如下代数方程组

$$\begin{cases}\eta_0 N+\sum\limits_{i=1}^{M}A_i\sum\limits_{n=1}^{N}C_{ni}+\sum\limits_{i=1}^{M}B_i\sum\limits_{n=1}^{N}S_{ni}=\sum\limits_{n=1}^{N}\eta_n^{\text{obs}}\\ \eta_0\sum\limits_{n=1}^{N}C_{nj}+\sum\limits_{i=1}^{M}A_i\sum\limits_{n=1}^{N}C_{ni}C_{nj}+\sum\limits_{i=1}^{M}B_i\sum\limits_{n=1}^{N}S_{ni}S_{nj}=\sum\limits_{n=1}^{N}\eta_n^{\text{obs}}C_{nj}\quad(j=1,\ 2,\ \cdots,\ M)\\ \eta_0\sum\limits_{n=1}^{N}S_{nj}+\sum\limits_{i=1}^{M}A_i\sum\limits_{n=1}^{N}C_{ni}S_{nj}+\sum\limits_{i=1}^{M}B_i\sum\limits_{n=1}^{N}S_{ni}S_{nj}=\sum\limits_{n=1}^{N}\eta_n^{\text{obs}}S_{nj}\quad(j=1,\ 2,\ \cdots,\ M)\end{cases}$$

采用高斯消元法求解上述方程组，得到 $(A_1,\ B_1,\ \cdots,\ A_i,\ B_i,\ \cdots,\ A_M,\ B_M)$ ，利用前述关系即可求得各主要分潮的初步的调和常数如下

$$\begin{cases}\widetilde{H}_i=\sqrt{A_i^2+B_i^2}\\ \widetilde{g}_i=\arctan\left(\dfrac{B_i}{A_i}\right)\end{cases}$$

7.3.2　主要分潮的订正和次要分潮的推算

以上计算的各主要分潮的调和常数，实际上包含着次要分潮的影响。我们还需要进一步地对主要分潮进行订正，并推算次要分潮。假设第 i 个主要分潮受到多个次要分潮影响，其中次要分潮指标用 j 表示。第 i 个主要分潮的水位为 $\eta_{i_{\text{主}}}(t)$ ，与之对应的各个次要分潮组成的水位为 $\eta_{i_{\text{次}}}(t)$ ，于是有

$$\begin{cases}\eta_{i_{\text{主}}}(t)=f_iH_i\cos(\sigma_it+V_{0_i}+u_i-g_i)\\ \eta_{i_{\text{次}}}(t)=\sum\limits_{j}f_{ij}H_{ij}\cos(\sigma_{ij}t+V_{0_{ij}}+u_{ij}-g_{ij})\end{cases}$$

于是第 i 个主要分潮和与之对应的各个次要分潮共同组成的综合水位为

$$\eta_{i_{\text{主}}}(t)+\eta_{i_{\text{次}}}(t)=f_iH_i\cos(\sigma_it+V_{0_i}+u_i-g_i)+\sum_{j}f_{ij}H_{ij}\cos(\sigma_{ij}t+V_{0_{ij}}+u_{ij}-g_{ij})$$

我们可以令与第 i 个主要分潮相对应的各个次要分潮的迟角 g_{ij} 都近似等于主要分潮的迟角 g_i ，即 $g_{ij}\approx g_i$ ，于是可以得到

$$\eta_{i_{\text{主}}}(t)+\eta_{i_{\text{次}}}(t)\approx f_iH_i\cos(\sigma_it+V_{0_i}+u_i-g_i)+\sum_{j}f_{ij}H_{ij}\cos(\sigma_{ij}t+V_{0_{ij}}+u_{ij}-g_i)$$

进一步地可以做如下展开

$$\begin{aligned}&\eta_{i_{\text{主}}}(t)+\eta_{i_{\text{次}}}(t)\\ &\quad=f_iH_i\cos(\sigma_it+V_{0_i}+u_i)\cos(g_i)+f_iH_i\sin(\sigma_it+V_{0_i}+u_i)\sin(g_i)\end{aligned}$$

$$+\sum_j f_{ij}H_{ij}\cos(\sigma_{ij}t+V_{0_{ij}}+u_{ij})\cos(g_i)+\sum_j f_{ij}H_{ij}\sin(\sigma_{ij}t+V_{0_{ij}}+u_{ij})\sin(g_i)$$

$$=f_iH_i\left[\cos(\sigma_it+V_{0_i}+u_i)+\sum_j\frac{f_{ij}H_{ij}}{f_iH_i}\cos(\sigma_{ij}t+V_{0_{ij}}+u_{ij})\right]\cos(g_i)$$

$$+f_iH_i\left[\sin(\sigma_it+V_{0_i}+u_i)+\sum_i\frac{f_iH_i}{f_iH_i}\sin(\sigma_{ij}t+V_{0_{ij}}+u_{ij})\right]\sin(g_i)$$

我们单独考虑一下上式中的中括号项，调整一下，得到

$$\cos(\sigma_it+V_{0_i}+u_i)+\sum_j\frac{f_{ij}H_{ij}}{f_iH_i}\cos(\sigma_{ij}t+V_{0_{ij}}+u_{ij})$$

$$=\cos(\sigma_it+V_{0_i}+u_i)+\sum_j\frac{f_{ij}H_{ij}}{f_iH_i}\cos[(\sigma_it+V_{0_i}+u_i)+(\sigma_{ij}-\sigma_i)t+(V_{0_{ij}}-V_{0_i})+(u_{ij}-u_i)]$$

以及

$$\sin(\sigma_it+V_{0_i}+u_i)+\sum_j\frac{f_{ij}H_{ij}}{f_iH_i}\sin(\sigma_{ij}t+V_{0_{ij}}+u_{ij})$$

$$=\sin(\sigma_it+V_{0_i}+u_i)+\sum_j\frac{f_{ij}H_{ij}}{f_iH_i}\sin[(\sigma_it+V_{0_i}+u_i)+(\sigma_{ij}-\sigma_i)t+(V_{0_{ij}}-V_{0_i})+(u_{ij}-u_i)]$$

定义 $\delta\sigma_{ij}=\sigma_{ij}-\sigma_i$，$\delta V_{0ij}=V_{0ij}-V_{0i}$，$\delta u_{ij}=u_{ij}-u_i$，于是有

$$\cos(\sigma_it+V_{0_i}+u_i)+\sum_j\frac{f_{ij}H_{ij}}{f_iH_i}\cos(\sigma_{ij}t+V_{0_{ij}}+u_{ij})$$

$$=\cos(\sigma_it+V_{0_i}+u_i)+\sum_j\frac{f_{ij}H_{ij}}{f_iH_i}\cos[(\sigma_it+V_{0_i}+u_i)+\delta\sigma_{ij}t+\delta V_{0_{ij}}+\delta u_{ij}]$$

$$=\cos(\sigma_it+V_{0_i}+u_i)+\cos(\sigma_it+V_{0_i}+u_i)\sum_j\frac{f_{ij}H_{ij}}{f_iH_i}\cos(\delta\sigma_{ij}t+\delta V_{0_{ij}}+\delta u_{ij})$$

$$-\sin(\sigma_it+V_{0_i}+u_i)\sum_j\frac{f_{ij}H_{ij}}{f_iH_i}\sin(\delta\sigma_{ij}t+\delta V_{0_{ij}}+\delta u_{ij})$$

$$=\cos(\sigma_it+V_{0_i}+u_i)\left[1+\sum_j\frac{f_{ij}H_{ij}}{f_iH_i}\cos(\delta\sigma_{ij}t+\delta V_{0_{ij}}+\delta u_{ij})\right]$$

$$-\sin(\sigma_it+V_{0_i}+u_i)\sum_j\frac{f_{ij}H_{ij}}{f_iH_i}\sin(\delta\sigma_{ij}t+\delta V_{0_{ij}}+\delta u_{ij})$$

以及

$$\sin(\sigma_it+V_{0_i}+u_i)+\sum_j\frac{f_{ij}H_{ij}}{f_iH_i}\sin(\sigma_{ij}t+V_{0_{ij}}+u_{ij})$$

$$=\sin(\sigma_it+V_{0_i}+u_i)+\sum_j\frac{f_{ij}H_{ij}}{f_iH_i}\sin[(\sigma_it+V_{0_i}+u_i)+\delta\sigma_{ij}t+\delta V_{0_{ij}}+\delta u_{ij}]$$

$$=\sin(\sigma_it+V_{0_i}+u_i)+\sin(\sigma_it+V_{0_i}+u_i)\sum_j\frac{f_{ij}H_{ij}}{f_iH_i}\cos(\delta\sigma_{ij}t+\delta V_{0_{ij}}+\delta u_{ij})$$

$$+\cos(\sigma_i t+V_{0_i}+u_i)\sum_j\frac{f_{ij}H_{ij}}{f_iH_i}\sin(\delta\sigma_{ij}t+\delta V_{0_{ij}}+\delta u_{ij})$$

$$=\sin(\sigma_i t+V_{0_i}+u_i)\left[1+\sum_j\frac{f_{ij}H_{ij}}{f_iH_i}\cos(\delta\sigma_{ij}t+\delta V_{0_{ij}}+\delta u_{ij})\right]$$

$$+\cos(\sigma_i t+V_{0_i}+u_i)\sum_j\frac{f_{ij}H_{ij}}{f_iH_i}\sin(\delta\sigma_{ij}t+\delta V_{0_{ij}}+\delta u_{ij})$$

进一步定义

$$\begin{cases}(1+\varepsilon_i)\cos(\omega_i)=1+\sum_j\frac{f_{ij}H_{ij}}{f_iH_i}\cos(\delta\sigma_{ij}t+\delta V_{0_{ij}}+\delta u_{ij})\\(1+\varepsilon_i)\sin(\omega_i)=\sum_j\frac{f_{ij}H_{ij}}{f_iH_i}\sin(\delta\sigma_{ij}t+\delta V_{0_{ij}}+\delta u_{ij})\end{cases}$$

我们得到

$$\cos(\sigma_i t+V_{0_i}+u_i)+\sum_j\frac{f_{ij}H_{ij}}{f_iH_i}\cos(\sigma_{ij}t+V_{0_{ij}}+u_{ij})$$

$$=\cos(\sigma_i t+V_{0_i}+u_i)(1+\varepsilon_i)\cos(\omega_i)-\sin(\sigma_i t+V_{0_i}+u_i)(1+\varepsilon_i)\sin(\omega_i)$$

$$=(1+\varepsilon_i)\cos(\sigma_i t+V_{0_i}+u_i+\omega_i)$$

以及

$$\sin(\sigma_i t+V_{0_i}+u_i)+\sum_j\frac{f_{ij}H_{ij}}{f_iH_i}\sin(\sigma_{ij}t+V_{0_{ij}}+u_{ij})$$

$$=\sin(\sigma_i t+V_{0_i}+u_i)(1+\varepsilon_i)\cos(\omega_i)+\cos(\sigma_i t+V_{0_i}+u_i)(1+\varepsilon_i)\sin(\omega_i)$$

$$=(1+\varepsilon_i)\sin(\sigma_i t+V_{0_i}+u_i+\omega_i)$$

于是，第 i 个主要分潮和与之对应的各个次要分潮共同组成的综合水位就可以表示为

$$\eta_{i_主}(t)+\eta_{i_次}(t)$$

$$=f_iH_i(1+\varepsilon_i)\cos(\sigma_i t+V_{0_i}+u_i+\omega_i)\cos(g_i)+f_iH_i(1+\varepsilon_i)\sin(\sigma_i t+V_{0_i}+u_i+\omega_i)\sin(g_i)$$

$$=f_iH_i(1+\varepsilon_i)\cos(\sigma_i t+V_{0_i}+u_i+\omega_i-g_i)$$

而在前面的调和分析中，我们认为主要分潮的初步的调和常数中实际上包含了主要分潮和与之对应的次要分潮的信息，因此有

$$\eta_{i_主}(t)+\eta_{i_次}(t)=f_i\widetilde{H}_i\cos(\sigma_i t+V_{0_i}+u_i-\widetilde{g}_i)$$

上面两式对比一下，我们发现主要分潮的调和常数与上述初步的调和常数之间应该满足如下关系

$$\begin{cases}H_i=\dfrac{\widetilde{H}_i}{1+\varepsilon_i}\\g_i=\widetilde{g}_i+\omega_i\end{cases}$$

如此就完成了对主要分潮的订正。上式计算中，次要分潮与对应的主要分潮之间的角频率之差 $\delta\sigma_{ij}=\sigma_{ij}-\sigma_i$ 、天文初位相之差 $\delta V_{0_{ij}}=V_{0_{ij}}-V_{0i}$ 和订正角之差 $\delta u_{ij}=u_{ij}-u_i$ 均可以采用天文变量直接推算。

对于次要分潮，则需要采用差比关系来推算。$\overline{H}_{ij}/\overline{H}_i$ 为第 j 个次要分潮与主要分潮平均振幅之比，它可以采用平衡潮的分潮平均振幅或附近长期验潮站的调和常数计算，我们可以认为实际的第 j 个次要分潮 H_{ij} 与主要分潮振幅 H_i 之比近似地等于 $\overline{H}_{ij}/\overline{H}_i$ ，即 $H_{ij}/H_i\approx\overline{H}_{ij}/\overline{H}_i$ 。此外，我们可以近似地认为第 j 个次要分潮的迟角 g_{ij} 与对应的第 i 个主要分潮的迟角 g_i 以及另外一个主要分潮(例如，第 k 个主要分潮)的迟角 g_k 这 3 个分潮之间的迟角满足关系 $\dfrac{g_{ij}-g_i}{g_k-g_i}\approx\dfrac{\sigma_{ij}-\sigma_i}{\sigma_k-\sigma_i}$ ，于是我们可以推算次要分潮的调和常数为

$$\begin{cases}H_{ij}\approx\dfrac{\overline{H}_{ij}}{\overline{H}_i}H_i\\[2ex] g_{ij}\approx g_i+\dfrac{\sigma_{ij}-\sigma_i}{\sigma_k-\sigma_i}(g_k-g_i)\end{cases}$$

7.4 平衡潮的准调和展开与短期观测资料的准调和分析

7.4.1 准调和分潮展开

能够互相分离的分潮之间的最小频率间隔与观测时段的长度有关，如果观测的时间长度只有一天或几天，则叫作短期观测。对只有一天或几天的潮汐、潮流资料进行分析时，根据瑞利准则(见附录 4)，其分辨率很低，不能采用达尔文和杜德森展开的分潮进行分析。这时一般不能由这类观测数据求得长周期分潮的调和常数，而且只有少数几个主要分潮的调和常数可以由观测值直接确定。具体做法是对引潮势进行准调和展开，展开成几个准调和分潮，利用短期的资料计算这几个主要准调和分潮的调和常数。对于其他分潮则必须通过引进与这些主要分潮一定的已知关系来确定。杜德森曾经根据实际潮汐的特点，将所有较大的日分潮合并为 K_1 和 O_1 这两个分潮，将所有较大的半日分潮合并为 M_2 和 S_2 这两个分潮。合并所得分潮的振幅和角速率不再是常数，而是随时间缓慢地变化(如果被合并的分潮之间的角速率相近的话)，亦即分潮不再是调和项，它被称为准调和分潮。但是，杜德森给出的计算准调和分潮的振幅系数和相角的公式是相当粗略的。方国洪(1974)对引潮势进行了严格的准调和展开，给出了计算准调和分潮的振幅系数和更准确的迟角订正公式，同时引进了浅水准调和分潮。

下面考察第 3 章的平衡潮的达尔文展开，第 3 章中有关系式(3-1-2)，即 $\overset{\frown}{AM}=\gamma'\overset{\frown}{M}-\xi$ ，

如果定义 λ 为由辅助春分点 γ' 起算的月球在白道上运行的真经度，即 $\lambda = \widehat{\gamma' M}$，那么

$$\widehat{AM} = \lambda - \xi \tag{7-4-1}$$

此外，第3章中还有关系式(3-1-3)，即 $\widehat{AX_1} = T + h - \nu$，而其中太阳时角 T 与格林尼治地方平时 t 和观测点经度 ψ 满足关系式(3-1-4)，即 $T = 15°t - 180° + \psi$，所以

$$\widehat{AX_1} = 15°t + h - \nu - 180° + \psi \tag{7-4-2}$$

将上述关系式(7-4-1)和式(7-4-2)代入到第3章的达尔文展开式(3-1-1)中，于是，与月球引力相对应的平衡潮二阶展开为

$$\begin{aligned}
\bar{\eta}_{2M} = & \frac{3}{4}\frac{M}{E}\frac{a^4}{\bar{D}^3}\left[\frac{1}{2} - \frac{3}{2}\sin^2(\varphi)\right]\left(\frac{\bar{D}}{D}\right)^3\left[\frac{2}{3} - \sin^2(I)\right] \\
& + \frac{3}{4}\frac{M}{E}\frac{a^4}{\bar{D}^3}\left[\frac{1}{2} - \frac{3}{2}\sin^2(\varphi)\right]\left(\frac{\bar{D}}{D}\right)^3\sin^2(I)\cos(2\lambda - 2\xi) \\
& + \frac{3}{4}\frac{M}{E}\frac{a^4}{\bar{D}^3}\sin(2\varphi)\left(\frac{\bar{D}}{D}\right)^3\sin(I)\cos^2\left(\frac{I}{2}\right)\cos[15°t - (2\lambda - h + \nu - 2\xi + 90°) + \psi] \\
& + \frac{3}{4}\frac{M}{E}\frac{a^4}{\bar{D}^3}\sin(2\varphi)\left(\frac{\bar{D}}{D}\right)^3\sin(I)\sin^2\left(\frac{I}{2}\right)\cos[15°t - (-2\lambda - h + \nu + 2\xi - 90°) + \psi] \\
& + \frac{3}{4}\frac{M}{E}\frac{a^4}{\bar{D}^3}\sin(2\varphi)\left(\frac{\bar{D}}{D}\right)^3\frac{1}{2}\sin(2I)\cos[15°t - (-h + \nu - 90°) + \psi] \\
& + \frac{3}{4}\frac{M}{E}\frac{a^4}{\bar{D}^3}\cos^2(\varphi)\left(\frac{\bar{D}}{D}\right)^3\cos^4\left(\frac{I}{2}\right)\cos[30°t - (2\lambda - 2h + 2\nu - 2\xi) + 2\psi] \\
& + \frac{3}{4}\frac{M}{E}\frac{a^4}{\bar{D}^3}\cos^2(\varphi)\left(\frac{\bar{D}}{D}\right)^3\sin^4\left(\frac{I}{2}\right)\cos[30°t - (-2\lambda - 2h + 2\nu + 2\xi) + 2\psi] \\
& + \frac{3}{4}\frac{M}{E}\frac{a^4}{\bar{D}^3}\cos^2(\varphi)\left(\frac{\bar{D}}{D}\right)^3\frac{\sin^2(I)}{2}\cos[30°t - (-2h + 2\nu) + 2\psi]
\end{aligned}$$

仿照调和分析中的处理手段，位相中与经度 ψ 有关的因子可以被归并到迟角当中。类似地，定义 λ_S 为由春分点 γ 起算的太阳在黄道上运行的真经度，即 $\lambda_S = \widehat{\gamma S}$，此外由式(3-1-4)和式(3-1-6)得 $\widehat{\gamma X_1} = 15°t + h - 180° + \psi$，代入式(3-1-5)，那么，与太阳引力相对应的平衡潮二阶展开为

$$\bar{\eta}_{2S} = \frac{3}{4}\frac{S}{E}\frac{a^4}{\bar{D}_S^3}\left[\frac{1}{2} - \frac{3}{2}\sin^2(\varphi)\right]\left(\frac{\bar{D}_S}{D_S}\right)^3\left[\frac{2}{3} - \sin^2(\omega)\right]$$

$$+\frac{3}{4}\frac{S}{E}\frac{a^4}{\overline{D}_S^3}\left[\frac{1}{2}-\frac{3}{2}\sin^2(\varphi)\right]\left(\frac{\overline{D}_S}{D_S}\right)^3\sin^2(\omega)\cos(2\lambda_S)$$

$$+\frac{3}{4}\frac{S}{E}\frac{a^4}{\overline{D}_S^3}\sin(2\varphi)\left(\frac{\overline{D}_S}{D_S}\right)^3\sin(\omega)\cos^2\left(\frac{\omega}{2}\right)\cos[15°t-(2\lambda_S-h+90°)+\psi]$$

$$+\frac{3}{4}\frac{S}{E}\frac{a^4}{\overline{D}_S^3}\sin(2\varphi)\left(\frac{\overline{D}_S}{D_S}\right)^3\sin(\omega)\sin^2\left(\frac{\omega}{2}\right)\cos[15°t-(-2\lambda_S-h-90°)+\psi]$$

$$+\frac{3}{4}\frac{S}{E}\frac{a^4}{\overline{D}_S^3}\sin(2\varphi)\left(\frac{\overline{D}_S}{D_S}\right)^3\frac{1}{2}\sin(2\omega)\cos[15°t-(-h-90°)+\psi]$$

$$+\frac{3}{4}\frac{S}{E}\frac{a^4}{\overline{D}_S^3}\cos^2(\varphi)\left(\frac{\overline{D}_S}{D_S}\right)^3\cos^4\left(\frac{\omega}{2}\right)\cos[30°t-(2\lambda_S-2h)+2\psi]$$

$$+\frac{3}{4}\frac{S}{E}\frac{a^4}{\overline{D}_S^3}\cos^2(\varphi)\left(\frac{\overline{D}_S}{D_S}\right)^3\sin^4\left(\frac{\omega}{2}\right)\cos[30°t-(-2\lambda_S-2h)+2\psi]$$

$$+\frac{3}{4}\frac{S}{E}\frac{a^4}{\overline{D}_S^3}\cos^2(\varphi)\left(\frac{\overline{D}_S}{D_S}\right)^3\frac{\sin^2(\omega)}{2}\cos[30°t-(-2h)+2\psi]$$

与太阳辐射相对应的平衡潮二阶展开为

$$\overline{\eta}_{辐}=\frac{3}{4}\frac{S}{E}\frac{a^4}{\overline{D}_S^3}0.101\cos^2(\varphi)\cos^4\left(\frac{\omega}{2}\right)\cos(30°t-112°+2\psi)$$

其中长周期项是短期资料无法分辨的，故不能考虑；正比于 $\sin^4\left(\frac{I}{2}\right)$ 的项只有最大项的 0.2%，故略去。这样剩下了 5 项。对于太阳引潮力也有相应的 5 项。此外，辐射潮 S_2 也有一定量值。至于引潮力中与地月或日地距离 4 次方以上有关的次要项，由于它们很小，我们也将其略去。这样，剩下的总共有 11 项。根据各子分潮中包含的主要调和分潮的频率，我们将它们合并为 K_1、O_1、M_2 和 S_2 这 4 个准调和分潮。

下面来看一下合并的方法。对于某一分潮族(例如，K_1 分潮族)平衡潮水位

$$\overline{\eta}(\psi,\ \varphi,\ t)=\sum_i f_i\frac{G}{g}G_1^i(\varphi)\overline{H}_i'\cos(\sigma_i t+V_{0_i}+u_i+n_1^i\psi)$$

由于是同一分潮族，因此具有相同的纬度因子，设 $G_1^i(\varphi)=G_1^1(\varphi)$ 和 $n_1^i=n_1^1$，于是

$$\overline{\eta}(\psi,\ \varphi,\ t)=\frac{G}{g}G_1^1(\varphi)\sum_i f_i\overline{H}_i'\cos(\sigma_i t+V_{0_i}+u_i+n_1^1\psi)$$

引入准调和分潮的潮龄 A，在我国海域通常取 48 h。假设用下标 1 代表该分潮族中的主要分潮(例如，K_1 分潮)，我们需要将该族中的其他分潮合并到第 1 个分潮中，首先推导 $(t-A)$ 时刻分潮族合并后的平衡潮：

$$
\begin{aligned}
&\overline{\eta}(\psi,\ \varphi,\ t-A)\\
&=\frac{G}{g}G_1^1(\varphi)\sum_i f_i\overline{H}'_i\cos[\sigma_i(t-A)+V_{0_i}+u_i+n_1^1\psi]\\
&=\frac{G}{g}G_1^1(\varphi)\sum_i f_i\overline{H}'_i\cos[n_1^1\,15°(t-A)+n_1^1\psi-(n_1^1\,15°-\sigma_i)(t-A)+(V_{0_i}+u_i)]\\
&=\frac{G}{g}G_1^1(\varphi)\cos[n_1^1\,15°(t-A)+n_1^1\psi]\sum_i f_i\overline{H}'_i\cos[(n_1^1\,15°-\sigma_i)(t-A)-(V_{0_i}+u_i)]\\
&\quad+\frac{G}{g}G_1^1(\varphi)\sin[n_1^1\,15°(t-A)+n_1^1\psi]\sum_i f_i\overline{H}'_i\sin[(n_1^1\,15°-\sigma_i)(t-A)-(V_{0_i}+u_i)]
\end{aligned}
$$

如果定义

$$
\begin{cases}
W_{t-A}\cos(w_{t-A})=\sum_i f_i\overline{H}'_i\cos[(n_1^1\,15°-\sigma_i)(t-A)-(V_{0_i}+u_i)]\\
W_{t-A}\sin(w_{t-A})=\sum_i f_i\overline{H}'_i\sin[(n_1^1\,15°-\sigma_i)(t-A)-(V_{0_i}+u_i)]
\end{cases}
$$

则上式变为

$$
\begin{aligned}
&\overline{\eta}(\psi,\ \varphi,\ t-A)\\
&=\frac{G}{g}G_1^1(\varphi)\sum_i f_i\overline{H}'_i\cos[\sigma_i(t-A)+V_{0_i}+u_i+n_1^1\psi]\\
&=\frac{G}{g}G_1^1(\varphi)W_{t-A}\cos[n_1^1\,15°(t-A)+n_1^1\psi-w_{t-A}]
\end{aligned}
$$

下面就要计算 W_{t-A} 和 w_{t-A}，由达尔文展开式和上面的推导可见：

$$
\begin{cases}
W_{O_1}=\left(\dfrac{\overline{D}}{D}\right)^3\sin(I)\cos^2\left(\dfrac{I}{2}\right) & w_{O_1}=2\lambda-h+\nu-2\xi+90°\\
W_{K_{1a}}=\left(\dfrac{\overline{D}}{D}\right)^3\dfrac{\sin(2I)}{2} & w_{K_{1a}}=-h+\nu-90°\\
W_{K_{1b}}=\left(\dfrac{\overline{D}}{D}\right)^3\sin(I)\sin^2\left(\dfrac{I}{2}\right) & w_{K_{1b}}=-2\lambda-h+\nu+2\xi-90°\\
W_{K_{1c}}=\dfrac{S}{M}\left(\dfrac{\overline{D}}{\overline{D}_S}\right)^3\left(\dfrac{\overline{D}_S}{D_S}\right)^3\sin(\omega)\cos^2\left(\dfrac{\omega}{2}\right) & w_{K_{1c}}=2\lambda_S-h+90°\\
W_{K_{1d}}=\dfrac{S}{M}\left(\dfrac{\overline{D}}{\overline{D}_S}\right)^3\left(\dfrac{\overline{D}_S}{D_S}\right)^3\dfrac{\sin(2\omega)}{2} & w_{K_{1d}}=-h-90°\\
W_{K_{1e}}=\dfrac{S}{M}\left(\dfrac{\overline{D}}{\overline{D}_S}\right)^3\left(\dfrac{\overline{D}_S}{D_S}\right)^3\sin(\omega)\sin^2\left(\dfrac{\omega}{2}\right) & w_{K_{1e}}=-2\lambda_S-h-90°\\
W_{M_2}=\left(\dfrac{\overline{D}}{D}\right)^3\cos^4\left(\dfrac{I}{2}\right) & w_{M_2}=2\lambda-2h+2\nu-2\xi
\end{cases}
$$

$$
\begin{cases}
W_{S_{2a}} = \left(\dfrac{\overline{D}}{D}\right)^3 \dfrac{\sin^2(I)}{2} & w_{S_{2a}} = -2h + 2\nu \\
W_{S_{2b}} = \dfrac{S}{M}\left(\dfrac{\overline{D}}{\overline{D}_S}\right)^3 \left(\dfrac{\overline{D}_S}{D_S}\right)^3 \cos^4\left(\dfrac{\omega}{2}\right) & w_{S_{2b}} = 2\lambda_S - 2h \\
W_{S_{2c}} = \dfrac{S}{M}\left(\dfrac{\overline{D}}{\overline{D}_S}\right)^3 \left(\dfrac{\overline{D}_S}{D_S}\right)^3 \dfrac{\sin^2(\omega)}{2} & w_{S_{2c}} = -2h \\
W_{S_{2d}} = 0.101\dfrac{S}{M}\left(\dfrac{\overline{D}}{\overline{D}_S}\right)^3 \cos^4\left(\dfrac{\omega}{2}\right) & w_{S_{2d}} = 112^\circ
\end{cases}
$$

上述计算中使用的各个量的计算公式如下：

$$
\begin{cases}
\lambda_S = h + 1^\circ.92\sin(h - p_S) + 0^\circ.02\sin(2h - 2p_S) + \cdots \\
\dfrac{\overline{D}_S}{D_S} = 1 + 0.016\,750\cos(h - p_S) + 0.000\,281\cos(2h - 2p_S) + \cdots \\
\lambda = s + 6^\circ.29\sin(s - p_S) + 0^\circ.22\sin(2s - 2p_S) \\
\qquad + 1^\circ.17\sin(s - 2h + p) + 0^\circ.62\sin(2s - 2h) + \cdots \\
\dfrac{\overline{D}}{D} = 1 + 0.050\,4\cos(s - p) + 0.003\,0\cos(2s - 2p) \\
\qquad + 0.009\,3\cos(s - 2h + p) + 0.007\,8\cos(2s - 2h) + \cdots \\
I = \arccos[\cos(\omega)\cos(i) - \sin(\omega)\sin(i)\cos(N')] = \arccos[0.913\,69 - 0.035\,69\cos(N')] \\
\nu = \arcsin\left[\dfrac{\sin(i)\sin(N')}{\sin(I)}\right] = \arcsin\left[0.089\,68\dfrac{\sin(N')}{\sin(I)}\right] \\
\xi = \arcsin\left[\cos(\omega)\sin(\nu) - \sin(\omega)\tan\left(\dfrac{i}{2}\right)\cos(N')\sin(\nu)\right] \\
\quad = \arcsin[0.917\,39\sin(\nu) - 0.017\,88\cos(N')\sin(\nu)]
\end{cases}
$$

需要注意的是，在计算天文变量时，需要考虑准调和分潮的潮龄 A，从而采用如下公式

$$
\begin{cases}
s = 277^\circ.025 + 129^\circ.384\,81(Y - 1\,900) + 13^\circ.176\,40\left(D_1 + L + \dfrac{t - A}{24}\right) \\
h = 280^\circ.190 - 0^\circ.238\,72(Y - 1\,900) + 0^\circ.985\,65\left(D_1 + L + \dfrac{t - A}{24}\right) \\
p = 334^\circ.385 + 40^\circ.662\,49(Y - 1\,900) + 0^\circ.111\,40\left(D_1 + L + \dfrac{t - A}{24}\right) \\
p_s = 281^\circ.221 + 0^\circ.017\,18(Y - 1\,900) + 0^\circ.000\,047\left(D_1 + L + \dfrac{t - A}{24}\right) \\
-N' \equiv N = 259^\circ.157 - 19^\circ.328\,18(Y - 1\,900) - 0^\circ.052\,95\left(D_1 + L + \dfrac{t - A}{24}\right)
\end{cases}
$$

进一步地，与 K_1 有关的项进行合并，与 S_2 有关的项也进行合并，于是有

$$\begin{cases} W_{K_1}\cos(w_{K_1}) = \sum\limits_{\kappa=a,\ b,\ c,\ d,\ e} W_{K_{1\kappa}}\cos(w_{K_{1\kappa}}) \\ W_{K_1}\sin(w_{K_1}) = \sum\limits_{\kappa=a,\ b,\ c,\ d,\ e} W_{K_{1\kappa}}\sin(w_{K_{1\kappa}}) \end{cases} \text{和} \begin{cases} W_{S_2}\cos(w_{S_2}) = \sum\limits_{\kappa=a,\ b,\ c,\ d} W_{S_{2\kappa}}\cos(w_{S_{2\kappa}}) \\ W_{S_2}\sin(w_{S_2}) = \sum\limits_{\kappa=a,\ b,\ c,\ d} W_{S_{2\kappa}}\sin(w_{S_{2\kappa}}) \end{cases}$$

对于某一分潮族(例如，K_1 分潮族)的实际水位，

$$\begin{aligned} \eta(t) &= \sum_i f_i H_i \cos(\sigma_i t + V_{0_i} + u_i - g_i) \\ &= \sum_i f_i H_i \cos[n_1^1\,15°t - (n_1^1\,15° - \sigma_1)A - g_1 - (n_1^1\,15° - \sigma_i)(t - A) \\ &\quad + (V_{0_i} + u_i) - (g_i - g_1) + (\sigma_i - \sigma_1)A] \end{aligned}$$

其中，H_i 和 g_i 分别为第 i 个分潮的振幅和迟角。如果引入如下关系

$$\begin{cases} \dfrac{H_i}{H_1} \approx \dfrac{\overline{H}_i}{\overline{H}_1} = \dfrac{\overline{H}'_i}{\overline{H}'_1} \\ g_i - g_1 \approx (\sigma_i - \sigma_1)A \end{cases}$$

则有

$$\begin{aligned} \eta(t) &= \sum_i f_i H_i \cos(\sigma_i t + V_{0_i} + u_i - g_i) \\ &= \sum_i f_i H_i \cos[n_1^1\,15°t - (n_1^1\,15° - \sigma_1)A - g_1 - (n_1^1\,15° - \sigma_i)(t - A) \\ &\quad + (V_{0_i} + u_i) - (g_i - g_1) + (\sigma_i - \sigma_1)A] \\ &\approx \frac{H_1}{\overline{H}'_1}\sum_i f_i \overline{H}'_i \cos[n_1^1\,15°t - (n_1^1\,15° - \sigma_1)A - g_1 - (n_1^1\,15° - \sigma_i)(t - A) \\ &\quad + (V_{0_i} + u_i) - (\sigma_i - \sigma_1)A + (\sigma_i - \sigma_1)A] \\ &= \frac{H_1}{\overline{H}'_1}\sum_i f_i \overline{H}'_i \cos[n_1^1\,15°t - (n_1^1\,15° - \sigma_1)A - g_1 - (n_1^1\,15° - \sigma_i)(t - A) + (V_{0_i} + u_i)] \\ &= \frac{H_1}{\overline{H}'_1}\cos[n_1^1\,15°t - (n_1^1\,15° - \sigma_1)A - g_1]\sum_i f_i \overline{H}'_i \cos[(n_1^1\,15° - \sigma_i)(t - A) - (V_{0_i} + u_i)] \\ &\quad + \frac{H_1}{\overline{H}'_1}\sin[n_1^1\,15°t - (n_1^1\,15° - \sigma_1)A - g_1]\sum_i f_i \overline{H}'_i \sin[(n_1^1\,15° - \sigma_i)(t - A) - (V_{0_i} + u_i)] \\ &= \frac{W_{t-A}}{\overline{H}'_1} H_1 \cos[n_1^1\,15°t - (n_1^1\,15° - \sigma_1)A - w_{t-A} - g_1] \end{aligned}$$

进一步定义准调和分潮的振幅系数 D 和迟角订正 d：

$$\begin{cases} D = \dfrac{W_{t-A}}{\overline{H}'_1} \\ d = w_{t-A} + (n_1^1\,15° - \sigma_1)A \end{cases}$$

则有

$$\eta(t) = \sum_i f_i H_i \cos(\sigma_i t + V_{0_i} + u_i - g_i) = DH_1 \cos(n_1^1 15°t - d - g_1)$$

依据上述公式推导，各个分潮的 D 和 d 公式如下：

$$\begin{cases} D_{O_1} = W_{O_1}/\overline{H}'_{O_1} = 2.6529W_{O_1} \\ d_{O_1} = w_{O_1} + (15° - \sigma_{O_1})A = w_{O_1} + 1°.0570A \end{cases}$$

$$\begin{cases} D_{K_1} = W_{K_1}/\overline{H}'_{K_1} = 1.8864W_{K_1} \\ d_{K_1} = w_{K_1} + (15° - \sigma_{K_1})A = w_{K_1} - 0°.0411A \end{cases}$$

$$\begin{cases} D_{M_2} = W_{M_2}/\overline{H}'_{M_2} = 1.1012W_{M_2} \\ d_{M_2} = w_{M_2} + (30° - \sigma_{M_2})A = w_{M_2} + 1°.0159A \end{cases}$$

$$\begin{cases} D_{S_2} = W_{S_2}/(0.967\overline{H}'_{S_2}) = 2.4478W_{S_2} \\ d_{S_2} = w_{S_2} + (30° - \sigma_{S_2})A - 5°.6 = w_{S_2} - 5°.6 \end{cases}$$

对于浅水效应明显的海域，进行潮汐分析时需计算浅水分潮。对于周日或多周日分析时，只考虑 1/4 日分潮即可。由合并后的 M_2 和 S_2 得

$$\begin{aligned}
&[D_{M_2} H_{M_2} \cos(30°t - d_{M_2} - g_{M_2}) + D_{S_2} H_{S_2} \cos(30°t - d_{S_2} - g_{S_2})]^2 \\
&= \frac{1}{2} D_{M_2}^2 H_{M_2}^2 + \frac{1}{2} D_{S_2}^2 H_{S_2}^2 \\
&\quad + \frac{1}{2} D_{M_2}^2 H_{M_2}^2 \cos(60°t - 2d_{M_2} - 2g_{M_2}) + \frac{1}{2} D_{S_2}^2 H_{S_2}^2 \cos(60°t - 2d_{S_2} - 2g_{S_2}) \\
&\quad + D_{M_2} D_{S_2} H_{M_2} H_{S_2} \cos[60°t - (d_{M_2} + d_{S_2}) - (g_{M_2} + g_{S_2})] \\
&\quad + D_{M_2} D_{S_2} H_{M_2} H_{S_2} \cos[(d_{M_2} - d_{S_2}) + (g_{M_2} - g_{S_2})] \\
&= \frac{1}{2} D_{M_2}^2 H_{M_2}^2 + \frac{1}{2} D_{S_2}^2 H_{S_2}^2 \\
&\quad + D_{M_4} H_{M_4} \cos(60°t - d_{M_4} - g_{M_4}) + D_{S_4} H_{S_4} \cos(60°t - d_{S_4} - g_{S_4}) \\
&\quad + D_{MS_4} H_{MS_4} \cos(60°t - d_{MS_4} - g_{MS_4}) + D_{MS_f} H_{MS_f} \cos(d_{MS_f} + g_{MS_f})
\end{aligned}$$

于是浅水分潮的 D 和 d 为

$$\begin{cases} D_{M_4} = D_{M_2}^2 \\ H_{M_4} = \frac{1}{2} H_{M_2}^2 \\ d_{M_4} = 2d_{M_2} \\ g_{M_4} = 2g_{M_2} \end{cases} \qquad \begin{cases} D_{S_4} = D_{S_2}^2 \\ H_{S_4} = \frac{1}{2} H_{S_2}^2 \\ d_{S_4} = 2d_{S_2} \\ g_{S_4} = 2g_{S_2} \end{cases}$$

$$\begin{cases} D_{MS_4} = D_{M_2} D_{S_2} \\ H_{MS_4} = H_{M_2} H_{S_2} \\ d_{MS_4} = d_{M_2} + d_{S_2} \\ g_{MS_4} = g_{M_2} + g_{S_2} \end{cases} \quad \begin{cases} D_{MS_f} = D_{M_2} D_{S_2} \\ H_{MS_f} = H_{M_2} H_{S_2} \\ d_{MS_f} = d_{M_2} - d_{S_2} \\ g_{MS_f} = g_{M_2} - g_{S_2} \end{cases}$$

MS_f 属于长周期分潮，无法用短期资料分析出来，故舍去。另外，S_4 分潮很小，可以进一步合并到 MS_4 分潮中，即

$$\begin{aligned} & D_{MS_4} H_{MS_4} \cos(60°t - d_{MS_4} - g_{MS_4}) + D_{S_4} H_{S_4} \cos(60°t - d_{S_4} - g_{S_4}) \\ &= D_{M_2} D_{S_2} H_{M_2} H_{S_2} \cos[60°t - (d_{M_2} + d_{S_2}) - (g_{M_2} + g_{S_2})] + \frac{1}{2} D_{S_2}^2 H_{S_2}^2 \cos(60°t - 2d_{S_2} - 2g_{S_2}) \\ &= H_{M_2} H_{S_2} \left\{ D_{M_2} D_{S_2} \cos[60°t - (d_{M_2} + d_{S_2}) - (g_{M_2} + g_{S_2})] + D_{S_2}^2 \frac{H_{S_2}}{2H_{M_2}} \cos(60°t - 2d_{S_2} - 2g_{S_2}) \right\} \\ &= H_{M_2} H_{S_2} \left\{ D_{M_2} D_{S_2} \cos[60°t - (g_{M_2} + g_{S_2}) - (d_{M_2} + d_{S_2})] \right. \\ &\quad \left. + D_{S_2}^2 \frac{H_{S_2}}{2H_{M_2}} \cos[60°t - (g_{M_2} + g_{S_2}) - 2d_{S_2} - (g_{S_2} - g_{M_2})] \right\} \\ &= H_{M_2} H_{S_2} \cos[60°t - (g_{M_2} + g_{S_2})] \left\{ D_{M_2} D_{S_2} \cos(d_{M_2} + d_{S_2}) + D_{S_2}^2 \frac{H_{S_2}}{2H_{M_2}} \cos[2d_{S_2} + (g_{M_2} + g_{S_2})] \right\} \\ &\quad + H_{M_2} H_{S_2} \sin[60°t - (g_{M_2} + g_{S_2})] \left\{ D_{M_2} D_{S_2} \sin(d_{M_2} + d_{S_2}) + D_{S_2}^2 \frac{H_{S_2}}{2H_{M_2}} \sin[2d_{S_2} + (g_{M_2} + g_{S_2})] \right\} \\ &= \widetilde{D}_{MS_4} H_{MS_4} \cos[60°t - \widetilde{d}_{MS_4} - (g_{M_2} + g_{S_2})] = \widetilde{D}_{MS_4} H_{MS_4} \cos(60°t - \widetilde{d}_{MS_4} - g_{MS_4}) \end{aligned}$$

于是，MS_4 的 D 和 d 为

$$\begin{cases} \widetilde{D}_{MS_4} \cos(\widetilde{d}_{MS_4}) = D_{M_2} D_{S_2} \cos(d_{M_2} + d_{S_2}) + D_{S_2}^2 \dfrac{\overline{H}'_{S_2}}{2\overline{H}'_{M_2}} \cos[2d_{S_2} + (g_{S_2} - g_{M_2})] \\ \widetilde{D}_{MS_4} \sin(\widetilde{d}_{MS_4}) = D_{M_2} D_{S_2} \sin(d_{M_2} + d_{S_2}) + D_{S_2}^2 \dfrac{\overline{H}'_{S_2}}{2\overline{H}'_{M_2}} \sin[2d_{S_2} + (g_{S_2} - g_{M_2})] \end{cases}$$

上式中，对于中国海区有

$$\begin{cases} \dfrac{\overline{H}'_{S_2}}{2\overline{H}'_{M_2}} \approx 0.17 \\ g_{S_2} - g_{M_2} \approx 52° \end{cases}$$

7.4.2 准调和分析

根据瑞利准则，我们可以采用短期观测资料分析 O_1、K_1、M_2、S_2、M_4 和 MS_4 这 6 个分

潮。按照上节的准调和展开，假设 η_0 为平均水位，则水位可以展开为如下形式

$$\begin{aligned}\eta(t) = \eta_0 &+ D_{O_1}H_{O_1}\cos(15°t - d_{O_1} - g_{O_1})\\ &+ D_{K_1}H_{K_1}\cos(15°t - d_{K_1} - g_{K_1})\\ &+ D_{M_2}H_{M_2}\cos(30°t - d_{M_2} - g_{M_2})\\ &+ D_{S_2}H_{S_2}\cos(30°t - d_{S_2} - g_{S_2})\\ &+ D_{M_4}H_{M_4}\cos(60°t - d_{M_4} - g_{M_4})\\ &+ D_{MS_4}H_{MS_4}\cos(60°t - d_{MS_4} - g_{MS_4})\end{aligned}$$

为了让上述形式的回报水位尽量贴近短期观测结果，我们可以构建以平均水位和上述 6 个分潮的调和常数为控制变量的目标函数：

$$\begin{aligned}&J(\eta_0,\ H_1,\ g_1,\ \cdots,\ H_i,\ g_i,\ \cdots,\ H_M,\ g_M)\\ &= \frac{1}{2}\sum_{n=1}^{N}\left[\eta(t_n) - \eta_n^{\mathrm{obs}}\right]^2\\ &= \frac{1}{2}\sum_{n=1}^{N}\left[\eta_0 + \sum_{i=1}^{M}D_iH_i\cos(\sigma_it_n - d_i - g_i) - \eta_n^{\mathrm{obs}}\right]^2\end{aligned}$$

此处，$M = 6$。其中，O_1、K_1、M_2、S_2、M_4 和 MS_4 这 6 个分潮的 D_i 和 d_i 的计算公式如前所述。如果做如下定义

$$\begin{cases}A_i \equiv H_i\cos(g_i)\\ B_i \equiv H_i\sin(g_i)\end{cases} \text{和} \begin{cases}C_{ni} \equiv D_i\cos(\sigma_it_n - d_i)\\ S_{ni} \equiv D_i\sin(\sigma_it_n - d_i)\end{cases}$$

则目标函数转变为

$$J(\eta_0,\ A_1,\ B_1,\ \cdots,\ A_i,\ B_i,\ \cdots,\ A_M,\ B_M) = \frac{1}{2}\sum_{n=1}^{N}\left[\eta_0 + \sum_{i=1}^{M}A_iC_{ni} + \sum_{i=1}^{M}B_iS_{ni} - \eta_n^{\mathrm{obs}}\right]^2$$

让目标函数取极小值，需要求出上述目标函数的梯度，并令梯度为 0，从而得到如下代数方程组

$$\begin{cases}\eta_0N + \sum\limits_{i=1}^{M}A_i\sum\limits_{n=1}^{N}C_{ni} + \sum\limits_{i=1}^{M}B_i\sum\limits_{n=1}^{N}S_{ni} = \sum\limits_{n=1}^{N}\eta_n^{\mathrm{obs}}\\ \eta_0\sum\limits_{n=1}^{N}C_{nj} + \sum\limits_{i=1}^{M}A_i\sum\limits_{n=1}^{N}C_{ni}C_{nj} + \sum\limits_{i=1}^{M}B_i\sum\limits_{n=1}^{N}S_{ni}C_{nj} = \sum\limits_{n=1}^{N}\eta_n^{\mathrm{obs}}C_{nj} \quad (j = 1,\ 2,\ \cdots,\ M)\\ \eta_0\sum\limits_{n=1}^{N}S_{nj} + \sum\limits_{i=1}^{M}A_i\sum\limits_{n=1}^{N}C_{ni}S_{nj} + \sum\limits_{i=1}^{M}B_i\sum\limits_{n=1}^{N}S_{ni}S_{nj} = \sum\limits_{n=1}^{N}\eta_n^{\mathrm{obs}}S_{nj} \quad (j = 1,\ 2,\ \cdots,\ M)\end{cases}$$

采用高斯消元法求解上述方程组，得到 $(A_1,\ B_1,\ \cdots,\ A_i,\ B_i,\ \cdots,\ A_M,\ B_M)$，利用前述关系即可求得各主要分潮的初步的调和常数如下

$$\begin{cases}H_i = \sqrt{A_i^2 + B_i^2}\\ g_i = \arctan\left(\dfrac{B_i}{A_i}\right)\end{cases}$$

7.5 潮汐潮流的预报

利用 1 a 的潮汐资料，依据上述长期观测资料的调和分析方法计算得到的各分潮调和常数，可以按照下式进行潮汐预报

$$\eta(t)=\eta_0+\sum_{i=1}^{M}f_iH_i\cos(\sigma_it+V_{0_i}+u_i-g_i)$$

式中，M 为分潮数目，本书取 $M=170$ 个分潮，它包括长周期、全日周期、半日周期和更短周期的浅水分潮等各个分潮。η_0 是年平均海面或多年平均海面的高度。潮汐年分析得到的 η_0 是从资料的水尺零点起算的，预报时改为按工作要求的起算面起算。

利用一个月的潮汐资料，依据上述长期观测资料的调和分析方法计算得到的各分潮调和常数，可以按照下式进行潮汐预报：

$$\eta(t)=\eta_0+\sum_{P}f_PH_P\cos(\sigma_Pt+V_{0\ P}+u_P-g_P)+\sum_{i=4}^{M}f_iH_i\cos(\sigma_it+V_{0_i}+u_i-g_i)$$

式中，M 为分潮数目，本书取 $M=74$ 个分潮。等号右端第一项 η_0 本应是年平均海面，但在一个月的观测资料的调和分析中只能得到分析期间的月平均海面；等号右端第二项表示长周期分潮的影响，但在中期观测资料分析中无法得到 Sa 和 Ssa 等大于 1 个月的长周期分潮。因此，等号右端第一项和第二项需要分别采用附近长期验潮站的年平均海面和利用长周期分潮调和常数预报的长周期潮位来替代，且需要归算到水尺零点。此外，分析的 Mm 、MS_f 和 Mn 这些月和半月周期的分潮也不是很准确，因而舍弃不用，所以等号右端的第三项是对不包含 Mm 、MS_f 和 Mn 这 3 个分潮的其他分潮进行求和。

7.6 潮流的椭圆要素

与水位观测资料类似，我们也可以对海流观测资料进行调和分析，即将海流的东分量和北分量展开为余流和分潮潮流求和的形式

$$\begin{cases}u(t)=U_0+\sum_{i}f_iH_{U_i}\cos(\sigma_it+V_{0_i}+u_i-g_{U_i})\\ v(t)=V_0+\sum_{i}f_iH_{V_i}\cos(\sigma_it+V_{0_i}+u_i-g_{V_i})\end{cases}$$

式中，U_0 和 V_0 分别为余流的东分量和北分量，H_{U_i} 和 g_{U_i} 分别为第 i 个分潮潮流东分量的振幅和迟角，H_{V_i} 和 g_{V_i} 分别为第 i 个分潮潮流北分量的振幅和迟角。对于第 i 个分潮潮流的东分量和北分量，有

$$\begin{cases}u_i(t)=H_{U_i}\cos(\sigma_it+V_{0_i}+u_i-g_{U_i})\\ v_i(t)=H_{V_i}\cos(\sigma_it+V_{0_i}+u_i-g_{V_i})\end{cases}$$

单纯从潮流预报的角度来考虑，知道了各个分潮潮流东分量和北分量的调和常数就已经足够了，但是如果想了解该地点潮流变化的特征，那么调和常数就显得不大直观了。为此，我们可以研究分潮的东分量和北分量合成的流矢量随时间变化的特点。由潮波动力学和海流观测结果，我们知道同一地点各个时刻的分潮潮流矢量的末端构成椭圆形，我们称其为潮流椭圆。既然是椭圆，就包含了椭圆长半轴、椭圆短半轴、椭圆长轴的方向、最大或最小潮流发生时刻、流矢量末端在椭圆上的旋转方向等信息。本节就是要建立潮流东分量和北分量的调和常数与上述潮流椭圆信息之间的关系。

首先计算椭圆的长半轴和短半轴，为此先写出潮流流速的时间函数形式

$$W_i(t)=\sqrt{H_{U_i}^2\cos^2(\sigma_i t+V_{0_i}+u_i-g_{U_i})+H_{V_i}^2\cos^2(\sigma_i t+V_{0_i}+u_i-g_{V_i})}$$

椭圆的长半轴和短半轴对应着流速的最大值和最小值，为此需要计算流速随时间的导数：

$$\begin{aligned}\frac{\mathrm{d}W_i(t)}{\mathrm{d}t}&=\frac{-H_{U_i}^2\sin(2\sigma_i t+2V_{0_i}+2u_i-2g_{U_i})-H_{V_i}^2\sin(2\sigma_i t+2V_{0_i}+2u_i-2g_{V_i})}{2\sqrt{H_{U_i}^2\cos^2(\sigma_i t+V_{0_i}+u_i-g_{U_i})+H_{V_i}^2\cos^2(\sigma_i t+V_{0_i}+u_i-g_{V_i})}}\\&=\frac{-H_{U_i}^2\sin(2\sigma_i t+2V_{0_i}+2u_i)\cos(2g_{U_i})+H_{U_i}^2\cos(2\sigma_i t+2V_{0_i}+2u_i)\sin(2g_{U_i})}{2\sqrt{H_{U_i}^2\cos^2(\sigma_i t+V_{0_i}+u_i-g_{U_i})+H_{V_i}^2\cos^2(\sigma_i t+V_{0_i}+u_i-g_{V_i})}}\\&\quad+\frac{-H_{V_i}^2\sin(2\sigma_i t+2V_{0_i}+2u_i)\cos(2g_{V_i})+H_{V_i}^2\cos(2\sigma_i t+2V_{0_i}+2u_i)\sin(2g_{V_i})}{2\sqrt{H_{U_i}^2\cos^2(\sigma_i t+V_{0_i}+u_i-g_{U_i})+H_{V_i}^2\cos^2(\sigma_i t+V_{0_i}+u_i-g_{V_i})}}\\&=\frac{-\sin(2\sigma_i t+2V_{0_i}+2u_i)[H_{U_i}^2\cos(2g_{U_i})+H_{V_i}^2\cos(2g_{V_i})]}{2\sqrt{H_{U_i}^2\cos^2(\sigma_i t+V_{0_i}+u_i-g_{U_i})+H_{V_i}^2\cos^2(\sigma_i t+V_{0_i}+u_i-g_{V_i})}}\\&\quad+\frac{\cos(2\sigma_i t+2V_{0_i}+2u_i)[H_{U_i}^2\sin(2g_{U_i})+H_{V_i}^2\sin(2g_{V_i})]}{2\sqrt{H_{U_i}^2\cos^2(\sigma_i t+V_{0_i}+u_i-g_{U_i})+H_{V_i}^2\cos^2(\sigma_i t+V_{0_i}+u_i-g_{V_i})}}\end{aligned}$$

我们需要计算出流速最大值和最小值的发生时刻，代入公式才能计算出最大值和最小值，为此需要令导数为 0，于是得到最大值和最小值发生时刻为

$$\tau_i=\frac{1}{2\sigma_i}\arctan\left[\frac{H_{U_i}^2\sin(2g_{U_i})+H_{V_i}^2\sin(2g_{V_i})}{H_{U_i}^2\cos(2g_{U_i})+H_{V_i}^2\cos(2g_{V_i})}\right]-\frac{V_{0_i}+u_i}{\sigma_i}+n\frac{90^\circ}{\sigma_i}$$

注意流速公式可以改写为

$$\begin{aligned}W_i^2(\tau_i)&=H_{U_i}^2\cos^2(\sigma_i\tau_i+V_{0_i}+u_i-g_{U_i})+H_{V_i}^2\cos^2(\sigma_i\tau_i+V_{0_i}+u_i-g_{V_i})\\&=H_{U_i}^2\frac{\cos(2\sigma_i\tau_i+2V_{0_i}+2u_i-2g_{U_i})+1}{2}+H_{V_i}^2\frac{\cos(2\sigma_i\tau_i+2V_{0_i}+2u_i-2g_{V_i})+1}{2}\\&=\frac{H_{U_i}^2+H_{V_i}^2}{2}+\frac{1}{2}[H_{U_i}^2\cos(2\sigma_i\tau_i+2V_{0_i}+2u_i-2g_{U_i})+H_{V_i}^2\cos(2\sigma_i\tau_i+2V_{0_i}+2u_i-2g_{V_i})]\\&=\frac{H_{U_i}^2+H_{V_i}^2}{2}\end{aligned}$$

$$+\frac{1}{2}H_{U_i}^2[\cos(2\sigma_i\tau_i+2V_{0_i}+2u_i)\cos(2g_{U_i})+\sin(2\sigma_i\tau_i+2V_{0_i}+2u_i)\sin(2g_{U_i})]$$

$$+\frac{1}{2}H_{V_i}^2[\cos(2\sigma_i\tau_i+2V_{0_i}+2u_i)\cos(2g_{V_i})+\sin(2\sigma_i\tau_i+2V_{0_i}+2u_i)\sin(2g_{V_i})]$$

$$=\frac{H_{U_i}^2+H_{V_i}^2}{2}$$

$$+\frac{1}{2}\cos(2\sigma_i\tau_i+2V_{0_i}+2u_i)[H_{U_i}^2\cos(2g_{U_i})+H_{V_i}^2\cos(2g_{V_i})]$$

$$+\frac{1}{2}\sin(2\sigma_i\tau_i+2V_{0_i}+2u_i)[H_{U_i}^2\sin(2g_{U_i})+H_{V_i}^2\sin(2g_{V_i})]$$

将发生时刻代入 $(2\sigma_i\tau_i+2V_{0_i}+2u_i)$，得

$$2\sigma_i\tau_i+2V_{0_i}+2u_i=\arctan\left[\frac{H_{U_i}^2\sin(2g_{U_i})+H_{V_i}^2\sin(2g_{V_i})}{H_{U_i}^2\cos(2g_{U_i})+H_{V_i}^2\cos(2g_{V_i})}\right]+n180^\circ$$

定义

$$x\equiv\frac{H_{U_i}^2\sin(2g_{U_i})+H_{V_i}^2\sin(2g_{V_i})}{H_{U_i}^2\cos(2g_{U_i})+H_{V_i}^2\cos(2g_{V_i})}$$

并注意到如下公式:

$$\begin{cases}\cos[\arctan(x)]=\dfrac{1}{\sqrt{1+x^2}}\\[2ex]\sin[\arctan(x)]=\dfrac{x}{\sqrt{1+x^2}}\end{cases}$$

于是，有

$$W_i^2(\tau_i)=\frac{H_{U_i}^2+H_{V_i}^2}{2}$$

$$+\frac{1}{2}\cos(2\sigma_i\tau_i+2V_{0_i}+2u_i)[H_{U_i}^2\cos(2g_{U_i})+H_{V_i}^2\cos(2g_{V_i})]$$

$$+\frac{1}{2}\sin(2\sigma_i\tau_i+2V_{0_i}+2u_i)[H_{U_i}^2\sin(2g_{U_i})+H_{V_i}^2\sin(2g_{V_i})]$$

$$=\frac{H_{U_i}^2+H_{V_i}^2}{2}+\frac{1}{2}\{\cos[\arctan(x)+n180^\circ]+\sin[\arctan(x)+n180^\circ]x\}$$

$$\times[H_{U_i}^2\cos(2g_{U_i})+H_{V_i}^2\cos(2g_{V_i})]$$

$$=\frac{H_{U_i}^2+H_{V_i}^2}{2}+\frac{(-1)^n}{2}\{\cos[\arctan(x)]+\sin[\arctan(x)]x\}[H_{U_i}^2\cos(2g_{U_i})+H_{V_i}^2\cos(2g_{V_i})]$$

$$=\frac{H_{U_i}^2+H_{V_i}^2}{2}+\frac{(-1)^n}{2}\sqrt{1+x^2}[H_{U_i}^2\cos(2g_{U_i})+H_{V_i}^2\cos(2g_{V_i})]$$

$$= \frac{H_{U_i}^2 + H_{V_i}^2}{2} \pm \frac{1}{2}\sqrt{[H_{U_i}^2\cos(2g_{U_i}) + H_{V_i}^2\cos(2g_{V_i})]^2 + [H_{U_i}^2\sin(2g_{U_i}) + H_{V_i}^2\sin(2g_{V_i})]^2}$$

$$= \frac{H_{U_i}^2 + H_{V_i}^2}{2} \pm \frac{1}{2}\sqrt{H_{U_i}^4 + H_{V_i}^4 + 2H_{U_i}^2 H_{V_i}^2\cos(2g_{U_i} - 2g_{V_i})}$$

n 为偶数时对应最大流速，n 为奇数时对应最小流速。于是，可以由上式解出最大流速和最小流速分别为

$$\begin{cases} W_{i_{\max}} = \frac{1}{2}\sqrt{H_{U_i}^2 + H_{V_i}^2 - 2H_{U_i}H_{V_i}\sin(g_{U_i} - g_{V_i})} + \frac{1}{2}\sqrt{H_{U_i}^2 + H_{V_i}^2 + 2H_{U_i}H_{V_i}\sin(g_{U_i} - g_{V_i})} \\ W_{i_{\min}} = \frac{1}{2}\sqrt{H_{U_i}^2 + H_{V_i}^2 - 2H_{U_i}H_{V_i}\sin(g_{U_i} - g_{V_i})} - \frac{1}{2}\sqrt{H_{U_i}^2 + H_{V_i}^2 + 2H_{U_i}H_{V_i}\sin(g_{U_i} - g_{V_i})} \end{cases}$$

注意，此处最小潮流 $W_{i_{\min}}$ 的数值可正可负，取决于潮流东分量和北分量之间的迟角差 $(g_{U_i} - g_{V_i})$：如果 $0° < g_{U_i} - g_{V_i} < 180°$，则 $W_{i_{\min}} < 0$；如果 $180° < g_{U_i} - g_{V_i} < 360°$，则 $W_{i_{\min}} > 0$；如果 $g_{U_i} = g_{V_i} + n\,180°$，则 $W_{i_{\min}} = 0$。于是，椭圆长半轴和椭圆短半轴则为

$$\begin{cases} W_{i_L} = W_{i_{\max}} \\ W_{i_S} = | W_{i_{\min}} | \end{cases}$$

定义海流的流向向北为0°，顺时针为正，即向东为90°，向南为180°，向西为270°。下面，我们要计算椭圆长半轴(即最大流速)的方向，先写出潮流流向的时间函数形式：

$$\theta_i(t) = \arctan\left[\frac{H_{U_i}\cos(\sigma_i t + V_{0_i} + u_i - g_{U_i})}{H_{V_i}\cos(\sigma_i t + V_{0_i} + u_i - g_{V_i})}\right]$$

将最大潮流发生时刻 τ_i 代入上式，即可得到最大潮流的方向

$$\theta_i(\tau_i) = \arctan\left[\frac{H_{U_i}\cos(\sigma_i \tau_i + V_{0_i} + u_i - g_{U_i})}{H_{V_i}\cos(\sigma_i \tau_i + V_{0_i} + u_i - g_{V_i})}\right]$$

我们还可以计算潮流矢量的旋转方向，只需要将流向对时间求导数即可，导数大于0表示顺时针流动，导数小于0表示逆时针流动。注意如下公式

$$\frac{\mathrm{d}\arctan(x)}{\mathrm{d}x} = \frac{1}{1 + x^2}$$

于是，套用上述公式，可以计算潮流流向对时间的导数

$$\frac{\mathrm{d}\theta_i(t)}{\mathrm{d}t} = \frac{\sigma_i H_{U\ i} H_{V\ i}\sin(g_{U_i} - g_{V_i})}{H_{U_i}^2\cos^2(\sigma_i t + V_{0_i} + u_i - g_{U_i}) + H_{V_i}^2\cos^2(\sigma_i t + V_{0_i} + u_i - g_{V_i})}$$

可以看到，上式分母永远非负，旋转方向仅取决于分子的潮流东分量和北分量之间的迟角差 $(g_{U_i} - g_{V_i})$：如果 $0° < g_{U_i} - g_{V_i} < 180°$，则 $\frac{\mathrm{d}\theta_i(t)}{\mathrm{d}t} > 0$，就是顺时针流动，习惯上记为(-)；如果 $180° < g_{U_i} - g_{V_i} < 360°$，则 $\frac{\mathrm{d}\theta_i(t)}{\mathrm{d}t} < 0$，就是逆时针流动，习惯上记为

(+)；如果 $g_{U_i} = g_{V_i} + n\,180°$，则 $\frac{\mathrm{d}\theta_i(t)}{\mathrm{d}t} = 0$，就是往复流动。于是总结起来就是

$$\frac{\mathrm{d}\theta_i(t)}{\mathrm{d}t}\begin{cases} > 0 & \text{顺时针旋转，记为}(-) & 0° < g_{U_i} - g_{V_i} < 180° \\ = 0 & \text{往复流} & g_{U_i} - g_{V_i} = n\,180° \\ < 0 & \text{逆时针旋转，记为}(+) & 180° < g_{U_i} - g_{V_i} < 360° \end{cases}$$

注意到上述最小潮流 $W_{i_{\min}}$ 的正负，也取决于潮流东分量和北分量之间的迟角差（$g_{U_i} - g_{V_i}$），于是，与上述旋转方向相结合，我们可以定义潮流矢量的旋转率为

$$K_i \equiv \frac{W_{i_{\min}}}{W_{i_{\max}}}\begin{cases} < 0 & \text{顺时针旋转} & 0° < g_{U_i} - g_{V_i} < 180° \\ = 0 & \text{往复流} & g_{U_i} - g_{V_i} = n\,180° \\ < 0 & \text{逆时针旋转} & 180° < g_{U_i} - g_{V_i} < 360° \end{cases}$$

上面介绍的第 i 个分潮的最大潮流流速 W_{i_L}、发生时刻 τ_i、发生方向 $\theta_i(\tau_i)$ 和旋转率 K_i，统称为第 i 个分潮的潮流椭圆要素。采用坐标轴转换的方法，我们也可以利用上述潮流椭圆要素计算潮流东分量和北分量的调和常数，此处不再进行详细的推导过程，而是直接给出转换的关系式

$$\begin{cases} H_{U_i}\cos(g_{U_i}) = W_{i_L}\cos(\sigma_i\tau_i)\sin[\theta_i(\tau_i)] + K_i W_{i_L}\sin(\sigma_i\tau_i)\cos[\theta_i(\tau_i)] \\ H_{U_i}\sin(g_{U_i}) = W_{i_L}\sin(\sigma_i\tau_i)\sin[\theta_i(\tau_i)] - K_i W_{i_L}\cos(\sigma_i\tau_i)\cos[\theta_i(\tau_i)] \\ H_{V_i}\cos(g_{V_i}) = W_{i_L}\cos(\sigma_i\tau_i)\cos[\theta_i(\tau_i)] - K_i W_{i_L}\sin(\sigma_i\tau_i)\sin[\theta_i(\tau_i)] \\ H_{V_i}\sin(g_{V_i}) = W_{i_L}\sin(\sigma_i\tau_i)\cos[\theta_i(\tau_i)] + K_i W_{i_L}\cos(\sigma_i\tau_i)\sin[\theta_i(\tau_i)] \end{cases}$$

第 8 章　卫星测高资料的潮波信息提取

8.1　正压潮信息提取

验潮站水位资料采样间隔小，在积累了相当长一段时间的水位资料之后，可以采用本章前面所介绍的调和分析方法，提取出验潮站所在地点相当完整的分潮潮汐信息。但是，验潮站只能观测沿岸的水位，难以进行大面观测，而在第 1 章中，我们还提到了卫星高度计的水位观测资料，由于其覆盖面广，现已成为水位观测的有益补充。卫星高度计采样间隔大，能提取的分潮信息较少，但人类目前已经积累了覆盖世界大洋的相当长时间的卫星高度计水位资料，采用调和分析方法，能够计算出世界大洋的前十几个主要分潮的较为准确的潮汐信息。

以 TOPEX/Poseidon 卫星高度计资料为例，假如我们有 10 a 的 TOPEX/Poseidon 卫星高度计观测资料，我们首先要确定这么长时间的观测序列能够将哪些分潮的调和常数分析出来呢？该卫星的轨道重复周期为 9. 915 6 d，也就是说，该卫星对于某一地点进行一次观测后，要再过 9. 915 6 d 才能对该地点进行下一次观测，这期间显然已经经历了大约 19 个半日潮周期，或者大约 9 个全日潮周期了。我们以 M_2 分潮和 K_1 分潮为例，先计算一下多长时间的 TOPEX/Poseidon 卫星高度计资料可以将这两个主要分潮区分开来。根据附录 4 的谱分析知识，可以先计算奈奎斯特(Nyquist)频率(或称截止频率) f_N，由采样间隔得

$$\frac{360^\circ}{\Delta t} = \frac{360^\circ}{9.\,915\,6(\mathrm{d}) \times 24(\mathrm{h/d})} = 1^\circ.\,512\,767\,759\,893\,501/\mathrm{h}$$

因此，奈奎斯特频率为

$$f_N = \frac{360^\circ}{2\Delta t} = 0^\circ.\,756\,383\,879\,946\,750\,5/\mathrm{h}$$

对于 M_2 分潮(角频率为 $28^\circ.\,984\,104\,22/\mathrm{h}$)，如果取 $m = 19$，则

$$\begin{aligned} &28^\circ.\,984\,104\,22/\mathrm{h} - 19 \times 1^\circ.\,512\,767\,759\,893\,501/\mathrm{h} \\ &= 0^\circ.\,241\,516\,782\,023\,478\,2/\mathrm{h} < f_N \end{aligned}$$

所以与 Δt 采样间隔相对应的 M_2 分潮的混淆频率为

$$f_{\Delta_{M_2}} = 0^\circ.\,241\,516\,782\,023\,478\,2/\mathrm{h}$$

对于 K_1 分潮(角频率为 15°.041 068 64/h)，如果取 $m=9$，则

$$15°.041\ 068\ 64/\text{h} - 9 \times 1°.512\ 767\ 759\ 893\ 501/\text{h} = 1°.426\ 158\ 800\ 958\ 49/\text{h}$$

考虑到 $1°.426\ 158\ 800\ 958\ 49/\text{h} > f_N$，需要进一步计算

$$2f_N - 1°.426\ 158\ 800\ 958\ 49/\text{h} = 0°.086\ 608\ 958\ 935\ 011\ 3/\text{h} < f_N$$

所以与 Δt 采样间隔相对应的 K_1 分潮的混淆频率为

$$f_{\Delta_{K_1}} = 0°.086\ 608\ 958\ 935\ 011\ 3/\text{h}$$

最后根据瑞利准则

$$L \geqslant \frac{360°}{|f_{\Delta_{M_2}} - f_{\Delta_{K_1}}|} = \frac{360°}{0°.241\ 516\ 782\ 023\ 478\ 2/\text{h} - 0°.086\ 608\ 958\ 935\ 011\ 3/\text{h}}$$
$$\approx 2\ 323.962\ 681\ 951\ 875(\text{h}) \approx 96.8(\text{d})$$

因此需要 96.8 d 的 TOPEX/Poseidon 卫星高度计水位资料才能够将 M_2 分潮和 K_1 分潮区分开。依据同样道理，还可以两两计算其他分潮。表 8-1-1 给出了两两区分 15 个主要分潮所需的卫星高度计水位资料的最短时间长度。

由表 8-11 可见，采用 10 a 的 TOPEX/Poseidon 卫星高度计水位资料足以区分这 15 个主要分潮。于是，可以采用前述的调和分析方法，选取这 15 个分潮进行调和分析，图 8-1-1 和图 8-1-2 分别给出了基于该资料获得的相对于东八区时系统的全球 M_2 分潮和 K_1 分潮调和常数分布。实色线为等迟角线，即迟角相等的点所连成的线，它表示该分潮同时达到高潮的线，是潮波的波峰线，因此也被称为同潮时线，线上标数的单位为“°”，迟角越大表示越落后，因此迟角增大的方向也就代表着潮波的传播方向。虚色线为等振幅线，即振幅相等的点所连成的线，线上标数的单位为“cm”。等迟角线会在某个点处汇集，而在这个点上振幅为 0，该点被称为无潮点，振幅向外逐渐增大。需要指出的是，绘制这张图时，使用了平滑滤波，否则在某些海域的等振幅线和等迟角线上会存在小尺度的抖动，在本书的后面将会看到，这些小尺度的抖动并非全是噪声，而是包含了大量的内潮信号，使用平面波拟合技术，我们还可以将这部分内潮信息提取出来。

表 8-1-1 区分 15 个主要分潮所需 TOPEX/Poseidon 卫星水位资料最短时长

单位：d

	M_2	S_2	N_2	K_2	K_1	O_1	P_1	Q_1	Ssa	Sa	M_f	Mm	M_4	M_6	MS_4
M_2	62.1	1084.0	244.5	219.6	96.8	173.2	206.1	593.7	94.1	74.8	86.6	49.5	62.1	31.1	65.9
S_2	/	58.7	315.8	182.6	88.9	206.1	173.2	383.6	86.6	70.0	94.1	51.9	65.9	32.0	62.1
N_2	/	/	49.5	115.7	69.4	593.7	111.8	173.2	68.0	57.3	134.1	62.1	83.3	35.6	51.9
K_2	/	/	/	86.6	173.2	96.8	3352.9	348.6	164.7	113.5	62.1	40.4	48.4	27.2	94.1
K_1	/	/	/	/	173.2	62.1	182.6	115.7	3353.4	329.4	45.7	32.8	37.8	23.5	206.1
O_1	/	/	/	/	/	45.7	94.1	134.1	61.0	52.3	173.2	69.4	96.8	37.8	47.7
P_1	/	/	/	/	/	/	88.9	315.8	173.2	117.5	61.0	39.9	47.7	27.0	96.8
Q_1	/	/	/	/	/	/	/	69.4	111.8	85.6	75.6	45.7	56.2	29.5	74.1
Ssa	/	/	/	/	/	/	/	/	182.6	365.2	45.1	32.5	37.4	23.3	219.6
Sa	/	/	/	/	/	/	/	/	/	365.3	40.1	29.8	33.9	21.9	550.9
M_f	/	/	/	/	/	/	/	/	/	/	36.2	115.7	219.6	48.4	37.4
Mm	/	/	/	/	/	/	/	/	/	/	/	27.6	244.5	83.3	28.3
M_4	/	/	/	/	/	/	/	/	/	/	/	/	31.1	62.1	32.0
M_6	/	/	/	/	/	/	/	/	/	/	/	/	/	20.7	21.1
MS_4	/	/	/	/	/	/	/	/	/	/	/	/	/	/	1084.0

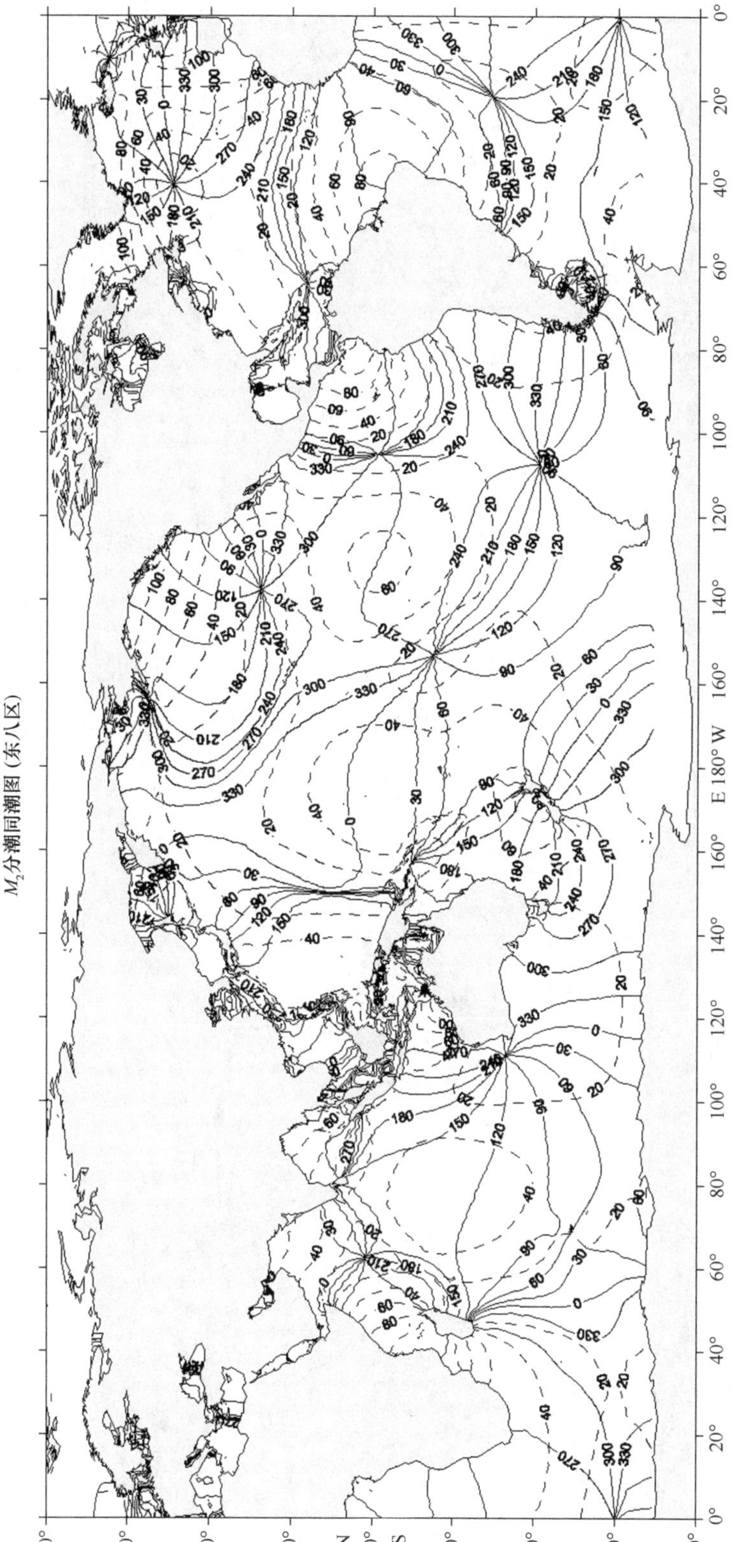

图8-1-1　基于10年TOPEX/Poseidon卫星高度计水位资料获得的全球M_2分潮同潮图，虚线为等振幅线(单位：cm)，实线为等迟角线[单位：(°)]

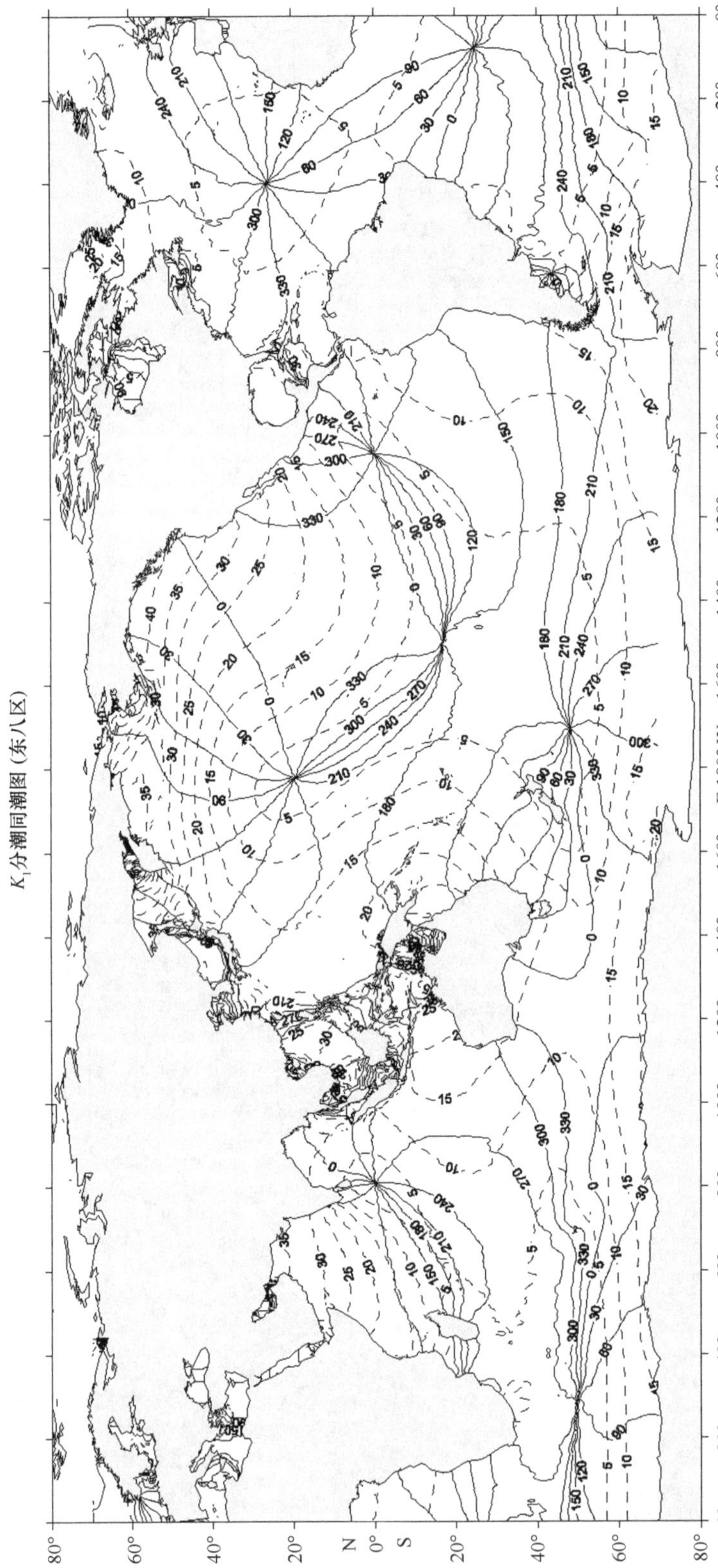

图8-1-2　基于10年TOPEX/Poseidon卫星高度计水位资料获得的全球K_1分潮同潮图，虚线为等振幅线(单位：cm)，实线为等迟角线[单位：(°)]

8.2　内潮波信息提取

类似于卫星测高资料的正压潮信息提取方法，我们也可以提取其中的内潮信息。但是，由于内潮的频率与对应的正压潮的频率是相同的，为了不让正压潮信息和内潮信息相互混淆，我们需要对其进行分离。事实上，一般来说，正压潮的波长长于400 km，而内潮的波长为100~200 km，因此虽然它们的频率相同，但空间尺度是明显不同的。所以，可以采用卫星高度计的沿轨数据，滤除400 km以上的波长信息后得到带通滤波结果，再使用调和分析的方法针对每一地点的带通滤波之后的水位资料进行内潮信息提取。当然也可以先对得到的卫星测高资料做调和分析，然后在调和常数上做空间的带通滤波来提取内潮信息。

需要注意的是，TOPEX/Poseidon和Jason系列卫星的采样周期是9.915 6 d，有的卫星采样周期更长，这样的长采样周期导致众多分潮的混淆周期达到了中尺度现象的生命周期。此外，内潮的水平尺度与中尺度现象的水平尺度很相近，因此，在卫星测高数据的内潮信息提取中会有中尺度污染(mesoscale contamination)。

本节将介绍另外一种形式的内潮信息提取方法——二维平面波法，这种方法能够自动地考虑信息的空间和时间相关，有效地提取内潮信息。我们介绍两种二维平面波方法。

8.2.1　Ray和Cartwright(2001)的M_2分潮内潮信息提取方法

在局部足够小的区域内，内潮具有平面波(或者行波)的形态，而同一地点同一时刻可能有不同的平面波经过，它们共同作用造成了海面的起伏。假设在每一个4°×3°的区域内用如下的函数形式对带通滤波后的沿轨测高数据进行拟合：

$$
\begin{aligned}
&\widetilde{\eta}(x,\ y,\ t)\\
&=H^{+}\cos[xK_h\sin(\varphi)+yK_h\cos(\varphi)-\sigma t+\theta^{+}]+H^{-}\cos[-xK_h\sin(\varphi)-yK_h\cos(\varphi)-\sigma t+\theta^{-}]\\
&=H^{+}\cos[\sigma t-xK_h\sin(\varphi)-yK_h\cos(\varphi)-\theta^{+}]+H^{-}\cos[\sigma t+xK_h\sin(\varphi)+yK_h\cos(\varphi)-\theta^{-}]
\end{aligned}
$$

其中，$K_h\in[0.012,\ 0.14]\ \mathrm{km}^{-1}$为波数矢量的模，表示的是2π除以波长，单位是$\mathrm{km}^{-1}$；$\varphi\in[-\pi,\ \pi]$为波数矢量的方向，以正北向为0，顺时针为正，逆时针为负，单位是rad。很明显，这一展开式允许波长相同且相向而行的两列行波在同一地点同时出现，H^{+}和H^{-}是这两列行波的振幅，而θ^{+}和θ^{-}则是这两列行波的初始位相，σ为分潮的角频率，此处正是M_2分潮的角频率。为了方便处理，上式还可改写为

$$\widetilde{\eta}(x,\ y,\ t)$$

$$
\begin{aligned}
&= H^{+}\cos(\theta^{+})\cos[\sigma t - xK_h\sin(\varphi) - yK_h\cos(\varphi)] \\
&\quad + H^{+}\sin(\theta^{+})\sin[\sigma t - xK_h\sin(\varphi) - yK_h\cos(\varphi)] \\
&\quad + H^{-}\cos(\theta^{-})\cos[\sigma t + xK_h\sin(\varphi) + yK_h\cos(\varphi)] \\
&\quad + H^{-}\sin(\theta^{-})\sin[\sigma t + xK_h\sin(\varphi) + yK_h\cos(\varphi)]
\end{aligned}
$$

假设在某一个 4° × 3° 的区域有 N 个观测值 $\widetilde{\eta}_i^{\mathrm{obs}}$ ，其观测的空间位置和时刻为（x_i，y_i，t_i），其中（$i = 1, 2, \cdots, N$）。为了求得对应的（H^{+}，θ^{+}，H^{-}，θ^{-}，K_h，φ）参数，需要构建如下目标泛函：

$$
J(H^{+}, \theta^{+}, H^{-}, \theta^{-}, K_h, \varphi) = \frac{1}{2}\sum_{i=1}^{N}\left[\widetilde{\eta}_{(H^{+}, \theta^{+}, H^{-}, \theta^{-}, K_h, \varphi)}(x_i, y_i, t_i) - \widetilde{\eta}_i^{\mathrm{obs}}\right]^2
$$

很显然，目标泛函 J 是控制变量（H^{+}，θ^{+}，H^{-}，θ^{-}，K_h，φ）的非线性函数，存在多个极小值点，因此需要采用部分控制变量穷举的方法来近似寻找全局最小点。即采用如下变量代换

$$
\begin{cases}
A = H^{+}\cos(\theta^{+}) \\
B = H^{+}\sin(\theta^{+}) \\
C = H^{-}\cos(\theta^{-}) \\
D = H^{-}\sin(\theta -)
\end{cases}
\text{和}
\begin{cases}
CM_i = \cos[\sigma t_i - x_iK_h\sin(\varphi) - y_iK_h\cos(\varphi)] \\
SM_i = \sin[\sigma t_i - x_iK_h\sin(\varphi) - y_iK_h\cos(\varphi)] \\
CP_i = \cos[\sigma t_i + x_iK_h\sin(\varphi) + y_iK_h\cos(\varphi)] \\
SP_i = \sin[\sigma t_i + x_iK_h\sin(\varphi) + y_iK_h\cos(\varphi)]
\end{cases}
$$

于是目标函数变为

$$
\begin{aligned}
J(A, B, C, D, K_h, \varphi) &= \frac{1}{2}\sum_{i=1}^{N}\left[\widetilde{\eta}_{(A, B, C, D, K_h, \varphi)}(x_i, y_i, t_i) - \widetilde{\eta}_i^{\mathrm{obs}}\right]^2 \\
&= \frac{1}{2}\sum_{i=1}^{N}(A \cdot CM_i + B \cdot SM_i + C \cdot CP_i + D \cdot SP_i - \widetilde{\eta}_i^{\mathrm{obs}})^2
\end{aligned}
$$

令波数矢量的模 K_h 和方向 φ 在可能的离散的数值上遍历取值，例如

$$
K_h = K_{h_m} = \frac{2\pi}{45\ \mathrm{km} + (m-1)\cdot 6\ \mathrm{km}} \quad (m = 1, 2, \cdots, 81)
$$

$$
\varphi = \varphi_n = [-180° + (n-1)\cdot 5°]\cdot\frac{\pi}{180°} \quad (n = 1, 2, \cdots, 72)
$$

对于每一个（K_{h_m}，φ_n），可以求解如下的线性方程组：

$$
\begin{cases}
A\cdot\sum\limits_{i=1}^{N}(CM_i\cdot CM_i) + B\cdot\sum\limits_{i=1}^{N}(SM_i\cdot CM_i) + C\cdot\sum\limits_{i=1}^{N}(CP_i\cdot CM_i) + D\cdot\sum\limits_{i=1}^{N}(SP_i\cdot CM_i) \\
\quad = \sum\limits_{i=1}^{N}(\widetilde{\eta}_i^{\mathrm{obs}}\cdot CM_i) \\
A\cdot\sum\limits_{i=1}^{N}(CM_i\cdot SM_i) + B\cdot\sum\limits_{i=1}^{N}(SM_i\cdot SM_i) + C\cdot\sum\limits_{i=1}^{N}(CP_i\cdot SM_i) + D\cdot\sum\limits_{i=1}^{N}(SP_i\cdot SM_i) \\
\quad = \sum\limits_{i=1}^{N}(\widetilde{\eta}_i^{\mathrm{obs}}\cdot SM_i)
\end{cases}
$$

$$\begin{cases} A \cdot \sum_{i=1}^{N}(CM_i \cdot CP_i) + B \cdot \sum_{i=1}^{N}(SM_i \cdot CP_i) + C \cdot \sum_{i=1}^{N}(CP_i \cdot CP_i) + D \cdot \sum_{i=1}^{N}(SP_i \cdot CP_i) \\ \quad = \sum_{i=1}^{N}(\widetilde{\eta}_i^{\text{obs}} \cdot CP_i) \\ A \cdot \sum_{i=1}^{N}(CM_i \cdot SP_i) + B \cdot \sum_{i=1}^{N}(SM_i \cdot SP_i) + C \cdot \sum_{i=1}^{N}(CP_i \cdot SP_i) + D \cdot \sum_{i=1}^{N}(SP_i \cdot SP_i) \\ \quad = \sum_{i=1}^{N}(\widetilde{\eta}_i^{\text{obs}} \cdot SP_i) \end{cases}$$

获得变量 (A, B, C, D) 的解 $(A_{mn}, B_{mn}, C_{mn}, D_{mn})$，然后再将上述 $(A_{mn}, B_{mn}, C_{mn}, D_{mn}, K_{h_m}, \varphi_n)$ 代入目标泛函得到 (K_h, φ) 特定取值为 (K_{h_m}, φ_n) 的情况下目标泛函的极小值 J_{mn}，真正的全局最小点即为 $\min\limits_{\substack{m=1, \cdots, 81 \\ n=1, \cdots, 72}} J_{mn}$，由此即可确定该 4° × 3° 区域内的 M_2 分潮内潮两列行波的振幅(H^+ 和 H^-)、初始位相(θ^+ 和 θ^-)和水平波数矢量(K_h 和 φ)等信息。

8.2.2 Zhao 等(2016)的 M_2 分潮第一斜压模态内潮信息提取方法

Ray 和 Cartwright(2001)的方法需要遍历搜索最优的波数矢量信息(K_h 和 φ)，如果我们能够确定某一海区的波数矢量信息或者波数矢量的部分信息，势必会降低搜索的难度，减少计算量，甚至可以提取更多的信息。Zhao 等(2016)则首先采用世界海洋图集(World Ocean Atlas，WOA)气候态年平均温盐场确定每个点的 M_2 分潮第一斜压模态内潮的相速度的模(等价于确定了该点的波数的模，或者说，等价于确定了该点的波长)，之后在每一个 160 km×160 km 的区域内使用多颗卫星高度计沿轨资料进行平面波拟合。如前所述，非静力平衡近似的垂向模态本征方程为式(6-1-4)的第 2 式，即

$$\frac{\mathrm{d}^2 W_i}{\mathrm{d}z^2} + \frac{N^2 - \sigma^2}{\sigma^2 - f^2} K_h^2 W_i = 0$$

使用 WOA 气候态年平均温盐场，可以在每个水平网格点 (x, y) 计算布伦特-维赛拉频率(或称浮力频率)的垂向分布 $N(x, y, z)$，连同分潮频率 σ 和科氏参数 f，我们可以在每个水平网格点 (x, y) 的垂直方向上，以 $W_i|_{\text{海面}} = W_i|_{\text{海底}} = 0$ 为边界条件，求解上述本征方程，而 K_h^2 就是该水平网格点 (x, y) 处的本征值，在潮波动力学中，我们已经讲到 K_h 恰恰是该水平网格点 (x, y) 处的水平波数的模，即 $K_h^2 = k_x^2 + k_y^2$。假设观测到的内潮波信息主要是 M_2 分潮的第一斜压模态内潮，且由不同源头的平面波(或者行波)叠加而成，即

$$\widetilde{\eta}(x, y, t) = \sum_{m=1}^{M} H_m \cos[xK_h \sin(\varphi_m) + yK_h \cos(\varphi_m) - \sigma t + \theta_m]$$

其中，行波的个数 M，第 m 个行波的振幅 H_m、方向 φ_m 和初始位相 θ_m 都是待定的参数。

不同于前面提到的 Ray 和 Cartwright(2001)的方法，Zhao 等(2016)事先利用历史观测资料解算出了各个水平网格点的 M_2 分潮的第一斜压模态内潮的水平波数的模 K_h，在很大程度上去掉了不确定性。但是，行波的个数 M 是未知的，为此 Zhao 等(2016)提出了逐步解算方法。假设某一个 160 km × 160 km 的区域有 N 个观测值 $\widetilde{\eta}_i^{obs}$，其观测的空间位置和时刻为 (x_i, y_i, t_i)，其中 $(i=1, 2, \cdots, N)$。首先使用一个行波去拟合上述 N 个观测，即

$$J(H_1, \varphi_1, \theta_1) = \frac{1}{2}\sum_{i=1}^{N}\{H_1\cos[x_iK_h\sin(\varphi_1) + y_iK_h\cos(\varphi_1) - \sigma t_i + \theta_1] - \widetilde{\eta}_i^{obs}\}^2$$

$$= \frac{1}{2}(A \cdot CM_i + B \cdot SM_i - \widetilde{\eta}_i^{obs})^2$$

其中，

$$\begin{cases} A = H_1\cos(\theta_1) \\ B = H_1\sin(\theta_1) \end{cases} \text{和} \begin{cases} CM_i = \cos[\sigma t_i - x_iK_h\sin(\varphi) - y_iK_h\cos(\varphi)] \\ SM_i = \sin[\sigma t_i - x_iK_h\sin(\varphi) - y_iK_h\cos(\varphi)] \end{cases}$$

令波数矢量的方向 φ_1 在可能的离散的数值上遍历取值，例如

$$\varphi_1 = \varphi_{1n} = [-180° + (n-1) \cdot 1°] \cdot \frac{\pi}{180°} \quad (n = 1, 2, \cdots, 360)$$

对于每一个 φ_{1n}，可以求解如下的线性方程组，

$$\begin{cases} A \cdot \sum_{i=1}^{N}(CM_i \cdot CM_i) + B \cdot \sum_{i=1}^{N}(SM_i \cdot CM_i) = \sum_{i=1}^{N}(\widetilde{\eta}_i^{obs} \cdot CM_i) \\ A \cdot \sum_{i=1}^{N}(CM_i \cdot SM_i) + B \cdot \sum_{i=1}^{N}(SM_i \cdot SM_i) = \sum_{i=1}^{N}(\widetilde{\eta}_i^{obs} \cdot SM_i) \end{cases}$$

获得变量 (A, B) 的解 (A_n, B_n)，然后再将上述 (A_n, B_n, φ_{1n}) 代入目标泛函得到 φ_1 特定取值为 φ_{1n} 的情况下目标泛函的极小值 J_n，真正的全局最小点即 $\min_{n=1, \cdots, 360} J_n$，由此即可确定该 160 km × 160 km 区域内的 M_2 分潮内潮的第 1 列行波的振幅 H_1、波向 φ_1 和初始位相 θ_1 等信息。利用得到的第 1 列行波的信息进行回算，可以得到对应时空观测点 (x_i, y_i, t_i) 的回算值，利用观测值减去回算值得到观测剩余量，根据该观测剩余量再按照上述方法寻找第 2 列行波的信息，以此类推得到更多列的行波信息。依据上述方法，Zhao 等(2016)综合利用 Geosat Follow-On、ERS-2、TOPEX/Poseidon tandem、Jason-1 tandem、Envisat、TOPEX/Poseidon、Jason-1、Jason-2 等多颗卫星高度计资料，提取了 M_2 分潮的第 1 斜压模态内潮信息。研究表明，前 3 列行波可以超过 95%置信水平，而第 4 列行波则难以通过置信检验，为此，Zhao 等(2016)的方法将行波的个数 M 确定为 3，即

$$\widetilde{\eta}(x, y, t) = \sum_{m=1}^{3} H_m\cos[xK_h\sin(\varphi_m) + yK_h\cos(\varphi_m) - \sigma t + \theta_m]$$

第 9 章　潮汐响应分析

9.1　响应分析的一般计算过程

响应分析把海洋视为一个物理系统，它的基本性质，如地形和深度等可认为不随时间变化，从而是一种常系数系统。假如系统的响应特性是可加的，又是齐次的，则称为线性系统。常系数线性系统的一个重要性质为频率的保守性，也就是不引起频率的任何变化，而只改变输出的振幅和相位。这正是全球大洋在引潮力作用下，发生海洋潮汐的基本特征。因而把海洋看作常系数线性系统进行响应分析是合理的。以月球和太阳的引潮势、太阳辐射势、引潮势的非线性效应作为输入函数 $g(t)$ ，以 $h(t)$ 为响应权函数，以潮汐水位 $\eta(t)$ 为输出函数，利用卷积公式可以写成如下形式：

$$\eta(t)=\int_{-\infty}^{\infty}h(\tau)g(t-\tau)\mathrm{d}\tau$$

响应分析的一般计算过程就是采用最小二乘原理，依据上式和实测潮汐资料 η^{obs} 构建目标函数，其中响应权函数 $h(t)$ 为待求的控制变量，让上式尽量与观测相贴近，也就是让目标函数取极小值，这一过程对应于让目标函数对控制变量求梯度，并令梯度为 0，从而可以得到控制变量所应该满足的线性方程组，解此线性方程组，即可计算出响应权函数，从而可以实现潮汐的分析和预报。

令 $F_{\eta}(f)$ 、$F_h(f)$ 和 $F_g(f)$ 分别为 $\eta(t)$ 、$h(t)$ 和 $g(t)$ 的傅里叶变换，利用卷积定理，有

$$F_{\eta}(f)=F_h(f)F_g(f)$$

式中，$F_h(f)=\dfrac{F_{\eta}(f)}{F_g(f)}$ 称为对频率为 f 的系统的导纳。

9.2　响应分析应用实例 1——海潮响应分析

进行响应分析最关键的一步是确定输入函数，确定了输入函数之后，就是计算响应权函数，由于真实的观测都是离散的、有限的，因此，我们需要把上述卷积公式中的积分替换为求和，然后采用最小二乘原理来计算响应权函数。下面我们以海潮响应分析为例，讲述响应分析的过程。海潮受引潮势、太阳辐射势的共同影响，所以输入函数必然

包含引潮势和太阳辐射势，此外，到了浅水区又会产生浅水分潮，而常系数线性系统对频率具有保守性，不能自动产生浅水分潮所对应的频率，所以为了分析浅水分潮，还需要在输入函数中加入浅水非线性潮。

9.2.1 引力潮

如前所述，将式(2-1-2)代入式(2-3-1)，月球对应的平衡潮展开如下：

$$\bar{\eta}_M = -\frac{V_M}{g} = \frac{\mu_0 M}{gD}\sum_{n=2}^{\infty}\left(\frac{a}{D}\right)^n P_n[\cos(\Theta)] = \frac{\mu_0 M}{gD}\sum_{n=2}^{\infty}\left(\frac{a}{D}\right)^n \frac{4\pi}{2n+1}\sum_{m=-n}^{n} Y_n^m(\theta,\ \psi)Y_n^m(Z,\ L)^*$$

$$= \frac{\mu_0 M}{g\bar{D}}\sum_{n=2}^{\infty}\left(\frac{a}{\bar{D}}\right)^n\left(\frac{\bar{D}}{D}\right)^{n+1}\frac{4\pi}{2n+1}\sum_{m=0}^{n} A_m[U_n^m(\theta,\ \psi)U_n^m(Z,\ L)+V_n^m(\theta,\ \psi)V_n^m(Z,\ L)]$$

上式使用了关系式(2-1-1)。依据附录 3 中球函数的具体形式可得

$$\begin{cases} U_n^m(Z,\ L) = (-1)^m\sqrt{\dfrac{2n+1}{4\pi}\cdot\dfrac{(n-m)!}{(n+m)!}}P_n^m[\cos(Z)]\cos(mL) \\ V_n^m(Z,\ L) = (-1)^m\sqrt{\dfrac{2n+1}{4\pi}\cdot\dfrac{(n-m)!}{(n+m)!}}P_n^m[\cos(Z)]\sin(mL) \end{cases}$$

如果定义

$$\begin{cases} a_n^m(t)_M = \dfrac{\mu_0 M}{g\bar{D}}\left(\dfrac{a}{\bar{D}}\right)^n\left(\dfrac{\bar{D}}{D}\right)^{n+1}A^m(-1)^m\sqrt{\dfrac{4\pi}{2n+1}\cdot\dfrac{(n-m)!}{(n+m)!}}P_n^m[\cos(Z)]\cos(mL) \\ b_n^m(t)_M = \dfrac{\mu_0 M}{g\bar{D}}\left(\dfrac{a}{\bar{D}}\right)^n\left(\dfrac{\bar{D}}{D}\right)^{n+1}A^m(-1)^m\sqrt{\dfrac{4\pi}{2n+1}\cdot\dfrac{(n-m)!}{(n+m)!}}P_n^m[\cos(Z)]\sin(mL) \end{cases} \tag{9-2-1}$$

则有

$$\bar{\eta}_M = -\frac{V_M}{g} = \sum_{n=2}^{\infty}\sum_{m=0}^{n}[U_n^m(\theta,\ \psi)a_n^m(t)_M + V_n^m(\theta,\ \psi)b_n^m(t)_M]$$

类似地，将式(2-1-2)代入式(2-3-2)，太阳对应的平衡潮展开如下：

$$\bar{\eta}_S = -\frac{V_S}{g} = \frac{\mu_0 S}{gD_S}\sum_{n=2}^{\infty}\left(\frac{a}{D_S}\right)^n P_n[\cos(\Theta_S)]$$

$$= \frac{\mu_0 S}{g\bar{D}_S}\sum_{n=2}^{\infty}\left(\frac{a}{\bar{D}_S}\right)^n\left(\frac{\bar{D}_S}{D_S}\right)^{n+1}\frac{4\pi}{2n+1}\sum_{m=0}^{n} A_m[U_n^m(\theta,\ \psi)U_n^m(Z_S,\ L_S)+V_n^m(\theta,\ \psi)V_n^m(Z_S,\ L_S)]$$

同样地，依据附录 3 中球函数的具体形式可得

$$\begin{cases} U_n^m(Z_S,\ L_S) = (-1)^m\sqrt{\dfrac{2n+1}{4\pi}\cdot\dfrac{(n-m)!}{(n+m)!}}P_n^m[\cos(Z_S)]\cos(mL_S) \\ V_n^m(Z_S,\ L_S) = (-1)^m\sqrt{\dfrac{2n+1}{4\pi}\cdot\dfrac{(n-m)!}{(n+m)!}}P_n^m[\cos(Z_S)]\sin(mL_S) \end{cases}$$

如果定义

$$\begin{cases} a_n^m(t)_S = \dfrac{\mu_0 S}{g\overline{D}_S}\left(\dfrac{a}{\overline{D}_S}\right)^n\left(\dfrac{\overline{D}_S}{D_S}\right)^{n+1} A^m(-1)^m\sqrt{\dfrac{4\pi}{2n+1}\cdot\dfrac{(n-m)!}{(n+m)!}}P_n^m[\cos(Z_S)]\cos(mL_S) \\ b_n^m(t)_S = \dfrac{\mu_0 S}{g\overline{D}_S}\left(\dfrac{a}{\overline{D}_S}\right)^n\left(\dfrac{\overline{D}_S}{D_S}\right)^{n+1} A^m(-1)^m\sqrt{\dfrac{4\pi}{2n+1}\cdot\dfrac{(n-m)!}{(n+m)!}}P_n^m[\cos(Z_S)]\sin(mL_S) \end{cases} \tag{9-2-2}$$

则有

$$\overline{\eta}_S = -\frac{V_S}{g} = \sum_{n=2}^{\infty}\sum_{m=0}^{n}[U_n^m(\theta,\ \psi)a_n^m(t)_S + V_n^m(\theta,\ \psi)b_n^m(t)_S]$$

我们可以将上述公式合并，定义

$$\begin{cases} a_n^m(t) = a_n^m(t)_M + a_n^m(t)_S \\ b_n^m(t) = b_n^m(t)_M + b_n^m(t)_S \end{cases} \tag{9-2-3}$$

于是有

$$\overline{\eta} = \overline{\eta}_M + \overline{\eta}_S = -\frac{V_M}{g} - \frac{V_S}{g} = \sum_{n=2}^{\infty}\sum_{m=0}^{n}[U_n^m(\theta,\ \psi)a_n^m(t) + V_n^m(\theta,\ \psi)b_n^m(t)]$$

建立卷积公式

$$\begin{aligned} \eta_1(t) &= \int_{-\infty}^{\infty} h(\tau)\overline{\eta}(t-\tau)\mathrm{d}\tau \approx \sum_{k=-s}^{s} h(k)\overline{\eta}(t-k\Delta\tau) \\ &= \sum_{k=-s}^{s} h(k)\sum_{n=2}^{\infty}\sum_{m=0}^{n}[U_n^m(\theta,\ \psi)a_n^m(t-k\Delta\tau) + V_n^m(\theta,\ \psi)b_n^m(t-k\Delta\tau)] \\ &= \sum_{n=2}^{\infty}\sum_{m=0}^{n}\sum_{k=-s}^{s}[h(k)U_n^m(\theta,\ \psi)a_n^m(t-k\Delta\tau) + h(k)V_n^m(\theta,\ \psi)b_n^m(t-k\Delta\tau)] \\ &= \sum_{n=2}^{\infty}\sum_{m=0}^{n}\sum_{k=-s}^{s}[u_n^m(k)a_n^m(t-k\Delta\tau) + v_n^m(k)b_n^m(t-k\Delta\tau)] \end{aligned} \tag{9-2-4}$$

在上式中，我们将积分替换为离散化的求和，并定义了新的响应权函数

$$u_n^m(k) = h(k)U_n^m(\theta,\ \psi) \text{ 和 } v_n^m(k) = h(k)V_n^m(\theta,\ \psi)$$

经验上，通常取 $\Delta\tau = 48$ h 。如果定义

$$W_n^m(k) = u_n^m(k) + \mathrm{i}v_n^m(k)$$

以及

$$\begin{aligned} C_n^m(t) &= a_n^m + \mathrm{i}b_n^m(t) \\ &= (-1)^m\sqrt{\frac{4\pi}{(2n+1)}\frac{(n-m)!}{(n+m)!}}\frac{\mu_0}{g}A_m\left\{\frac{M}{\overline{D}}\left(\frac{a}{\overline{D}}\right)^n\left(\frac{\overline{D}}{D}\right)^{n+1}\right. \\ &\quad \left.\times p_n^m[\cos(Z)]\mathrm{e}^{\mathrm{i}mL} + \frac{S}{\overline{D}_S}\left(\frac{a}{\overline{D}_S}\right)^n\left(\frac{\overline{D}_S}{D_S}\right)^{n+1}P_n^m[\cos(Z_S)\mathrm{e}^{\mathrm{i}mL_S}]\right\} \end{aligned}$$

则上述离散化的卷积公式可以写为

$$\eta_1(t) = \mathrm{Re}\left[\sum_{n=2}^{\infty}\sum_{m=0}^{n}\sum_{k=-s}^{s} W_n^m(k) C_n^{m*}(t - k\Delta\tau)\right]$$

9.2.2 太阳辐射潮

下面我们再来考虑太阳辐射的影响。如前所述，将式(2-1-2)代入式(4-1-1)，得太阳辐射势为

$$\begin{aligned} V_{辐} &= s\frac{\overline{D}_S}{D_S}\sum_{n=1}^{\infty} K_n P_n[\cos(\Theta_S)] \\ &\approx s\frac{\overline{D}_S}{D_S}\sum_{n=1}^{2} K_n \frac{4\pi}{2n+1}\sum_{m=0}^{n} A_m[U_n^m(\theta, \psi)U_n^m(Z_S, L_S) + V_n^m(\theta, \psi)V_n^m(Z_S, L_S)] \end{aligned}$$

依据附录3中球函数的具体形式可得

$$\begin{cases} U_n^m(Z_S, L_S) = (-1)^m\sqrt{\dfrac{2n+1}{4\pi}\cdot\dfrac{(n-m)!}{(n+m)!}}P_n^m[\cos(Z_S)]\cos(mL_S) \\ V_n^m(Z_S, L_S) = (-1)^m\sqrt{\dfrac{2n+1}{4\pi}\cdot\dfrac{(n-m)!}{(n+m)!}}P_n^m[\cos(Z_S)]\sin(mL_S) \end{cases}$$

定义

$$\begin{cases} \alpha_n^m(t) = s\dfrac{\overline{D}_S}{D_S}(-1)^m\sqrt{\dfrac{4\pi}{(2n+1)}\dfrac{(n-m)!}{(n+m)!}}K_nA_mP_n^m[\cos(Z_S)]\cos(mL_S) \\ \beta_n^m(t) = s\dfrac{\overline{D}_S}{D_S}(-1)^m\sqrt{\dfrac{4\pi}{(2n+1)}\dfrac{(n-m)!}{(n+m)!}}K_nA_mP_n^m[\cos(Z_S)]\sin(mL_S) \end{cases} \tag{9-2-5}$$

仿照式(9-2-4)可以建立卷积公式，

$$\begin{aligned} \eta_2(t) &= \int_{-\infty}^{\infty} h(\tau)\overline{\eta}(t-\tau)\mathrm{d}\tau \approx \sum_{k=-s}^{s} h(k)\overline{\eta}(t-k\Delta\tau) \\ &\approx h(0)\sum_{n=1}^{2}\sum_{m=0}^{n}[U_n^m(\theta, \psi)\alpha_n^m(t) + V_n^m(\theta, \psi)\beta_n^m(t)] \\ &= \sum_{n=1}^{2}\sum_{m=0}^{n}[h(0)U_n^m(\theta, \psi)\alpha_n^m(t) + h(0)V_n^m(\theta, \psi)\beta_n^m(t)] \\ &= \sum_{n=1}^{2}\sum_{m=0}^{n}[u_n^m(0)\alpha_n^m(t) + v_n^m(0)\beta_n^m(t)] \end{aligned}$$

同样地，定义新的响应权函数

$$u_n^m(0) = h(0)U_n^m(\theta, \psi) \text{ 和 } v_n^m(0) = h(0)V_n^m(\theta, \psi)$$

此外，为了调整由于热量惯性引起的相位迟滞，需要引入两个新的输入函数

$$\begin{cases} \alpha_1^0(t) = \dfrac{365.242}{2\pi}[\alpha_1^0(t+12) - \alpha_1^0(t-12)] \\ \alpha_2^0(t) = \dfrac{365.242}{4\pi}[\alpha_2^0(t+12) - \alpha_2^0(t-12)] \end{cases}$$

对应的响应权函数分别为 $u_1^{0'}(0)$ 和 $v_1^{0'}(0)$ 。于是，可以建立如下离散化卷积公式

$$\eta_2(t) = \alpha_1^{0'}(t)u_1^{0'}(0) + \alpha_2^{0'}(t)u_2^{0'}(0) + \sum_{n=1}^{2}\sum_{m=0}^{n}[\alpha_n^m(t)u_n^m(0) + \beta_n^m(t)v_n^m(0)] \tag{9-2-6}$$

9.2.3 非线性潮

我们将引力潮称为线性潮。潮波传入浅水后，由于受到浅水效应及底摩擦的作用，能够产生非线性潮。在调和分析中，讨论分潮与分潮的相互作用产生的浅水分潮，而在响应分析中，是讨论潮族之间的相互作用产生的非线性潮。这里我们只介绍线性天文变量的组合形式的非线性潮输入函数。如前所述，最简单的非线性潮是线性潮的两两乘积的形式，于是可以建立与非线性潮对应的离散化的卷积公式

$$\begin{aligned} \eta_3(t) \\ = &\sum_{n=2}^{\infty}\sum_{m=0}^{n}\sum_{m'=0}^{n}\sum_{k=-s}^{s}\sum_{k'=-s}^{s} u_n^{m+m'}(k, k')[a_n^m(t-k\Delta\tau)a_n^{m'}(t-k'\Delta\tau) - b_n^m(t-k\Delta\tau)b_n^{m'}(t-k'\Delta\tau)] \\ &+ \sum_{n=2}^{\infty}\sum_{m=0}^{n}\sum_{m'=0}^{n}\sum_{k=-s}^{s}\sum_{k'=-s}^{s} v_n^{m+m'}(k, k')[b_n^m(t-k\Delta\tau)a_n^{m'}(t-k'\Delta\tau) + a_n^m(t-k\Delta\tau)b_n^{m'}(t-k'\Delta\tau)] \\ &+ \sum_{n=2}^{\infty}\sum_{m=0}^{n}\sum_{m'=0}^{n}\sum_{k=-s}^{s}\sum_{k'=-s}^{s} u_n^{m-m'}(k, k')[a_n^m(t-k\Delta\tau)a_n^{m'}(t-k'\Delta\tau) + b_n^m(t-k\Delta\tau)b_n^{m'}(t-k'\Delta\tau)] \\ &+ \sum_{n=2}^{\infty}\sum_{m=0}^{n}\sum_{m'=0}^{n}\sum_{k=-s}^{s}\sum_{k'=-s}^{s} v_n^{m-m'}(k, k')[b_n^m(t-k\Delta\tau)a_n^{m'}(t-k'\Delta\tau) - a_n^m(t-k\Delta\tau)b_n^{m'}(t-k'\Delta\tau)] \end{aligned} \tag{9-2-7}$$

公式中 a 和 b 含义与式(9-2-1)、式(9-2-2)和式(9-2-3)相同。

9.2.4 响应权函数的计算

本节介绍总体响应分析的方法，将引力潮、辐射潮及非线性潮的输入函数一次性输入作整体分析，形成总的系数矩阵，一次性解出全部的响应权函数。实测潮位 $\eta(t)$ 包括引力潮 $\eta_1(t)$ [式(9-2-4)]、辐射潮 $\eta_2(t)$ [式(9-2-6)]和非线性潮 $\eta_3(t)$ [式(9-2-7)]，于是有

$$\eta(t) = \eta_1(t) + \eta_2(t) + \eta_3(t)$$

其中，各种 a 和 b 以及 α 和 β 是已知的，而 u 和 v 是待定的。于是可以写成如下统一的形式

$$\eta(t_k) = \sum_{j=1}^{M} X_j E_j(k_k) \quad (k = 1, 2, \cdots, N)$$

其中，E 包含了所有已知量 a 和 b 以及 α 和 β，X 代表了所有待定量 u 和 v，j 为待定量的指标，M 为待定量的总数，k 为观测时刻，N 为观测总数。令 η^{obs} 为观测，则可以利用最小二乘法求解待定量，即响应权函数。为此，建立目标函数

$$J(X_1, X_2, \cdots, X_M) = \frac{1}{2}\sum_{k=1}^{N}\left[\eta^{obs}(t_k) - \sum_{j=1}^{M} X_j E_j(t_k)\right]^2$$

将目标函数对各个响应权函数求梯度，并令梯度为 0，即 $\frac{\partial J}{\partial X_i} = 0$，于是可以通过求解如下的线性方程组来计算响应权函数

$$\sum_{j=1}^{M}\left\{X_i \sum_{k=1}^{N}\left[E_j(t_k)E_i(t_k)\right]\right\} = \sum_{k=1}^{N}\left[\eta^{obs}(t_k)E_i(t_k)\right]$$

9.3 响应分析应用实例 2——固体潮响应分析

实测的倾斜潮资料是引潮力直接引起的体潮(也称为引力潮)和海潮引起的负荷潮共同作用的结果。

9.3.1 倾斜引力潮

如上节所述，由式(9-2-1)、式(9-2-2)和式(9-2-3)得，与月球和太阳的引潮势相对应的输入函数为

$$\begin{aligned} C_n^m(t) &= a_n^m(t) + \mathrm{i}b_n^m(t) \\ &= (-1)^m \sqrt{\frac{4\pi}{(2n+1)}\frac{(n-m)!}{(n+m)!}}\mu_0 A_m \left\{\frac{M}{\bar{D}}\left(\frac{a}{\bar{D}}\right)^n \left(\frac{\bar{D}}{D}\right)^{n+1} P_n^m[\cos(Z)]\mathrm{e}^{\mathrm{i}mL} \right. \\ &\quad \left. + \frac{S}{\bar{D}_S}\left(\frac{a}{\bar{D}_S}\right)^n \left(\frac{\bar{D}_S}{D_S}\right)^{n+1} P_n^m[\cos(Z_S)\mathrm{e}^{\mathrm{i}mL_S}]\right\} \end{aligned}$$

如果定义响应权函数形式为

$$W_n^m(k) = u_n^m(k) + \mathrm{i}v_n^m(k)$$

则可以建立与倾斜引力潮对应的离散化的卷积公式

$$\eta_1(t) = \mathrm{Re}\left[\sum_{n=2}^{\infty}\sum_{m=0}^{n}\sum_{k=-s}^{s} W_n^m(k) C_n^{m*}(t - k\Delta\tau)\right] \tag{9-3-1}$$

经验上，我们通常取 $\Delta\tau = 41$ h 。

9.3.2 倾斜负荷潮

以 $\eta^1(t)$ 、$\eta^2(t)$ 、$\eta^4(t)$ 和 $\eta^6(t)$ 分别表示海潮的日、半日、1/4 日、1/6 日族的潮汐部分，它们可以用同步实测的海潮通过带通滤波的方法或潮族预报的方法求得，潮族带通滤波公式为

$$\eta^m(t) = \frac{1}{n}\sum_{k=-n}^{n}\left[1 + \cos\left(\frac{k\pi}{n}\right)\right]\eta(t - k\Delta t)\cos\left(2\pi k\Delta t\,\frac{m}{T}\right)$$

其中，$\Delta t = 1\ \mathrm{h}$ ，$n = 24$，$T = 24.8412\ \mathrm{h}$ ，$m = (1,\ 2,\ 4,\ 6)$ 。我们也可以用潮族预报公式来计算

$$\eta^m(t) = \sum_{i=i_1(m)}^{i_2(m)} f_i H_i \cos(\sigma_i t + V_{0_i} + u_i - g_i)$$

其中，$i_1(m)$ 和 $i_2(m)$ 为第 m 个潮族在分潮序列中的起止序号。据此，则可以建立与倾斜负荷潮对应的离散化的卷积公式

$$\eta_2(t) = \sum_{m=1,\ 2,\ 4,\ 6}\ \sum_{k=-s}^{s} u^m(k)\eta^m(t - k\Delta\tau) \tag{9-3-2}$$

经验上，我们通常取 $\Delta\tau = 41\ \mathrm{h}$ 。

9.3.3 太阳热辐射效应

太阳热辐射对倾斜潮汐具有一定的影响，它是由热辐射对地面的冷热效应以及大气潮汐的间接影响等因素所造成的，比引力潮和负荷潮小得多。由式(9-2-5)得，太阳辐射潮的输入函数为

$$\alpha_n^m(t) + \mathrm{i}\beta_n^m(t) = s\,\frac{\overline{D}_S}{D_S}(-1)^m\sqrt{\frac{4\pi}{(2n+1)}\,\frac{(n-m)!}{(n+m)!}}K_n A_m P_n^m[\cos(Z_S)]\mathrm{e}^{\mathrm{i}mL_S}$$

为了调整由于热量惯性引起的相位迟滞，我们同样需要引入两个新的输入函数

$$\begin{cases}\alpha_1^{0'}(t) = \dfrac{365.242}{2\pi}[\alpha_1^0(t + 12) - \alpha_1^0(t - 12)]\\[2ex] \alpha_2^{0'}(t) = \dfrac{365.242}{4\pi}[\alpha_2^0(t + 12) - \alpha_2^0(t - 12)]\end{cases}$$

据此，与式(9-2-6)类似，可以建立与太阳辐射潮对应的离散化的卷积公式

$$\eta_3(t) = \alpha_1^{0'}(t)u_1^{0'}(0) + \alpha_2^{0'}(t)u_2^{0'}(0) + \sum_{n=1}^{2}\sum_{m=0}^{n}[\alpha_n^m(t)u_n^m(0) + \beta_n^m(t)v_n^m(0)] \tag{9-3-3}$$

9.3.4 倾斜潮汐的非线性效应

在海洋潮汐中，浅水区域的非线性效应非常明显，为了判明倾斜潮汐中是否存在着

非线性效应，采用海潮的分析模式对其进行非线性效应的分析。倾斜潮汐的非线性潮由两部分组成，一部分由引力潮相互干扰而成，另一部分是海潮中的非线性潮对倾斜潮汐的负荷效应，两者的频率相同。仿照前述过程，与式(9-2-7)类似，可以建立与非线性潮对应的离散化的卷积公式

$$\begin{aligned}\eta_4(t) &= \sum_{n=2}^{\infty}\sum_{m=0}^{n}\sum_{m'=0}^{n}\sum_{k=-s}^{s}\sum_{k'=-s}^{s}u_n^{m+m'}(k,\ k')\left[a_n^m(t-k\Delta\tau)a_n^{m'}(t-k'\Delta\tau)-b_n^m(t-k\Delta\tau)b_n^{m'}(t-k'\Delta\tau)\right]\\ &\quad+\sum_{n=2}^{\infty}\sum_{m=0}^{n}\sum_{m'=0}^{n}\sum_{k=-s}^{s}\sum_{k'=-s}^{s}v_n^{m+m'}(k,\ k')\left[b_n^m(t-k\Delta\tau)a_n^{m'}(t-k'\Delta\tau)+a_n^m(t-k\Delta\tau)b_n^{m'}(t-k'\Delta\tau)\right]\\ &\quad+\sum_{n=2}^{\infty}\sum_{m=0}^{n}\sum_{m'=0}^{n}\sum_{k=-s}^{s}\sum_{k'=-s}^{s}u_n^{m-m'}(k,\ k')\left[a_n^m(t-k\Delta\tau)a_n^{m'}(t-k'\Delta\tau)+b_n^m(t-k\Delta\tau)b_n^{m'}(t-k'\Delta\tau)\right]\\ &\quad+\sum_{n=2}^{\infty}\sum_{m=0}^{n}\sum_{m'=0}^{n}\sum_{k=-s}^{s}\sum_{k'=-s}^{s}v_n^{m-m'}(k,\ k')\left[b_n^m(t-k\Delta\tau)a_n^{m'}(t-k'\Delta\tau)-a_n^m(t-k\Delta\tau)b_n^{m'}(t-k'\Delta\tau)\right]\end{aligned} \tag{9-3-4}$$

9.3.5 响应权函数的计算

倾斜潮的北(东)分量 $\eta(t)$ 由引力潮 $\eta_1(t)$［式(9-3-1)］、负荷潮 $\eta_2(t)$［式(9-3-2)］、辐射潮 $\eta_3(t)$［式(9-3-3)］和非线性潮 $\eta_4(t)$［式(9-3-4)］组成，于是有

$$\eta(t)=\eta_1(t)+\eta_2(t)+\eta_3(t)+\eta_4(t)$$

采用与上节相同的方法，利用观测资料，建立目标函数，并令目标函数对响应权函数的梯度为0，通过求解对应的线性方程组，即可求得响应权函数。

9.4 响应分析应用实例3——太阳辐射潮对月平均海面变化的影响

杜德森展开中，半年潮 *Ssa* 的平均振幅系数是全年潮 *Sa* 的平均振幅系数的6倍，按此推论，平均海面应该呈现半年周期变化过程。然而中国沿岸的平均海面具有显著的年变化过程，潮汐调和分析的结果表明 *Sa* 的振幅远大于 *Ssa* 的振幅，这不能用天文因素来解释。人们已经认识到这是由气压、风、温度等气象因素引起的，其根本原因是太阳热辐射。本节采用响应分析探讨太阳热辐射对月平均海面变化的影响。

取一年的潮汐资料 $\eta(t)$ 采用三次滑动平均计算零族的潮位 $\overline{\eta}(t)$，其中，一次滑动平均的公式如下所示

$$\boldsymbol{A}_n(\eta)=\frac{1}{n}\sum_{k=-\frac{n-1}{2}}^{\frac{n-1}{2}}\eta(t-k)$$

那么，三次滑动平均的公式则为

$$\overline{\eta}(t)=\boldsymbol{A}_{24}\{\boldsymbol{A}_{24}[\boldsymbol{A}_{25}(\eta)]\}$$

零族潮位包含全部的长周期潮。依据零族潮位按照响应分析法将零族的天文潮、太阳辐射和非线性潮分离开。

9.4.1 零族的引力潮

零族的天文潮对应于缔合勒让德多项式中 $m=0$ 的分潮，由式(9-2-1)、式(9-2-2)和式(9-2-3)得，其输入函数为

$$\begin{aligned}C_n^0(t)&=a_n^0(t)+\mathrm{i}b_n^0(t)=a_n^0(t)\\&=\sqrt{\frac{4\pi}{(2n+1)}}\frac{\mu_0}{g}\left\{\frac{M}{\overline{D}}\left(\frac{a}{\overline{D}}\right)^n\left(\frac{\overline{D}}{D}\right)^{n+1}P_n^0[\cos(Z)]+\frac{S}{\overline{D}_S}\left(\frac{a}{\overline{D}_S}\right)^n\left(\frac{\overline{D}_S}{D_S}\right)^{n+1}P_n^0[\cos(Z_S)]\right\}\end{aligned}$$

实际上仅取 $n=2$ 的零族天文潮输入函数即可。经验上，取 $\Delta\tau=48$ h。响应权函数为

$$W_n^0(k)=u_n^0(k)+\mathrm{i}v_n^0(k)=u_n^0(k)$$

此处，由于零族天文潮输入函数没有虚数项，因此，响应权函数的 $v_n^0(k)=0$。于是与零族的引潮力对应的离散化的卷积公式为

$$\eta_{引}^0(t)=\mathrm{Re}\left[\sum_{k=-1}^{1}W_2^0(k)C_2^{0*}(t-k\Delta\tau)\right]=\sum_{k=-1}^{1}u_2^0(k)a_2^0(t-k\Delta\tau)\quad(9-4-1)$$

9.4.2 零族的太阳辐射潮

由式(9-2-5)得，零族的太阳辐射潮输入函数为

$$\alpha_n^0(t)+\mathrm{i}\beta_n^0(t)=\alpha_n^0(t)=s\frac{\overline{D}_S}{D_S}\sqrt{\frac{4\pi}{(2n+1)}}K_nP_n^0[\cos(Z_S)]$$

为了调整由于热量惯性引起的相位迟滞，同样引入了两个新的输入函数

$$\begin{cases}\alpha_1^{0'}(t)=\dfrac{365.242}{2\pi}[\alpha_1^0(t+12)-\alpha_1^0(t-12)]\\[2ex]\alpha_2^{0'}(t)=\dfrac{365.242}{4\pi}[\alpha_2^0(t+12)-\alpha_2^0(t-12)]\end{cases}$$

注意到此处，零族太阳辐射潮输入函数同样没有虚数项，因此响应权函数的 $v_n^0(k)=0$。于是与零族的太阳辐射潮对应的离散化的卷积公式为

$$\begin{aligned}\eta_{辐}^0(t)&=\alpha_1^{0'}(t)u_1^{0'}(0)+\alpha_2^{0'}(t)u_2^{0'}(0)+\sum_{n=1}^{2}\alpha_n^0(t)u_n^0(0)\\&=\sum_{n=1}^{2}[\alpha_n^0(t)u_n^0(0)+\alpha_n^{0'}(t)u_n^{0'}(0)]\end{aligned}\quad(9-4-2)$$

9.4.3 零族的非线性潮

非线性潮的输入函数如前所述，但这里我们只取日族与日族、半日族与半日族相互干扰产生的零族非线性潮，于是，非线性天文潮对应的离散化的卷积公式为

$$\eta^0_{\text{非\_天文潮}}(t)=\sum_{m=1}^{2}\sum_{k'=-1}^{1}u_2^{m-m}(0,\ k')\left[a_2^m(t)a_2^m(t-k'\Delta\tau)+b_2^m(t)b_2^m(t-k'\Delta\tau)\right]\tag{9-4-3}$$

另外，太阳辐射潮的零族非线性潮是由 $n=1$ 的零族辐射潮和 $n=2$ 的零族辐射潮相互作用产生的，于是，非线性太阳辐射潮对应的离散化的卷积公式为

$$\eta^0_{\text{非\_辐射潮}}(t)=\alpha_1^0(t)\alpha_2^0(t)u^0(0)\tag{9-4-4}$$

9.4.4 响应权函数的计算以及主要结论

通过低通滤波得到的零族潮位包括天文潮[式(9-4-1)]、太阳辐射[式(9-4-2)]和非线性潮[式(9-4-3)和式(9-4-4)]，其表达式为

$$\begin{aligned}\overline{\eta}(t)&=\eta^0_{\text{引}}(t)+\eta^0_{\text{辐}}(t)+\eta^0_{\text{非\_天文潮}}(t)+\eta^0_{\text{非\_辐射潮}}(t)\\&=\sum_{k=-1}^{1}u_2^0(k)a_2^0(t-k\Delta\tau)+\sum_{n=1}^{2}\left[\alpha_n^0(t)u_n^0(0)+\alpha_n^{0'}(t)u_n^{0'}(0)\right]\\&\quad+\sum_{m=1}^{2}\sum_{k'=-1}^{1}u_2^{m-m}(0,\ k')\left[a_2^m(t)a_2^m(t-k'\Delta\tau)+b_2^m(t)b_2^m(t-k'\Delta\tau)\right)\\&\quad+\alpha_1^0(t)\alpha_2^0(t)u^0(0)\end{aligned}$$

采用与上节相同的方法，利用观测资料，建立目标函数，并令目标函数对响应权函数的梯度为0，通过求解对应的线性方程组，即可求得响应权函数。分析结果表明，中国沿岸天文 *Sa* 分潮振幅约为天文 *Ssa* 分潮振幅的1/6，与理论值一致。辐射 *Sa* 分潮振幅远大于辐射 *Ssa* 分潮振幅，且辐射 *Sa* 分潮振幅比天文 *Sa* 分潮大几十倍，这说明太阳辐射潮的影响是造成平均海面年变化的主要原因。

第 10 章　正压潮波数值模拟

10.1　基本离散方法和格式

附录 5 给出了海洋作为地球流体所满足的原始方程组，但遗憾的是，直到现在，人们还没有找到这一方程组的解析形式的通解。为了研究某一种特定的物理过程的主要动力机制，我们可以对这一方程组进行简化，推导其解析解，帮助我们理解其物理本质。然而，研究海洋动力学不仅要掌握其物理规律，更重要的是要使用这些物理规律对海洋的动力热力过程进行较为精准的预报，以服务于国民经济和国防安全。例如，在航海活动中，需要掌握海区的潮流分布变化情况，特别在近海，由于潮流较强，若对潮流情况了解不够，有可能造成船舶偏离计划航线甚至发生触礁、碰撞、搁浅等严重的海难事故。在污染物扩散及泥沙运移的研究中，需要首先掌握潮流场的分布及变化。在建港等岸边工程中，也需要了解建港前潮流场的分布及建港后对潮流场、污染扩散和泥沙运移的影响。在岸边建设电站时，需要吸取大量的海水来冷却发电设备，这就需要通过潮流场和温排水的计算达到合理地安排取水口和温排水口的位置，以便确保有效的降温效果。

由于海上测流受人力、物力的限制，人们只能掌握有限测站的潮流资料，不能全面、系统地掌握海区的潮流状况。鉴于此，海洋原始方程组的数值求解应运而生。首先，将三维空间中的待求解海区在水平 x 方向和 y 方向以及垂向 z 方向上划分若干个网格点，在时间方向上也划分若干个等间隔的时间点。然后，利用物理量在空间(或时间)上的差分来近似代替该物理量在空间(或时间)上的偏微分。例如，令 Δt 代表时间间隔，Δx 代表水平 x 方向的空间间隔，Δy 代表水平 y 方向的空间间隔，下标 i 代表水平 x 方向第 i 个格点，下标 j 代表水平 y 方向第 j 个格点，那么时间 t 轴上第 n 个时刻点的水平方向第 $(i,\ j)$ 个格点水位 $\eta_{i,\ j}^{n}$ 对时间的偏导数可以采用差商的方式近似表达为

$$\left.\frac{\partial \eta}{\partial t}\right|_{i,\ j}^{n} \approx \frac{\eta_{i,\ j}^{n+1}-\eta_{i,\ j}^{n-1}}{2\Delta t}$$

上述的差分属于中心差分，能够保证二阶精度。同理，水位对 x 方向和 y 方向的偏导数可以分别表示为

$$\left.\frac{\partial \eta}{\partial x}\right|_{i,\ j}^{n} \approx \frac{\eta_{i+1,\ j}^{n}-\eta_{i-1,\ j}^{n}}{2\Delta x} \text{和} \left.\frac{\partial \eta}{\partial y}\right|_{i,\ j}^{n} \approx \frac{\eta_{i,\ j+1}^{n}-\eta_{i,\ j-1}^{n}}{2\Delta y}$$

据此，我们就可以将原来写在连续时间和空间上的偏微分形式的海洋原始方程组，转化为写在上述离散的时间点和空间点上的近似差分方程组。最后，使用编程语言将这些近似差分方程组编写成程序代码就构成了海洋数值模式，使用计算机就可以运行海洋数值模式进行数值求解。自从用电子计算机实施潮流数值计算和预报以来，已经可以充分了解潮流的分布变化规律。

正压潮波的数值计算大体分为边值方法和初值方法两大类。Hansen(1952)在北海的二维潮波数值计算中给出了潮波边值问题的数值方法，即通常所说的边值方法。在这个方法中，根据给定海岸边界上的潮汐数据以及水体边界上的潮汐或潮流数据，对潮波方程进行数值计算。这种分潮波的边值问题方法只有在线性方程的情况下才是可行的，因而不适用于需要采用非线性方程研究的浅水海域，而且它没有考虑海岸对潮流的限制作用，因而所得的潮流，特别在近岸区域，可能与观测资料有显著偏差。但是这个方法只需计算零时和从零时过 1/4 周期这个时刻的潮位在海区中的分布，即可得到分潮的调和常数和潮流要素，因此，从计算量来考虑，这种方法省时，在电子计算机还不普及的 20 世纪五六十年代，这种方法获得了广泛的应用并取得了相当大的成功。

从 20 世纪 60 年代开始采用初值方法，它只需要给出水界的潮汐或潮流数据，并同时确定岸界的法向流速为 0，以此对方程进行数值计算，再以岸边和海上的潮汐、潮流资料对计算模型进行检验。自从电子计算机普及以来，采用初值方法的各种非线性理论模型迅速发展起来，并在各种海区得到了广泛的应用。本章主要介绍当前最常使用的初值方法。需要指出的是，我们想要了解这些近似方法能否给出精确解的一个“好”的表达式。我们尤其希望能够保证，只要我们愿意在空间和时间上足够精细地离散化函数，就能获得我们想要得到的精确的结果。判断近似差分方程的“适定性”以下面 3 条性质为依据。

一致性：当离散点的空间间隔和时间间隔趋近于 0 时，如果近似差分方程趋近于偏微分方程，则称近似差分方程具有一致性。

稳定性：当时间 t 趋于无穷大时，如果近似差分方程的解(或者计算机舍入误差)的增长存在上界，则称近似差分方程具有稳定性。

收敛性：当离散点的空间间隔和时间间隔趋近于 0 时，如果近似差分方程的解趋近于偏微分方程的解，则称近似差分方程具有收敛性。

需要指出的是，无论是近似差分方程的一致性还是其解的稳定性都不足以单独保证其收敛性。拉克斯-里克特迈耶(Lax-Richtmyer)等价定理给出了一致性、稳定性和收敛性之间的关系。这一定理指出，对于一个线性常系数偏微分方程，如果它的差分方程同时具有一致性和稳定性，那么就可以推出它具有收敛性。

10.2 POM 外模式简介

普林斯顿海洋模式(Princeton Ocean Model，POM)已经在国内外得到了广泛应用，最初的 POM 采用了 σ 垂向坐标，后来被改进为垂向广义坐标(Mellor et al.，2002；Ezer and Mellor，2004)。POM 在水平方向上采用 Arakawa-C 网格，在这一网格框架中，第 (i, j) 格点的水位 $\eta_{i,j}^{n}$ 位于第 (i, j) 网格点上，流速东分量 $U_{i,j}^{n}$ 位于第 (i, j) 格点和第 $(i-1, j)$ 格点中间的位置上，即位于 $\eta_{i,j}^{n}$ 所在第 (i, j) 格点的左侧，而流速北分量 $V_{i,j}^{n}$ 则位于第 (i, j) 格点和第 $(i, j-1)$ 格点中间的位置上，即位于 $\eta_{i,j}^{n}$ 所在第 (i, j) 格点的下方。设置 $M_{i,j}^{\eta}$ 为水位格点的蒙板(Mask)，即若为水格点则将其赋值为 1，若为陆地格点则将其赋值为 0；设置 $M_{i,j}^{U}$ 为流速东分量的蒙板，且赋值为 $M_{i,j}^{U} = M_{i,j}^{\eta} \cdot M_{i-1,j}^{\eta}$，即只要某格点流速东分量左右两侧的水位格点有一个是陆地格点，就将该格点流速东分量的蒙板设置为 0，只有两侧的水位格点都是水格点，才将该格点流速东分量的蒙板设置为 1；同样道理，设置 $M_{i,j}^{V}$ 为流速东分量的蒙板，且赋值为 $M_{i,j}^{V} = M_{i,j}^{\eta} \cdot M_{i,j-1}^{\eta}$。$\Delta x_{i,j}$ 是定义在 $\eta_{i,j}^{n}$ 所在第 (i, j) 格点处的 x 方向的网格间距，它等于 $\eta_{i+1,j}^{n}$ 所在第 $(i+1, j)$ 格点与 $\eta_{i-1,j}^{n}$ 所在第 $(i-1, j)$ 格点之间距离的一半，相当于 $U_{i,j}^{n}$ 所在格点到 $U_{i+1,j}^{n}$ 所在格点的距离。$\Delta y_{i,j}$ 是定义在 $\eta_{i,j}^{n}$ 所在第 (i, j) 格点处的 y 方向的网格间距，它等于 $\eta_{i,j+1}^{n}$ 所在第 $(i, j+1)$ 格点与 $\eta_{i,j-1}^{n}$ 所在第 $(i, j-1)$ 格点之间距离的一半，相当于 $V_{i,j}^{n}$ 所在格点到 $V_{i,j+1}^{n}$ 所在格点的距离。

真实的海洋过程是时空多尺度的，其中有些过程的空间尺度已经小于空间网格间距，属于次网格尺度过程，是无法被直接模拟出来的。因此，在海洋数值模式中，每个格点的值所代表的并不是这一个格点所在位置的值，而是该格点所处的一个小的计算单元区域的平均值。对于二维的正压潮波模拟，POM 中 $\eta_{i,j}^{n}$ 所代表的就是 $\Delta x_{i,j}\Delta y_{i,j}$ 这么大的面积单元区域的平均值，依此类推，对于三维问题，某个网格点的值实际代表了该网格点所在的一个单元体内的平均值。此外，海洋中存在湍流，其在时间和空间上都是小尺度的，难以解算，人们通常的做法是将流体力学方程组进行时间平均(也称为雷诺平均)，或者说是在时间轴上进行平滑，结合参数化方法，将湍流的统计效果用平均流的剪切来表示。因此，附录 5 中的偏微分形式的海洋原始方程组，实际上是时间平均后的方程组，相应的海洋数值模式中某一时刻的值也并非代表这一时刻的值，而是代表该时刻前后一段时间的平均值。

POM 是布西内斯克近似、体积守恒(或者说是不可压缩近似)、静力近似的海洋近似方程组模式。本章仅讨论正压潮波数值模拟，由附录 5 可知，忽略大气压强梯度力，其对应的浅水波方程组为

$$\begin{cases}\dfrac{\partial\eta}{\partial t}+\nabla_h\cdot[(\eta+H)\vec{V}_h]=0\\ \dfrac{\partial(\eta+H)\vec{V}_h}{\partial t}+\nabla_h\cdot[(\eta+H)\vec{V}_h\vec{V}_h]+\nabla_h\cdot\int_{-H}^{\eta}(\vec{\mathbf{v}}'_h\vec{\mathbf{v}}'_h)dz+f(\eta+H)\hat{\mathbf{k}}\times\vec{\mathbf{v}}_h\\ =-g(\eta+H)\nabla_h(\eta-\bar{\eta})-\dfrac{1}{\rho_0}\nabla_h\int_{-H}^{\eta}\left(\int_z^{\eta}\tilde{\rho}g\mathrm{d}z\right)\mathrm{d}z+\dfrac{1}{\rho_0}\left(\int_z^{\eta}\tilde{\rho}g\mathrm{d}z\right)\Big|_{z=-H}\nabla_h H-\vec{\boldsymbol{\tau}}_{\mathrm{top}}+\vec{\boldsymbol{\tau}}_{\mathrm{bottom}}\end{cases}$$

其中 $\bar{\eta}\equiv\bar{\eta}_M+\bar{\eta}_S$ 为与月球和太阳引潮力相对应的平衡潮，具体形式参见式(4-3-1)。由于正压波动的特征波动速度($\sqrt{gH}$)比斜压波动的特征波动速度($\sqrt{g'H}$ ，其中 g' 为约化重力加速度 $g'\equiv g\dfrac{|\Delta\bar{\rho}|}{\rho_0}=-\dfrac{gH}{\rho_0}\dfrac{\mathrm{d}\bar{\rho}}{\mathrm{d}z}=N^2H\ll g$)大几个数量级，因此模拟正压潮波所需的时间步长远小于模拟斜压波动所需的时间步长，所以，为了同时模拟正压潮波和斜压波动，而又不至于使用大量的计算资源，POM 采用了内模式和外模式相互分离的计算技术，其中内模式解的是布西内斯克近似、体积守恒、静力近似的海洋近似方程组，而外模式解的就是上面的浅水波方程组，因此，本章仅介绍 POM 外模式。令 A 为积分区域面积，L 为 A 的取正向的边界曲线，$\hat{\mathbf{n}}$ 为边界外法线方向的单位矢量，使用格林(Green)公式，于是可以将上述浅水波方程组写成有限体积(finite volume)格式

$$\begin{cases}\dfrac{\partial}{\partial t}\iint_A\eta\mathrm{d}A=-\oint_L[(\eta+H)\vec{V}_h]\cdot\hat{\mathbf{n}}\mathrm{d}L\\ \dfrac{\partial}{\partial t}\iint_A(\eta+H)\vec{V}_h\mathrm{d}A=-\oint_L[(\eta+H)\vec{V}_h\vec{V}_h]\cdot\hat{\mathbf{n}}\mathrm{d}L-\oint_L\left[\int_{-H}^{\eta}(\vec{\mathbf{v}}'_h\vec{\mathbf{v}}'_h)\mathrm{d}z\right]\cdot\hat{\mathbf{n}}\mathrm{d}L\\ \quad-\dfrac{1}{\rho_0}\iint_A\left[\nabla_h\int_{-H}^{\eta}\left(\int_z^{\eta}\tilde{\rho}g\mathrm{d}z\right)\mathrm{d}z-\left(\int_z^{\eta}\tilde{\rho}g\mathrm{d}z\right)\Big|_{z=-H}\nabla_h H\right]\mathrm{d}A\\ \quad-\iint_A f(\eta+H)\hat{\mathbf{k}}\times\vec{V}_h\mathrm{d}A-g\iint_A(\eta+H)\nabla_h(\eta-\bar{\eta})\mathrm{d}A-\iint_A(\vec{\boldsymbol{\tau}}_{\mathrm{top}}-\vec{\boldsymbol{\tau}}_{\mathrm{bottom}})\mathrm{d}A\end{cases}$$

在水平方向上采用 Arakawa-C 网格，读者不难推导出上述方程组的离散形式为

$$\begin{aligned}\frac{1}{2\Delta t}\Delta x_{i,j}\Delta y_{i,j}(\eta_{i,j}^{n+1}-\eta_{i,j}^{n-1})=&-\frac{1}{4}[(\eta_{i+1,j}^n+H_{i+1,j}+\eta_{i,j}^n+H_{i,j})(\Delta y_{i+1,j}+\Delta y_{i,j})U_{i+1,j}^n\\&-(\eta_{i,j}^n+H_{i,j}+\eta_{i-1,j}^n+H_{i-1,j})(\Delta y_{i,j}+\Delta y_{i-1,j})U_{i,j}^n]\\&-\frac{1}{4}[(\eta_{i,j+1}^n+H_{i,j+1}+\eta_{i,j}^n+H_{i,j})(\Delta x_{i,j+1}+\Delta x_{i,j})V_{i,j+1}^n\\&-(\eta_{i,j}^n+H_{i,j}+\eta_{i,j-1}^n+H_{i,j-1})(\Delta x_{i,j}+\Delta x_{i,j-1})V_{i,j}^n]\end{aligned}$$

$$\begin{aligned}&\frac{1}{16\Delta t}(\eta_{i,j}^{n+1}+H_{i,j}+\eta_{i-1,j}^{n+1}+H_{i-1,j})(\Delta x_{i,j}+\Delta x_{i-1,j})(\Delta y_{i,j}+\Delta y_{i-1,j})(U_{i,j}^{n+1}-U_{i,j}^{n-1})\\&=-ADX2D_{i,j}-ADVUA_{i,j}-DRX2D_{i,j}\end{aligned}$$

$$
\begin{aligned}
&+\frac{1}{4}(\Delta x_{i,j}+\Delta x_{i-1,j})(\Delta y_{i,j}+\Delta y_{i-1,j})\\
&\times\frac{1}{4}[f_{i,j}(\eta_{i,j}^{n}+H_{i,j})(V_{i,j+1}^{n}+V_{i,j}^{n})+f_{i-1,j}(\eta_{i-1,j}^{n}+H_{i-1,j})(V_{i-1,j+1}^{n}+V_{i-1,j}^{n})]\\
&-\frac{1}{4}g(\Delta y_{i,j}+\Delta y_{i-1,j})(\eta_{i,j}^{n}+H_{i,j}+\eta_{i-1,j}^{n}+H_{i-1,j})\\
&\times\{(1-2\alpha)[(\eta_{i,j}^{n}-\overline{\eta}_{i,j}^{n})-(\eta_{i-1,j}^{n}-\overline{\eta}_{i-1,j}^{n})]\\
&+\alpha[(\eta_{i,j}^{n-1}-\overline{\eta}_{i,j}^{n-1})-(\eta_{i-1,j}^{n-1}-\overline{\eta}_{i-1,j}^{n-1})\\
&+(\eta_{i,j}^{n+1}-\overline{\eta}_{i,j}^{n+1})-(\eta_{i-1,j}^{n+1}-\overline{\eta}_{i-1,j}^{n+1})]\}\\
&-\frac{1}{4}(\Delta x_{i,j}+\Delta x_{i-1,j})(\Delta y_{i,j}+\Delta y_{i-1,j})(\tau_{\text{top}}^{x}-\tau_{\text{bottom}}^{x})
\end{aligned}
$$

$$
\begin{aligned}
&\frac{1}{16\Delta t}(\eta_{i,j}^{n+1}+H_{i,j}+\eta_{i,j-1}^{n+1}+H_{i,j-1})(\Delta x_{i,j}+\Delta x_{i,j-1})(\Delta y_{i,j}+\Delta y_{i,j-1})(V_{i,j}^{n+1}-V_{i,j}^{n-1})\\
&=-ADY2D_{i,j}-ADVVA_{i,j}-DRY2D_{i,j}\\
&-\frac{1}{4}(\Delta x_{i,j}+\Delta x_{i,j-1})(\Delta y_{i,j}+\Delta y_{i,j-1})\frac{1}{4}[f_{i,j}(\eta_{i,j}^{n}+H_{i,j})(U_{i+1,j}^{n}+U_{i,j}^{n})\\
&+f_{i,j-1}(\eta_{i,j-1}^{n}+H_{i,j-1})(U_{i+1,j-1}^{n}+U_{i,j-1}^{n})]\\
&-\frac{1}{4}g(\Delta x_{i,j}+\Delta x_{i,j-1})(\eta_{i,j}^{n}+H_{i,j}+\eta_{i,j-1}^{n}+H_{i,j-1})\\
&\times\{(1-2\alpha)[(\eta_{i,j}^{n}-\overline{\eta}_{i,j}^{n})-(\eta_{i,j-1}^{n}-\overline{\eta}_{i,j-1}^{n})]\\
&+\alpha[(\eta_{i,j}^{n-1}-\overline{\eta}_{i,j}^{n-1})-(\eta_{i,j-1}^{n-1}-\overline{\eta}_{i,j-1}^{n-1})\\
&+(\eta_{i,j}^{n+1}-\overline{\eta}_{i,j}^{n+1})-(\eta_{i,j-1}^{n+1}-\overline{\eta}_{i,j-1}^{n+1})]\}\\
&-\frac{1}{4}(\Delta x_{i,j}+\Delta x_{i,j-1})(\Delta y_{i,j}+\Delta y_{i,j-1})(\tau_{\text{top}}^{y}-\tau_{\text{bottom}}^{y})
\end{aligned}
$$

在 POM 中，斜压梯度力项 $-\frac{1}{\rho_0}\iint_A\left[\nabla_h\int_{-H}^{\eta}(\int_z^{\eta}\widetilde{\rho}g\mathrm{d}z)\,\mathrm{d}z-(\int_z^{\eta}\widetilde{\rho}g\mathrm{d}z)\,|_{z=-H}\nabla_h H\right]\mathrm{d}A$ 在子程序 BAROPG 中被计算，并在主程序中通过垂向积分而被计算出来，存储于数组 *DRX2D* 和 *DRY2D* 中；平流项 $-\oint_L[(\eta+H)\vec{V}_h\vec{V}_h]\cdot\hat{\mathbf{n}}\mathrm{d}L$ 在子程序 ADVAVE 中被计算出来，被存储于数组 *ADVUA* 和 *ADVVA* 中，在该子程序中被同时计算出来的还包括水平扩散项的垂向积分以及空间曲率项的垂向积分，这两部分本书不做介绍；扰动速度项 $-\oint_L\left[\int_{-H}^{\eta}(\vec{\mathbf{v}}'_h\vec{\mathbf{v}}'_h)\,\mathrm{d}z\right]\cdot\hat{\mathbf{n}}\mathrm{d}L$ 在子程序 ADVCT 和主程序中被计算，并在主程序中通过垂向积分而被计算出来，存储于数组 *ADX2D* 和 *ADY2D* 中。POM 的时间积分采用蛙跳(leap-frog)格式，也就是用 $n-1$ 时刻和 n 时刻的物理量计算 $n+1$ 时刻的物理量，这一点可以在上述的离散方程中很明显地看到，动量方程中，水平压强梯度力和平衡潮项前面的系

数中的 α 完全可以取为 0，但 $\alpha = 0.225$ 可以让我们使用更长一些的时间步长 Δt 。

10.3 数值模拟结果

针对某一海区，基于上述 POM 的外模式，给定该海区的水深(H)、底摩擦系数(用于计算海底拖曳应力 τ^x_{bottom} 和 τ^y_{bottom})、开边界处的潮汐和潮流(由已知的调和常数计算出来)边界条件，以及与月球和太阳引潮力相对应的平衡潮($\bar{\eta} \equiv \bar{\eta}_M + \bar{\eta}_S$)，将水位(η)和海流(U 和 V)的初始条件设置为 0，就可以冷启动计算该海区的潮汐和潮流了，通常针对某个分潮积分十余个潮周期，模式即可稳定下来(即相邻两个周期的水位和海流差异不大)，将稳定后的逐时的水位和海流结果存储下来，使用调和分析方法即可计算潮汐和潮流的调和常数。

图 10-3-1 给出了基于上述 POM 的外模式计算得到的渤黄海区域的 M_2 分潮的模拟结果。迟角表示位相的延迟，因此，迟角等值线增大的方向就是正压潮波传播的方向，由图可见，M_2 分潮的潮波由南边界的东部沿着岸界向北传播，很容易看出，在其传播方向上右侧岸界的振幅大(具有一定的开尔文波的性质)，沿着岸界一路向北进入黄海，一部分转向西进入渤海，在渤海形成了两个无潮点，另一部分转向南沿岸界传播到南边界，在黄海形成了两个无潮点。

图 10-3-2 给出了渤海、黄海、东海 M_2 分潮的潮流椭圆(左上)、旋转率(右上)、最大潮流(左下)、同潮流时线(右下)图。从图中不难看出，最大潮流同潮流时线汇聚于某些点，在这些点上，其潮流流速并不为 0，而是其潮流椭圆的长半轴和短半轴相等，潮流矢量的末端构成了圆形，于是在这些点上不存在最大潮流发生的时间，这样的点叫作圆流点。

10.4 正压潮波的能通量计算

在通过海洋数值模式或者观测获得了某地点的某个分潮的潮汐和垂向平均水平二维潮流的调和常数之后，我们可以据此计算该分潮的正压潮能通量。某地点正压潮能通量矢量，实际上就是该地点单位面积上压力对水体做功的功率在一个潮周期的平均值对垂向整层水柱的积分。假设某地点 (x, y) 的瞬时水位为 $\eta(x, y, t)$ ，水深为 $-H(x, y)$ ，该地点第 i 个分潮的水位 $\eta_i(x, y, t)$ 的调和常数是 $H_i(x, y)$ 和 $g_i(x, y)$ ，在水静力平衡近似下，该分潮对应的压力就是 $p_i(x, y, z, t) = \rho_0 g[\eta_i(x, y, t) - z]$ ；对于正压潮，除底层受摩擦作用外，流速无垂向变化，假设各层潮流的东分量为 $u_i(x, y, z, t)$ ，北分量为 $v_i(x, y, z, t)$ ，正压潮流东分量 $U_i(x, y, t) \equiv \dfrac{1}{\eta(x, y, t) + H(x, y)} \displaystyle\int_{-H(x, y)}^{\eta(x, y, t)} u_i(x, y, z, t)\,\mathrm{d}z$ 的调和常数是 $H_{U_i}(x, y)$ 和 $g_{U_i}(x, y)$ ，

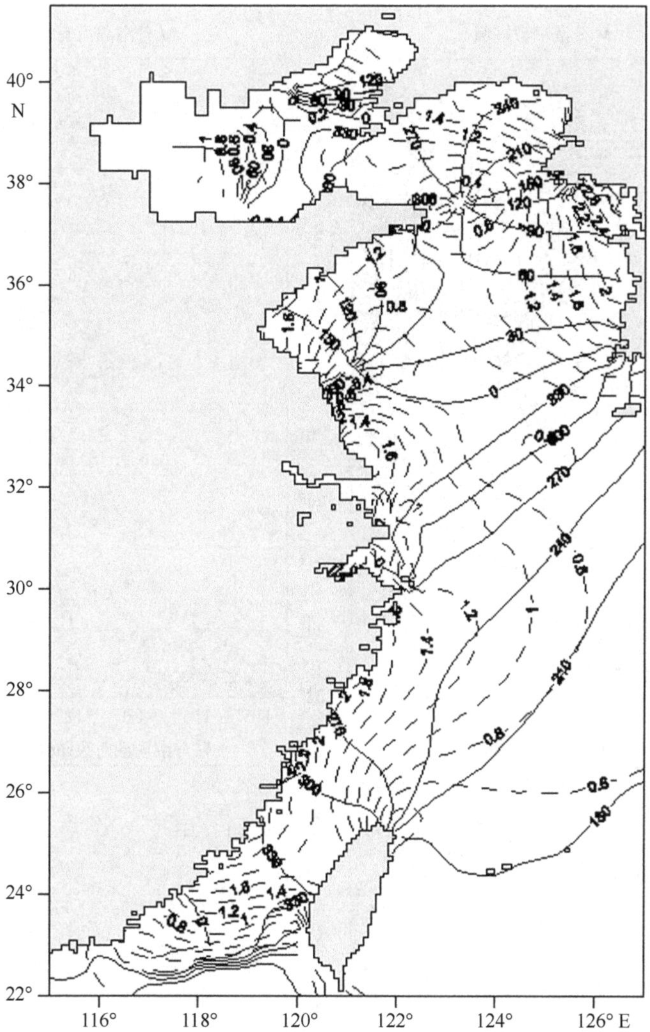

图 10-3-1　基于 POM 外模式模拟的渤海、黄海、东海 M_2 分潮同潮图

虚线为等振幅线(单位：m)，实线为等迟角线[单位：(°)]

北分量 $V_i(x, y, t) \equiv \dfrac{1}{\eta(x, y, t)+H(x, y)}\displaystyle\int_{-H(x, y)}^{\eta(x, y, t)} v_i(x, y, z, t)\mathrm{d}z$ 的调和常数是 $H_{V_i}(x, y)$ 和 $g_{V_i}(x, y)$；令 $\langle \bullet \rangle$ 代表在潮周期上的时间平均，那么该第 i 个分潮的正压潮能通量矢量的东分量就是

$$
\begin{aligned}
&\int_{-H(x, y)}^{\eta(x, y, t)} \langle p_i(x, y, z, t)u_i(x, y, z, t)\rangle \mathrm{d}z \\
&= \int_{-H(x, y)}^{\eta(x, y, t)} \langle \rho_0 g[\eta_i(x, y, t)-z]u_i(x, y, z, t)\rangle \mathrm{d}z \\
&= \int_{-H(x, y)}^{\eta(x, y, t)} \langle \rho_0 g \eta_i(x, y, t)u_i(x, y, z, t)\rangle \mathrm{d}z - \int_{-H(x, y)}^{\eta(x, y, t)} \langle \rho_0 g z u_i(x, y, z, t)\rangle \mathrm{d}z
\end{aligned}
$$

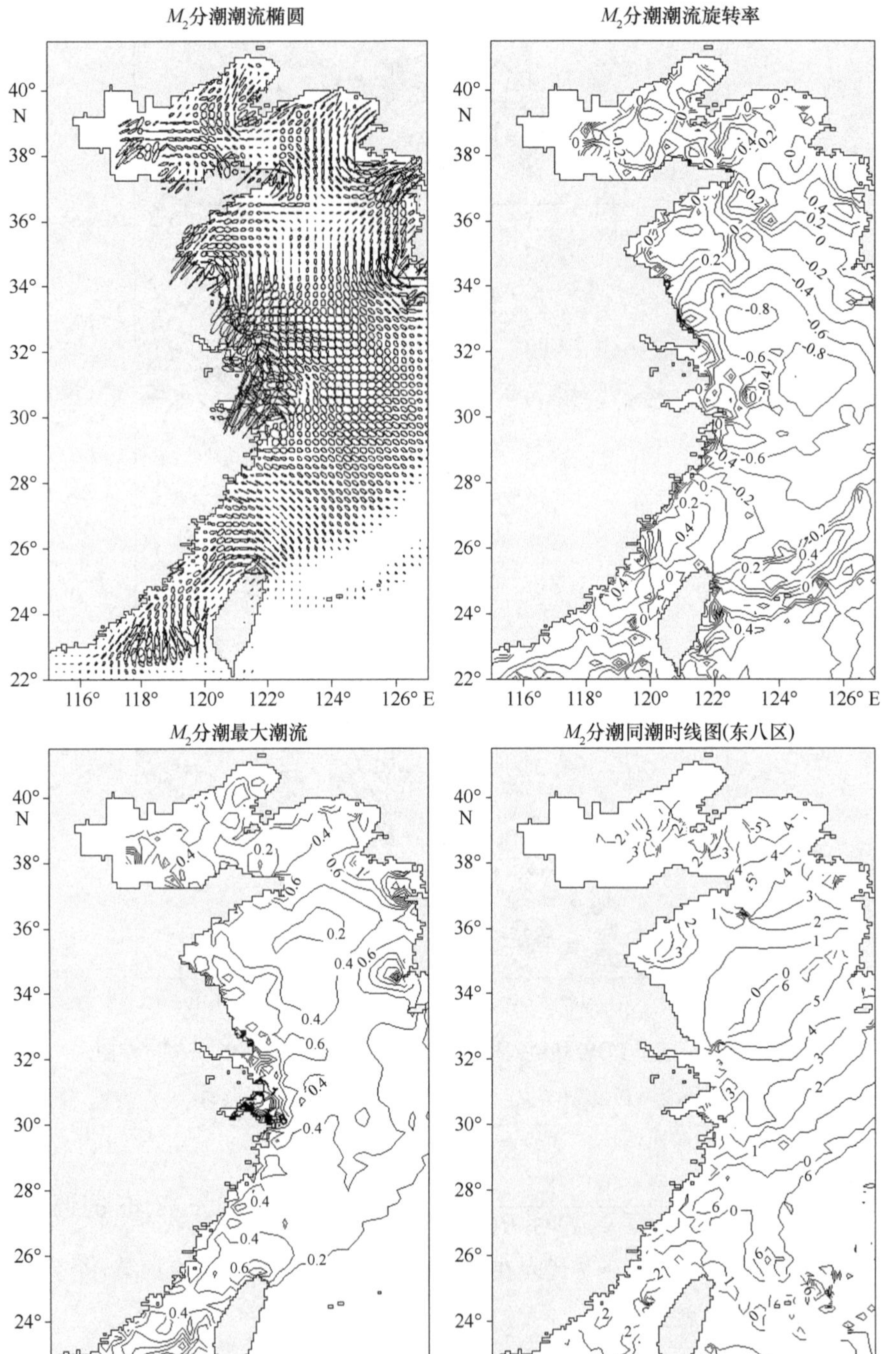

图 10-3-2　基于 POM 外模式模拟的渤海、黄海、东海 M_2 分潮潮流椭圆(左上)、旋转率(右上)、最大潮流(左下，单位：m/s)、同潮时线(右下，单位：h)

$$=\rho_0 g\int_{-H(x,y)}^{\eta(x,y,t)}\langle\boldsymbol{\eta}_i(x,y,t)u_i(x,y,z,t)\rangle\mathrm{d}z-\rho_0 g\int_{-H(x,y)}^{\eta(x,y,t)}z\langle u_i(x,y,z,t)\rangle\mathrm{d}z$$

如果潮余流为0，即 $\langle u_i(x,y,z,t)\rangle=0$，那么第 i 个分潮的正压潮能通量矢量的东分量就是

$$\begin{aligned}&\int_{-H(x,y)}^{\eta(x,y,t)}\langle p_i(x,y,z,t)u_i(x,y,z,t)\rangle\mathrm{d}z\\&=\rho_0 g\langle\boldsymbol{\eta}_i(x,y,t)\int_{-H(x,y)}^{\eta(x,y,t)}u_i(x,y,z,t)\mathrm{d}z\rangle\\&=\rho_0 g\langle\boldsymbol{\eta}_i(x,y,t)[\boldsymbol{\eta}(x,y,t)+H(x,y)]U_i(x,y,t)\rangle\end{aligned}$$

考虑到 $\boldsymbol{\eta}(x,y,t)\ll H(x,y)$，因此

$$\begin{aligned}&\int_{-H(x,y)}^{\eta(x,y,t)}\langle p_i(x,y,z,t)u_i(x,y,z,t)\rangle\mathrm{d}z\\&\approx\rho_0 gH(x,y)\langle\boldsymbol{\eta}_i(x,y,t)U_i(x,y,t)\rangle\\&=\rho_0 gH(x,y)\langle H_i(x,y)\cos[\boldsymbol{\sigma}_i t+V_{0_i}-g_i(x,y)]H_{U_i}(x,y)\cos[\boldsymbol{\sigma}_i t+V_{0_i}-g_{U_i}(x,y)]\rangle\\&=\rho_0 gH(x,y)H_i(x,y)H_{U_i}(x,y)\langle\cos[\boldsymbol{\sigma}_i t+V_{0_i}-g_i(x,y)]\cos[\boldsymbol{\sigma}_i t+V_{0_i}-g_{U_i}(x,y)]\rangle\\&=\frac{1}{2}\rho_0 gH(x,y)H_i(x,y)H_{U\,i}(x,y)\langle\cos[2\sigma_i t+2V_{0_i}-g_i(x,y)-g_{U_i}(x,y)]\\&\quad+\cos[g_i(x,y)-g_{U_i}(x,y)]\rangle\\&=\frac{1}{2}\rho_0 gH(x,y)H_i(x,y)H_{U\,i}(x,y)\cos[g_i(x,y)-g_{U_i}(x,y)]\end{aligned}$$

同理，该第 i 个分潮的正压潮能通量矢量的北分量就是

$$\begin{aligned}&\int_{-H(x,y)}^{\eta(x,y,t)}\langle p_i(x,y,z,t)v_i(x,y,z,t)\rangle\mathrm{d}z\\&\approx\rho_0 gH(x,y)\langle\boldsymbol{\eta}_i(x,y,t)V_i(x,y,t)\rangle\\&=\frac{1}{2}\rho_0 gH(x,y)H_i(x,y)H_{V\,i}(x,y)\cos[g_i(x,y)-g_{V_i}(x,y)]\end{aligned}$$

第四部分

潮波的工程应用

第 11 章　海平面和海图基准面

人们要测量陆地各点的高程和海洋的深度，都必须有一个起算面，起算面就是起算的零面，也叫作基准面。

一个国家或地区必须确定一个统一的陆地高程基准面。这个高程基准面必须科学和稳定，因为它对测绘、制图、海岸建设、环境保护、地震监测、地壳升降以及海洋学、气候学等各学科的研究都有重要的意义。

海区各点的水深是从深度基准面量至海底的深度。深度基准面就是海图基准面，它位于平均海面之下低潮面附近。

11.1　平均海面和国家高程基准

长期验潮站在整理潮汐月报表时，均要计算每天的日平均海面和每月的月平均海面。日平均海面是一天之中 24 个小时潮高值的平均值，一个月之中全月日平均海面的平均值作为月平均海面。全年月平均海面的平均值为年平均海面。多年(最好是 19 a)的平均值为多年平均海面，多年平均海面也称为海平面。海平面可以认为是消除了各种随机振动、短周期振动、长周期振动之后的理想平面。它的高度对固定地点而言，在空间一段时间内处于相对稳定状态，因而在把它视为定值的情况下，可将其看作一个地区或一个国家统一的高程系统的基准面。

1949 年以前，我国采用的高程基准面很不统一，有大沽零点、青岛零点、废黄河口零点、吴淞零点、坎门零点等 10 多个基准面。1957 年，我国选定青岛 1950—1956 年共 7 a 的平均海面作为全国统一的高程基准面，称为“黄海平均海水面”，在一些报告中提到的“56 黄海平均海面”就是指黄海平均海水面，它位于青岛验潮站水尺零点之上 2. 39 m。由于 1957 年确定黄海平均海水面时，依据的潮汐资料太少，算得的平均海面不稳定，而且 1950—1951 年的潮汐资料有较大系统误差，鉴于这些原因，决定确立新的高程基准面。陈宗镛等通过对 42 个验潮站的潮汐资料进行连续时间序列资料处理，采用 5 种低通滤波公式进行计算，得到各站的平均海面、海平面的变化和分布规律，最终依据青岛验潮站 10 组 19 a 的潮汐资料准确地确定了新的高程基准面，被称为“1985 国家高程基准”，并通过精确的水准测量测得了各验潮站当地的平均海面与 1985 国家高程基准的高度差。这一新的高程基准面于 1987 年经国务院批准由国家测绘局公告全国启用。

世界其他国家也有自己的高程基准面，例如，欧洲地区以阿姆斯特丹验潮站、英国以纽林验潮站、美国以波特兰验潮站、日本以东京灵岸岛验潮站的平均海面，分别作为该地区或国家的高程基准面。

11.2 海平面的空间分布和长期变化

11.2.1 空间分布

海平面是有一定的空间分布结构的，例如，依据全国42个验潮站的潮汐资料计算各站当地的平均海面，再对各站进行一等水准联测，求得各站的平均海面与1985国家高程基准的高度差，测量结果表明，我国沿海的平均海面呈南高北低的分布趋势，南北最大高度差为70±10 cm。

11.2.2 长期分布

1994年联合国环境规划署发表的《环境数据报告》指出，地球正在变暖，冰川正在缩小，海平面正在上升。海平面的上升将加剧沿海地区风暴灾害的破坏程度，加大沿海城市的洪涝威胁，减弱港口功能，引发海水入侵、土壤盐渍化、海岸侵蚀，造成沿海城市市政排污工程的排污能力降低，对环境和人类活动构成直接威胁。海平面上升的问题已经引起世界各国的高度关注。平均海面除了具有上升或下降的趋势外，还具有18.61 a等长周期的变化。在研究平均海面的上升或下降的问题时，一定要先消除平均海面长周期变化部分，否则会得出错误的结论。例如，大于1 a的长周期分潮有交点潮(18.61 a)、半交点潮(9.31 a)、近点潮(8.85 a)、极潮(430 d)、太阳黑子活动引起的潮汐(11.13 a)，所以，在研究平均海面的上升或下降的问题时，一定要先消除这些长周期变化部分。

大部分的太阳辐射为可见光，它们可不受阻拦地通过大气而到达地面，使地球变暖，但地面则以红外辐射将热量辐射出去。因大气中的CO_2、水蒸气和其他一些气体能吸收红外辐射，所以一部分热量不能进入太空，致使地球变暖，被称为温室效应。在过去的三四千年里，海平面几乎没有上升，可是近百年来随着工业的兴起发展和石油能源的应用，人类向自然界释放的CO_2增加，提高了温室效应的强度，使全球气候变暖，海水温度也随之升高，进而使海水热膨胀造成海平面上升。与此同时，地球两极海洋和大气的变暖使极地地区附近海域的冰盖开始消融，也促使海平面不断上升。另外，有些地区由于地面沉降，造成了海平面的相对升高。

依据数十年的年平均海面或者月平均海面资料，利用下式可以研究海平面上升的速

率，为不失一般性，我们设长周期分潮总数为 M 个，水位可以按照分潮展开为如下形式

$$\eta(t)=\eta_0+Lt+\sum_{i=1}^{M}f_iH_i\cos(\sigma_it+V_{0_i}+u_i-g_i)$$

其中，η_0+Lt 为海平面，Lt 为海平面线性变化项，L 为海平面线性变化速率。假设水位观测值为 η_n^{obs}，$(n=1, \cdots, N)$，N 为水位观测总数。η_0 和 L 以及调和常数 H_i 和 g_i 是待求的未知量，我们将采用最小二乘法来计算这些未知量。为此，我们建立目标函数

$$J(\eta_0, L, H_1, g_1, \cdots, H_i, g_i, \cdots, H_M, g_M)=\frac{1}{2}\sum_{n=1}^{N}[\eta(t_n)-\eta_n^{\text{obs}}]^2$$

由上可见，目标函数是 η_0 和 L 以及调和常数 H_i 和 g_i 的函数，我们需要寻找一组 η_0 和 L 以及调和常数 H_i 和 g_i，使预报水位值 $\eta(t_n)$ 尽量贴近观测水位值 η_n^{obs}，这对应着目标函数取极小值。将上述水位预报公式代入目标函数，得

$$\begin{aligned}
&J(\eta_0, L, H_1, g_1, \cdots, H_i, g_i, \cdots, H_M, g_M)\\
&=\frac{1}{2}\sum_{n=1}^{N}[\eta(t_n)-\eta_n^{\text{obs}}]^2\\
&=\frac{1}{2}\sum_{n=1}^{N}\left[\eta_0+Lt_n+\sum_{i=1}^{M}f_iH_i\cos(\sigma_it_n+V_{0_i}+u_i-g_i)-\eta_n^{\text{obs}}\right]^2\\
&=\frac{1}{2}\sum_{n=1}^{N}\left[\eta_0+Lt_n+\sum_{i=1}^{M}H_i\cos(g_i)f_i\cos(\sigma_it_n+V_{0_i}+u_i)+\sum_{i=1}^{M}H_i\sin(g_i)f_i\sin(\sigma_it_n+V_{0_i}+u_i)-\eta_n^{\text{obs}}\right]^2
\end{aligned}$$

做如下变量替换，即

$$\begin{cases}A_i\equiv H_i\cos(g_i)\\B_i\equiv H_i\sin(g_i)\end{cases}$$

并引入如下的定义

$$\begin{cases}C_{ni}\equiv f_i\cos(\sigma_it_n+V_{0_i}+u_i)\\S_{ni}\equiv f_i\sin(\sigma_it_n+V_{0_i}+u_i)\end{cases}$$

如此一来，目标函数由自变量为（η_0, L, H_1, g_1, $\cdots$, H_i, g_i, $\cdots$, H_M, g_M）的函数转变为自变量为（η_0, L, A_1, B_1, $\cdots$, A_i, B_i, $\cdots$, A_M, B_M）的函数，即

$$J(\eta_0, L, A_1, B_1, \cdots, A_i, B_i, \cdots, A_M, B_M)=\frac{1}{2}\sum_{n=1}^{N}\left[\eta_0+Lt_n+\sum_{i=1}^{M}A_iC_{ni}+\sum_{i=1}^{M}B_iS_{ni}-\eta_n^{\text{obs}}\right]^2$$

为了极小化上述目标函数，需要将目标函数对控制变量求导数，得到

$$\begin{aligned}
\frac{\partial J(\eta_0, L, A_1, B_1, \cdots, A_i, B_i, \cdots, A_M, B_M)}{\partial\eta_0}&=\sum_{n=1}^{N}\left(\eta_0+Lt_n+\sum_{i=1}^{M}A_iC_{ni}+\sum_{i=1}^{M}B_iS_{ni}-\eta_n^{\text{obs}}\right)\\
&=\eta_0N+L\sum_{n=1}^{N}t_n+\sum_{i=1}^{M}A_i\sum_{n=1}^{N}C_{ni}+\sum_{i=1}^{M}B_i\sum_{n=1}^{N}S_{ni}-\sum_{n=1}^{N}\eta_n^{\text{obs}}
\end{aligned}$$

$$\frac{\partial J(\eta_0, L, A_1, B_1, \cdots, A_i, B_i, \cdots, A_M, B_M)}{\partial L}=\sum_{n=1}^{N}\left(\eta_0+Lt_n+\sum_{i=1}^{M}A_iC_{ni}+\sum_{i=1}^{M}B_iS_{ni}-\eta_n^{\text{obs}}\right)t_n$$

$$= \eta_0 \sum_{n=1}^{N} t_n + L \sum_{n=1}^{N} t_n^2 + \sum_{i=1}^{M} A_i \sum_{n=1}^{N} C_{ni} t_n + \sum_{i=1}^{M} B_i \sum_{n=1}^{N} S_{ni} t_n - \sum_{n=1}^{N} \eta_n^{\text{obs}} t_n$$

$$\frac{\partial J(\eta_0, A_1, B_1, \cdots, A_i, B_i, \cdots, A_M, B_M)}{\partial A_j} = \sum_{n=1}^{N} \left(\eta_0 + L t_n + \sum_{i=1}^{M} A_i C_{ni} + \sum_{i=1}^{M} B_i S_{ni} - \eta_n^{\text{obs}} \right) C_{nj}$$

$$= \eta_0 \sum_{n=1}^{N} C_{nj} + L \sum_{n=1}^{N} t_n C_{nj} + \sum_{i=1}^{M} A_i \sum_{n=1}^{N} C_{ni} C_{nj} + \sum_{i=1}^{M} B_i \sum_{n=1}^{N} S_{ni} C_{nj} - \sum_{n=1}^{N} \eta_n^{\text{obs}} C_{nj}$$

$$\frac{\partial J(\eta_0, A_1, B_1, \cdots, A_i, B_i, \cdots, A_M, B_M)}{\partial B_j} = \sum_{n=1}^{N} \left(\eta_0 + L t_n + \sum_{i=1}^{M} A_i C_{ni} + \sum_{i=1}^{M} B_i S_{ni} - \eta_n^{\text{obs}} \right) S_{nj}$$

$$= \eta_0 \sum_{n=1}^{N} S_{nj} + L \sum_{n=1}^{N} t_n S_{nj} + \sum_{i=1}^{M} A_i \sum_{n=1}^{N} C_{ni} S_{nj} + \sum_{i=1}^{M} B_i \sum_{n=1}^{N} S_{ni} S_{nj} - \sum_{n=1}^{N} \eta_n^{\text{obs}} S_{nj}$$

为了极小化目标函数，我们让上述梯度值为0，从而可以得到如下线性方程组

$$\begin{cases} \eta_0 N + L \sum_{n=1}^{N} t_n + \sum_{i=1}^{M} A_i \sum_{n=1}^{N} C_{ni} + \sum_{i=1}^{M} B_i \sum_{n=1}^{N} S_{ni} = \sum_{n=1}^{N} \eta_n^{\text{obs}} \\ \eta_0 \sum_{n=1}^{N} t_n + L \sum_{n=1}^{N} t_n^2 + \sum_{i=1}^{M} A_i \sum_{n=1}^{N} C_{ni} t_n + \sum_{i=1}^{M} B_i \sum_{n=1}^{N} S_{ni} t_n = \sum_{n=1}^{N} \eta_n^{\text{obs}} t_n \\ \eta_0 \sum_{n=1}^{N} C_{nj} + L \sum_{n=1}^{N} t_n C_{nj} + \sum_{i=1}^{M} A_i \sum_{n=1}^{N} C_{ni} C_{nj} + \sum_{i=1}^{M} B_i \sum_{n=1}^{N} S_{ni} C_{nj} = \sum_{n=1}^{N} \eta_n^{\text{obs}} C_{nj} \quad (j = 1, 2, \cdots, M) \\ \eta_0 \sum_{n=1}^{N} S_{nj} + L \sum_{n=1}^{N} t_n S_{nj} + \sum_{i=1}^{M} A_i \sum_{n=1}^{N} C_{ni} S_{nj} + \sum_{i=1}^{M} B_i \sum_{n=1}^{N} S_{ni} S_{nj} = \sum_{n=1}^{N} \eta_n^{\text{obs}} S_{nj} \quad (j = 1, 2, \cdots, M) \end{cases}$$

该方程组涉及 $(\eta_0, L, A_1, B_1, \cdots, A_i, B_i, \cdots, A_M, B_M)$ 共 $(2M+2)$ 个变量，共有 $(2M+2)$ 个方程，采用高斯消元法即可求解上述方程组，由上述推导可见，如此得到的控制变量 $(\eta_0, L, A_1, B_1, \cdots, A_i, B_i, \cdots, A_M, B_M)$ 能够使目标函数取极小值，即可以使预报水位值 $\eta(t_n)$ 最大限度地贴近观测水位值 η_n^{obs}，那么这一组控制变量就是我们要求的结果，L 即为我们要计算的海平面变化速率。在上面的推导中，除了各个分潮之外，我们只考虑了海平面随时间变化的0次幂和1次幂，一般来说，采用上述方法已经可以对海平面进行定量评估了。感兴趣的读者也可以自行推导进一步考虑了时间2次幂或者更高次幂的海平面变化分析公式。依据全球102个验潮站平均海面资料计算得知，全球海平面平均上升速率为1.5 mm/a；依据中国沿海50个验潮站平均海面资料计算得知，中国沿海海平面平均上升速率为2.5 mm/a。

11.3 短期验潮站年平均海面的确定

短期验潮站只具有短期的验潮资料(例如，只有一个月)，不足以计算多年平均海面，可采用水准联测法和同步改正法，依据附近长期验潮站的多年平均海面的高度确定短期验潮站的多年平均海面。但是短期验潮站距离长期验潮站不能太远，而且短期验潮

站和长期验潮站的水文环境状况应该尽量一致。

11.3.1 水准联测法

如图 11-3-1 所示，长期验潮站的多年平均海面已经确定，水准点 A 与多年平均海面的高差为 h_1。视长期验潮站与短期验潮站的多年平均海面的高度一致。在短期验潮站设水准点 B，进行水准测量，求得水准点 A 和水准点 B 的高度差 Δh，那么短期站的多年平均海面：

$$h_2 = h_1 - \Delta h$$

再通过测量得到多年平均海面在短期验潮站水尺零点之上的高度。

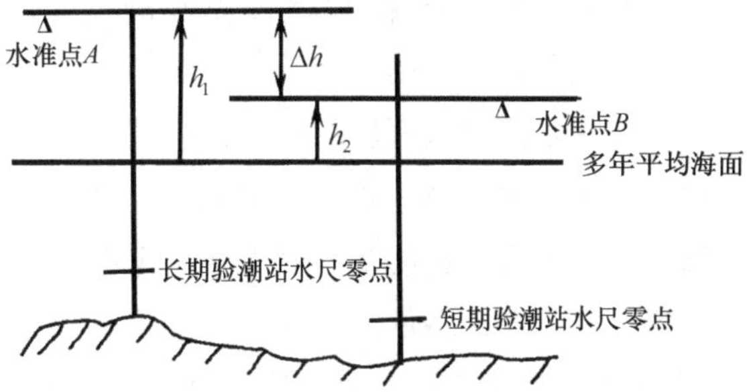

图 11-3-1 水准联测法示意图

11.3.2 同步改正法

如图 11-3-2 所示，短期验潮站具有短期的验潮资料，取附近长期验潮站同步的短期验潮资料，计算它们短期同步的平均海面，分别以 h_3 和 h_2 表示，长期验潮站的多年平均海面 h_1 为已知。视两个站的多年平均海面及短期平均海面高度一致，则短期验潮站的多年平均海面从它的水尺零点起算的高度：

$$h = h_3 + (h_1 - h_2)$$

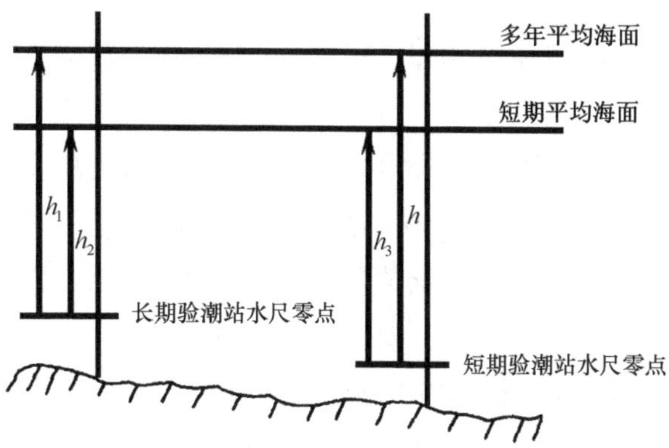

图 11-3-2 同步改正法示意图

在实际工作中，最好采用水准联测法确定短期验潮站的多年平均海面，再使用同步改正法进行校核。

11.4 海图基准面

海洋的水深不仅随地点变化，还因为受到潮汐的作用而随时间变化。为了编制海图，需要确定一个基准面，将这个面至海底的水深标定在海图上，这个基准面被称为海图的深度基准面。深度基准面各地的高度不同，潮差大的海区深度基准面低，潮差小的海区深度基准面高。同一幅海图上各点的深度基准面的高度也不相同。海图上潮信表内标明的若干站(当地)平均海面的高度是从深度基准面起算的高度。海区的深度基准面一旦确定，是不能任意改动的，以免发生错误。

从海图上查得海区某一点的水深后，再从潮汐表查得某一时刻从深度基准面起算的潮高值，两者相加即为该时刻的瞬时水深。在一般情况下，航海人员常凭借海图航行，因而深度基准面确定的高低事关重大。深度基准面需要确定在大多数的低潮位之下。如果确定的深度基准面的位置太高，在许多低潮情况下，实际水深小于海图水深，航行时容易误导船只搁浅；如果深度基准面定得太低，有些不易干出的地方，在海图上干出了，使本来可以航行的水道被误认为不能通航，就会降低航道的使用率。深度基准面的确定，一般应有95%以上的保证率。保证率是指全年高于深度基准面的低潮次数与全年低潮总次数之比，即

$$\text{保证率} = \frac{\text{全年高于深度基准面的低潮次数}}{\text{全年低潮总次数}} \times 100\%$$

各个国家采用的深度基准面不同，下面介绍几种：

(1)略最低低潮面。略最低低潮面又称印度大潮低潮面。印度和日本采用略最低低潮面，1956年以前我国也采用它。

$$L = -(H_{M_2} + H_{S_2} + H_{K_1} + H_{O_1})$$

(2)平均低潮面。美国大西洋沿岸、瑞典的北海地区和荷兰等国家采用平均低潮面。

$$L = -H_{M_2}$$

(3)平均低低潮面。美国的太平洋沿岸、菲律宾和夏威夷岛采用平均低低潮面。

$$L = -[H_{M_2} + (H_{K_1} + H_{O_1})\cos(45°)]$$

(4)最低潮面。法国、西班牙、葡萄牙、巴西等国家采用最低潮面。

$$L = -1.2(H_{M_2} + H_{S_2} + H_{K_2})$$

(5)平均大潮低潮面。欧洲若干国家采用平均大潮低潮面。

$$L = -(H_{M_2} + H_{S_2})$$

(6)理论深度基准面。该深度基准面由苏联弗拉基米尔提出。依据潮汐调和常数计

算理论最低潮面作为深度基准面。苏联及1956年以后的我国采用该理论深度基准面。作为我国的法定深度基准面，理论深度基准面采用 M_2、S_2、N_2、K_2、K_1、O_1、P_1、Q_1、M_4、MS_4、M_6、Sa、Ssa 共13个分潮的调和常数来计算。令 $M=13$，i 从1到13取值分别代表上述13个分潮，相对于海平面的各个时刻的潮汐水位可以大体上表示成上述13个分潮水位叠加的形式，

$$\eta(t)=\sum_{i=1}^{M}f_iH_i\cos(\sigma_it+V_{0_i}+u_i-g_i)$$

那么理论深度基准面就是计算这个 $\eta(t)$ 的最低值。当然，在获得了各个分潮的调和常数的基础上，可以直接利用上式在18.61 a的时间跨度上计算每时每刻的潮位，搜寻最小值即可得到理论深度基准面，但这样搜寻费时费力，下面介绍简单计算方法。令 $R_i=f_iH_i$ 和 $\varphi_i=\sigma_it+V_{0_i}+u_i-g_i$，由杜德森展开(附表1)，我们有

$$\begin{cases}\varphi_{M_2}=30°t-2s+2h-g_{M_2}\\ \varphi_{S_2}=30°t-g_{S_2}\\ \varphi_{N_2}=30°t-2s+2h+p-g_{N_2}\\ \varphi_{K_2}=30°t+2h-g_{K_2}\\ \varphi_{K_1}=15°t+h+90°-g_{K_1}\\ \varphi_{O_1}=15°t-2s+h+270°-g_{O_1}\\ \varphi_{P_1}=15°t-h+270°-g_{P_1}\\ \varphi_{Q_1}=15°t-3s+h+p+270°-g_{Q_1}\\ \varphi_{M_4}=60°t-4h+4h-g_{M_4}\\ \varphi_{MS_4}=60°t-2s+2h-g_{MS_4}\\ \varphi_{M_6}=90°t-6s+6h-g_{M_6}\\ \varphi_{Sa}=h-g_{Sa}\\ \varphi_{Ssa}=2h-g_{Ssa}\end{cases}$$

如果定义

$$\begin{cases}a=2g_{K_1}-180°-g_{K_2}\\ \tau_1=\varphi_{K_1}+(g_{K_1}+g_{O_1}-g_{M_2})\\ \tau_2=\varphi_{K_1}+(g_{K_1}+g_{P_1}-g_{S_2})\\ \tau_3=\varphi_{K_1}+(g_{K_1}+g_{Q_1}-g_{N_2})\end{cases}$$

考察各个分潮相位与 K_1 或 M_2 分潮相位的关系，我们发现

$$\begin{cases}\varphi_{K_2}=2\varphi_{K_1}+(2g_{K_1}-180^\circ-g_{K_2})=2\varphi_{K_1}+a\\ \varphi_{O_1}=\varphi_{M_2}-[\varphi_{K_1}+(g_{K_1}+g_{O_1}-g_{M_2})]=\varphi_{M_2}-\tau_1\\ \varphi_{P_1}=\varphi_{S_2}-[\varphi_{K_1}+(g_{K_1}+g_{P_1}-g_{S_2})]=\varphi_{S_2}-\tau_2\\ \varphi_{Q_1}=\varphi_{N_2}-[\varphi_{K_1}+(g_{K_1}+g_{Q_1}-g_{N_2})]=\varphi_{N_2}-\tau_3\\ \varphi_{M_4}=2\varphi_{M_2}+2g_{M_2}-g_{M_4}\\ \varphi_{MS_4}=\varphi_{M_2}+\varphi_{S_2}+g_{M_2}+g_{S_2}-g_{MS_4}\\ \varphi_{M_6}=3\varphi_{M_2}+3g_{M_2}-g_{M_6}\\ \varphi_{Sa}=\varphi_{K_1}-\dfrac{1}{2}(\varphi_{S_2}-180^\circ)+g_{K_1}-\dfrac{1}{2}g_{S_2}-180^\circ-g_{Sa}\\ \varphi_{Ssa}=2\varphi_{K_1}-\varphi_{S_2}+180^\circ+2g_{K_1}-g_{S_2}-g_{Ssa}\end{cases}$$

于是水位可以写为

$$\begin{aligned}\eta(t)&=\sum_{i=1}^{13}f_iH_i\cos(\sigma_it+V_{0_i}+u_i-g_i)=\sum_{i=1}^{13}R_i\cos(\varphi_i)\\&=R_{K_1}\cos(\varphi_{K_1})+R_{K_2}\cos(2\varphi_{K_1}+a)+R_{M_2}\cos(\varphi_{M_2})+R_{O_1}\cos(\varphi_{M_2}-\tau_1)\\&\quad+R_{S_2}\cos(\varphi_{S_2})+R_{P_1}\cos(\varphi_{S_2}-\tau_2)+R_{N_2}\cos(\varphi_{N_2})+R_{Q_1}\cos(\varphi_{N_2}-\tau_3)\\&\quad+R_{M_4}\cos(\varphi_{M_4})+R_{MS_4}\cos(\varphi_{MS_4})+R_{M_6}\cos(\varphi_{M_6})+R_{Sa}\cos(\varphi_{Sa})+R_{Ssa}\cos(\varphi_{Ssa})\end{aligned}$$

进一步地，分别将 M_2 和 O_1 合并成 $M_{2\_}O_1$，将 S_2 和 P_1 合并成 $S_{2\_}P_1$，将 N_2 和 Q_1 合并成 $N_{2\_}Q_1$

$$\begin{cases}R_{M_2}+R_{O_1}\cos(\tau_1)=R_{M_2\_O_1}\cos(\varepsilon_{M_2\_O_1})\\ R_{O_1}\sin(\tau_1)=R_{M_2\_O_1}\sin(\varepsilon_{M_2\_O_1})\end{cases}$$

$$\begin{cases}R_{S_2}+R_{P_1}\cos(\tau_2)=R_{S_2\_P_1}\cos(\varepsilon_{S_2\_P_1})\\ R_{P_1}\sin(\tau_2)=R_{S_2\_P_1}\sin(\varepsilon_{S_2\_P_1})\end{cases}$$

$$\begin{cases}R_{N_2}+R_{Q_1}\cos(\tau_3)=R_{N_2\_Q_1}\cos(\varepsilon_{N_2\_Q_1})\\ R_{Q_1}\sin(\tau_3)=R_{N_2\_Q_1}\sin(\varepsilon_{N_2\_Q_1})\end{cases}$$

其中

$$\begin{cases}R_{M_2\_O_1}=\sqrt{R_{M_2}^2+R_{O_1}^2+2R_{M_2}R_{O_1}\cos(\tau_1)}\quad \tan(\varepsilon_{M_2\_O_1})=\dfrac{R_{O_1}\sin(\tau_1)}{R_{M_2}+R_{O_1}\cos(\tau_1)}\\ R_{S_2\_P_1}=\sqrt{R_{S_2}^2+R_{P_1}^2+2R_{S_2}R_{P_1}\cos(\tau_2)}\quad \tan(\varepsilon_{S_2\_P_1})=\dfrac{R_{P_1}\sin(\tau_2)}{R_{S_2}+R_{P_1}\cos(\tau_2)}\\ R_{N_2\_Q_1}=\sqrt{R_{N_2}^2+R_{Q_1}^2+2R_{N_2}R_{Q_1}\cos(\tau_3)}\quad \tan(\varepsilon_{N_2\_Q_1})=\dfrac{R_{Q_1}\sin(\tau_3)}{R_{N_2}+R_{Q_1}\cos(\tau_3)}\end{cases}$$

于是水位可以进一步写为

$$\eta(t) = R_{K_1}\cos(\varphi_{K_1}) + R_{K_2}\cos(2\varphi_{K_1} + a)$$
$$+ R_{M_2\_O_1}\cos(\varphi_{M_2} - \varepsilon_{M_2\_O_1}) + R_{S_2\_P_1}\cos(\varphi_{S_2} - \varepsilon_{S_2\_P_1}) + R_{N_2\_Q_1}\cos(\varphi_{N_2} - \varepsilon_{N_2\_Q_1})$$
$$+ R_{M_4}\cos(\varphi_{M_4}) + R_{MS_4}\cos(\varphi_{MS_4}) + R_{M_6}\cos(\varphi_{M_6}) + R_{Sa}\cos(\varphi_{Sa}) + R_{Ssa}\cos(\varphi_{Ssa})$$

由上式可见，$\eta(t)$ 化成 φ_{K_1}、φ_{M_2}、φ_{S_2}、φ_{N_2} 的函数，$\eta(t)$ 取最小值的时候，$(\varphi_{M_2} - \varepsilon_{M_2\_O_1})$、$(\varphi_{S_2} - \varepsilon_{S_2\_P_1})$ 和 $(\varphi_{N_2} - \varepsilon_{N_2\_Q_1})$ 应该取 180°，即

$$\begin{cases} \varphi_{M_2} = \varepsilon_{M_2\_O_1} + 180^\circ \\ \varphi_{S_2} = \varepsilon_{S_2\_P_1} + 180^\circ \\ \varphi_{N_2} = \varepsilon_{N_2\_Q_1} + 180^\circ \end{cases}$$

这使上述 $\varepsilon_{M_2\_O_1}$、$\varepsilon_{S_2\_P_1}$ 和 $\varepsilon_{N_2\_Q_1}$ 分别与 τ_1、τ_2 和 τ_3 有关，即

$$\begin{cases} \varphi_{M_2} = \varepsilon_{M_2\_O_1} + 180^\circ = \arctan\left[\dfrac{R_{O_1}\sin(\tau_1)}{R_{M_2} + R_{O_1}\cos(\tau_1)}\right] + 180^\circ \\ \varphi_{S_2} = \varepsilon_{S_2\_P_1} + 180^\circ = \arctan\left[\dfrac{R_{P_1}\sin(\tau_2)}{R_{S_2} + R_{P_1}\cos(\tau_2)}\right] + 180^\circ \\ \varphi_{N_2} = \varepsilon_{N_2\_Q_1} + 180^\circ = \arctan\left[\dfrac{R_{Q_1}\sin(\tau_3)}{R_{N_2} + R_{Q_1}\cos(\tau_3)}\right] + 180^\circ \end{cases}$$

而 τ_1、τ_2 和 τ_3 又是 φ_{K_1} 的函数，所以 φ_{M_2}、φ_{S_2} 和 φ_{N_2} 可以表达成 φ_{K_1} 的函数，而 φ_{M_4}、φ_{MS_4} 和 φ_{M_6} 是 φ_{M_2} 和 φ_{S_2} 的函数，φ_{Sa} 和 φ_{Ssa} 是 φ_{K_1} 和 φ_{S_2} 的函数，所以综上所述，各个分潮的相位最终都可以表示成 φ_{K_1} 的函数，那么令 φ_{K_1} 在(0°，1°，…，359°)分别取值，并令月球升交点黄经 N 分别取 0°和 180°以确保能够遍历到各分潮的交点因子的最大取值，如此计算理论最低潮位，作为深度基准面，称为理论深度基准面

$$L = f_{K_1}H_{K_1}\cos(\varphi_{K_1}) + f_{K_2}H_{K_2}\cos(2\varphi_{K_1} + 2g_{K_1} - 180^\circ - g_{K_2}) - R_{M_2\_O_1} - R_{S_2\_P_1} - R_{N_2\_Q_1}$$
$$+ R_{M_4}\cos(\varphi_{M_4}) + R_{MS_4}\cos(\varphi_{MS_4}) + R_{M_6}\cos(\varphi_{M_6}) + R_{Sa}\cos(\varphi_{Sa}) + R_{Ssa}\cos(\varphi_{Ssa})$$

第 12 章　工程潮位

12.1　潮汐特征值

12.1.1　潮汐类型

依据一个月内每天出现二高、二低和一高、一低的天数来确定潮汐类型的方法，实行时并不方便，现在普遍依据潮汐调和常数计算。我国判断潮汐类型的标准为

$$
\begin{cases}
\text{正规半日潮} \quad \dfrac{H_{K_1}+H_{O_1}}{H_{M_2}} \leqslant 0.5 \\
\text{不正规半日混合潮} \quad 0.5 < \dfrac{H_{K_1}+H_{O_1}}{H_{M_2}} \leqslant 2.0 \\
\text{不正规日潮混合潮} \quad 2.0 < \dfrac{H_{K_1}+H_{O_1}}{H_{M_2}} \leqslant 4.0 \\
\text{正规日潮} \quad \dfrac{H_{K_1}+H_{O_1}}{H_{M_2}} \leqslant 4.0
\end{cases}
$$

渤海、黄海、东海大部分海区为正规半日潮和不正规半日潮类型，只有在半日分潮无潮点区为正规日潮和不正规日潮类型。在南海有许多港口为不正规日潮和正规日潮类型。

12.1.2　潮龄

从潮汐平衡潮理论来看，在一个朔望月中当出现朔或望时，平衡潮展开的 M_2（月球引起的半日潮）和 S_2（太阳引起的半日潮）的天文相角 $(\sigma_{M_2}t + V_{0_{M_2}} + u_{M_2})$ 和 $(\sigma_{S_2}t + V_{0_{S_2}} + u_{S_2})$ 达到一致，应该发生大潮，但实际上要推迟 1~3 d，才能发生大潮，推迟的时间称为半日潮龄。这是因为，实际分潮 M_2 和 S_2 的实际相角 $(\sigma_{M_2}t + V_{0_{M_2}} + u_{M_2} - g_{M_2})$ 和 $(\sigma_{S_2}t + V_{0_{S_2}} + u_{S_2} - g_{S_2})$ 由于迟角 g_{M_2} 和 g_{S_2} 的存在而要推迟一段时间后才能一致。为方便起见，假设 M_2 和 S_2 分潮的振幅都是 1，迟角分别为 g_{M_2} 和 g_{S_2}，分潮水位分别为 $\cos(\sigma_{M_2}t +$

$V_{0_{M_2}}+u_{M_2}-g_{M_2})$ 和 $\cos(\sigma_{S_2}t+V_{0_{S_2}}+u_{S_2}-g_{S_2})$，当朔望月时，太阳引起的半日潮 S_2 和月球引起的半日潮相位 M_2 相同，若将此时作为第0时刻，那么 $V_{0_{M_2}}+u_{M_2}=0$ 和 $V_{0_{S_2}}+u_{S_2}=0$，于是

$$
\begin{aligned}
&\cos(\sigma_{M_2}t+V_{0_{M_2}}+u_{M_2}-g_{M_2})+\cos(\sigma_{S_2}t+V_{0_{S_2}}+u_{S_2}-g_{S_2})\\
&=\cos(\sigma_{M_2}t-g_{M_2})+\cos(\sigma_{S_2}t-g_{S_2})\\
&=2\cos\left(\frac{\sigma_{S_2}+\sigma_{M_2}}{2}t-\frac{g_{S_2}+g_{M_2}}{2}\right)\cos\left(\frac{\sigma_{S_2}-\sigma_{M_2}}{2}t-\frac{g_{S_2}-g_{M_2}}{2}\right)
\end{aligned}
$$

此包络在 $t=\dfrac{g_{S_2}-g_{M_2}}{\sigma_{S_2}-\sigma_{M_2}}$ 时振幅达到最大，如果 M_2 分潮和 S_2 分潮的迟角相同，那么朔望月将发生大潮，然而通常情况下 M_2 分潮和 S_2 分潮的迟角并不相同，于是就造成真正的大潮要发生于朔望月之后的一段时间。所以半日潮龄为

$$\frac{g_{S_2}-g_{M_2}}{\sigma_{S_2}-\sigma_{M_2}}=0.984(g_{S_2}-g_{M_2})$$

同样道理，对于日潮区，在一个回归月中当月球位于北(南)赤纬最大时刻至发生回归大潮的时间间隔为日潮龄，这是因为，实际分潮 K_1 和 O_1 的实际相角要推迟一段时间后才能一致。因此，日潮龄为

$$\frac{g_{K_1}-g_{O_1}}{\sigma_{K_1}-\sigma_{O_1}}=0.911(g_{K_1}-g_{O_1})$$

12.1.3　涨潮时间和落潮时间

对于半日潮海区，如果没有浅水分潮或者浅水分潮很小，那么它的平均涨潮时间和平均落潮时间为6 h 12.5 min，但是在浅水海域，潮波产生变形，使涨潮时间变短，落潮时间延长。但也有一些海区，涨潮时间长，落潮时间短。在浅水效应明显的半日潮海区，如果只考虑 M_2 分潮以及它的倍潮 M_4 和 M_6，月中天时天文初位相 $V_0=0$，近似取 $f=0$ 和 $u=0$，设定月中天时刻为时间的起始时刻，得到如下潮高表达式

$$\eta(t)=H_{M_2}\cos(\sigma_{M_2}t-g_{M_2})+H_{M_4}\cos(2\sigma_{M_2}t-g_{M_4})+H_{M_6}\cos(3\sigma_{M_2}t-g_{M_6})$$

出现高低潮时，$\dfrac{\mathrm{d}\eta(t)}{\mathrm{d}t}$，于是有

$$H_{M_2}\sin(\sigma_{M_2}t-g_{M_2})+2H_{M_4}\sin(2\sigma_{M_2}t-g_{M_4})+3H_{M_6}\sin(3\sigma_{M_2}t-g_{M_6})=0$$

由于浅水分潮 M_4 和 M_6 的影响，$\sigma_{M_2}t-g_{M_2}=0$ 时不能发生高潮，那么，我们可以假设 $t_{高}=\dfrac{g_{M_2}-V}{\sigma_{M_2}}$ 时出现高潮，于是代入上式有

$$\sin(V)=\frac{2H_{M_4}\sin(2g_{M_2}-g_{M_4}-2V)+3H_{M_6}\sin(3g_{M_2}-g_{M_6}-3V)}{H_{M_2}}$$

实际计算中，可以采用逐次迭代法来求解上述方程中的 V 。

同样地，我们可以假设 $t_{低}=\dfrac{g_{M_2}-W\pm180^\circ}{\sigma_{M_2}}$时出现低潮，于是有

$$\sin(W)=\frac{-2H_{M_4}\sin(2g_{M_2}-g_{M_4}-2W)+3H_{M_6}\sin(3g_{M_2}-g_{M_6}-3W)}{H_{M_2}}$$

实际计算中，同样可以采用逐次迭代法求解上述方程中的 W 。那么涨潮时间就是

$$t_{高}-t_{低}=\frac{180^\circ}{\sigma_{M_2}}-\frac{V-W}{\sigma_{M_2}}$$

落潮时间

$$t_{低}-t_{高}=\frac{180^\circ}{\sigma_{M_2}}+\frac{V-W}{\sigma_{M_2}}$$

从以上各式看出，当浅水分潮的振幅很小可以忽略不计时，V 和 W 为0，涨、落潮时间均为 $\dfrac{180^\circ}{\sigma_{M_2}}=6\ \text{h}\ 12.5\ \text{min}$ ，而当浅水分潮明显时，如果 $V>W$ ，则涨潮时间短，落潮时间长；如果 $V<W$ ，则涨潮时间长，落潮时间短。V 和 W 由调和常数计算，各地不同。

12.1.4 潮信表

海图中一般附有潮信表，大体上提供与港口有关的若干潮汐信息，以备航海人员使用。对半日潮港，提供平均高潮间隙、平均低潮间隙、平均大潮升、平均小潮升。对日潮海区，提供回归潮的平均高高潮间隙、平均高高潮潮高、平均低低潮间隙、平均低低潮潮高。还要提供分点潮的平均高潮间隙、平均低潮间隙、平均高潮高、平均低潮高。潮高的高度均从深度基准面起算。对于长期验潮站，最好依据长期的潮汐资料统计以上各值，但对许多地点只有短期的验潮资料，则可依据潮汐调和常数进行近似计算。以下简单介绍半日潮海区潮信表等有关数值的计算方法。

平均潮差：

$$M_n=2.02H_{M_2}+0.58\frac{H_{S_2}^2}{H_{M_2}}+0.08\frac{(H_{K_1}+H_{O_1})^2}{H_{M_2}}$$

平均半潮面：平均高潮高与平均低潮高的平均值

$$HTL=A_0-0.03\frac{(H_{K_1}+H_{O_1})^2}{H_{M_2}}\cos(g_{M_2}-g_{K_1}-g_{O_1})$$

式中，A_0 为从深度基准面起始的多年平均海面。

平均高潮高：

$$平均高潮高=HTL+\frac{1}{2}M_n$$

平均低潮高：

$$平均低潮高 = HTL - \frac{1}{2}M_n$$

平均大潮差：大潮平均高潮高与大潮平均低潮高之差。

$$S_g = 2.014(H_{M_2} + H_{S_2}) + 0.050\frac{(H_{K_1} + H_{O_1})^2}{H_{M_2}}$$

平均小潮差：小潮平均高潮高与小潮平均低潮高之差。

$$N_p = 2.114(H_{M_2} + H_{S_2}) + 0.148\frac{(H_{K_1} + H_{O_1})^2}{H_{M_2}}$$

大潮平均半潮面：

$$S_h = A_0 - 0.020\frac{(H_{K_1} + H_{O_1})^2}{H_{M_2}}\cos(g_{M_2} - g_{K_1} - g_{O_1})$$

平均大潮升：大潮平均高潮高。

$$S\overline{Z}_0 = S_h + \frac{1}{2}S_g$$

小潮平均半潮面：

$$N_h = A_0 - 0.061\frac{(H_{K_1} + H_{O_1})^2}{H_{M_2}}\cos(g_{M_2} - g_{K_1} - g_{O_1})$$

平均小潮升：小潮平均高潮高。

$$N\overline{Z}_0 = N_h + \frac{1}{2}N_p$$

平均高潮间隙(单位：h)：

$$HWI = \frac{g_{M_2}}{\sigma_{M_2}} = 0.034\,5g_{M_2}$$

平均低潮间隙(单位：h)：

$$LWI = \frac{g_{M_2} \pm 180°}{\sigma_{M_2}} = HWI \pm 6.21\ \text{h}$$

在港口建设中，最可信的潮汐特征值是从长期验潮资料中统计得到的。例如，某验潮站具有 n 年的潮汐资料，从 n 年的潮汐月报表、年报表中查取历年的最高高潮高、历年最低低潮高、历年最大潮差。再依据每年的年平均潮差，计算多年的平均潮差。依据每天的高、低潮时统计平均涨潮时间和平均落潮时间以及工程上所要求的有关特征值。

12.2 设计高低水位

在海港工程的总体设计和水工建筑物结构设计中，设计高、低水位是重要的设计依据。

12.2.1 长期站设计高、低水位的计算方法

按照《港口与航道水文规范》(JTS145—2015)规定，对于海岸港和潮汐作用明显的河口港，设计高水位采用高潮累积频率10%的潮位，简称高潮10%；设计低水位采用低潮累积频率90%的潮位，简称低潮90%。也可以采用历时累积频率1%的潮位作为设计高水位，历时累积频率98%的潮位作为设计低水位。统计和绘制高、低潮及历时累积频率曲线应使用至少一年或多年的潮汐资料来完成。高、低潮或历时潮位的累积频率的定义为

$$P(\eta \geqslant x) = \int_x^{\infty} f(x)\,\mathrm{d}x$$

将潮位划分成10 cm为一级，将上式右边变为求和的形式，那么式中的$f(x)$表示潮位在各潮位级内出现的频率。以高潮为例，统计在各潮位级内出现的高潮次数被高潮总数除之，即为在该潮位级内出现的频率。求$\eta \geqslant x$的各潮位级的频率之和即为$\eta \geqslant x$的累积频率。或者直接对高潮由高至低统计$\eta \geqslant x$出现的次数被高潮总次数除之即为累积频率。在方格纸上以纵坐标表示潮位，以横坐标表示累积频率，将各累积频率及其相应的潮位级下限值点绘在方格纸上，即得高潮累积频率曲线。同样的方法依照低潮资料点绘出低潮累积频率曲线，或依照逐时的潮位资料点绘出历时累积频率曲线。在高潮累积频率曲线上摘取累积频率为10%的潮位为设计高水位，在低潮累积频率上摘取累积频率为90%的潮位值为设计低水位。

12.2.2 短期站设计高、低水位的计算方法

在新建港口设计中，如果缺少潮汐资料，需进行至少一个月验潮，同时搜集附近潮汐性质相似、水文环境一致的长期站至少一年的潮汐资料，以及与短期站至少同步一个月的潮汐资料。计算长期站的设计高、低水位和长、短期站同步的平均潮差，按短期同步差比法计算短期站的设计高、低水位。计算公式为

$$h_{sy} = A_{Ny} + \frac{R_y}{R_x}(h_{sx} - A_{Nx})$$

式中，h_{sx}和h_{sy}分别为长期站和短期站的设计高(低)水位；R_x和R_y分别为长、短期站同步的平均潮差；A_{Nx}和A_{Ny}分别为长、短期站的年平均海面。由于两站的距离较近且水文环境条件一致，视两站的年平均海面及同步验潮期间的平均海面一致，那么

$$A_{Ny} = A_y + \Delta A_y$$

式中，A_y为短期站短期的平均海面，ΔA_y为长期站年平均海面与它的同步期间平均海面之差。

12.3 多年一遇高低水位

在海港工程设计中，要求计算多年一遇的高、低水位，取 50 年一遇的高、低水位作为极端高、低水位。极端高、低水位即相当于 1987 年版《海港水文规范》中的校核高、低水位。对码头来说，出现极端高、低水位时，可以不再靠船和作业。

12.3.1 长期站多年一遇高、低水位的计算

采用第 I 型极值分布律计算多年一遇高、低水位。以高潮为例，假设有 n 年潮汐资料，从每年的高潮中采取一个最高的高潮，共有 n 个年最高高潮，按照第 I 型极值分布律，对高潮 x_p 而言，大于和等于某一 x 值的频率为

$$P\{x_p \geqslant x\} = 1 - e^{-e^{-\alpha(x-\mu)}}$$

如果令

$$y \equiv \alpha(x - \mu) = -\ln[-\ln(1 - P)]$$

于是有

$$x = \mu + \frac{1}{\alpha}\{-\ln[-\ln(1 - P)]\} = \mu + \frac{1}{\alpha}y$$

可见，x 与 y 存在线性关系。在实际操作中，将 N 个年最高高潮从大到小排列 $x_i(i = 1, 2, \cdots, N)$，计算它们对应的经验频率及重现期分别为

$$P = \frac{i}{N + 1} \times 100\% \text{ 和 } T = \frac{100}{P}$$

于是有

$$y_i = -\ln[-\ln(1 - P)] = -\ln\left[-\ln\left(1 - \frac{i}{N + 1}\right)\right]$$

下面，就是要用上述 $x = \mu + \frac{1}{\alpha}y$ 线性关系去拟合 x_i 和 y_i 序列。其中，μ 和 α 是未知的，需要通过最小二乘法来确定，为此，建立目标函数

$$J(\mu, \alpha) = \frac{1}{2}\sum_{i=1}^{N}\left(\mu + \frac{1}{\alpha}y_i - x_i\right)^2$$

定义 $\bar{x}_N$ 和 $\bar{y}_N$ 分别为 x_i 和 y_i 序列的平均值，S_N 和 σ_N 分别为 x_i 和 y_i 序列的标准差，即

$$\bar{x}_N = \frac{1}{N}\sum_{i=1}^{N} x_i \quad S_x = \sqrt{\frac{1}{N}\sum_{i=1}^{N} (x_i - \bar{x}_N)^2}$$

$$\bar{y}_N = \frac{1}{N}\sum_{i=1}^{N} y_i \quad \sigma_N = \sqrt{\frac{1}{N}\sum_{i=1}^{N} (y_i - \bar{y}_N)^2}$$

为了获得最优的参数，需要将目标函数对参数 μ 和 α 求导数，并令导数为 0，从而获得等价的线性方程组，解此方程组，有

$$\alpha = \frac{\sigma_N^2}{\frac{1}{N}\sum_{i=1}^{N}(x_i - \bar{x}_N)(y_i - \bar{y}_N)}$$

假设 x_i 和 y_i 高度相关，即它们之间相关系数的绝对值接近于 1，故

$$\frac{1}{N}\sum_{i=1}^{N}(x_i - \bar{x}_N)(y_i - \bar{y}_N) \approx \pm S_x\sigma_N$$

式中，“ + ”号对应于多年一遇极值高水位，“ - ”号对应于多年一遇极值低水位。于是有

$$\alpha = \pm\frac{\sigma_N}{S_x} \quad \mu = \bar{x}_N \mp \frac{S_x}{\sigma_N}\bar{y}_N$$

所以，与出现频率 P（或者重现期为 $T=100/P$）相对应的多年一遇的极值高水位的计算公式为

$$x_p = \bar{x}_N \pm \frac{S_x}{\sigma_N}\{-\ln[-\ln(1-P)] - \bar{y}_N\}$$

如果定义

$$\lambda_{PN} = \frac{1}{\sigma_N}\{-\ln[-\ln(1-P)] - \bar{y}_N\}$$

则有多年一遇的极值高水位为

$$x_{P高} = \bar{x}_{N高} + \lambda_{PN}S_{x高}$$

多年一遇的极值低水位的计算公式为

$$x_{P低} = \bar{x}_{N低} - \lambda_{PN}S_{x低}$$

12.3.2 短期站多年一遇高、低水位的计算

对于有不少于连续 5 a 高、低潮资料的拟建港口，可按照“极值同步差比法”利用附近长期站的计算结果和同步潮汐资料计算它的极端高、低水位，同时要求，两站的潮汐性质及水文环境状况应相近。其计算公式为

$$h_{JY} = A_{NY} + \frac{R_Y}{R_X}(h_{JX} - A_{NX})$$

式中，h_{JX} 和 A_{NX} 为长期站的多年一遇高（低）水位及年平均海面；h_{JY} 和 A_{NY} 为短期站的多年一遇高（低）水位和年平均海面；R_X 和 R_Y 分别为长期站和短期站同期各年年最高（低）潮位的平均值与各站年平均海面之差。

对于大部分缺少潮汐资料的拟建港口只能采取近似的计算方法计算多年一遇高、低水位

$$多年一遇高水位：h_{J高} = h_{S高} + K_1$$

$$多年一遇低水位：h_{J低} = h_{S低} + K_2$$

式中，$h_{S高}$ 和 $h_{S低}$ 为拟建港口的设计高、低水位，它已按照前节所述的方法计算好。K_1（K_2）为附近长期站多年一遇高（低）水位与其设计高（低）水位之差。多年一遇低水位位于设计低水位之下，多年一遇高水位位于设计高水位之上。

12.4　乘潮水位

乘潮水位分高潮乘潮水位和低潮乘潮水位。高潮乘潮水位是指大的船舶在考虑乘高潮进出港或乘高潮作业所需的水位。而低潮乘潮水位是施工部门考虑乘低潮作业所需的水位。前者关心的是在某一确定的时间内水位大于或等于某一高度的可能性，而后者关心的是在某一确定的时间内水位小于或等于某一高度的可能性。在进行高（低）潮乘潮水位统计时，应根据具体要求，首先确定乘潮延续时间 Δt，在全年潮位曲线的高潮和低潮上各自量取 Δt 对应的潮位值，统计并绘制乘高、低潮累积频率曲线。

$$P(\eta \geqslant x) = \int_x^{\infty} f(x)\,\mathrm{d}x$$

附录 1　有关天文知识

附 1.1　基本天文常识

天球：仰望星空时，感觉到在我们头上高耸着一个半球形的圆顶，在它上面布满了无数闪闪发光的星星，由于所有的天体离我们太远了，我们的眼睛无法分辨它们的远近，感觉到它们都位于遥远的、同一距离假想的球面上，人们将这一假想的球面称为天球，作为研究天体的视位置和视运动的辅助工具。由于天体的视位置是人们对于天体的视线在假想球面上的投影，所以这个假想球面的半径长度对我们来说无关紧要，因此天球可以描述为以适当点(例如，地心)为球心、以任意长为半径的上面分布着我们所讨论天体的球面。以地球中心作为天球中心，这样的天球被称为地心天球。在地心天球中将地轴无限延长与天球相交的两个点分别为北天极和南天极。将地球赤道面无限扩展与天球相交的大圆称为天赤道。通过地心天球中心和观测点作一连线无限延长与天球相交的两个点，一个恰好在观测者的头顶上，该点称为天顶；和天顶正相对的另一个交点位于观测者的脚下，称为天底。

黄道：地球在一年之中绕太阳公转 1 周，运动轨道是椭圆。如果以地球作为静止点，观测到太阳在一年之中沿椭圆轨道相对运转 1 周，将这个轨道面无限扩展与天球相交的大圆称为黄道。黄道面与天赤道面不相重合，两者的夹角为 23°27′，太阳的视位置在黄道上运行，由南向北穿过天赤道的交点叫春分点(γ)，由北往南穿过的交点叫秋分点，黄道最北面和最南面的点叫夏至点和冬至点。

白道：月球绕地球运转的轨道是椭圆，将这个椭圆面无限扩展与天球相交的大圆称为白道。白道与黄道的交角在 4°57′~5°19′之间变化，平均为 5°9′。月球从黄道的南面向北穿过黄道的交点叫升交点(Ω)，从北向南穿过黄道的点叫降交点。升(降)交点的位置是变化的，以 18.61 a 的周期向西退行 1 周。当升交点与春分点重合时，白赤交角(I)等于黄赤交角(ω)加上黄白交角(i)，约为 23°27′+5°9′=28°36′，当升交点与秋分点重合时，白赤交角约等于 23°27′−5°9′=18°18′。在 18.61 a 时间内，白赤交角从28°36′变化到 18°18′，再变化到 28°36′。

赤道坐标系与黄道坐标系：在潮汐学中通常以赤道坐标系和黄道坐标系来确定天体在天球上的视位置。赤道坐标系中以赤纬和赤经确定天体的视位置。以天赤道为赤纬

0°，从天赤道往北至北天极赤纬从 0°变化到 90°，从天赤道往南至南天极赤纬从 0°变化到-90°。从北天极穿过春分点（γ）至南天极的子午圈为赤经 0°，自西往东将天球分为 360 等份，赤经从 0°变化到 360°。黄道坐标系中以黄纬和黄经确定天体的视位置。以黄道为黄纬 0°，从黄道至北黄极黄纬从 0°变化到 90°，从黄道至南黄极黄纬从 0°变化到-90°。从北黄极穿过春分点（γ）至南黄极为黄经 0°，以此将天球分为 360 等份，自西往东黄经从 0°变化到 360°。

年：

（1）回归年：太阳在黄道上运行，从春分点再回到春分点所需的时间为回归年，其长度为 365. 242 2 d，取 365 d 为一个平年，这样每 4 a 将少 0. 968 8 d，因而每 4 a 有一个闰年为 366 d，因此规定凡是 4 的整数倍的年份定为闰年。但这样 4 a 一闰年，又会造成每 4 个回归年多出 0. 031 1 d，即 400 a 里要多出 3. 11 d，于是又规定凡 100 整数倍的年份仍是平年，而 400 整数倍的年份才是闰年。

（2）近点年：地球绕太阳的运行轨道为椭圆，太阳位于其中的一个焦点上。相对运动而言，太阳在一年之中绕地球做椭圆运动，地球位于一个焦点上。一年之中太阳离地球最近的点为近地点，最远点为远地点。太阳从近地点出发又回到近地点所需的时间为近点年，周期为 365. 259 6 d，连接近地点和远地点的连线在 20 940 a 内运转 1 周，就是说近日点的位置每年向前移动 0. 017°，由于一年之中近地点向前移动了一小段距离，因而近点年的长度略大于回归年的长度。

（3）恒星年：以天球上某恒星为背影，太阳在黄道上运行，前后两次通过它的时间间隔为恒星年，长度为 365. 256 4 d，它是地球绕太阳运动的真正周期。

月：

（1）回归月：月球从白赤交点开始在白道上运行再回到白赤交点所需的时间为回归月，其长度为 27. 321 58 d。

（2）近点月：月球绕地球运转的轨道是椭圆，地球位于一个焦点上，月球从近地点开始运转 1 周再回到近地点所需的时间为近点月，长度为 27. 554 55 d。由于月球近地点和远地点的连线在 8. 85 a 内转动 1 周，近地点每月向前移动一段距离，因而近点月的长度大于回归月的长度。

（3）朔望月：月球从朔开始经过上弦、望、下弦再回到朔的时间长度为朔望月，共 29. 530 59 d。

日：

地球对着太阳自转 1 周的时间为一个太阳日，也就是我们所感觉到的每天太阳东升西落视运动 1 周的时间。由于太阳在近地点运行的速度快，在远地点运行的速度慢，因而一年之中每天的时间长度不等，最多可以相差 50 s 余。为了解决这一问题，设想在黄道上有一个作等速运动的辅助点，其运行速度等于太阳视运动的平均速度，并和太阳同时经过近地点和远地点。再引入一个沿天赤道作等速运动的第 2 个辅助点，它的运行速度和黄道上的辅助点的速度相同，并同时通过春分点，第 2 个辅助点称为平太阳。地球对着平太阳自转 1 周的时间称为平太阳日，平太阳日的 1/24 为平太阳时。地球对着月球自转 1 周的时间为太阴日，它比平太阳日平均长 50 min，太阴日的 1/24 为平太阴时，每个平太阴时为 1.035 050 h。

时：

通过北、南天极和天顶、天底的大圈叫天子午圈。天顶与天体之间的角距离称为天体的天顶距。当天体在天子午线上时为上中天(此时天体离天顶较近)或下中天(此时天体离天底较近)。通过北、南天极和天体的半个大圆叫时圈，天子午线与时圈的夹角称为时角。在天体自东向西的周日视运动过程中，天体经过上中天时，天体时角等于 0°，经过下中天时天体时角为 180°，太阳时角和月球时角分别在一个平太阳日和一个平太阴日内变化 360°。一天之中，平太阳位于某地上中天叫平正午，记作 12 时，位于下中天叫平子夜，记作 0 时，依次确定一天中的 24 h，确定的时间为地方平时。由于不同子午圈上各点的地方时不一致，实际使用时不方便。有一种全世界通用的世界时，也就是格林尼治地方平时。采用世界时对日常生活仍感不便，因而提出区时系统。根据这一系统，以每隔 15°的经线将地球东、西半球各分为 12 个时区，采用每时区的中央子午线的地方平时作为该时区的区时，以格林尼治子午线为零时区的中央子午线，向东依次为东 1 区、东 2 区、……、东 12 区，同样地，由格林尼治子午线向西每隔 15°依次为西1 区、西 2 区、……、西 12 区。一个国家为方便起见，虽然其面积能够横跨几个时区，但仍采用其中一个区时作为该国的统一时间。我国采用东 8 区时作为我国的统一时间，也称为北京时间。由于太阳时角是从正午算起的，向西计算为正，因此，太阳时角 T 与某地点地方平时 t 的关系为

$$T = 15°t - 180°$$

令某地点的经度为 ψ，则太阳时角 T 与格林尼治地方平时 t 的关系为

$$T = 15°t - 180° + \psi$$

地平视差：

经常用所谓地平视差来表示天体和地球的距离。通过天体作与地球相切的切线和地月中心的连线，两条线的夹角称为地平视差，因此，

$$\sin(\psi) = \frac{a}{D}$$

式中，a 为地球半径，D 为地心与天体之间的距离，ψ 为地平视差。严格地说，不同地点的 a 值稍有不同，天文上通常采用赤道半径，即 6378 km。由于 ψ 很小，$\sin(\psi)$ 近似等于 ψ 的弧度值。由于 a 是确定的，因而地平视差与天体至地心的距离成反比关系，从而地平视差的大小可以体现天体与地球的距离。

附 1.2 日月运行轨道参量的计算

在白道上取 γ' 点，使得 $\widehat{\gamma'\Omega}=\widehat{\gamma\Omega}$，$\gamma'$ 点称为辅助春分点。天文学家定义了如下若干天文变量：

(1) s：从辅助春分点 γ' 起算的月球在白道上的平均经度

(2) h：从春分点 γ 起算的太阳在赤道上的平均经度

(3) p：从辅助春分点 γ' 起算的月球近地点在白道上的平均经度

(4) p_S：从春分点 γ 起算的太阳近地点的平均经度

(5) N：从春分点 γ 起算的月球升交点 Ω 在黄道上的平均经度，升交点西退

其中，天文变量 s、h、p、p_S 的量值随时间呈增加趋势，而天文变量 N 的量值随时间呈减少趋势，这是由于月球升交点西退的原因所造成的。天文学家给出了上述天文变量的计算公式，下式给出了 J1900.0 系统的天文变量计算公式：

$$
\begin{cases}
s = 277^\circ.025 + 129^\circ.384\,81(Y-1900) + 13^\circ.176\,40\left(D_1 + L + \dfrac{t}{24}\right) \\
h = 280^\circ.190 - 0^\circ.238\,72(Y-1900) + 0^\circ.985\,65\left(D_1 + L + \dfrac{t}{24}\right) \\
p = 334^\circ.385 + 40^\circ.662\,49(Y-1900) + 0^\circ.111\,40\left(D_1 + L + \dfrac{t}{24}\right) \\
p_S = 281^\circ.221 + 0^\circ.017\,18(Y-1900) + 0^\circ.000\,047\left(D_1 + L + \dfrac{t}{24}\right) \\
N = 259^\circ.157 - 19^\circ.328\,18(Y-1900) - 0^\circ.052\,95\left(D_1 + L + \dfrac{t}{24}\right)
\end{cases}
$$

等号右边第 1 项是 1900 年 1 月 1 日格林尼治 0 时的天文变量的量值，第 2 项的数值是天文变量在一个平年中的变化量，第 3 项的数值是一天的变化量，Y 是计算日所在的年份，D_1 是从 Y 年 1 月 1 日 0 时起算至计算日 0 时之间的总天数，$L=(Y-1901)/4$ 的整数部分，它是从 1900 年 1 月 1 日 0 时至 Y 年 1 月 1 日 0 时之间的闰年数，t 是计算日以小时为单位的 24 小时制时间。上述公式可以应用到 2099 年。根据上式，我们可以很容易计算得到各个天文变量的时间变化率，即

$$\begin{cases}\sigma_s = 0^\circ.549\ 016\ 53/\text{h}^{-1}\\ \sigma_h = 0^\circ.041\ 068\ 64/\text{h}^{-1}\\ \sigma_p = 0^\circ.004\ 641\ 83/\text{h}^{-1}\\ \sigma_{p_S} = 0^\circ.000\ 001\ 961/\text{h}^{-1}\\ \sigma_N = 0^\circ.002\ 206\ 41/\text{h}^{-1}\end{cases}$$

根据国际大地测量学和地球物理学联合会(International Union of Geodesy and Geophysics)IUGG 第十届全体会议决议，1984 年起采用新的天文变量计算公式，它属于 J2000.0 系统，公式如下：

$$\begin{cases}s = 218^\circ.316\ 43 + 481\ 267^\circ.881\ 28T - 0^\circ.001\ 61T^2 + 0^\circ.000\ 005T^3\\ h = 280^\circ.466\ 07 + 36\ 000^\circ.769\ 80T + 0^\circ.000\ 30T^2\\ p = 83^\circ.353\ 45 + 4\ 069^\circ.013\ 88T - 0^\circ.010\ 31T^2 - 0^\circ.000\ 01T^3\\ p_S = 282^\circ.938\ 35 + 1^\circ.719\ 46T + 0^\circ.000\ 46T^2 + 0^\circ.000\ 003T^3\\ N = 125^\circ.044\ 52 - 1\ 934^\circ.136\ 26T + 0^\circ.002\ 07T^2 + 0^\circ.000\ 002T^3\end{cases}$$

等式右边第 1 项表示为 2000 年 1 月 1 日格林尼治 12 时的天文变量的量值，T 是自 2000 年 1 月 1 日 12 时起算的儒略世纪数，

$$T = \frac{(Y - 2000) \times 365 + D_1 + L - 0.5}{36\ 525}$$

其中，$L = \frac{Y - 2001}{4} + 1$ 的整数部分，它是从 2000 年 1 月 1 日 0 时至 Y 年 1 月 1 日 0 时之间的闰年数，D_1 是从 Y 年 1 月 1 日 0 时起算至计算日 0 时之间的总天数。

附录 2　球面三角函数

附 2.1　基本概念

球面三角是研究球面三角形的边、角关系的一门学科。从 16 世纪起由于天文学、航海学、测量学等方面的发展，球面三角逐渐形成了独立学科。下面介绍球面三角的有关概念。

1) 球面上的圆

从立体几何学得知，通过球心的平面截球面所得的截口是一个圆，叫作大圆；不通过球心的平面截球面所得的截口也是一个圆，叫作小圆。通过球面上不在同一直径两端的两个点，能且只能做一个大圆。例如，通过附图 2-1-1 中的任意两点 A 和 B，仅可以做一个大圆 $\overset{\frown}{ABC}$。A 和 B 两点间的大圆弧(小于 180° 的那段弧)可以用线长或者角度计量，在天文上常用角度来计量，叫作 A 和 B 间的角距，记为 $\overset{\frown}{AB}$，它等于大圆弧 $\overset{\frown}{AB}$ 所对的中心角 $\angle AOB$。

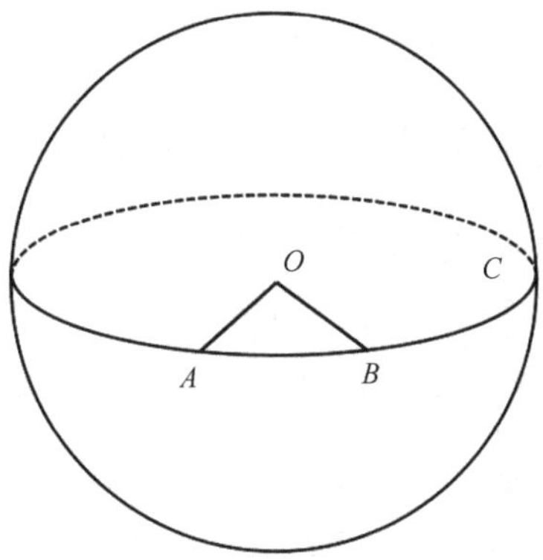

附图 2-1-1　球面上的圆

2) 球面上圆的极

设 $\overset{\frown}{ABC}$ 为球面上的一个任意圆(附图 2-1-2)，它所在的平面为 $MABC$，又设 PP' 为

垂直于平面 $MABC$ 的球直径，则它的两个端点 P 和 P' 叫作圆 $\overset{\frown}{ABC}$ 的极。如果用一句话来表达，可以这样说：垂直于球面上一已知圆(不论大圆或小圆)所在平面的球直径的端点，叫作这个圆的极。球面上某一圆的极和这个圆上任一点的角距，叫作极距，可以证明，极到圆上各点的角距都是相等的，如果所讨论的圆是一个大圆的话，则极距为 90°。

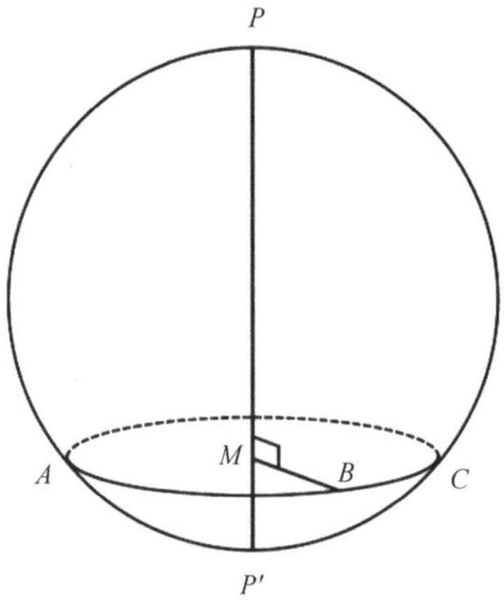

附图 2-1-2　球面上圆的极

3)球面角

两个大圆弧相交所成的角，叫作球面角。它们的交点叫作球面角的顶点。大圆弧本身叫作球面角的边。附图 2-1-3 绘出了两个相交的大圆弧 $\overset{\frown}{PA}$ 和 $\overset{\frown}{PB}$ ，O 为球心，$\overset{\frown}{PA}$ 所在的平面为 POA ，$\overset{\frown}{PB}$ 所在的平面为 POB ，两者的交线为 OP 。球面角 $\angle APB$ 用 POA 和 POB 所构成的两面角来量度。在附图 2-1-3 中做以 P 为极的大圆 $\overset{\frown}{QQ'}$ ，设 $\overset{\frown}{PA}$ (或其延长线)和 $\overset{\frown}{QQ'}$ 相交于 A' ，$\overset{\frown}{PB}$ (或其延长线)和 $\overset{\frown}{QQ'}$ 相交于 B' ，则由于 P 为 $\overset{\frown}{QQ'}$ 的极，所以 OP 垂直于平面 $QA'B'Q'$ ，因而也垂直于 OA' 和 OB' ，所以 $\angle A'OB'$ 就是平面 POA 和 POB 所构成的两面角。即球面角 $\angle APB$ 可以用 $\angle A'OB'$ 量度，又因为 $\angle A'OB'$ 可以用 $\overset{\frown}{A'B'}$ 量度，所以最后得到的球面角 $\angle APB$ 是以 $\overset{\frown}{A'B'}$ 弧量度的。因此，如果以球面角的顶点为极作大圆，则球面角的边或其延长线在这个大圆上所截取的那个弧段便是球面角的数值。

4)球面三角形

把球面上的 3 个点用 3 个大圆弧联结起来，所围成的图形叫作球面三角形。这 3 个大圆弧叫作球面三角形的边，通常用小写拉丁字母 a 、b 、c 表示；这 3 个大圆弧所构成

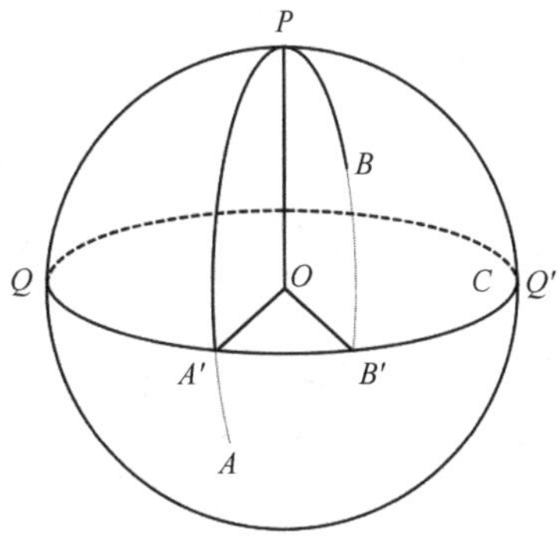

附图 2-1-3　球面角

的角叫作球面三角形的角，通常用大写拉丁字母 A 、B 、C 表示，并且规定 A 角和 a 边相对、B 角和 b 边相对，C 角和 c 边相对(附图 2-1-4)。3 个边和 3 个角合称球面三角形的 6 个元素。

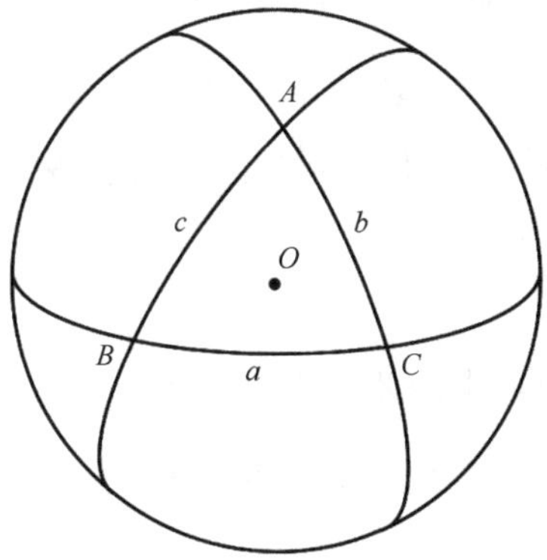

附图 2-1-4　球面三角形

5)极三角形

设球面三角形 ΔABC 各边 a 、b 、c 的极分别为 A' 、B' 、C'（附图 2-1-5)，并设弧 $\overset{\frown}{AA'}$ 、$\overset{\frown}{BB'}$ 、$\overset{\frown}{CC'}$ 都小于 $90°$，则由通过 A' 、B' 、C' 的大圆弧构成的球面三角形 $\Delta A'B'C'$ 叫作原球面三角形的极三角形。

极三角形和原三角形有着非常密切的关系，这种关系存在着两条定理。

定理 1：如果一球面三角形为另一球面三角形的极三角形，则另一球面三角形也为这一球面三角形的极三角形。

证明：

因为 B' 是 b 的极，所以有 $OB' \perp OA$ 和 $OB' \perp OC$ ；

因为 C' 是 c 的极，所以有 $OC' \perp OA$ 和 $OC' \perp OB$ ；

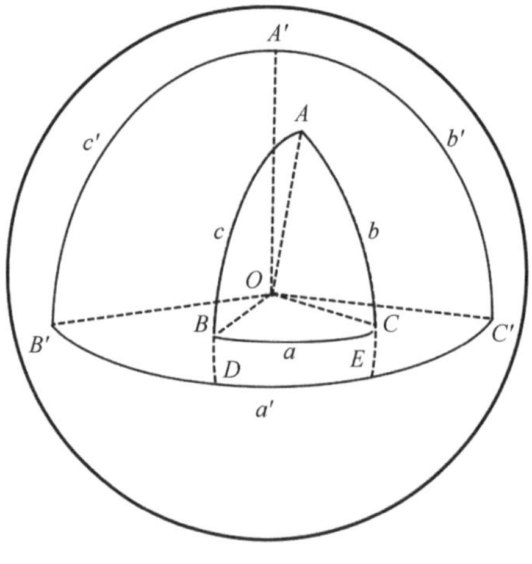

附图 2-1-5　极三角形

综上有 $OA \perp OB'$ 和 $OA \perp OC'$，即 A 是 $\overset{\frown}{B'C'}$ 或 a' 的极。

同理可证，B 是 $\overset{\frown}{A'C'}$ 或 b' 的极，C 是 $\overset{\frown}{A'B'}$ 或 c' 的极。

定理 2：极三角形的边和原三角形的对应角互补；极三角形的角和原三角形的对应边互补。

证明：

因为 B' 是 b 的极，C' 是 c 的极，所以有

$$\overset{\frown}{B'E} = \overset{\frown}{C'D} = 90°;\ \overset{\frown}{B'E} + \overset{\frown}{C'D} = 180°$$

即 $\overset{\frown}{B'C'} + \overset{\frown}{DE} = 180°$

但由定理 1，A 是 $\overset{\frown}{B'C'}$ 的极，故有 $\overset{\frown}{DE} = A$，将此式以及 $\overset{\frown}{B'C'} = a'$ 代入上式，便得到

$$a' + A = 180°$$

上式即定理 2 的前半部分的证明，定理 2 的后半部分不需证明，因为实际上，它只是定理 1 和定理 2 的前半部分的一个推论。

附 2.2　正弦公式

如附图 2-2-1 所示，取球面三角形 ΔABC，做球心三面角 O_ABC。过 C 点做 OAB 平面的垂线交此平面于 D，再从 D 向 OA 和 OB 引垂线 DE 和 DF。连接 CE 和 CF；由此得 4 个平面三角形 ΔOEC、ΔOFC、ΔCDE、ΔCDF。

因 CD 垂直于平面 OAB，并且 $DE \perp OA$，所以 $OA \perp CE$；同理 $OB \perp CF$，因此，4 个平面三角形 ΔOEC、ΔOFC、ΔCDE、ΔCDF 都是直角三角形，并且有 $\angle CED = A$ 和

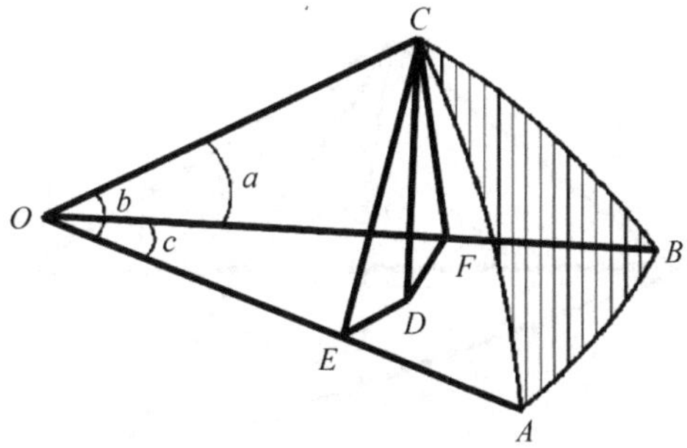

附图 2-2-1 球面三角形正弦示意图

$\angle CFD = B$ 。注意到

$$\sin(a) = \frac{CF}{OC}, \quad \sin(A) = \sin(\angle CED) = \frac{CD}{CE}$$

以及

$$\sin(b) = \frac{CE}{OC}, \quad \sin(B) = \sin(\angle CFD) = \frac{CD}{CF}$$

于是有

$$\frac{\sin(a)}{\sin(A)} = \frac{CF}{OC} \cdot \frac{CE}{CD} = \frac{\sin(b)}{\sin(B)}$$

同理可证

$$\frac{\sin(b)}{\sin(B)} = \frac{\sin(c)}{\sin(C)}$$

综上，有

$$\frac{\sin(a)}{\sin(A)} = \frac{\sin(b)}{\sin(B)} = \frac{\sin(c)}{\sin(C)}$$

附 2.3 余弦公式(边、角)

1)边的余弦公式

如附图 2-3-1 所示，取球面三角形 ΔABC ，将各顶点与球心 O 连结，可得一球心三面角 O_ABC 。

过顶点 A 做 b 、c 边的切线，分别交 OC 和 OB 的延长线于 N 和 M ，由此得到两个平面直角三角形 ΔOAM 和 ΔOAN ，以及两个平面普通三角形 ΔOMN 和 ΔAMN 。在平面三角形 ΔOMN 中，应用平面三角的余弦定理，得

$$MN^2 = OM^2 + ON^2 - 2 \cdot OM \cdot ON \cdot \cos(a)$$

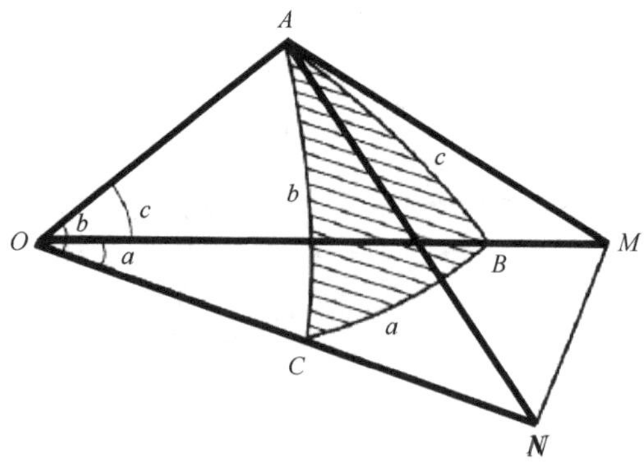

附图 2-3-1　球面三角形余弦示意图

同理，在平面 ΔAMN 中，应用平面三角的余弦定理，得

$$MN^2 = AM^2 + AN^2 - 2 \cdot AM \cdot AN \cdot \cos(A)$$

因此，结合上两式，有

$$OM^2 + ON^2 - 2 \cdot OM \cdot ON \cdot \cos(a) = AM^2 + AN^2 - 2 \cdot AM \cdot AN \cdot \cos(A)$$

进行适当移项并应用勾股定理 $OM^2 - AM^2 = OA^2 = ON^2 - AN^2$，得

$$\begin{aligned}2 \cdot OM \cdot ON \cdot \cos(a) &= (OM^2 - AM^2) + (ON^2 - AN^2) + 2 \cdot AM \cdot AN \cdot \cos(A)\\ &= OA^2 + OA^2 + 2 \cdot AM \cdot AN \cdot \cos(A)\end{aligned}$$

等号两边同时除以 $2 \cdot OM \cdot ON$，得

$$\cos(a) = \frac{OA}{OM} \cdot \frac{OA}{ON} + \frac{AM}{OM} \cdot \frac{AN}{ON} \cdot \cos(A)$$

注意到 $\cos(b) = \frac{OA}{ON}$、$\cos(c) = \frac{OA}{OM}$、$\sin(b) = \frac{AN}{ON}$、$\cos(c) = \frac{AM}{OM}$，于是有

$$\cos(a) = \cos(b)\cos(c) + \sin(b)\sin(c)\cos(A)$$

同理可证，

$$\cos(b) = \cos(c)\cos(a) + \sin(c)\sin(a)\cos(B)$$
$$\cos(c) = \cos(a)\cos(b) + \sin(a)\sin(b)\cos(C)$$

2) 角的余弦公式

在球面三角形 $\Delta A'B'C'$ 中有边的余弦公式

$$\cos(a') = \cos(b')\cos(c') + \sin(b')\sin(c')\cos(A')$$
$$\cos(b') = \cos(c')\cos(a') + \sin(c')\sin(a')\cos(B')$$
$$\cos(c') = \cos(a')\cos(b') + \sin(a')\sin(b')\cos(C')$$

依据极三角形的定理 2，有

$$\begin{cases} a' = 180° - A \\ b' = 180° - B \\ c' = 180° - C \end{cases}$$

将上述公式代入边的余弦公式，得角的余弦公式

$$\cos(A) = -\cos(B)\cos(C) + \sin(B)\sin(C)\cos(a)$$
$$\cos(B) = -\cos(C)\cos(A) + \sin(C)\sin(A)\cos(b)$$
$$\cos(C) = -\cos(A)\cos(B) + \sin(A)\sin(B)\cos(c)$$

附 2.4　第一五元素公式

回顾一下边的余弦公式，

$$\cos(a) = \cos(b)\cos(c) + \sin(b)\sin(c)\cos(A)$$
$$\cos(b) = \cos(c)\cos(a) + \sin(c)\sin(a)\cos(B)$$

第二个式子可以改写为

$$\sin(c)\sin(a)\cos(B) = \cos(b) - \cos(c)\cos(a)$$

将第一个式子代入上式的右边，得到，

$$\begin{aligned}\sin(c)\sin(a)\cos(B) &= \cos(b) - \cos(c)[\cos(b)\cos(c) + \sin(b)\sin(c)\cos(A)] \\ &= \cos(b) - \cos(b)\cos^2(c) - \sin(b)\sin(c)\cos(c)\cos(A) \\ &= \cos(b)\sin^2(c) - \sin(b)\sin(c)\cos(c)\cos(A)\end{aligned}$$

上式两端各除以 $\sin(c)$，得到

$$\sin(a)\cos(B) = \cos(b)\sin(c) - \sin(b)\cos(c)\cos(A)$$

同理可得

$$\sin(a)\cos(C) = \cos(c)\sin(b) - \sin(c)\cos(b)\cos(A)$$

通过轮换变更字母，还可以得到其他公式

$$\sin(b)\cos(C) = \cos(c)\sin(a) - \sin(c)\cos(a)\cos(B)$$
$$\sin(b)\cos(A) = \cos(a)\sin(c) - \sin(a)\cos(c)\cos(B)$$
$$\sin(c)\cos(A) = \cos(a)\sin(b) - \sin(a)\cos(b)\cos(C)$$
$$\sin(c)\cos(B) = \cos(b)\sin(a) - \sin(b)\cos(a)\cos(C)$$

附 2.5　第二五元素公式

利用极三角形和原三角形的关系，可以直接由上述第一五元素公式导出下述第二五元素公式，

$$\sin(A)\cos(b) = \cos(B)\sin(C) + \sin(B)\cos(C)\cos(a)$$

$$\sin(A)\cos(c) = \cos(C)\sin(B) + \sin(C)\cos(B)\cos(a)$$
$$\sin(B)\cos(c) = \cos(C)\sin(A) + \sin(C)\cos(A)\cos(b)$$
$$\sin(B)\cos(a) = \cos(A)\sin(C) + \sin(A)\cos(C)\cos(b)$$
$$\sin(C)\cos(a) = \cos(A)\sin(B) + \sin(A)\cos(B)\cos(c)$$
$$\sin(C)\cos(b) = \cos(B)\sin(A) + \sin(B)\cos(A)\cos(c)$$

附 2.6　四元素公式

将第一五元素公式和正弦公式联合起来，可以导出球面三角形中相邻的 4 个元素的关系式。例如，将正弦公式 $\frac{\sin(c)}{\sin(C)} = \frac{\sin(a)}{\sin(A)}$ 代入第一五元素公式左边

$$\sin(c)\cos(A) = \cos(a)\sin(b) - \sin(a)\cos(b)\cos(C)$$

得到

$$\left[\sin(C)\frac{\sin(a)}{\sin(A)}\right]\cos(A) = \cos(a)\sin(b) - \sin(a)\cos(b)\cos(C)$$

即

$$\sin(a)\cot(A)\sin(C) = \cos(a)\sin(b) - \sin(a)\cos(b)\cos(C)$$

上式两边同除以 $\sin(a)$，得到

$$\sin(C)\cot(A) = \cot(a)\sin(b) - \cos(b)\cos(C)$$

同理可得，

$$\sin(B)\cot(A) = \cot(a)\sin(c) - \cos(c)\cos(B)$$

通过轮换变更字母，还可以得到其他公式

$$\sin(A)\cot(C) = \cot(c)\sin(b) - \cos(b)\cos(A)$$
$$\sin(B)\cot(C) = \cot(c)\sin(a) - \cos(a)\cos(B)$$
$$\sin(C)\cot(B) = \cot(b)\sin(a) - \cos(a)\cos(C)$$
$$\sin(A)\cot(B) = \cot(b)\sin(c) - \cos(c)\cos(A)$$

附 2.7　半角正弦公式

对于边的余弦公式中的球面角，应用半角公式 $\cos(A) = 1 - 2\sin^2\left(\frac{A}{2}\right)$，得

$$\cos(a) = \cos(b)\cos(c) + \sin(b)\sin(c)\cos(A) = \cos(b)\cos(c) + \sin(b)\sin(c)\left[1 - 2\sin^2\left(\frac{A}{2}\right)\right]$$

整理得

$$2\sin(b)\sin(c)\sin^2\left(\frac{A}{2}\right)=-\cos(a)+\cos(b)\cos(c)+\sin(b)\sin(c)$$

$$=\cos(b-c)-\cos(a)=2\sin\left(\frac{a+b-c}{2}\right)\sin\left(\frac{a-b+c}{2}\right)=2\sin(p-c)\sin(p-b)$$

其中，

$$p=\frac{a+b+c}{2}$$

于是，得半角正弦公式为

$$\sin\left(\frac{A}{2}\right)=\sqrt{\frac{\sin(p-b)\sin(p-c)}{\sin(b)\sin(c)}}$$

同理可证

$$\sin\left(\frac{B}{2}\right)=\sqrt{\frac{\sin(p-a)\sin(p-c)}{\sin(a)\sin(c)}}$$

$$\sin\left(\frac{C}{2}\right)=\sqrt{\frac{\sin(p-a)\sin(p-b)}{\sin(a)\sin(b)}}$$

附 2.8 半角余弦公式

对于边的余弦公式中的球面角，应用半角公式 $\cos(A)=2\cos^2\left(\frac{A}{2}\right)-1$，得

$$\cos(a)=\cos(b)\cos(c)+\sin(b)\sin(c)\cos(A)=\cos(b)\cos(c)+\sin(b)\sin(c)\left[1-2\cos^2\left(\frac{A}{2}\right)-1\right]$$

整理得

$$2\sin(b)\sin(c)\cos^2\left(\frac{A}{2}\right)=\cos(a)-\cos(b)\cos(c)+\sin(b)\sin(c)$$

$$=\cos(a)-\cos(b+c)=2\sin\left(\frac{a+b+c}{2}\right)\sin\left(\frac{-a+b+c}{2}\right)=2\sin(p)\sin(p-a)$$

其中

$$p=\frac{a+b+c}{2}$$

于是，得半角余弦公式为

$$\cos\left(\frac{A}{2}\right)=\sqrt{\frac{\sin(p)\sin(p-a)}{\sin(b)\sin(c)}}$$

同理可证

$$\cos\left(\frac{B}{2}\right)=\sqrt{\frac{\sin(p)\sin(p-b)}{\sin(a)\sin(c)}}$$

$$\cos\left(\frac{C}{2}\right)=\sqrt{\frac{\sin(p)\sin(p-c)}{\sin(a)\sin(b)}}$$

附 2.9　德朗布尔(Delambre)比例公式

德朗布尔比例公式(Delambre proportion formula)也称为球面三角形的德朗布尔公式，是球面三角的基本公式之一，是德朗布尔(J. B. J. Delambre)于1807年给出的，是指在球面三角形 ΔABC 中，关于半角和与半角差的公式。在球面三角形 ΔABC 中，设 a 、b 、c 分别为内角 A 、B 、C 的对边，应用正弦两角和公式以及上述半角正弦和余弦公式，得

$$\begin{aligned}\sin\left(\frac{A+B}{2}\right)&=\sin\left(\frac{A}{2}\right)\cos\left(\frac{B}{2}\right)+\cos\left(\frac{A}{2}\right)\sin\left(\frac{B}{2}\right)\\&\times\sqrt{\frac{\sin(p-b)\sin(p-c)}{\sin(b)\sin(c)}}\times\sqrt{\frac{\sin(p)\sin(p-b)}{\sin(a)\sin(c)}}\\&+\sqrt{\frac{\sin(p)\sin(p-a)}{\sin(b)\sin(c)}}\times\sqrt{\frac{\sin(p-a)\sin(p-c)}{\sin(a)\sin(c)}}\\&\times\sqrt{\frac{\sin(p)\sin(p-c)}{\sin(a)\sin(b)}}\times\left[\frac{\sin(p-b)+\sin(p-a)}{\sin(c)}\right]\\&=\cos\left(\frac{C}{2}\right)\times\frac{2\sin\left(\frac{p-b+p-a}{2}\right)\cos\left(\frac{p-b-p+a}{2}\right)}{2\sin\left(\frac{c}{2}\right)\cos\left(\frac{c}{2}\right)}\\&=\cos\left(\frac{C}{2}\right)\frac{\cos\left(\frac{a-b}{2}\right)}{\cos\left(\frac{c}{2}\right)}\end{aligned}$$

于是有

$$\frac{\sin\left(\frac{A+B}{2}\right)}{\cos\left(\frac{C}{2}\right)}=\frac{\cos\left(\frac{a-b}{2}\right)}{\cos\left(\frac{c}{2}\right)}$$

同理，应用正弦和余弦的两角和与差的公式，再结合上述半角正弦和余弦公式，有

$$
\begin{cases}
\dfrac{\sin\left(\dfrac{A+B}{2}\right)}{\cos\left(\dfrac{C}{2}\right)} = \dfrac{\cos\left(\dfrac{a-b}{2}\right)}{\cos\left(\dfrac{c}{2}\right)} \\[2ex]
\dfrac{\sin\left(\dfrac{A-B}{2}\right)}{\cos\left(\dfrac{C}{2}\right)} = \dfrac{\sin\left(\dfrac{a-b}{2}\right)}{\sin\left(\dfrac{c}{2}\right)} \\[2ex]
\dfrac{\cos\left(\dfrac{A+B}{2}\right)}{\sin\left(\dfrac{C}{2}\right)} = \dfrac{\cos\left(\dfrac{a+b}{2}\right)}{\cos\left(\dfrac{c}{2}\right)} \\[2ex]
\dfrac{\cos\left(\dfrac{A-B}{2}\right)}{\sin\left(\dfrac{C}{2}\right)} = \dfrac{\sin\left(\dfrac{a+b}{2}\right)}{\sin\left(\dfrac{c}{2}\right)}
\end{cases}
$$

附 2.10 纳皮尔(Napier)公式

应用上述德朗布尔比例公式我们很容易推导出纳皮尔(Napier)公式。

$$
\begin{cases}
\tan\left(\dfrac{A+B}{2}\right) = \dfrac{\cos\left(\dfrac{a-b}{2}\right)}{\cos\left(\dfrac{a+b}{2}\right)}\cot\left(\dfrac{C}{2}\right) \\[2ex]
\tan\left(\dfrac{A-B}{2}\right) = \dfrac{\sin\left(\dfrac{a-b}{2}\right)}{\sin\left(\dfrac{a+b}{2}\right)}\cot\left(\dfrac{C}{2}\right) \\[2ex]
\tan\left(\dfrac{a+b}{2}\right) = \dfrac{\cos\left(\dfrac{A-B}{2}\right)}{\cos\left(\dfrac{A+B}{2}\right)}\tan\left(\dfrac{c}{2}\right) \\[2ex]
\tan\left(\dfrac{a-b}{2}\right) = \dfrac{\sin\left(\dfrac{A-B}{2}\right)}{\sin\left(\dfrac{A+B}{2}\right)}\tan\left(\dfrac{c}{2}\right)
\end{cases}
$$

附录 3　数学物理方程有关知识

附 3.1　定解问题

要解决实际的物理问题，首先必须掌握所研究的物理量在空间和时间中的变化规律，这就是物理课程中所研究并加以论述的物理规律，它是解决问题的依据。物理规律反映同一类物理现象的共同规律，即矛盾的普遍性，亦即共性。同一类物理现象中，各个具体问题又各有其特殊性，即个性。为了解算具体问题，必须考虑到所研究的区域的边界处在怎样的状况下，或者，换个说法，必须考虑到研究对象处在怎样的特定“环境”中，所以周围“环境”的影响体现于边界所处的物理状况，即边界条件。此外，为了解算随着时间而发展变化的问题，还必须考虑到研究对象的特定“历史”，即它在早先某个所谓“初始”时刻的状态，即初始条件。边界条件和初始条件反映了具体问题的特定环境和历史，即问题的特殊性，亦即个性。因此，问题的完整提法应当是：在给定的边界条件和初始条件下，根据已知的物理规律，解算某个物理量在给定的区域里随着地点和时刻怎样变化。物理规律通常采用偏微分方程表达出来，叫作数学物理方程。数学物理方程作为同一类物理现象的共性，与具体条件无关；具体问题的个性则由边界条件和初始条件反映。在数学上，边界条件和初始条件合称为定解条件，数学物理方程本身(不连带定解条件)叫作泛定方程。定解条件提出具体问题，泛定方程提供解决问题的依据，作为一个整体，叫作定解问题。

附 3.2　正交曲线坐标系中的拉普拉斯方程

1)拉普拉斯方程

拉普拉斯方程是由皮埃尔-西蒙・拉普拉斯(Pierre-Simon Laplace)首先提出而得名的一类特殊的泛定方程，电磁学、流体力学、万有引力理论、热力学和量子力学中都有拉普拉斯方程的身影。它的一般形式是

$$\Delta F = 0 \text{ 或者 } \nabla^2 F = 0 \text{ 或者 } \nabla \cdot \nabla F = 0$$

其中，$\Delta \equiv \nabla^2 = \nabla \cdot \nabla$为拉普拉斯算符，拉普拉斯算符 Δ 作用于标量函数 F，实际上是该

标量函数的梯度 ∇F 的散度 $\nabla \cdot \nabla F$，或者写为 $\nabla^2 F$，所以，这一算符在三维空间直角坐标系的具体表现形式为

$$\Delta = \frac{\partial^2}{\partial x^2} + \frac{\partial^2}{\partial y^2} + \frac{\partial^2}{\partial z^2}$$

如果标量函数 $F(x, y, z)$ 是直角坐标 (x, y, z) 的函数，那么在直角坐标系中，拉普拉斯方程为

$$\frac{\partial^2 F}{\partial x^2} + \frac{\partial^2 F}{\partial y^2} + \frac{\partial^2 F}{\partial z^2} = 0$$

2) 正交曲线坐标系

有不少问题，由于边界的形状，不宜采用直角坐标系，而应采用球坐标系等正交曲线坐标系。例如，如果要在球面上求解上述拉普拉斯方程，那么直角坐标系下求解就不方便了，而是最好采用在球坐标系下求解。下面我们首先引入正交曲线坐标，再逐渐过渡到球坐标系。以 q_1、q_2 和 q_3 表示正交曲线坐标

$$\begin{cases} q_1 = q_1(x, y, z) \\ q_2 = q_2(x, y, z) \\ q_3 = q_3(x, y, z) \end{cases} \quad \begin{cases} x = x(q_1, q_2, q_3) \\ y = y(q_1, q_2, q_3) \\ z = z(q_1, q_2, q_3) \end{cases}$$

如果两点具有相同的 q_2 和 q_3，而 q_1 相差微量 $\mathrm{d}q_1$，则两点间的距离为

$$\begin{aligned} (\mathrm{d}s_1)^2 &= (\mathrm{d}x)^2 + (\mathrm{d}y)^2 + (\mathrm{d}z)^2 \\ &= \left[\left(\frac{\partial x}{\partial q_1}\right)^2 + \left(\frac{\partial y}{\partial q_1}\right)^2 + \left(\frac{\partial z}{\partial q_1}\right)^2\right](\mathrm{d}q_1)^2 \end{aligned}$$

这可以改写为

$$\mathrm{d}s_1 = H_1 \mathrm{d}q_1，\text{其中 } H_1 \equiv \sqrt{\left(\frac{\partial x}{\partial q_1}\right)^2 + \left(\frac{\partial y}{\partial q_1}\right)^2 + \left(\frac{\partial z}{\partial q_1}\right)^2}$$

同理，如果两点具有相同的 q_3 和 q_1，而 q_2 相差微量 $\mathrm{d}q_2$，则两点间的距离为

$$\mathrm{d}s_2 = H_2 \mathrm{d}q_2，\text{其中 } H_2 \equiv \sqrt{\left(\frac{\partial x}{\partial q_2}\right)^2 + \left(\frac{\partial y}{\partial q_2}\right)^2 + \left(\frac{\partial z}{\partial q_2}\right)^2}$$

如果两点具有相同的 q_1 和 q_2，而 q_3 相差微量 $\mathrm{d}q_3$，则两点间的距离为

$$\mathrm{d}s_3 = H_3 \mathrm{d}q_3，\text{其中 } H_3 \equiv \sqrt{\left(\frac{\partial x}{\partial q_3}\right)^2 + \left(\frac{\partial y}{\partial q_3}\right)^2 + \left(\frac{\partial z}{\partial q_3}\right)^2}$$

其中，H_1、H_2 和 H_3 叫作度规系数。有了度规函数，我们就可以计算正交曲线坐标系下的梯度和散度等物理量了。

这样，标量函数 $F(q_1, q_2, q_3)$ 的梯度 ∇F 在 q_1 增长方向的分量 $(\nabla F)_1 = \dfrac{\partial F}{\partial s_1} = \dfrac{1}{H_1}$

$\frac{\partial F}{\partial q_1}$，同理还有 $(\nabla F)_2 = \frac{1}{H_2}\frac{\partial F}{\partial q_2}$ 和 $(\nabla F)_3 = \frac{1}{H_3}\frac{\partial F}{\partial q_3}$。

下面再让我们看看矢量函数 $\boldsymbol{v}(q_1, q_2, q_3)$。取一个微小的六面体，它由 q_1 和 $q_1 + \mathrm{d}q_1$、q_2 和 $q_2 + \mathrm{d}q_2$、q_3 和 $q_3 + \mathrm{d}q_3$ 6 个曲面围成，我们不妨将这 6 个微小曲面当作平面。由于曲线坐标 q_1、q_2 和 q_3 是正交的，不妨把这个微小六面体当作平行六面体。现在计算从这个六面体发出的通量(流量)。先考虑 q_1 和 $q_1 + \mathrm{d}q_1$ 两面，净发出的通量为

$$(V_1H_2H_3)\big|_{q_1+\mathrm{d}q_1}\mathrm{d}q_2\mathrm{d}q_3 - (V_1H_2H_3)\big|_{q_1}\mathrm{d}q_2\mathrm{d}q_3 = \frac{\partial}{\partial q_1}(V_1H_2H_3)\mathrm{d}q_1\mathrm{d}q_2\mathrm{d}q_3$$

同理，通过 q_2 和 $q_2 + \mathrm{d}q_2$ 两面，净发出的通量为

$$(V_2H_3H_1)\big|_{q_2+\mathrm{d}q_2}\mathrm{d}q_3\mathrm{d}q_1 - (V_2H_3H_1)\big|_{q_2}\mathrm{d}q_3\mathrm{d}q_1 = \frac{\partial}{\partial q_2}(V_2H_3H_1)\mathrm{d}q_1\mathrm{d}q_2\mathrm{d}q_3$$

通过 q_3 和 $q_3 + \mathrm{d}q_3$ 两面，净发出的通量为

$$(V_3H_1H_2)\big|_{q_3+\mathrm{d}q_3}\mathrm{d}q_1\mathrm{d}q_2 - (V_3H_1H_2)\big|_{q_3}\mathrm{d}q_1\mathrm{d}q_2 = \frac{\partial}{\partial q_3}(V_3H_1H_2)\mathrm{d}q_1\mathrm{d}q_2\mathrm{d}q_3$$

把三者相加，得到总的通量，再除以平行六面体的体积 $H_1H_2H_3\mathrm{d}q_1\mathrm{d}q_2\mathrm{d}q_3$，就是每单位体积发出的通量，即散度

$$\nabla\cdot\boldsymbol{v} = \frac{1}{H_1H_2H_3}\left[\frac{\partial}{\partial q_1}(V_1H_2H_3) + \frac{\partial}{\partial q_2}(V_2H_3H_1) + \frac{\partial}{\partial q_3}(V_3H_1H_2)\right]$$

3)拉普拉斯算符在正交曲线坐标系下的具体形式

由上述标量场的梯度以及矢量场的散度在正交曲线坐标系中的具体形式，我们很容易推导出在正交曲线坐标系中 Δ 作用于标量函数 $F(q_1, q_2, q_3)$ 的具体形式为

$$\Delta F = \frac{1}{H_1H_2H_3}\left[\frac{\partial}{\partial q_1}\left(\frac{H_2H_3}{H_1}\frac{\partial F}{\partial q_1}\right) + \frac{\partial}{\partial q_2}\left(\frac{H_3H_1}{H_2}\frac{\partial F}{\partial q_2}\right) + \frac{\partial}{\partial q_3}\left(\frac{H_1H_2}{H_3}\frac{\partial F}{\partial q_3}\right)\right]$$

由附图 3-2-1 可见，球坐标系 (r, θ, φ) 与直角坐标系 (x, y, z) 满足如下关系，

$$\begin{cases} x = r\sin(\theta)\cos(\varphi) \\ y = r\sin(\theta)\sin(\varphi) \\ z = r\cos(\theta) \end{cases}$$

按照上述公式，我们很容易计算出，

$$H_r \equiv \sqrt{\left(\frac{\partial x}{\partial r}\right)^2 + \left(\frac{\partial y}{\partial r}\right)^2 + \left(\frac{\partial z}{\partial r}\right)^2} = 1$$

$$H_\theta \equiv \sqrt{\left(\frac{\partial x}{\partial \theta}\right)^2 + \left(\frac{\partial y}{\partial \theta}\right)^2 + \left(\frac{\partial z}{\partial \theta}\right)^2} = r$$

$$H_\varphi \equiv \sqrt{\left(\frac{\partial x}{\partial \varphi}\right)^2 + \left(\frac{\partial y}{\partial \varphi}\right)^2 + \left(\frac{\partial z}{\partial \varphi}\right)^2} = r\sin(\theta)$$

于是，在球坐标系中 Δ 作用于标量函数 $F(r, \theta, \varphi)$ 的具体形式为

$$\Delta F = \nabla^2 F = \nabla \cdot \nabla F = \frac{1}{r^2}\frac{\partial}{\partial r}\left(r^2\frac{\partial F}{\partial r}\right) + \frac{1}{r^2\sin(\theta)}\frac{\partial}{\partial \theta}\left[\sin(\theta)\frac{\partial F}{\partial \theta}\right] + \frac{1}{r^2\sin^2(\theta)}\frac{\partial^2 F}{\partial \varphi^2}$$

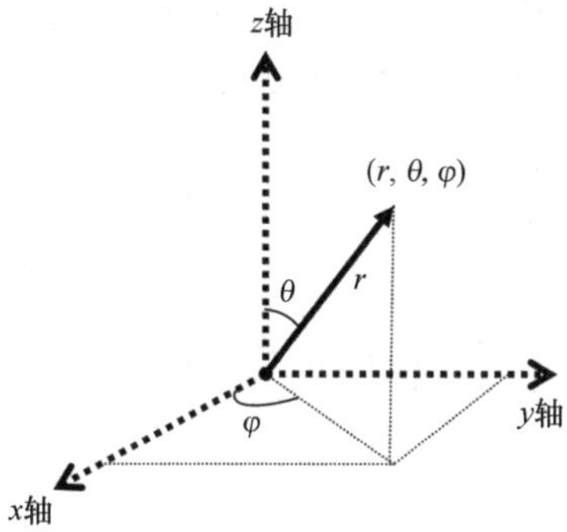

附图 3-2-1　直角坐标系与球坐标系之间的关系

因此，在球坐标系中标量函数 $F(r, \theta, \varphi)$ 所满足的拉普拉斯方程的具体形式为

$$\frac{1}{r^2}\frac{\partial}{\partial r}\left(r^2\frac{\partial F}{\partial r}\right) + \frac{1}{r^2\sin(\theta)}\frac{\partial}{\partial \theta}\left[\sin(\theta)\frac{\partial F}{\partial \theta}\right] + \frac{1}{r^2\sin^2(\theta)}\frac{\partial^2 F}{\partial \varphi^2} = 0$$

附 3.3　拉普拉斯方程的求解——分离变数法

对于求解上述拉普拉斯方程这样的泛定方程，我们有一类通用的解法，叫作分离变数法，该方法的精髓是将 1 个偏微分方程分解为两个或多个只含 1 个变量的常微分方程。将方程中含有各个变量的项分离开来，从而将原方程拆分成多个更简单的只含 1 个自变量的常微分方程。运用线性叠加原理，将非齐次方程拆分成多个齐次的或易于求解的方程。下面，让我们通过求解拉普拉斯方程，来领略一下分离变数法。

首先，试把表示距离的变数 r 跟表示方向的变数 θ 和 φ 分离，即

$$F = F(r, \theta, \varphi) = R(r)Y(\theta, \varphi)$$

代入上述球坐标系下的拉普拉斯方程中，得到

$$\frac{Y}{r^2}\frac{\mathrm{d}}{\mathrm{d}r}\left(r^2\frac{\mathrm{d}R}{\mathrm{d}r}\right) + \frac{R}{r^2\sin(\theta)}\frac{\partial}{\partial \theta}\left[\sin(\theta)\frac{\partial Y}{\partial \theta}\right] + \frac{R}{r^2\sin^2(\theta)}\frac{\partial^2 Y}{\partial \varphi^2} = 0$$

用 $r^2/(RY)$ 遍乘各项并适当移项，即得

$$\frac{1}{R}\frac{\mathrm{d}}{\mathrm{d}r}\left(r^2\frac{\mathrm{d}R}{\mathrm{d}r}\right) = -\frac{1}{Y\sin(\theta)}\frac{\partial}{\partial \theta}\left[\sin(\theta)\frac{\partial Y}{\partial \theta}\right] - \frac{1}{Y\sin^2(\theta)}\frac{\partial^2 Y}{\partial \varphi^2}$$

左边是 r 的函数，跟 θ 和 φ 无关；右边是 θ 和 φ 的函数，跟 r 无关。两边相等显然是不可能的，除非两边实际上是同一个常数 μ ，于是上述方程可以分解为如下两个方程，

$$\begin{cases} r^2 \dfrac{d^2R}{dr^2} + 2r\dfrac{dR}{dr} - \mu R = 0 \\ \dfrac{1}{\sin(\theta)}\dfrac{\partial}{\partial\theta}\left[\sin(\theta)\dfrac{\partial Y}{\partial\theta}\right] + \dfrac{1}{\sin^2(\theta)}\dfrac{\partial^2 Y}{\partial\varphi^2} + \mu Y = 0 \end{cases}$$

而要保证第一个方程有解，常数μ一定要取成$\mu = n(n+1)$的形式，所以

$$\begin{cases} r^2 \dfrac{d^2R}{dr^2} + 2r\dfrac{dR}{dr} - n(n+1)R = 0 \\ \dfrac{1}{\sin(\theta)}\dfrac{\partial}{\partial\theta}\left[\sin(\theta)\dfrac{\partial Y}{\partial\theta}\right] + \dfrac{1}{\sin^2(\theta)}\dfrac{\partial^2 Y}{\partial\varphi^2} + n(n+1)Y = 0 \end{cases}$$

常微分方程$r^2 \dfrac{d^2R}{dr^2} + 2r\dfrac{dR}{dr} - n(n+1)R = 0$是所谓欧拉(Euler)型常微分方程，令$t \equiv \ln(r)$，因此上述常微分方程化为$\dfrac{d^2R}{dt^2}+\dfrac{dR}{dt}-n(n+1)R=0$[读者由此可以更为清晰地看出常数$\mu$一定要取成$\mu = n(n+1)$形式的必要性]。

该常系数二阶常微分方程的两个特解为$\begin{cases} R_1(t) = e^{nt} = r^n \\ R_2(t) = e^{-(n+1)t} = \dfrac{1}{r^{n+1}} \end{cases}$

于是，上述常微分方程的解是

$$R(r) = Cr^n + \frac{D}{r^{n+1}}$$

偏微分方程$\dfrac{1}{\sin(\theta)}\dfrac{\partial}{\partial\theta}\left[\sin(\theta)\dfrac{\partial Y}{\partial\theta}\right] + \dfrac{1}{\sin^2(\theta)}\dfrac{\partial^2 Y}{\partial\varphi^2} + n(n+1)Y = 0$叫作球函数方程，进一步分离变量

$$Y(\theta, \varphi) = \Theta(\theta)\Phi(\varphi)$$

代入上述球函数方程，得到

$$\frac{\Phi}{\sin(\theta)}\frac{d}{d\theta}\left[\sin(\theta)\frac{d\Theta}{d\theta}\right] + \frac{\Theta}{\sin^2(\theta)}\frac{d^2\Phi}{d\varphi^2} + n(n+1)\Theta\Phi = 0$$

用$\sin^2(\theta)/(\Theta\Phi)$遍乘各项并适当移项，即得

$$\frac{\sin(\theta)}{\Theta}\frac{d}{d\theta}\left[\sin(\theta)\frac{d\Theta}{d\theta}\right] + n(n+1)\sin^2(\theta) = -\frac{1}{\Phi}\frac{d^2\Phi}{d\varphi^2}$$

左边是θ的函数，跟φ无关；右边是φ的函数，跟θ无关。两边相等显然是不可能的，除非两边实际上是同一个常数，把这个常数记作λ，于是上述方程可以分解为如下两个方程

$$\begin{cases}\sin(\theta)\dfrac{\mathrm{d}}{\mathrm{d}\theta}\left[\sin(\theta)\dfrac{\mathrm{d}\Theta}{\mathrm{d}\theta}\right]+[n(n+1)\sin^2(\theta)-\lambda]\Theta=0\\\dfrac{\mathrm{d}^2\Phi}{\mathrm{d}\varphi^2}+\lambda\Phi=0\end{cases}$$

注意到常微分方程 $\dfrac{\mathrm{d}^2\Phi}{\mathrm{d}\varphi^2}+\lambda\Phi=0$ 存在“自然的周期条件” $\Phi(\varphi+2\pi)=\Phi(\varphi)$，在这一自然的周期条件下构成了本征值问题，其本征值为

$$\lambda=m^2,\ m=0,\ 1,\ 2,\ 3,\ \cdots$$

本征函数为

$$\Phi(\varphi)=A\cos(m\varphi)+B\sin(m\varphi)$$

根据上述关于本征值的讨论，关于 θ 的方程最终变为

$$\frac{1}{\sin(\theta)}\frac{\mathrm{d}}{\mathrm{d}\theta}\left[\sin(\theta)\frac{\mathrm{d}\Theta}{\mathrm{d}\theta}\right]+\left[n(n+1)-\frac{m^2}{\sin^2(\theta)}\right]\Theta=0$$

令 $x\equiv\cos(\theta)$，把自变数 θ 换为 x，于是上述方程化为

$$(1-x^2)\frac{\mathrm{d}^2\Theta}{\mathrm{d}x^2}-2x\frac{\mathrm{d}\Theta}{\mathrm{d}x}+\left[n(n+1)-\frac{m^2}{1-x^2}\right]\Theta=0$$

这叫作 n 阶缔合勒让德方程。如果球坐标的极轴是对称轴，则 F 跟 φ 无关，从而 $\Phi(\varphi)$ 跟 φ 无关，这就是说 $m=0$，而在这种情况下，上述方程变为

$$(1-x^2)\frac{\mathrm{d}^2\Theta}{\mathrm{d}x^2}-2x\frac{\mathrm{d}\Theta}{\mathrm{d}x}+n(n+1)\Theta=0$$

这叫作 n 阶勒让德方程。

自然边界条件(在定义域的边界处保持有限)要求 n 必须为整数，于是，勒让德方程的解为

$$\Theta(x)=P_n(x)=\sum_{k=0}^{\left[\frac{n}{2}\right]}(-1)^k\frac{(2n-2k)!}{2^n k!\,(n-k)!\,(n-2k)!}x^{n-2k},$$

$$\left[\frac{n}{2}\right]=\begin{cases}\dfrac{n}{2} & n\text{ 为偶数}\\\dfrac{n-1}{2} & n\text{ 为奇数}\end{cases}$$

由于上式具有多项式的形式，因此称 $P_n(x)$ 为 n 阶勒让德多项式。勒让德多项式还有微分表示式

$$P_n(x)=\frac{1}{2^n n!}\frac{\mathrm{d}^n}{\mathrm{d}x^n}(x^2-1)^n$$

这叫作罗德里格斯(Rodrigues)公式。注意到 $x\equiv\cos(\theta)$，因此我们可以写出前几阶的勒让德多项式

$$\begin{cases} P_0[\cos(\theta)] = 1 \\ P_1[\cos(\theta)] = \cos(\theta) \\ P_2[\cos(\theta)] = \dfrac{1}{2}[3\cos^2(\theta) - 1] \\ P_3[\cos(\theta)] = \dfrac{1}{2}[5\cos^2(\theta) - 3\cos(\theta)] \\ \cdots\cdots \end{cases}$$

高阶的勒让德多项式可采用下面的递推公式直接从低阶的勒让德多项式中推导出来

$$P_n[\cos(\theta)] = \frac{2n-1}{n}\cos(\theta)P_{n-1}[\cos(\theta)] - \frac{n-1}{n}P_{n-2}[\cos(\theta)] \qquad (n \geqslant 2)$$

此外，勒让德多项式具有如下的正交性质

$$\int_{-1}^{1} P_n(x)P_1(x)\mathrm{d}x \equiv \int_{-1}^{1} P_n[\cos(\theta)]P_1[\cos(\theta)]\sin(\theta)\mathrm{d}\theta = \frac{2}{2n+1}\delta_{nl}$$

可以证明在旋转轴对称的情况下，即 $m = 0$ 时，

$$F(r,\ \theta,\ \varphi) = F(r,\ \theta) = \frac{1}{\sqrt{1 - 2r\cos(\theta) + r^2}}$$

是球坐标系下拉普拉斯方程的解，于是可用上述形式展开

$$\frac{1}{\sqrt{1 - 2r\cos(\theta) + r^2}} = \begin{cases} \sum\limits_{n=0}^{\infty} r^n P_n[\cos(\theta)] & (r \leqslant 1) \\ \sum\limits_{n=0}^{\infty} \dfrac{1}{r^{n+1}} P_n[\cos(\theta)] & (r \leqslant 1) \end{cases}$$

因此，我们还称 $1/\sqrt{1 - 2r\cos(\theta) + r^2}$ 为勒让德多项式的母函数或者生成函数

下面再让我们看看缔合勒让德方程的解。通过仔细推导，我们会发现，如果作变换 $\Theta = (1 - x^2)^{\frac{m}{2}} y(x)$，缔合勒让德方程则变为

$$(1 - x^2)\frac{\mathrm{d}^2 y}{\mathrm{d}x^2} - 2(m+1)x\frac{\mathrm{d}y}{\mathrm{d}x} + [n(n+1) - m(m+1)]y = 0$$

不难验证，上述方程正好是勒让德方程求导 m 次的结果，因此上述方程的解应该是勒让德方程的解的 m 阶导数，

$$y(x) = \frac{\mathrm{d}^m P_n(x)}{\mathrm{d}x^m}$$

由此，我们推断，缔合勒让德方程的解就是

$$\Theta(x) = P_n^m(x) = (1 - x^2)^{\frac{m}{2}} \frac{\mathrm{d}^m P_n(x)}{\mathrm{d}x^m} = \frac{(1 - x^2)^{\frac{m}{2}}}{2^n n!} \frac{\mathrm{d}^{n+m}}{\mathrm{d}x^{n+m}}(x^2 - 1)^n,\ m = 0,\ 1,\ 2,\ \cdots,\ n$$

这叫作缔合勒让德函数，上式用到了罗德里格斯公式，也被称为罗德里格斯公式，由于

$P_n(x)$ 是 n 次多项式，最多只能求 n 次导数，因此，上式 m 的取值就不会到无穷了，而应该是 $m=0$，1，2，…，n。缔合勒让德函数还有另一种表示方法，事实上，把缔合勒让德方程中的 m 换成 $-m$，方程并不改变。由此可知

$$P_n^{-m}(x)=\frac{(1-x^2)^{-\frac{m}{2}}}{2^n n!}\frac{\mathrm{d}^{n-m}}{\mathrm{d}x^{n-m}}(x^2-1)^n$$

也是缔合勒让德方程的满足自然边界条件的本征函数，从而 $P_n^{-m}(x)$ 应当就是 $P_n^m(x)$，最多相差一个常数因子，经过简单推导我们发现

$$\begin{cases}P_n^m(x)=(-1)^m\dfrac{(n+m)!}{(n-m)!}P_n^{-m}(x)\\[2ex] P_n^{-m}(x)=(-1)^m\dfrac{(n-m)!}{(n+m)!}P_n^m(x)\end{cases}$$

此外，同一 m 而不同阶 n 的缔合勒让德函数也具有正交性质。

$$\int_{-1}^{1}P_n^m(x)P_l^m(x)\mathrm{d}x=\int_0^{\pi}P_n^m[\cos(\theta)]P_l^m[\cos(\theta)]\sin(\theta)\mathrm{d}\theta=\frac{(n+m)!}{(n-m)!}\frac{2}{2n+1}\delta_{nl}$$

将上述通过分离变数法获得的关于 r、θ 和 φ 的常微分方程的解总结一下，

$$\begin{cases}R(r)=C_n r^n+\dfrac{D_n}{r^{n+1}}\\[2ex] \Theta(\theta)=P_n^m[\cos(\theta)]\\ \Phi(\varphi)=A_m\cos(m\varphi)+B_m\sin(m\varphi)\end{cases}$$

将它们结合起来，就获得了球坐标系下拉普拉斯方程的通解

$$F(r,\ \theta,\ \varphi)=\sum_{n=0}^{\infty}\sum_{m=0}^{\infty}\left(C_n r^n+\frac{D_n}{r^{n+1}}\right)P_n^m[\cos(\theta)][A_m\cos(m\varphi)+B_m\sin(m\varphi)]$$

其中，

$$Y_n^m(\theta,\ \varphi)=P_n^m[\cos(\theta)]\begin{Bmatrix}\cos(m\varphi)\\ \sin(m\varphi)\end{Bmatrix},\quad \begin{pmatrix}m=0,\ 1,\ 2,\ \cdots,\ n\\ n=0,\ 1,\ 2,\ 3,\ \cdots\end{pmatrix}$$

是球函数方程的解，记号 $\begin{Bmatrix}\cos(m\varphi)\\ \sin(m\varphi)\end{Bmatrix}$ 表示或取 $\cos(m\varphi)$ 或取 $\sin(m\varphi)$，上述函数被称为 n 阶球函数。独立的 n 阶球函数共有 $(2n+1)$ 个，这是因为对应于 $m=0$，有一个球函数 $P_n[\cos(\theta)]$，而对应于 $m=1, 2, \cdots, n$，则各有两个球函数，即 $P_n^m[\cos(\theta)]\cos(m\varphi)$ 和 $P_n^m[\cos(\theta)]\sin(m\varphi)$。根据欧拉公式 $\cos(m\varphi)+\mathrm{i}\sin(m\varphi)=\mathrm{e}^{\mathrm{i}m\varphi}$ 和 $\cos(m\varphi)-\mathrm{i}\sin(m\varphi)=\mathrm{e}^{-\mathrm{i}m\varphi}$，上式可以重新组合为

$$Y_n^m(\theta,\ \varphi)=P_n^m[\cos(\theta)]\mathrm{e}^{\mathrm{i}m\varphi},\quad \begin{pmatrix}m=-n,\ \cdots,\ -1,\ 0,\ 1,\ \cdots,\ n\\ n=0,\ 1,\ 2,\ 3,\ \cdots\end{pmatrix}$$

在上面的公式中，独立的 n 阶球函数还是 $(2n+1)$ 个。我们还可以引入归一化的 n 阶球

函数

$$Y_n^m(\theta,\ \varphi)=\sqrt{\frac{(2n+1)(n-m)!}{4\pi(n+m)!}}P_n^m[\cos(\theta)]\mathrm{e}^{\mathrm{i}m\varphi}$$

这样的球函数满足如下的正交性质

$$\int_0^{2\pi}\int_0^{\pi}Y_n^m(\theta,\ \varphi)Y_l^k(\theta,\ \varphi)^*\sin(\theta)\mathrm{d}\theta\mathrm{d}\varphi=\delta_{nl}\delta_{mk}$$

并满足如下性质

$$\begin{aligned}Y_n^{-m}(\theta,\ \varphi)&=\sqrt{\frac{(2n+1)(n+m)!}{4\pi(n-m)!}}P_n^{-m}[\cos(\theta)]\mathrm{e}^{-\mathrm{i}m\varphi}\\&=\sqrt{\frac{(2n+1)(n+m)!}{4\pi(n-m)!}}(-1)^m\frac{(n-m)!}{(n+m)!}P_n^m[\cos(\theta)]\mathrm{e}^{-\mathrm{i}m\varphi}\\&=(-1)^m\sqrt{\frac{(2n+1)(n-m)!}{4\pi(n+m)!}}P_n^m[\cos(\theta)]\mathrm{e}^{-\mathrm{i}m\varphi}\\&=(-1)^mY_n^m(\theta,\ \varphi)^*\end{aligned}$$

最后，我们再介绍一个非常有用的公式——加法公式。球函数方程是从拉普拉斯方程中把变数 r 分离出去而得到的，拉普拉斯方程中的算符 $\Delta\equiv\nabla^2=\nabla\cdot\nabla$ 具有确定的意义，跟坐标的选择无关，而径向变数 r 则跟坐标系的旋转无关，因此坐标系旋转时，球函数方程不变。换句话说，坐标系旋转时，n 阶球函数仍保持为 n 阶。如附图 3-3-1 所示，将某个 θ 和 φ 的函数分别在以 z 轴为极轴和以 z' 轴为极轴的球坐标下用球函数进行展开，由于同一函数在不同坐标系下展开应该是彼此相等的，于是有如下球函数的加法公式

$$\begin{aligned}P_n[\cos(\Theta)]&=\frac{4\pi}{2n+1}\sum_{m=-n}^{n}Y_n^m(\theta,\ \psi)Y_n^m(Z,\ L)^*\\&=\sum_{m=0}^{n}A_m\frac{(n-m)!}{(n+m)!}P_n^m[\cos(Z)]P_n^m[\cos(\theta)]\cos[m(L-\psi)],\end{aligned}$$

其中，

$$\begin{cases}A_m=1,\ m=0\\A_m=2,\ m\neq0\end{cases}$$

由上述公式可见，只要知道了球面上两个点的经纬度，那么这两个点之间的天顶距的勒让德多项式就可以利用这两个点各自的球函数计算出来。设 $U_n^m(\theta,\ \psi)$ 和 $V_n^m(\theta,\ \psi)$ 分别为 $Y_n^m(\theta,\ \psi)$ 的实部和虚部，$U_n^m(Z,\ L)$ 和 $V_n^m(Z,\ L)$ 分别为 $Y_n^m(Z,\ L)$ 的实部和虚部，即

$$\begin{cases}Y_n^m(\theta,\ \psi)=U_n^m(\theta,\ \psi)+\mathrm{i}V_n^m(\theta,\ \psi)\\Y_n^m(Z,\ L)=U_n^m(Z,\ L)+\mathrm{i}V_n^m(Z,\ L)\end{cases}$$

则上面的加法公式还可以写为

$$
\begin{aligned}
P_n[\cos(\Theta)] &= \frac{4\pi}{2n+1}\sum_{m=-n}^{n} Y_n^m(\theta, \psi)Y_n^m(Z, L)^* \\
&= \frac{4\pi}{2n+1}\Big[\sum_{m=-n}^{-1} Y_n^m(\theta, \psi)Y_n^m(Z, L)^* + Y_n^0(\theta, \psi)Y_n^0(Z, L)^* \\
&\quad + \sum_{m=1}^{n} Y_n^m(\theta, \psi)Y_n^m(Z, L)^*\Big] \\
&= \frac{4\pi}{2n+1}\Big[\sum_{m=1}^{n} Y_n^{-m}(\theta, \psi)Y_n^{-m}(Z, L)^* + Y_n^0(\theta, \psi)Y_n^0(Z, L)^* \\
&\quad + \sum_{m=1}^{n} Y_n^m(\theta, \psi)Y_n^m(Z, L)^*\Big] \\
&= \frac{4\pi}{2n+1}\Big[\sum_{m=1}^{n} Y_n^m(\theta, \psi)^* Y_n^m(Z, L) + Y_n^0(\theta, \psi)Y_n^0(Z, L)^* \\
&\quad + \sum_{m=1}^{n} Y_n^m(\theta, \psi)Y_n^m(Z, L)^*\Big] \\
&= \frac{4\pi}{2n+1}\sum_{m=0}^{n} A_m[U_n^m(\theta, \psi)U_n^m(Z, L) + V_n^m(\theta, \psi)V_n^m(Z, L)] \\
&= \sum_{m=0}^{n} A_m \frac{(n-m)!}{(n+m)!}P_n^m[\cos(Z)]P_n^m[\cos(\theta)]\cos[m(L-\psi)]
\end{aligned}
$$

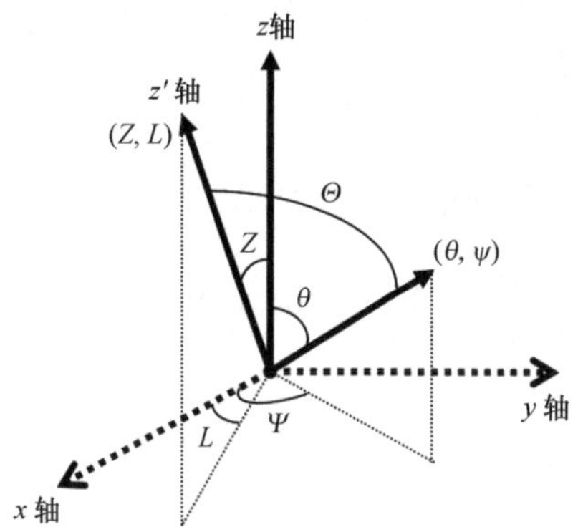

附图 3-3-1 加法公式

附录4　谱分析

1807年，法国数学家傅里叶(J. B. J. Fourier)提出，在有限时间间隔内定义的任意函数，均可在无穷多个不同频率的正弦和余弦函数所张成的空间中展开，而展开系数就是该函数在此空间坐标上的投影。这样就出现了与时域相对应的频域，如此便产生了时间序列在频域上进行分析的方法，即谱分析，亦称频谱分析或波谱分析。1965年出现快速傅里叶变换以来，使频域分析走向实用并迅速拓展。

海洋运动无论时间变化还是空间变化均存在各种尺度的波动现象。本章所介绍的主要侧重时间序列波动分析上。显然，空间序列的波动分析完全是类似的，因此，所介绍的方法完全适用。

本章介绍有关谱的概念、功率谱的概念及其估计方法，如何根据谱图来检验某一频率振动的显著性。

附4.1　傅里叶变换

如果 $x(t)$ 是以 2π 为周期的周期函数，那么

$$x(t)=\frac{a_0}{2}+\sum_{n=1}^{\infty}\left[a_n\cos(nt)+b_n\sin(nt)\right]$$

其中，

$$\begin{cases}a_n=\dfrac{1}{\pi}\displaystyle\int_{-\pi}^{\pi}x(t)\cos(nt)\mathrm{d}t & (n=0,\ 1,\ 2,\ \cdots)\\ b_n=\dfrac{1}{\pi}\displaystyle\int_{-\pi}^{\pi}x(t)\sin(nt)\mathrm{d}t & (n=1,\ 2,\ \cdots)\end{cases}$$

如果 $x(t)$ 是以 T 为周期的周期函数，那么

$$x(t)=\frac{a_0}{2}+\sum_{n=1}^{\infty}\left[a_n\cos\left(n\frac{2\pi t}{T}\right)+b_n\sin\left(n\frac{2\pi t}{T}\right)\right]$$

其中，

$$\begin{cases}a_n=\dfrac{2}{T}\displaystyle\int_{-T/2}^{T/2}x(t)\cos\left(n\frac{2\pi t}{T}\right)\mathrm{d}t & (n=0,\ 1,\ 2,\ \cdots)\\ b_n=\dfrac{2}{T}\displaystyle\int_{-T/2}^{T/2}x(t)\sin\left(n\frac{2\pi t}{T}\right)\mathrm{d}t & (n=1,\ 2,\ \cdots)\end{cases}$$

称为傅里叶系数。令 $\omega_n = 2\pi n/T$，称为第 n 个谐波的圆频率，n 称为谐波的波数。实际应用中，还常使用频率 $f_n = n/T$，它与 ω_n 的关系是 $\omega_n = 2\pi f_n$。上式表明，一般的时间函数可看成由无穷个不同频率的振动波叠加而成，实际分析中对这些振动波的振幅和相位的了解是十分重要的。由上式我们发现傅里叶系数满足如下的关系

$$\begin{cases} a_{-n} = a_n \\ b_{-n} = -b_n \end{cases}$$

利用欧拉公式，我们有

$$\begin{cases} \cos\left(n\dfrac{2\pi t}{T}\right) = \dfrac{1}{2}\left(e^{in\frac{2\pi t}{T}} + e^{-in\frac{2\pi t}{T}}\right) \\ \sin\left(n\dfrac{2\pi t}{T}\right) = \dfrac{1}{2i}\left(e^{in\frac{2\pi t}{T}} - e^{-in\frac{2\pi t}{T}}\right) \end{cases}$$

于是有

$$\begin{aligned} x(t) &= \frac{a_0}{2} + \sum_{n=1}^{\infty}\left[a_n\cos\left(n\frac{2\pi t}{T}\right) + b_n\sin\left(n\frac{2\pi t}{T}\right)\right] \\ &= \frac{a_0}{2} + \frac{1}{2}\sum_{n=1}^{\infty}(a_n - ib_n)e^{in\frac{2\pi t}{T}} + \frac{1}{2}\sum_{n=1}^{\infty}(a_n + ib_n)e^{in\frac{2\pi t}{T}} \\ &= \frac{a_0}{2} + \frac{1}{2}\sum_{n=1}^{\infty}(a_n - ib_n)e^{in\frac{2\pi t}{T}} + \frac{1}{2}\sum_{n=-1}^{-\infty}(a_n + ib_{-n})e^{in\frac{2\pi t}{T}} \\ &= \frac{a_0}{2} + \frac{1}{2}\sum_{n=1}^{\infty}(a_n - ib_n)e^{in\frac{2\pi t}{T}} + \frac{1}{2}\sum_{n=-1}^{-\infty}(a_n - ib_n)e^{in\frac{2\pi t}{T}} \\ &= \sum_{n=-\infty}^{\infty}\frac{1}{2}(a_n - ib_n)e^{in\frac{2\pi t}{T}} \\ &= \sum_{n=-\infty}^{\infty}\frac{1}{2}\left[\frac{2}{T}\int_{-T/2}^{T/2}x(t')\cos\left(n\frac{2\pi t'}{T}\right)dt' - i\frac{2}{T}\int_{-T/2}^{T/2}x(t')\sin\left(n\frac{2\pi t'}{T}\right)dt'\right]e^{in\frac{2\pi t}{T}} \\ &= \sum_{n=-\infty}^{\infty}\left[\int_{-T/2}^{T/2}x(t')e^{-in\frac{2\pi t'}{T}}dt'\right]\frac{1}{T}e^{in\frac{2\pi t}{T}} \end{aligned}$$

当 $T\to\infty$ 时，$df = 1/T$，此处暗示周期无限长，能够分辨的频率间隔无限小，于是上式中的中括号的内容就是连续形式的傅里叶变换

$$X(f) = \int_{-\infty}^{\infty}x(t)e^{-i2\pi ft}dt$$

求和号就可以使用积分号来代替，于是得到傅里叶逆变换为

$$x(t) = \int_{-\infty}^{\infty}X(f)e^{i2\pi ft}dt$$

注意，此处积分号的上下限是从负无穷到正无穷，即要求时间序列 $x(t)$ 是无穷长的，而积分号中的 dt 是无穷小量，即要求采样间隔为无穷小，我们可以称其为连续形式的傅里叶变换，这实际上相当于是将一个无穷长的连续的时间序列 $x(t)$ 采用一组完备的

正交的基函数进行展开，此处每一个基函数 $\exp(\mathrm{i}2\pi ft)$ 都是单频的，且不同频率的基函数在整个时域求内积结果为0，即基函数相互是正交的，而每个基函数前面的系数就是该时间序列 $x(t)$ 在该频率 f 下的傅里叶变换 $X(f)$，我们可以把一个时间序列 $x(t)$ 定义到时间域上，每个时间点 t 的值就是该时刻的值 $x(t)$，我们同样也可以把这个时间序列定义到频率域上，每个频率点 f 上的值就是傅里叶变换 $X(f)$。

附4.2　卷积、卷积定理和帕什瓦定理

定义时域上的卷积计算为

$$y(t) = \int_{-\infty}^{\infty} h(\tau)x(t-\tau)\mathrm{d}\tau = \int_{-\infty}^{\infty} x(\tau)h(t-\tau)\mathrm{d}\tau$$

函数 $y(t)$ 称为函数 $h(t)$ 和 $x(t)$ 的卷积。如果 $h(t)$ 和 $x(t)$ 分别有傅里叶变换 $H(f)$ 和 $X(f)$，那么我们可以计算 $y(t)$ 的傅里叶变换，将上述时域上的卷积公式代入，得到

$$\begin{aligned}
Y(f) &= \int_{-\infty}^{\infty} y(t)\mathrm{e}^{-\mathrm{i}2\pi fi}\mathrm{d}t \\
&= \int_{-\infty}^{\infty} \left[\int_{-\infty}^{\infty} h(\tau)x(t-\tau)\mathrm{d}\tau\right]\mathrm{e}^{-\mathrm{i}2\pi fi}\mathrm{d}t \\
&= \int_{-\infty}^{\infty} h(\tau)\left[\int_{-\infty}^{\infty} x(t-\tau)\mathrm{e}^{-\mathrm{i}2\pi fi}\mathrm{d}t\right]\mathrm{d}\tau \\
&= \int_{-\infty}^{\infty} h(\tau)X(f)\mathrm{e}^{-\mathrm{i}2\pi fi}\mathrm{d}\tau \\
&= H(f)X(f)
\end{aligned}$$

这说明时域上的卷积对应于频域上的乘积。同理，我们还可以计算频域上的卷积

$$Y(f) = \int_{-\infty}^{\infty} H(\varphi)X(f-\varphi)\mathrm{d}\varphi = \int_{-\infty}^{\infty} H(f-\varphi)X(\varphi)\mathrm{d}\varphi$$

对其计算傅里叶逆变换，并将上述频域上的卷积公式代入，得到

$$\begin{aligned}
y(t) &= \int_{-\infty}^{\infty} Y(f)\mathrm{e}^{\mathrm{i}2\pi ft}\mathrm{d}f \\
&= \int_{-\infty}^{\infty} \left[\int_{-\infty}^{\infty} H(\varphi)X(f-\varphi)\mathrm{d}\varphi\right]\mathrm{e}^{\mathrm{i}2\pi ft}\mathrm{d}f \\
&= \int_{-\infty}^{\infty} H(\varphi)\left[\int_{-\infty}^{\infty} X(f-\varphi)\mathrm{e}^{\mathrm{i}2\pi ft}\mathrm{d}f\right]\mathrm{d}\varphi \\
&= \int_{-\infty}^{\infty} H(\varphi)x(t)\mathrm{e}^{\mathrm{i}2\pi f\varphi}\mathrm{d}\varphi \\
&= h(t)x(t)
\end{aligned}$$

这说明频域上的卷积对应于时域上的乘积。

我们还可以考虑这样一个函数 $y(t) = x(t)x(t)$，利用上述频域上的卷积定理，$y(t)$ 的傅里叶变换应该是

$$Y(f)=\int_{-\infty}^{\infty}X(\varphi)X(f-\varphi)\mathrm{d}\varphi$$

于是有

$$\int_{-\infty}^{\infty}[x(t)]^2\mathrm{e}^{-\mathrm{i}2\pi ft}\mathrm{d}t=\int_{-\infty}^{\infty}X(\varphi)X(f-\varphi)\mathrm{d}\varphi$$

令 $f=0$，于是有

$$\int_{-\infty}^{\infty}[x(t)]^2\mathrm{d}t=\int_{-\infty}^{\infty}X(\varphi)X(-\varphi)\mathrm{d}\varphi=\int_{-\infty}^{\infty}X(\varphi)X^*(\varphi)\mathrm{d}\varphi=\int_{-\infty}^{\infty}|X(\varphi)|^2\mathrm{d}\varphi$$

于是我们得到帕什瓦(Parseval)定理

$$\int_{-\infty}^{\infty}[x(t)]^2\mathrm{d}t=\int_{-\infty}^{\infty}|X(f)|^2\mathrm{d}f$$

按照一般的物理模型，考虑1个单位的电阻，瞬时电压用 $x(t)$ 表示，则它的瞬时功率就是 $[x(t)]^2$，它的总能量就是 $\int_{-\infty}^{\infty}[x(t)]^2\mathrm{d}t$。那么上式表示就是时域上的总能量等于频域上的总能量。

附 4.3 无限长连续信号的功率谱

注意到积分

$$\int_{-\infty}^{\infty}[x(t)]^2\mathrm{d}t=\int_{-\infty}^{\infty}|X(f)|^2\mathrm{d}f$$

表示的是总能量，而平均功率=总能量÷总时间，于是信号 $x(t)$ 的平均功率可以定义为

$$P\equiv\lim_{T\to\infty}\frac{1}{T}\int_{-T/2}^{T/2}[x(t)]^2\mathrm{d}t$$

应用帕什瓦定理，我们得到

$$\begin{aligned}P&\equiv\lim_{T\to\infty}\frac{1}{T}\int_{-T/2}^{T/2}[x(t)]^2\mathrm{d}t=\lim_{T\to\infty}\frac{1}{T}\int_{-\infty}^{\infty}|X(f)|^2\mathrm{d}f\\&=\int_{-\infty}^{\infty}\lim_{T\to\infty}\frac{|X(f)|^2}{T}\mathrm{d}f\equiv\int_{-\infty}^{\infty}S(f)\mathrm{d}f\end{aligned}$$

这实际上表示了平均功率在各个频率上的分配，于是我们可以定义功率密度函数(功率谱)为

$$S(f)\equiv\lim_{T\to\infty}\frac{|X(f)|^2}{T}$$

依据上述功率谱的定义，我们发现，对于一个时间序列 $x(t)$，只要计算出来了它的傅里叶变换，然后依据上式即可计算出该时间序列的功率谱。从统计观点来看，平均功率 $\lim_{T\to\infty}\frac{1}{T}\int_{-T/2}^{T/2}[x(t)]^2\mathrm{d}t$ 表示的是数学期望为0的信号 $x(t)$ 的方差，那么功率谱的概念实

际上表述了，方差可以分解为各部分波动功率之和。

实际上，除此之外，我们还可以采用自相关函数来计算功率谱，下面让我们来看看自相关函数与功率谱之间的关系，对于平稳的随机过程，自相关函数定义为

$$R(\tau) \equiv E[x(t+\tau)x^*(t)]$$

在各态历经性假设下，时间平均值与数学期望值相等，因此上述期望可以采用如下的时间平均来计算

$$R(\tau) \equiv E[x(t+\tau)x^*(t)] = \lim_{T\to\infty}\frac{1}{T}\int_{-T/2}^{T/2} x(t+\tau)x^*(t)\,\mathrm{d}t$$

我们来计算一下上述自相关函数的傅里叶变换

$$\int_{-\infty}^{\infty} R(\tau)\mathrm{e}^{-\mathrm{i}2\pi f\tau}\mathrm{d}\tau = \int_{-\infty}^{\infty}\left[\lim_{T\to\infty}\frac{1}{T}\int_{-T/2}^{T/2} x(t+\tau)x^*(t)\,\mathrm{d}t\right]\mathrm{e}^{-\mathrm{i}2\pi f\tau}\mathrm{d}\tau$$

$$= \lim_{T\to\infty}\frac{1}{T}\int_{-T/2}^{T/2}\left[\int_{-\infty}^{\infty} x(t+\tau)\mathrm{e}^{-\mathrm{i}2\pi f\tau}\mathrm{d}\tau\right]x^*(t)\,\mathrm{d}t$$

$$= \lim_{T\to\infty}\frac{1}{T}\int_{-T/2}^{T/2}\left[\int_{-\infty}^{\infty} x(\tau)\mathrm{e}^{-\mathrm{i}2\pi f\tau}\mathrm{d}\tau\right]x^*(t)\mathrm{e}^{\mathrm{i}2\pi ft}\mathrm{d}t = \lim_{T\to\infty}\frac{1}{T}\left|\int_{-T/2}^{T/2} x(t)\mathrm{e}^{-\mathrm{i}2\pi ft}\mathrm{d}t\right|^2$$

$$= \lim_{T\to\infty}\frac{|X(f)|^2}{T} = S(f)$$

由此我们发现自相关函数的傅里叶变换就是功率谱。这里需要注意的是，自相关函数通常采用去掉平均值之后的距平值时间序列来计算，因此使用自相关函数计算得到的功率谱通常是距平时间序列的功率谱。

附 4.4　离散傅里叶变换

附 4.1 中介绍的是信号为无限长，且采样间隔无穷小的情况下时间序列的傅里叶变换。但是在实际工作中，我们对一个过程的采样间隔不可能是无穷小，而是一个有限大的采样间隔 Δt，此外采样出来的时间序列也不能是无限长，而是一个有限大时间段 $N\Delta t$，其中 N 是总的采样次数，简称资料长度，即信号是有限长度的、离散形式的，可以用 $x(k\Delta t)$ 来表示，其中（$k=0,\ 1,\ 2,\ \cdots,\ N-1$），我们能否对这样的实际的时间序列进行分解呢？实际上，我们可以采用上述连续形式的傅里叶变换直接推导离散形式的傅里叶变换，但推导过程较为繁琐，已超出本书范围，读者可参考有关傅里叶变换的相关书籍，此处不加证明地给出离散傅里叶变换

$$X\left(\frac{n}{N\Delta t}\right) = \sum_{k=0}^{N-1} x(k\Delta t)\mathrm{e}^{-\frac{\mathrm{i}2\pi nk}{N}},\quad n=0,\ 1,\ \cdots,\ N-1$$

由上式我们可以得出，

$$\left[X\left(\frac{N-n}{N\Delta t}\right)\right]^* = X\left(\frac{n}{N\Delta t}\right) = X\left(\frac{n+mN}{N\Delta t}\right)$$

离散傅里叶逆变换为

$$x(k\Delta t)=\frac{1}{N}\sum_{n=0}^{N-1}X\left(\frac{n}{N\Delta t}\right)\mathrm{e}^{-\frac{\mathrm{i}2\pi nk}{N}},\quad k=0,\ 1,\ \cdots,\ N-1$$

将离散傅里叶变换的公式代入上式，我们可以验证傅里叶逆变换的正确性

$$\begin{aligned}&\frac{1}{N}\sum_{n=0}^{N-1}X\left(\frac{n}{N\Delta t}\right)\mathrm{e}^{\frac{\mathrm{i}2\pi nk}{N}}\\&=\frac{1}{N}\sum_{n=0}^{N-1}\sum_{k'=0}^{N-1}x(k'\Delta t)\mathrm{e}^{-\frac{\mathrm{i}2\pi nk}{N}}\mathrm{e}^{\frac{\mathrm{i}2\pi nk}{N}}\\&=\frac{1}{N}\sum_{n=0}^{N-1}\sum_{k'=0}^{N-1}x(k'\Delta t)\mathrm{e}^{\frac{\mathrm{i}2\pi nk(k'-k)}{N}}\\&=\frac{1}{N}\sum_{k'=0}^{N-1}x(k'\Delta t)\sum_{n=0}^{N-1}\mathrm{e}^{-\frac{\mathrm{i}2\pi n(k'-k)}{N}}\\&=\frac{1}{N}\sum_{k'=0}^{N-1}x(k'\Delta t)N\delta_{kk'}\\&=x(k\Delta t)\end{aligned}$$

在上式的推导过程中，我们使用了关系式

$$\sum_{n=0}^{N-1}\mathrm{e}^{\frac{\mathrm{i}2\pi n(k'-k)}{N}}=N\delta_{kk'}$$

在很多文献中离散傅里叶变换也可以表述为

$$\widetilde{X}\left(\frac{n}{N\Delta t}\right)=\frac{2}{N}\sum_{k=0}^{N-1}x(k\Delta t)\mathrm{e}^{-\frac{\mathrm{i}2\pi nk}{N}}\quad(n=0,\ 1,\ \cdots,\ N-1)$$

由上式我们同样可以得出，

$$\left[\widetilde{X}\left(\frac{N-n}{N\Delta t}\right)\right]^{*}=\widetilde{X}\left(\frac{n}{N\Delta t}\right)=\widetilde{X}\left(\frac{n+mN}{N\Delta t}\right)$$

对应地离散傅里叶逆变换也可以表述为

$$x(k\Delta t)=\frac{1}{2}\sum_{n=0}^{N-1}\widetilde{X}\left(\frac{n}{N\Delta t}\right)\mathrm{e}^{\frac{\mathrm{i}2\pi nk}{N}}\quad(k=0,\ 1,\ \cdots,\ N-1)$$

读者可自行验证。

附 4.5　有限离散信号的功率谱

基于上述离散傅里叶变换，我们可以定义有限时段离散信号的功率谱。设采样间隔为 Δt，总资料长度为 N，信号为 $x(k\Delta t)$，其中 $(k=0,\ 1,\ 2,\ \cdots,\ N-1)$，则该信号的平均功率=总能量÷总时间，即 $\frac{1}{N}\sum_{k=0}^{N-1}[x(k\Delta t)]^2$，将离散傅里叶逆变换代入得

$$\frac{1}{N}\sum_{k=0}^{N-1}[x(k\Delta t)]^2=\frac{1}{N^3}\sum_{k=0}^{N-1}\sum_{n=0}^{N-1}X\left(\frac{n}{N\Delta t}\right)e^{\frac{i2\pi nk}{N}}\sum_{m=0}^{N-1}\left[X\left(\frac{m}{N\Delta t}\right)\right]^*e^{-\frac{i2\pi mk}{N}}$$
$$=\frac{1}{N^3}\sum_{n=0}^{N-1}\sum_{m=0}^{N-1}X\left(\frac{n}{N\Delta t}\right)\left[X\left(\frac{m}{N\Delta t}\right)\right]^*\sum_{k=0}^{N-1}e^{\frac{i2\pi(n-m)k}{N}}$$
$$=\frac{1}{N^3}\sum_{n=0}^{N-1}\sum_{m=0}^{N-1}X\left(\frac{n}{N\Delta t}\right)\left[X\left(\frac{m}{N\Delta t}\right)\right]^*N\delta_{nm}$$
$$=\frac{1}{N^2}\sum_{n=0}^{N-1}\left|X\left(\frac{n}{N\Delta t}\right)\right|^2=\sum_{n=0}^{N/2}\frac{2}{N^2}\left|X\left(\frac{n}{N\Delta t}\right)\right|^2$$

按照前述得依据平均功率在各个频率上的分配来定义功率密度函数(功率谱)，我们可以定义有限长度离散信号的功率谱为

$$S\left(\frac{n}{N\Delta t}\right)=\frac{2}{N^2}\left|X\left(\frac{n}{N\Delta t}\right)\right|^2=\frac{2}{N^2}\left|\sum_{k=0}^{N-1}x(k\Delta t)e^{-\frac{i2\pi nk}{N}}\right|^2\quad\left(n=0,\ 1,\ \cdots,\ \frac{N}{2}\right)$$

由上述公式我们可以得到如下的关系

$$S\left(\frac{N-n}{N\Delta t}\right)=S\left(\frac{n}{N\Delta t}\right)$$

利用另一种离散傅里叶变换公式我们同样可以得到

$$\frac{1}{N}\sum_{k=0}^{N-1}[x(k\Delta t)]^2=\frac{1}{N}\frac{1}{4}\sum_{k=0}^{N-1}\sum_{n=0}^{N-1}\widetilde{X}\left(\frac{n}{N\Delta t}\right)e^{\frac{i2\pi nk}{N}}\sum_{m=0}^{N-1}\left[\widetilde{X}\left(\frac{m}{N\Delta t}\right)\right]^*e^{-\frac{i2\pi mk}{N}}$$
$$=\frac{1}{N}\frac{1}{4}\sum_{n=0}^{N-1}\sum_{m=0}^{N-1}\widetilde{X}\left(\frac{n}{N\Delta t}\right)\left[\widetilde{X}\left(\frac{m}{N\Delta t}\right)\right]^*\sum_{k=0}^{N-1}e^{\frac{i2\pi(n-m)k}{N}}$$
$$=\frac{1}{4}\sum_{n=0}^{N-1}\sum_{m=0}^{N-1}\widetilde{X}\left(\frac{n}{N\Delta t}\right)\left[\widetilde{X}\left(\frac{m}{N\Delta t}\right)\right]^*\delta_{nm}$$
$$=\frac{1}{4}\sum_{n=0}^{N-1}\left|\widetilde{X}\left(\frac{n}{N\Delta t}\right)\right|^2=\sum_{n=0}^{N/2}\frac{1}{2}\left|\widetilde{X}\left(\frac{n}{N\Delta t}\right)\right|^2$$

于是，有限长度离散信号的功率谱还可以表示为

$$S\left(\frac{n}{N\Delta t}\right)=\frac{1}{2}\left|\widetilde{X}\left(\frac{n}{N\Delta t}\right)\right|^2=\frac{2}{N^2}\left|\sum_{k=0}^{N-1}x(k\Delta t)e^{-\frac{i2\pi nk}{N}}\right|^2\quad\left(n=0,\ 1,\ \cdots,\ \frac{N}{2}\right)$$

可见与前述公式是完全等价的。

如果将原时间序列去掉平均值后得到距平时间序列，那么下式

$$s^2=\frac{1}{N}\sum_{k=0}^{N-1}[x(k\Delta t)-\bar{x}]^2$$

实际上代表了这个时间序列的方差。上述距平时间序列的功率谱的计算公式具体为

$$S\left(\frac{n}{N\Delta t}\right)=\frac{1}{2}(a_n^2+b_n^2)$$

其中，

$$\begin{cases} a_n = \dfrac{2}{N}\sum_{k=0}^{N-1}\left[x(k\Delta t) - \bar{x}\right]\cos\left(\dfrac{2\pi nk}{N}\right) \\ b_n = \dfrac{2}{N}\sum_{k=0}^{N-1}\left[x(k\Delta t) - \bar{x}\right]\sin\left(\dfrac{2\pi nk}{N}\right) \end{cases} \quad \left(n = 0,\ 1,\ \cdots,\ \dfrac{N}{2}\right)$$

利用上述公式我们可以直接计算一个有限长度等间隔离散时间序列的功率谱，对应的频率为$f_n = n/N\Delta t$，周期为$T_n = N\Delta t/n$，其中（$n = 0，1，\cdots，N/2$）。功率谱图显示了不同频率振动的功率大小，也是对方差贡献的大小，因而可以从谱曲线中的谱值来确认主要振动及其对应的周期，但这一确认是否有统计意义，还需要作显著性检验。假设H_0：$E(a_n) = E(b_n) = 0$的情况下，统计量

$$F(2,\ n-2-1) = \frac{\left(\dfrac{1}{2}a_n^2 + \dfrac{1}{2}b_n^2\right)/2}{\left(s^2 - \dfrac{1}{2}a_n^2 - \dfrac{1}{2}b_n^2\right)/(n-2-1)}$$

遵从分子自由度为2，分母自由度为（$n-2-1$）的F分布。

如果在上述功率谱公式两边同除以s^2，我们还可以得到归一化的功率谱，这相当于是原时间序列的标准化序列（即减掉平均值再除以标准差的时间序列，这样的序列均值为0，方差为1）的功率谱

$$\hat{S}\left(\frac{n}{N\Delta t}\right) = \frac{2}{N^2}\left|\sum_{k=0}^{N-1}\left[\frac{x(k\Delta t) - \bar{x}}{s}\right]e^{-\frac{i2\pi nk}{N}}\right|^2 \quad \left(n = 0,\ 1,\ \cdots,\ \frac{N}{2}\right)$$

根据谱密度与自相关函数互为傅里叶变换的重要性质，通过自相关函数可以间接做出功率谱估计。对于一个时间序列$x(k\Delta t)$，设其均值为$\bar{x}$，标准差为s，最大滞后时间长度为M的自相关系数$R(m\Delta t)$为

$$R(m\Delta t) = \frac{1}{N-m}\sum_{k=0}^{N-1-m}\left[\frac{x(k\Delta t) - \bar{x}}{s}\right]\left[\frac{x(k\Delta t + m\Delta t) - \bar{x}}{s}\right] \quad (m = 0,\ 1,\ 2,\ \cdots,\ M)$$

自相关函数$R(m\Delta t)$属于偶函数，对上式做傅里叶变换时需要与$e^{i\frac{2\pi lm}{M}}$相乘，并在整个时域上进行积分，由于$\sin\left(\dfrac{2\pi lm}{M}\right)$时奇函数，与自相关函数相乘作积分时等于0，于是只剩下偶函数$\cos\left(\dfrac{2\pi lm}{M}\right)$与自相关函数相乘作积分，而偶函数与偶函数相乘仍为偶函数，在整个时域上积分时，只需计算时间正轴部分然后乘以2倍即可。根据上述离散傅里叶变换的特点，总长度为M的时间序列$R(m\Delta t)$，其波数l最大可以取到$\dfrac{M}{2}$，因此，习惯上令$n = 2l$，那么波数n取值可以从0到M。于是，不同波数n的粗谱估计值为

$$\hat{S}\left(\frac{n}{2M\Delta t}\right) = \frac{1}{M}\left[R(0) + 2\sum_{m=1}^{M-1}R(m\Delta t)\cos\left(\frac{\pi nm}{M}\right) + R(M\Delta t)\cos(n\pi)\right]$$

为了消除粗谱估计的抽样误差，还要对粗谱估计作平滑处理，作为功率谱的最后估计，

常用的平滑公式为

$$\begin{cases} S(0) = 0.5\widehat{S}(0) + 0.5\widehat{S}\left(\dfrac{1}{2M\Delta t}\right) \\ S\left(\dfrac{n}{2M\Delta t}\right) = 0.25\widehat{S}\left(\dfrac{n-1}{2M\Delta t}\right) + 0.5\widehat{S}\left(\dfrac{n}{2M\Delta t}\right) + 0.25\widehat{S}\left(\dfrac{n+1}{2M\Delta t}\right) \\ S\left(\dfrac{1}{2\Delta t}\right) = 0.5\widehat{S}\left(\dfrac{M-1}{2M\Delta t}\right) + 0.5\widehat{S}\left(\dfrac{1}{2\Delta t}\right) \end{cases}$$

于是得到谱估计公式为

$$S\left(\frac{n}{2M\Delta t}\right) = \frac{1}{M}\left\{R(0) + \sum_{m=1}^{M-1} R(m\Delta t)\left[1 + \cos\left(\frac{\pi m}{M}\right)\right]\cos\left(\frac{\pi nm}{M}\right)\right\}$$

另外，为了保持权重一致，端点处也还要乘上 0.5，于是得到计算平滑功率谱估计的公式为

$$S\left(\frac{n}{2M\Delta t}\right) = \frac{B_n}{M}\left\{R(0) + \sum_{m=1}^{M-1} R(m\Delta t)\left[1 + \cos\left(\frac{\pi m}{M}\right)\right]\cos\left(\frac{\pi nm}{M}\right)\right\}$$

其中，$n = 0, 1, 2, \cdots, M$；$B_n = \begin{cases} 1 & (n \neq 0, M) \\ 0.5 & (n = 0, M) \end{cases}$。

周期与波数的关系是 $T_n = \dfrac{2M\Delta t}{n}$。对已知序列样本容量为 N 的情况下，功率谱估计随 M 的取值不同而不同。M 越大，用来估计谱的采样点就越多，但并不表明估计就越准确。因为 M 太大时，由于样本容量太小，自相关函数估计就差，功率谱估计的误差就越大。通常 M 取值为 $\dfrac{N}{10} \sim \dfrac{N}{3}$ 之间。

为了确定谱值在哪一波段最突出并了解该谱值的统计意义，需要求出一个标准过程谱以便比较。标准谱有两种情况：

- 红噪声标准谱

$$S_0\left(\frac{n}{2M\Delta t}\right) = \overline{S}\left[\frac{1 - R^2(\Delta t)}{1 + R^2(\Delta t) - 2R(\Delta t)\cos\left(\dfrac{\pi n}{M}\right)}\right]$$

式中 $\overline{S}$ 为 $(M+1)$ 个谱估计值的均值，即

$$\overline{S} = \frac{1}{2M}\left[S(0) + S\left(\frac{1}{2\Delta t}\right)\right] + \frac{1}{M}\sum_{n=1}^{M-1} S\left(\frac{n}{2M\Delta t}\right)$$

- 白噪声标准谱

$$S_0\left(\frac{n}{2M\Delta t}\right) = \overline{S}$$

如果序列的滞后自相关系数 $R(\Delta t)$ 为较大正值时，表明序列具有持续性，用红噪声标准谱检验。若 $R(\Delta t)$ 接近于 0 或者为负值时，表明序列无持续性，用白噪声标准谱检验。

假设总体谱是某一随机过程的谱，记为 $E(S)$，则

$$\frac{S}{E(S)/\nu}=\chi_{\nu}^{2}$$

遵从自由度为 ν 的 χ^2 分布。自由度 ν 与样本量 N 及最大滞后长度 M 有关，即

$$\nu=\left(2N-\frac{M}{2}\right)/M$$

给定显著性水平 α，查表得到 χ_{α}^{2} 值，计算

$$S'_0\left(\frac{n}{2M\Delta t}\right)=S_0\left(\frac{n}{2M\Delta t}\right)\left(\frac{\chi_{\alpha}^{2}}{\nu}\right)$$

若谱估计值 $S\left(\frac{n}{2M\Delta t}\right)>S'_0\left(\frac{n}{2M\Delta t}\right)$，则表明 n 波数对应的周期波动是显著的。

附 4.6 线谱和 δ 函数

让我们考虑一个频率为 f_0 的单一频率振荡

$$x(t)=\mathrm{e}^{\mathrm{i}2\pi f_0 t}$$

其傅里叶变换为

$$\begin{aligned}
X(f)&=\int_{-\infty}^{\infty}x(t)\mathrm{e}^{-\mathrm{i}2\pi ft}\mathrm{d}t\\
&=\int_{-\infty}^{\infty}\mathrm{e}^{\mathrm{i}2\pi f_0 t}\mathrm{e}^{-\mathrm{i}2\pi ft}\mathrm{d}t\\
&=\int_{-\infty}^{\infty}\mathrm{e}^{\mathrm{i}2\pi(f-f_0)t}\mathrm{d}t\\
&=\int_{-\infty}^{\infty}\cos[2\pi(f-f_0)t]\mathrm{d}t\\
&=\lim_{N\to\infty}\frac{\sin[2\pi(f-f_0)N]}{\pi(f-f_0)}\\
&=\delta(f-f_0)=\begin{cases}\infty & f=f_0\\ 0 & f\neq f_0\end{cases}
\end{aligned}$$

上述推导中用到了如下公式

$$\int_{-\infty}^{\infty}\cos(2\pi ft)\mathrm{d}f=\int_{-\infty}^{\infty}\mathrm{e}^{\mathrm{i}2\pi ft}\mathrm{d}f=\delta(t)$$

δ 函数是一种特殊函数，$t=0$ 时其值为无穷大，$t\neq 0$ 时其值为 0，因此可以将 δ 函数视为一个瞬时的“脉冲”。δ 函数具有如下性质

$$\begin{cases}\int_{-\infty}^{\infty}\delta(t-t_0)\mathrm{d}t=1\\[2ex] \int_{-\infty}^{\infty}h(t)\delta(t-t_0)\mathrm{d}t=h(t_0)\end{cases}$$

上述傅里叶变换结果说明，频率为f_0的单一频率振荡的谱不是连续的，而是一种线状的谱，其谱值在f_0为无穷大，在其他位置为0。

如果某一个时间信号序列是由许多离散的频率为$\frac{n}{T}$（其中n为整数）的单频振荡组成的

$$x(t)=\sum_{n=-\infty}^{\infty}\frac{1}{2}(a_n-\mathrm{i}b_n)\mathrm{e}^{\mathrm{i}n\frac{2\pi t}{T}}$$

那么其傅里叶变换为

$$\begin{aligned}X(f)&=\int_{-\infty}^{\infty}x(t)\mathrm{e}^{-\mathrm{i}2\pi ft}\mathrm{d}t\\&=\int_{-\infty}^{\infty}\sum_{n=-\infty}^{\infty}\frac{1}{2}(a_n-\mathrm{i}b_n)\mathrm{e}^{\mathrm{i}n\frac{2\pi t}{T}}\mathrm{e}^{-\mathrm{i}2\pi ft}\mathrm{d}t\\&=\sum_{n=-\infty}^{\infty}\frac{1}{2}(a_n-\mathrm{i}b_n)\int_{-\infty}^{\infty}\mathrm{e}^{-\mathrm{i}2\pi\left(f-\frac{\pi}{T}\right)t}\mathrm{d}t\\&=\sum_{n=-\infty}^{\infty}\frac{1}{2}(a_n-\mathrm{i}b_n)\delta\left(f-\frac{n}{T}\right)\end{aligned}$$

那么该时间信号序列的谱则也是不连续的，是线状的谱，谱值在频率为$\frac{n}{T}$（其中n为整数）为无穷大，在其他位置为0。

附4.7　折叠谱与瑞利准则

对连续信号进行离散化取样（例如，潮汐资料）时，应满足以下两个条件：

$X(f)$有截止频率f_N，即当$|f|\geqslant f_N$时，$X(f)=0$；

取样间隔$\Delta t\leqslant 1/(2f_N)$，或截止频率$f_N\leqslant 1/(2\Delta t)$。

在给定取样间隔Δt的条件下，取$f_N=1/(2\Delta t)$为奈奎斯特频率。当满足取样间隔的上述两个条件，在奈奎斯特频率以内，离散信号的频谱与连续信号的频谱是一致的。但是，如果取样间隔Δt太大而不满足上述取样条件时，离散信号的频谱变为由连续信号的频谱折叠而成

$$X_\Delta(F)=\sum_{m=-\infty}^{\infty}X\left(f+\frac{m}{\Delta t}\right)$$

为此，如果给定取样间隔Δt，我们需要计算原频率f折叠到奈奎斯特(Nyquist)频率f_N之内的频率f_Δ，具体做法是，利用原频率f计算

$$f'=f-\frac{m}{\Delta t}$$

需要寻找m为整数使得

$$0 \leqslant f' \leqslant \frac{1}{\Delta t} = 2f_N$$

之后，计算折叠频率

$$f_{\Delta} = \begin{cases} f' & \text{如果 } 0 \leqslant f' \leqslant f_N \equiv \dfrac{1}{2\Delta t} \\ \dfrac{1}{\Delta t} - f' & \text{如果 } f_N \equiv \dfrac{1}{2\Delta t} < f' \leqslant \dfrac{1}{\Delta t} \end{cases}$$

依据合理的取样间隔获取的离散资料能够得到合理的频谱，但是，它要求具有无限长的时间序列，而这是做不到的，实际工作中只能依据有限长的取样资料进行计算，如此便会造成失真。在潮汐分析过程中由于不能无限多的取样，因而如果两个谱线的频率间隔太小，那么两个谱线则不能分离开来。假设取样间隔为 Δt ，资料总长度为 N ，假设该资料序列中包含有两个频率 f_1 和 f_2（如果取样间隔 Δt 太大，我们需要先利用原频率计算其折叠频率，再开展下述的计算），那么由下述公式

$$\begin{aligned} &\cos(2\pi f_1 t + \theta_1) + \cos(2\pi f_2 t + \theta_2) \\ &= 2\cos\left(2\pi \frac{f_1 + f_2}{2} t + \frac{\theta_1 + \theta_2}{2}\right) \cos\left(2\pi \frac{f_1 - f_2}{2} t + \frac{\theta_1 - \theta_2}{2}\right) \end{aligned}$$

我们发现，如果想将这两个频率分离开，则需要资料总长度应该至少能够完整地刻画上述差频过程的一半，即

$$2\pi \frac{f_1 - f_2}{2} N\Delta t \geqslant \pi \text{ 或者 } f_1 - f_2 \geqslant \frac{1}{N\Delta t} \text{ 或者 } N\Delta t \geqslant \frac{1}{f_1 - f_2}$$

此即瑞利准则。潮汐资料的时间序列越长，其分辨率越高，19 a 的潮汐资料分析中，$360°\Delta f \geqslant 0°.002\ 2/\mathrm{h}$ 。而资料的取样间隔 Δt 决定着截断频率。当 $\Delta t = 1$ h 时，可以分析最短的分潮周期为 $T = 2$ h 。对于高频振动，需要更短的取样间隔。例如在研究周期仅为十几分钟至数十分钟的假潮时，取样间隔应该为数分钟，否则会在两次取样之间将短周期的振动漏掉并产生谱的折叠。对于有的河口港，在周期为1/13日和 1/14 日的频率上仍有一定的潮汐谱值，如果对于这些高频潮族仍要考虑，那么就必须采用时间间隔小于 1 h 的潮汐资料，例如，每隔半小时的潮汐样本。

附 4.8 滤波

在实际工作中所收到的信号 $x(t)$ 通常都包含两个部分，一部分是有效信号 $s(t)$ ，这是我们需要的，另一部分是我们不需要的干扰噪声 $n(t)$ ，即

$$x(t) = s(t) + n(t)$$

其傅里叶变换为

$$X(f) = S(f) + N(f)$$

滤波的目的就是从测得的实测信号中，消除或削弱干扰信号 $n(t)$ ，增强或保持有效信号 $s(t)$ 。根据实际资料的分析，发现在许多情况下，干扰信号的频谱 $N(f)$ 与有效信号的频谱 $S(f)$ 不在同一频率段上。在这种情况下，我们可以设计一个滤波器 $H(f)$ ，满足

$$H(f)=\begin{cases}1 & \text{当 } S(f)\neq 0 \text{ 时}\\ 1 & \text{当 } S(f)=0 \text{ 时}\end{cases}$$

于是有

$$\begin{aligned} Y(f) &= X(f)H(f) \\ &= S(f)H(f) + N(f)H(f) \\ &= S(f) \end{aligned}$$

这样的滤波器 $H(f)$ 就是一个很理想的滤波器，可以消除不需要的频谱而完全保留需要的频谱。对滤波后的频谱进行傅里叶逆变换，就可以得到滤波后的时间信号序列

$$\begin{aligned} y(t) &= \int_{-\infty}^{\infty} Y(f)\mathrm{e}^{\mathrm{i}2\pi ft}\mathrm{d}f \\ &= \int_{-\infty}^{\infty} X(f)H(f)\mathrm{e}^{\mathrm{i}2\pi ft}\mathrm{d}f \\ &= \int_{-\infty}^{\infty} X(f)\left[\int_{-\infty}^{\infty} h(\tau)\mathrm{e}^{-\mathrm{i}2\pi f\tau}\mathrm{d}\tau\right]\mathrm{e}^{\mathrm{i}2\pi ft}\mathrm{d}f \\ &= \int_{-\infty}^{\infty} h(\tau)\left[\int_{-\infty}^{\infty} X(f)\mathrm{e}^{\mathrm{i}2\pi f(t-\tau)}\mathrm{d}f\right]\mathrm{d}\tau \\ &= \int_{-\infty}^{\infty} h(\tau)x(t-\tau)\mathrm{d}\tau \end{aligned}$$

它实际上就是 $x(t)$ 与 $h(t)$ 的卷积。需要注意的是，上述讨论的理想滤波器的时间表达式 $h(t)$ 的长度是无限长，即 t 从 $-\infty$ 变化到 ∞ ，由此才能得到理想滤波器的频谱。但在实际中，由于在实际滤波中只能取滤波器时间表达式的有限部分，由此得到的滤波器的频谱会在边界处产生较为严重的振荡现象，这种现象被称为吉布斯(Gibbs)现象。

附录 5　海洋原始方程组简介

附 5.1　海洋原始方程组

1）动量方程

海洋和大气都属于地球流体。本附录推导地球流体满足的基本方程组形式。如附图 5-1-1 所示，我们假设宇宙中存在一个绝对的惯性参考点即宇宙中心，用 CSc 来表示，惯性参考点 CSc 到地球上某点 O 的位移矢量为 $\vec{\mathbf{R}}$，惯性参考点 CSc 到银河系质量中心 GSc 的位移矢量为 $\vec{\mathbf{R}}_{CSc\to GSc}$，银河系质量中心 GSc 到太阳系质量中心 SSc 的位移矢量为 $\vec{\mathbf{R}}_{GSc\to SSc}$，太阳系质量中心 SSc 到地月系质量中心 EMc 的位移矢量为 $\vec{\mathbf{R}}_{SSc\to EMc}$，地月系质量中心 EMc 到地球质量中心 Ec 的位移矢量为 $\vec{\mathbf{R}}_{EMc\to Ec}$，地球质量中心 Ec 到地球上某点 O 的位移矢量为 $\vec{\mathbf{R}}_{Ec\to O}$

按照矢量求和的规则，有如下关系式

$$\vec{\mathbf{R}} = \vec{\mathbf{R}}_{CSc\to GSc} + \vec{\mathbf{R}}_{GSc\to SSc} + \vec{\mathbf{R}}_{SSc\to EMc} + \vec{\mathbf{R}}_{EMc\to Ec} + \vec{\mathbf{R}}_{Ec\to O}$$

下面我们考虑该点 O 单位体积海水的受力运动情况，设海水密度为 ρ，加速度为 $\vec{\mathbf{a}}$，受到的外力作用为 $\vec{\mathbf{F}}$，则由牛顿第二定律有

$$\rho\vec{\mathbf{a}} = \vec{\mathbf{F}}$$

先考察该点 O 单位体积海水的受力 $\vec{\mathbf{F}}$ 情况，其受力包括周围海水的压强梯度力 $(-\nabla p)$，摩擦力 $\vec{\mathbf{F}}_{\text{friction}}$，地球的万有引力（$\vec{\mathbf{G}}$），月球的万有引力（$\vec{\mathbf{F}}_M$），太阳系中除地球和月球以外的星体的万有引力（$\vec{\mathbf{F}}_{SS-EM}$），太阳系以外的星体的万有引力（$\vec{\mathbf{F}}_{\text{other}}$），至此，我们列出了自然条件下，某点 O 单位体积海水所受的所有的真实力。即

$$\vec{\mathbf{F}} = -\nabla p + \vec{\mathbf{F}}_{\text{friction}} + \vec{\mathbf{G}} + \vec{\mathbf{F}}_M + \vec{\mathbf{F}}_{SS-EM} + \vec{\mathbf{F}}_{\text{other}}$$

上述表达中，∇表示三维空间的梯度算符。加速度 $\vec{\mathbf{a}}$ 可以表示为位移矢量对时间的二阶导数，即

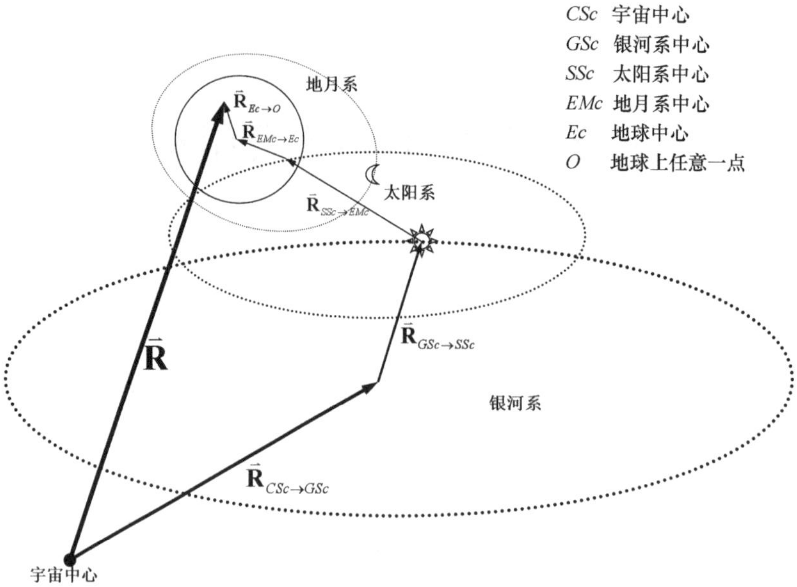

附图 5-1-1 绝对惯性参考系中地球上某点 O 的受力分析

$$\vec{\mathbf{a}} \equiv \frac{\mathrm{D}^2 \vec{\mathbf{R}}}{\mathrm{D}t^2}$$

其中算符 $\frac{\mathrm{D}}{\mathrm{D}t}$ 表示惯性参考系下对时间求导数。于是有

$$\rho \frac{\mathrm{D}^2 \vec{\mathbf{R}}}{\mathrm{D}t^2} = -\nabla p + \vec{\mathbf{F}}_{\text{friction}} + \vec{\mathbf{G}} + \vec{\mathbf{F}}_M + \vec{\mathbf{F}}_{SS-EM} + \vec{\mathbf{F}}_{\text{other}}$$

上面的公式表述了某点 O 单位体积海水在惯性参考系下满足的动力学方程。然而，我们感受到的海洋现象都是站在地球上感受到的，而地球是有自转的球体，如果以地球为参考系，则这个地球参考系实际上是一个非惯性参考系。因此，我们需要进一步研究在这个非惯性参考系下某点 O 单位体积海水的运动方程。根据上述位移矢量的矢量求和关系，加速度可以进一步表示为

$$\vec{\mathbf{a}} \equiv \frac{\mathrm{D}^2 \vec{\mathbf{R}}}{\mathrm{D}t^2} = \frac{\mathrm{D}^2 \vec{\mathbf{R}}_{CSc\to GSc}}{\mathrm{D}t^2} + \frac{\mathrm{D}^2 \vec{\mathbf{R}}_{GSc\to SSc}}{\mathrm{D}t^2} + \frac{\mathrm{D}^2 \vec{\mathbf{R}}_{SSc\to EMc}}{\mathrm{D}t^2} + \frac{\mathrm{D}^2 \vec{\mathbf{R}}_{EMc\to Ec}}{\mathrm{D}t^2} + \frac{\mathrm{D}^2 \vec{\mathbf{R}}_{Ec\to O}}{\mathrm{D}t^2}$$

我们实际上真正关注的是矢量 $\vec{\mathbf{R}}_{Ec\to O}$，于是上述动力学方程可以改写为

$$\rho \frac{\mathrm{D}^2 \vec{\mathbf{R}}_{Ec\to O}}{\mathrm{D}t^2} = -\nabla p + \vec{\mathbf{F}}_{\text{friction}} + \vec{\mathbf{G}} + \vec{\mathbf{F}}_M + \vec{\mathbf{F}}_{SS-EM} + \vec{\mathbf{F}}_{\text{other}}$$

$$-\rho\left(\frac{\mathrm{D}^2 \vec{\mathbf{R}}_{CSc\to GSc}}{\mathrm{D}t^2} + \frac{\mathrm{D}^2 \vec{\mathbf{R}}_{GSc\to SSc}}{\mathrm{D}t^2} + \frac{\mathrm{D}^2 \vec{\mathbf{R}}_{SSc\to EMc}}{\mathrm{D}t^2} + \frac{\mathrm{D}^2 \vec{\mathbf{R}}_{EMc\to Ec}}{\mathrm{D}t^2}\right)$$

假设地球的自转角速度矢量为 $\vec{\mathbf{\Omega}}$，对于地球上某一个矢量 $\vec{\mathbf{Q}}$ 可以在地球局地三维 xyz 直角坐标系下展开为 $\vec{\mathbf{Q}} = Q_x\hat{\mathbf{i}} + Q_y\hat{\mathbf{j}} + Q_z\hat{\mathbf{k}}$，其中 $\hat{\mathbf{i}}$ 、$\hat{\mathbf{j}}$ 和 $\hat{\mathbf{k}}$ 分别为 x 轴、y 轴和 z 轴方向上的单位矢量。现在讨论这一矢量对时间的一阶导数。我们需要注意到，由于地球是自转的，所以局地三维直角坐标的单位矢量也是随时间变化的，因此

$$
\begin{aligned}
\frac{\mathrm{D}\vec{\mathbf{Q}}}{\mathrm{D}t} &= \frac{\mathrm{D}}{\mathrm{D}t}(Q_x\hat{\mathbf{i}} + Q_y\hat{\mathbf{j}} + Q_z\hat{\mathbf{k}}) \\
&= \frac{\mathrm{D}Q_x}{\mathrm{D}t}\hat{\mathbf{i}} + Q_x\frac{\mathrm{D}\hat{\mathbf{i}}}{\mathrm{D}t} + \frac{\mathrm{D}Q_y}{\mathrm{D}t}\hat{\mathbf{j}} + Q_y\frac{\mathrm{D}\hat{\mathbf{j}}}{\mathrm{D}t} + \frac{\mathrm{D}Q_z}{\mathrm{D}t}\hat{\mathbf{k}} + Q_z\frac{\mathrm{D}\hat{\mathbf{k}}}{\mathrm{D}t} \\
&= \left(\frac{\mathrm{D}Q_x}{\mathrm{D}t}\hat{\mathbf{i}} + \frac{\mathrm{D}Q_y}{\mathrm{D}t}\hat{\mathbf{j}} + \frac{\mathrm{D}Q_z}{\mathrm{D}t}\hat{\mathbf{k}}\right) + \left(Q_x\frac{\mathrm{D}\hat{\mathbf{i}}}{\mathrm{D}t} + Q_y\frac{\mathrm{D}\hat{\mathbf{j}}}{\mathrm{D}t} + Q_z\frac{\mathrm{D}\hat{\mathbf{k}}}{\mathrm{D}t}\right)
\end{aligned}
$$

注意存在如下关系式

$$
\frac{\mathrm{D}\hat{\mathbf{i}}}{\mathrm{D}t} = \vec{\mathbf{\Omega}} \times \hat{\mathbf{i}},\ \frac{\mathrm{D}\hat{\mathbf{j}}}{\mathrm{D}t} = \vec{\mathbf{\Omega}} \times \hat{\mathbf{j}},\ \frac{\mathrm{D}\hat{\mathbf{k}}}{\mathrm{D}t} = \vec{\mathbf{\Omega}} \times \hat{\mathbf{k}}
$$

于是有

$$
\frac{\mathrm{D}\vec{\mathbf{Q}}}{\mathrm{D}t} = \left(\frac{\mathrm{D}Q_x}{\mathrm{D}t}\hat{\mathbf{i}} + \frac{\mathrm{D}Q_y}{\mathrm{D}t}\hat{\mathbf{j}} + \frac{\mathrm{D}Q_z}{\mathrm{D}t}\hat{\mathbf{k}}\right) + \vec{\mathbf{\Omega}} \times \vec{\mathbf{Q}}
$$

我们定义非惯性参考系下对时间求导数算符为 $\frac{\mathrm{d}}{\mathrm{d}t}$，于是有

$$
\frac{\mathrm{d}\vec{\mathbf{Q}}}{\mathrm{d}t} = \frac{\mathrm{D}Q_x}{\mathrm{D}t}\hat{\mathbf{i}} + \frac{\mathrm{D}Q_y}{\mathrm{D}t}\hat{\mathbf{j}} + \frac{\mathrm{D}Q_z}{\mathrm{D}t}\hat{\mathbf{k}}
$$

综上，

$$
\frac{\mathrm{D}\vec{\mathbf{Q}}}{\mathrm{D}t} = \frac{\mathrm{d}\vec{\mathbf{Q}}}{\mathrm{d}t} + \vec{\mathbf{\Omega}} \times \vec{\mathbf{Q}}
$$

上述推导中，我们并未指定 $\vec{\mathbf{Q}}$ 为何种矢量，因此对地球上任意矢量均适用。所以

$$
\frac{\mathrm{D}\,\vec{\mathbf{R}}_{Ec\to O}}{\mathrm{D}t} = \frac{\mathrm{d}\,\vec{\mathbf{R}}_{Ec\to O}}{\mathrm{d}t} + \vec{\mathbf{\Omega}} \times \vec{\mathbf{R}}_{Ec\to O}
$$

而 $\frac{\mathrm{D}\,\vec{\mathbf{R}}_{Ec\to O}}{\mathrm{D}t}$ 仍然是一个矢量，因此，可以求二阶导数为

$$
\begin{aligned}
\frac{\mathrm{D}^2\,\vec{\mathbf{R}}_{Ec\to O}}{\mathrm{D}t^2} &= \frac{\mathrm{D}}{\mathrm{D}t}\left(\frac{\mathrm{D}\,\vec{\mathbf{R}}_{Ec\to O}}{\mathrm{D}t}\right) = \frac{\mathrm{d}}{\mathrm{d}t}\left(\frac{\mathrm{D}\,\vec{\mathbf{R}}_{Ec\to O}}{\mathrm{D}t}\right) + \vec{\mathbf{\Omega}} \times \left(\frac{\mathrm{D}\,\vec{\mathbf{R}}_{Ec\to O}}{\mathrm{D}t}\right) \\
&= \frac{\mathrm{d}}{\mathrm{d}t}\left(\frac{\mathrm{d}\,\vec{\mathbf{R}}_{Ec\to O}}{\mathrm{d}t} + \vec{\mathbf{\Omega}} \times \vec{\mathbf{R}}_{Ec\to O}\right) + \vec{\mathbf{\Omega}} \times \left(\frac{\mathrm{d}\,\vec{\mathbf{R}}_{Ec\to O}}{\mathrm{d}t} + \vec{\mathbf{\Omega}} \times \vec{\mathbf{R}}_{Ec\to O}\right)
\end{aligned}
$$

$$= \frac{\mathrm{d}^2 \vec{\mathbf{R}}_{Ec\to O}}{\mathrm{d}t^2} + \vec{\mathbf{\Omega}} \times \frac{\mathrm{d}\vec{\mathbf{R}}_{Ec\to O}}{\mathrm{d}t} + \frac{\mathrm{d}\vec{\mathbf{\Omega}}}{\mathrm{d}t} \times \vec{\mathbf{R}}_{Ec\to O} + \vec{\mathbf{\Omega}} \times \frac{\mathrm{d}\vec{\mathbf{R}}_{Ec\to O}}{\mathrm{d}t} + \vec{\mathbf{\Omega}} \times (\vec{\mathbf{\Omega}} \times \vec{\mathbf{R}}_{Ec\to O})$$

$$= \frac{\mathrm{d}^2 \vec{\mathbf{R}}_{Ec\to O}}{\mathrm{d}t^2} + 2\vec{\mathbf{\Omega}} \times \frac{\mathrm{d}\vec{\mathbf{R}}_{Ec\to O}}{\mathrm{d}t} + \vec{\mathbf{\Omega}} \times (\vec{\mathbf{\Omega}} \times \vec{\mathbf{R}}_{Ec\to O}) + \frac{\mathrm{d}\vec{\mathbf{\Omega}}}{\mathrm{d}t} \times \vec{\mathbf{R}}_{Ec\to O}$$

注意到 $\frac{\mathrm{d}\vec{\mathbf{R}}_{Ec\to O}}{\mathrm{d}t}$ 恰恰就是我们在地球上看到的速度 $\vec{v}$，所以有

$$\frac{\mathrm{D}^2 \vec{\mathbf{R}}_{Ec\to O}}{\mathrm{D}t^2} = \frac{\mathrm{d}\vec{\mathbf{v}}}{\mathrm{d}t} + 2\vec{\mathbf{\Omega}} \times \vec{\mathbf{v}} + \vec{\mathbf{\Omega}} \times (\vec{\mathbf{\Omega}} \times \vec{\mathbf{R}}_{Ec\to O}) + \frac{\mathrm{d}\vec{\Omega}}{\mathrm{d}t} \times \vec{\mathbf{R}}_{Ec\to O}$$

代入上述动力学方程中，有

$$\rho\left[\frac{\mathrm{d}\vec{\mathbf{v}}}{\mathrm{d}t} + 2\vec{\mathbf{\Omega}} \times \vec{\mathbf{v}} + \vec{\mathbf{\Omega}} \times (\vec{\mathbf{\Omega}} \times \vec{\mathbf{R}}_{Ec\to O}) + \frac{\mathrm{d}\vec{\mathbf{\Omega}}}{\mathrm{d}t} \times \vec{\mathbf{R}}_{Ec\to O}\right]$$

$$= -\nabla p + \vec{\mathbf{F}}_{\text{friction}} + \vec{\mathbf{G}} + \vec{\mathbf{F}}_M + \vec{\mathbf{F}}_{SS-EM} + \vec{\mathbf{F}}_{\text{other}}$$

$$-\rho\left(\frac{\mathrm{D}^2 \vec{\mathbf{R}}_{CSc\to GSc}}{\mathrm{D}t^2} + \frac{\mathrm{D}^2 \vec{\mathbf{R}}_{GSc\to SSc}}{\mathrm{D}t^2} + \frac{\mathrm{D}^2 \vec{\mathbf{R}}_{SSc\to EMc}}{\mathrm{D}t^2} + \frac{\mathrm{D}^2 \vec{\mathbf{R}}_{EMc\to Ec}}{\mathrm{D}t^2}\right)$$

整理，得

$$\frac{\mathrm{d}\vec{\mathbf{v}}}{\mathrm{d}t} = -\frac{1}{\rho}\nabla p - 2\vec{\mathbf{\Omega}} \times \vec{\mathbf{v}} + \left[\frac{1}{\rho}\vec{\mathbf{G}} - \vec{\mathbf{\Omega}} \times (\vec{\mathbf{\Omega}} \times \vec{\mathbf{R}}_{Ec\to O})\right] + \frac{1}{\rho}\vec{\mathbf{F}}_{\text{friction}}$$

$$+\left(\frac{1}{\rho}\vec{\mathbf{F}}_M - \frac{\mathrm{D}^2 \vec{\mathbf{R}}_{EMc\to Ec}}{\mathrm{D}t^2}\right) + \left(\frac{1}{\rho}\vec{\mathbf{F}}_{SS-EM} - \frac{\mathrm{D}^2 \vec{\mathbf{R}}_{SSc\to EMc}}{\mathrm{D}t^2}\right)$$

$$+\left(\frac{1}{\rho}\vec{\mathbf{F}}_{\text{other}} - \frac{\mathrm{D}^2 \vec{\mathbf{R}}_{CSc\to GSc}}{\mathrm{D}t^2} - \frac{\mathrm{D}^2 \vec{\mathbf{R}}_{GSc\to SSc}}{\mathrm{D}t^2}\right) - \frac{\mathrm{d}\vec{\mathbf{\Omega}}}{\mathrm{d}t} \times \vec{\mathbf{R}}_{Ec\to O}$$

由于等式两边同除以了海水密度 ρ，所以上述方程已经转化为单位质量海水满足的动力学方程。其中，$[-\vec{\mathbf{\Omega}} \times (\vec{\mathbf{\Omega}} \times \vec{\mathbf{R}}_{Ec\to O})]$ 是地球自转引起的惯性离心力，它与地球万有引力 $\left(\frac{1}{\rho}\vec{\mathbf{G}}\right)$ 共同合成了我们感受到的重力 $\vec{\mathbf{g}}$；$(-2\vec{\mathbf{\Omega}} \times \vec{\mathbf{v}})$ 为地转偏向力，也成为科里奥利力；而 $\left(\frac{1}{\rho}\vec{\mathbf{F}}_M - \frac{\mathrm{D}^2 \vec{\mathbf{R}}_{EMc\to Ec}}{\mathrm{D}t^2}\right)$ 就是我们熟知的月球引潮力，它是月球万有引力 $\left(\frac{1}{\rho}\vec{\mathbf{F}}_M\right)$ 与地球围绕地月公共质心平动公转所感受到的惯性离心力 $\left(-\frac{\mathrm{D}^2 \vec{\mathbf{R}}_{EMc\to Ec}}{\mathrm{D}t^2}\right)$ 的合力，可以用月球引潮势 V_M 的空间梯度 $(-\nabla V_M)$ 来表示；由于太阳系中太阳占据了绝大多数质量，因此 $\left(\frac{1}{\rho}\vec{\mathbf{F}}_{SS-EM} - \frac{\mathrm{D}^2 \vec{\mathbf{R}}_{SSc\to EMc}}{\mathrm{D}t^2}\right)$ 就近似于太阳引潮力，可以用太阳引潮势 V_S

的空间梯度 $(-\nabla V_S)$ 来表示。宇宙中太阳系外其他星体距离地球太远，因此这些星体造成的引潮力 $\left(\frac{1}{\rho}\vec{\mathbf{F}}_{\text{other}}-\frac{\mathrm{D}^2\vec{\mathbf{R}}_{CSc\to GSc}}{\mathrm{D}t^2}-\frac{\mathrm{D}^2\vec{\mathbf{R}}_{GSc\to SSc}}{\mathrm{D}t^2}\right)$ 可以忽略不计；地球自转的变化量 $\frac{\mathrm{d}\vec{\mathbf{\Omega}}}{\mathrm{d}t}$ 是很小的(但并不是0)，在此处也可以将 $\left(-\frac{\mathrm{d}\vec{\mathbf{\Omega}}}{\mathrm{d}t}\times\vec{\mathbf{R}}_{Ec\to O}\right)$ 忽略不计。于是动力学方程变为

$$\frac{\mathrm{d}\vec{\mathbf{v}}}{\mathrm{d}t}=-\frac{1}{\rho}\nabla p-\nabla(V_M+V_S)-2\vec{\mathbf{\Omega}}\times\vec{\mathbf{v}}+\vec{\mathbf{g}}+\frac{1}{\rho}\vec{\mathbf{F}}_{\text{friction}}$$

在欧拉观点的流体力学中，人们通常将流体看成场，例如，我们可以将海流看成一个场 $\vec{\mathbf{v}}(\vec{\mathbf{r}},\ t)$ ，它是空间位置 $\vec{\mathbf{r}}$ 和时间 t 的函数，如果跟踪一个流体质点，它的位置是随时间变化的，即 $\vec{\mathbf{r}}(t)$ ，流体质点同样满足牛顿第二定律 $\frac{\mathrm{d}\vec{\mathbf{v}}}{\mathrm{d}t}=\vec{\mathbf{F}}$ ，我们来看一看等号左端的 $\frac{\mathrm{d}\vec{\mathbf{v}}}{\mathrm{d}t}$ 可以写成什么样的形式，

$$\frac{\mathrm{d}\vec{\mathbf{v}}}{\mathrm{d}t}=\frac{\partial\vec{\mathbf{v}}}{\partial t}+\frac{\mathrm{d}\vec{\mathbf{r}}}{\mathrm{d}t}\cdot\frac{\partial\vec{\mathbf{v}}}{\partial\vec{\mathbf{r}}}=\frac{\partial\vec{\mathbf{v}}}{\partial t}+\frac{\mathrm{d}\vec{\mathbf{r}}}{\mathrm{d}t}\cdot\nabla\vec{\mathbf{v}}=\frac{\partial\vec{\mathbf{v}}}{\partial t}+\vec{\mathbf{v}}\cdot\nabla\vec{\mathbf{v}}$$

于是，上述方程可改写为

$$\frac{\partial\vec{\mathbf{v}}}{\partial t}+\vec{\mathbf{v}}\cdot\nabla\vec{\mathbf{v}}=-\frac{1}{\rho}\nabla p-\nabla(V_M+V_S)-2\vec{\mathbf{\Omega}}\times\vec{\mathbf{v}}+\vec{\mathbf{g}}+\frac{1}{\rho}\vec{\mathbf{F}}_{\text{friction}}$$

同样的，除了可以将海流这种矢量看成场外，其他物理量例如海水的温度、盐度、密度等标量都可以看成场，上述方程可改写为，用 $A(\vec{\mathbf{r}},\ t)$ 表示海水的温度、盐度或者密度，它是空间位置 $\vec{\mathbf{r}}$ 和时间 t 的函数，如果跟踪一个流体质点，它的位置是随时间变化的，即 $\vec{\mathbf{r}}(t)$ ，于是

$$\frac{\mathrm{d}A}{\mathrm{d}t}=\frac{\partial A}{\partial t}+\frac{\mathrm{d}\vec{\mathbf{r}}}{\mathrm{d}t}\cdot\frac{\partial A}{\partial\vec{\mathbf{r}}}=\frac{\partial A}{\partial t}+\frac{\mathrm{d}\vec{\mathbf{r}}}{\mathrm{d}t}\cdot\nabla A=\frac{\partial A}{\partial t}+\vec{\mathbf{v}}\cdot\nabla A$$

上述关系，我们在下面的推导中会用到。综合矢量场和标量场对时间的导数，有

$$\frac{\mathrm{d}\,\cdot}{\mathrm{d}t}=\frac{\partial\,\cdot}{\partial t}+\vec{\mathbf{v}}\cdot\nabla\cdot$$

$\frac{\mathrm{d}\,\cdot}{\mathrm{d}t}$ 通常被称为随体导数，$\frac{\partial\,\cdot}{\partial t}$ 为局地导数，$\vec{\mathbf{v}}\cdot\nabla\cdot$ 为平流项，其中，平流项是一种非线性项，这种非线性项实际上来源于看待和研究流体的方式转变，当我们从着眼于某一流体质点研究其运动和性质(拉格朗日观点)，转变为放眼于整个流体构成的场的运动和性质(欧拉观点)时，这一非线性项就自然而然地产生了。

2)连续性方程

海水在运动过程中，虽然体积和密度可能会发生改变，但总质量是不变的，考虑任

意封闭曲面 σ 围成的控制体的体积是 τ，设封闭曲面 σ 及其围成的控制体 τ 是不随时间变化的。于是，单位时间内沿着曲面 σ 的法线方向通过曲面 σ 净流入控制体 τ 的总质量应该等于该控制体总质量的增加量，于是

$$\iiint_\tau \frac{\partial\rho}{\partial t}\mathrm{d}\tau = -\oiint_\sigma(\rho v_{\text{normal}})\,\mathrm{d}\sigma$$

其中 v_{normal} 为封闭曲面 σ 法线外方向的流速分量。使用曲面积分高斯公式

$$\oiint_\sigma(\rho v_{\text{normal}})\,\mathrm{d}\sigma = \iiint_\tau \nabla\cdot(\rho\vec{v})\,\mathrm{d}\tau$$

所以

$$\iiint_\tau\left[\frac{\partial\rho}{\partial t} + \nabla\cdot(\rho\vec{v})\right]\mathrm{d}\tau = 0$$

由于封闭曲面及其围成的控制体是任意取的，于是有连续性方程

$$\frac{\partial\rho}{\partial t} + \nabla\cdot(\rho\vec{v}) = 0$$

或者等价地

$$\frac{\mathrm{d}\rho}{\mathrm{d}t} + \rho\,\nabla\cdot\vec{\mathbf{v}} = 0$$

3) 热量方程

在任意封闭曲面 σ 包围的控制体 τ 中，单位时间热含量的增加量为 $\iiint_\tau \frac{\partial(\rho c_p T)}{\partial t}\mathrm{d}\tau$，其中 c_p 为定压比热容(在一定的压力下单位质量海水温度升高 1 K 时所吸收的热量)。在相同的时间内，随流动通过该封闭曲面 σ 进入控制体 τ 中的热量为 $\left[-\oiint_\sigma(\rho c_p T v_{\text{normal}})\,\mathrm{d}\sigma\right]$，其中 v_{normal} 为封闭曲面 σ 外法线方向的流速分量。由分子热运动产生的通过封闭曲面 σ 进入控制体 τ 中的热量为 $\left(-\oiint_\sigma H_{\text{normal}}\mathrm{d}\sigma\right)$，其中 H_{normal} 为封闭曲面 σ 外法线方向的分子热通量密度分量。如果不考虑压力做功生热和摩擦生热，那么系统总热量守恒，于是

$$\iiint_\tau \frac{\partial(\rho c_p T)}{\partial t}\mathrm{d}\tau = -\oiint_\sigma \rho c_p T v_{\text{normal}}\mathrm{d}\sigma - \oiint_\sigma H_{\text{normal}}\mathrm{d}\sigma$$

考虑等号右端，使用曲面积分高斯公式

$$\oiint_\sigma \rho c_p T v_{\text{normal}}\mathrm{d}\sigma + \oiint_\sigma H_{\text{normal}}\mathrm{d}\sigma = \iiint_\tau \nabla\cdot(\rho c_p T\vec{v})\,\mathrm{d}\tau + \iiint_\tau \nabla\cdot\vec{\mathbf{H}}\mathrm{d}\tau$$

所以，

$$\oiint_{\tau}\left[\frac{\partial(\rho c_p T)}{\partial t}+\nabla\cdot(\rho c_p T\vec{v})+\nabla\cdot\vec{\mathbf{H}}\right]\mathrm{d}\tau=0$$

由于封闭曲面及其围成的控制体是任意取的，于是有热量方程

$$\frac{\partial(\rho c_p T)}{\partial t}+\nabla\cdot(\rho c_p T\vec{\mathbf{v}})=-\nabla\cdot\vec{\mathbf{H}}$$

假设分子热通量密度仅依赖于温度梯度，方向指向温度减小的方向，即

$$\vec{\mathbf{H}}=-\kappa\nabla T$$

于是有

$$\frac{\partial(\rho c_p T)}{\partial t}+\nabla\cdot(\rho c_p T\vec{v})=\kappa\Delta T$$

进一步地假设 c_p 为常数，应用连续性方程，得

$$\frac{\partial T}{\partial t}+\vec{\mathbf{v}}\cdot\nabla T=k_T\Delta T$$

或者等价地

$$\frac{\mathrm{d}T}{\mathrm{d}t}=k_T\Delta T$$

其中 $k_T=\dfrac{\kappa}{\rho c_p}$ 是分子热传导系数。在实际的海洋中，由于太阳短波辐射 R 会在一定程度上穿透海水并加热海水，这相当于在从表层到次表层的海水中放置一个热源，于是，需要在上述热量方程的等号右端再加入太阳短波辐射驱动项 $\dfrac{\partial R}{\partial z}$，即

$$\frac{\partial T}{\partial t}+\vec{\mathbf{v}}\cdot\nabla T=k_T\Delta T+\frac{\partial R}{\partial z}$$

或者

$$\frac{\mathrm{d}T}{\mathrm{d}t}=k_T\Delta T+\frac{\partial R}{\partial z}$$

4) 盐量方程

令 S 为单位质量海水中盐所占的质量比例，即盐度，那么单位体积中的盐含量就可以表示为 ρS。在任意封闭曲面 σ 包围的控制体 τ 中，单位时间盐含量的增加量为 $\oiint_{\tau}\dfrac{\partial(\rho S)}{\partial t}\mathrm{d}\tau$。在相同的时间内，随流动通过该封闭曲面 σ 进入控制体 τ 中的盐量为 $\left[-\oiint_{\sigma}(\rho S v_{\text{normal}})\,\mathrm{d}\sigma\right]$，其中 v_{normal} 为封闭曲面 σ 外法线方向的流速分量。由分子扩散产生的通过封闭曲面 σ 进入控制体 τ 中的盐量为 $\left(-\oiint_{\sigma}\$_{\text{normal}}\mathrm{d}\sigma\right)$，其中 $\$_{\text{normal}}$ 为封闭曲面

σ 外法线方向的盐浓度通量密度分量。如果系统总盐量守恒，那么

$$\iiint_{\tau} \frac{\partial(\rho S)}{\partial t}\mathrm{d}\tau = -\oiint_{\sigma}(\rho S v_{\text{normal}})\,\mathrm{d}\sigma - \oiint_{\sigma} \$_{\text{normal}}\mathrm{d}\sigma$$

考虑等号右端，使用曲面积分高斯公式

$$\oiint_{\sigma}\rho S v_{\text{normal}}\mathrm{d}\sigma + \oiint_{\sigma} \$_{\text{normal}}\mathrm{d}\sigma = \iiint_{\tau} \nabla\cdot(\rho S\vec{\mathbf{v}})\,\mathrm{d}\tau + \iiint_{\tau}\nabla\cdot\vec{\$}\,\mathrm{d}\tau$$

所以

$$\iiint_{\tau}\left[\frac{\partial(\rho S)}{\partial t} + \nabla\cdot(\rho S\vec{\mathbf{v}}) + \nabla\cdot\vec{\$}\right]\mathrm{d}\tau = 0$$

由于封闭曲面及其围成的控制体是任意取的，于是有盐度方程

$$\frac{\partial(\rho S)}{\partial t} + \nabla\cdot(\rho S\vec{\mathbf{v}}) = -\nabla\cdot\vec{\$}$$

假设盐浓度通量密度仅依赖于盐度梯度，方向指向盐度减小的方向，即

$$\vec{\$} = -k\,\nabla S$$

于是有

$$\frac{\partial(\rho S)}{\partial t} + \nabla\cdot(\rho S\vec{\mathbf{v}}) = k\,\nabla^2 S$$

进一步地假设 k 为常数，应用连续性方程，得

$$\frac{\partial S}{\partial t} + \vec{\mathbf{v}}\cdot\nabla S = k_S\Delta S$$

或者等价地

$$\frac{\mathrm{d}S}{\mathrm{d}t} = k_S\Delta S$$

其中，$k_S = \dfrac{k}{\rho}$ 是分子盐扩散系数。

5) 海洋原始方程组

如果海水的密度 ρ 与温度 T 、盐度 S 和压力 p 满足一定的关系，即 $\rho=\rho(T,S,p)$ ，我们称其为海水状态方程，那么联合上述所有方程，就可以获得海洋的原始方程组

$$\begin{cases}\dfrac{\partial \vec{\mathbf{v}}}{\partial t}+\vec{\mathbf{v}}\cdot\nabla\vec{\mathbf{v}}=-\dfrac{1}{\rho}\nabla p-\nabla(V_M+V_S)-2\vec{\mathbf{\Omega}}\times\vec{\mathbf{v}}+\vec{\mathbf{g}}+\dfrac{1}{\rho}\vec{\mathbf{F}}_{\text{friction}}\\ \dfrac{\partial \rho}{\partial t}+\nabla\cdot(\rho\vec{\mathbf{v}})=0\\ \dfrac{\partial T}{\partial t}+\vec{\mathbf{v}}\cdot\nabla T=k_T\Delta T+\dfrac{\partial R}{\partial z}\\ \dfrac{\partial S}{\partial t}+\vec{\mathbf{v}}\cdot\nabla S=k_S\Delta S\\ \rho=\rho(T,\ S,\ p)\end{cases}$$

由上可见，上述方程组共有7个方程，共涉及海流矢量的3个分量、温度、盐度、密度和压力这7个未知量(场)。

附 5.2 海洋近似方程组

1)布西内斯克近似

物理学家布西内斯克为求得层结流体控制方程组的合理简化模式提出假设，认为海洋中密度的变化量相对于平均密度而言是个小量。因此可以将密度$\rho(\vec{\mathbf{r}},\ t)$表示为一个常数参量$\rho_0$和一个随时空变化的小扰动$\tilde{\rho}(\vec{\mathbf{r}},\ t)$之和，即

$$\rho(\vec{\mathbf{r}},\ t)=\rho_0+\tilde{\rho}(\vec{\mathbf{r}},\ t)，其中\tilde{\rho}\ll\rho_0$$

这使得除了重力或密度随时间和空间的变化很显著的情况外，其他任何地方都可以用常数密度ρ_0来代替$\rho(\vec{\mathbf{r}},\ t)$。于是单位质量海水的压强梯度力为

$$\frac{1}{\rho}\nabla p=\frac{1}{\rho_0\left(1+\dfrac{\tilde{\rho}}{\rho_0}\right)}\nabla p\approx\frac{1}{\rho_0}\left(1-\frac{\tilde{\rho}}{\rho_0}\right)\nabla p\approx\frac{1}{\rho_0}\nabla p$$

2)不可压缩近似

利用上述布西内斯克近似，则前面的连续性方程$\dfrac{\mathrm{d}\rho}{\mathrm{d}t}+\rho\nabla\cdot\vec{\mathbf{v}}=0$可以改写为

$$\frac{\mathrm{d}(\rho_0+\tilde{\rho})}{\mathrm{d}t}+(\rho_0+\tilde{\rho})\nabla\cdot\vec{\mathbf{v}}=0$$

于是有

$$\frac{\mathrm{d}\tilde{\rho}}{\mathrm{d}t}+\rho_0\nabla\cdot\vec{\mathbf{v}}+\tilde{\rho}\nabla\cdot\vec{\mathbf{v}}=0$$

方程两边同除以 ρ_0 得

$$\frac{\mathrm{d}\left(\frac{\tilde{\rho}}{\rho_0}\right)}{\mathrm{d}t} + \nabla \cdot \vec{\mathbf{v}} + \frac{\tilde{\rho}}{\rho_0} \nabla \cdot \vec{\mathbf{v}} = 0$$

由于 $\tilde{\rho} \ll \rho_0$，所以上述方程等式左边得第一项和第三项可以忽略，所以有

$$\nabla \cdot \vec{\mathbf{v}} = 0$$

3) 静力近似

在大尺度和中尺度海洋运动中，海水的垂向运动速度通常比水平运动低好几个数量级，且垂向动量方程中科里奥利力项远小于重力和垂向压强梯度力，所以在垂向动量方程中基本满足重力与垂向压强梯度力之间的平衡，于是垂向动量方程化简为如下的静力平衡方程

$$0 \approx -\frac{\partial p}{\partial z} - \rho g$$

4) 海洋近似方程组

我们还需要考虑一下水平动量方程中的科氏力这一项。在局地直角坐标系中(以向东为 x 轴正方向，单位矢量为 $\hat{\mathbf{i}}$；向北为 y 轴正方向，单位矢量为 $\hat{\mathbf{j}}$；向上为 z 轴正方向，单位矢量为 $\hat{\mathbf{k}}$)，u、v 和 w 分别为速度矢量 $\vec{\mathbf{v}}$ 在 x、y 和 z 轴方向的分量。设 φ 为纬度，则地球自转角速度矢量 $\vec{\mathbf{\Omega}}$ 可以表示为 $\vec{\mathbf{\Omega}} = \Omega\cos(\varphi)\hat{\mathbf{j}} + \Omega\sin(\varphi)\hat{\mathbf{k}}$，其中，$\Omega$ 为地球自转角速度的量值。于是科氏力项可以展开为

$$\begin{aligned} 2\vec{\mathbf{\Omega}} \times \vec{\mathbf{v}} &= 2[\Omega\cos(\varphi)\hat{\mathbf{j}} + \Omega\sin(\varphi)\hat{\mathbf{k}}] \times (u\hat{\mathbf{i}} + v\hat{\mathbf{j}} + w\hat{\mathbf{k}}) \\ &= 2\Omega[\cos(\varphi)w - \sin(\varphi)v]\hat{\mathbf{i}} + 2\Omega\sin(\varphi)u\hat{\mathbf{j}} - 2\Omega\cos(\varphi)u\hat{\mathbf{k}} \\ &= (2\vec{\mathbf{\Omega}} \times \vec{\mathbf{v}})\big|_h + (2\vec{\mathbf{\Omega}} \times \vec{\mathbf{v}})\big|_v \end{aligned}$$

其中，下标 h 表示水平分量，下标 v 表示垂向分量，科氏力项的水平分量为

$$(2\vec{\mathbf{\Omega}} \times \vec{\mathbf{v}})\big|_h = 2\Omega[\cos(\varphi)w - \sin(\varphi)v]\hat{\mathbf{i}} + 2\Omega\sin(\varphi)u\hat{\mathbf{j}}$$

而科氏力项的垂向分量为

$$(2\vec{\mathbf{\Omega}} \times \vec{\mathbf{v}})\big|_v = -2\Omega\cos(\varphi)u\hat{\mathbf{k}}$$

前面已经讲到，垂向动量方程中仅需保留重力与垂向压强梯度力，故上式中垂向分量 $(2\vec{\mathbf{\Omega}} \times \vec{\mathbf{v}})\big|_v = -2\Omega\cos(\varphi)u\hat{\mathbf{k}}$ 可以舍去，另外，又由于垂向流速远小于水平流速，所以可以舍去 $[2\Omega\cos(\varphi)w\hat{\mathbf{i}}]$，所以科氏力项的水平分量为

$$(2\vec{\mathbf{\Omega}} \times \vec{\mathbf{v}})\big|_h = -2\Omega\sin(\varphi)v\hat{\mathbf{i}} + 2\Omega\sin(\varphi)u\hat{\mathbf{j}}$$

如果定义科氏力参数$f \equiv 2\Omega\sin(\varphi)$，那么科氏力项的水平分量可以进一步改写为

$$(2\vec{\mathbf{\Omega}} \times \vec{\mathbf{v}})\big|_h = f\hat{\mathbf{k}} \times \vec{\mathbf{v}}_h$$

其中，$\vec{\mathbf{v}}_h$ 为流速的水平分量，即 $\vec{\mathbf{v}}_h = u\hat{\mathbf{i}} + v\hat{\mathbf{j}}$

此外，在水平动量方程中，可以利用第二章讲到的月球和太阳平衡潮(即 $\overline{\eta}_M$ 和 $\overline{\eta}_S$)与其对应的引潮势(即 V_M 和 V_S)之间的关系，即 $\overline{\eta}_M = -\dfrac{V_M}{g}$ 和 $\overline{\eta}_S = -\dfrac{V_S}{g}$，用平衡潮来替换引潮势。

综合以上考虑，于是海洋近似方程组为

$$\begin{cases} \dfrac{\partial \vec{\mathbf{v}}_h}{\partial t} + \vec{\mathbf{v}} \cdot \nabla \vec{\mathbf{v}}_h + f\hat{\mathbf{k}} \times \vec{\mathbf{v}}_h = -\dfrac{1}{\rho_0}\nabla_h p + g\nabla_h(\overline{\eta}_M + \overline{\eta}_S) + \dfrac{1}{\rho_0}\vec{\mathbf{F}}_{\text{friction}}\big|_h \\ 0 = -\dfrac{\partial p}{\partial z} - \rho g \\ \nabla_h \cdot \vec{\mathbf{v}}_h + \dfrac{\partial w}{\partial z} = 0 \\ \dfrac{\partial T}{\partial t} + \vec{\mathbf{v}} \cdot \nabla T = k_T \Delta T + \dfrac{\partial R}{\partial z} \\ \dfrac{\partial S}{\partial t} + \vec{\mathbf{v}} \cdot \nabla S = k_S \Delta S \\ \rho = \rho(T, S, p) \end{cases}$$

其中，下角标 h 表示水平方向，∇_h 表示水平方向的梯度算符。

附 5.3 海洋垂向平均方程组

下面对上述海洋近似方程组的海流连续性方程和动量方程进行垂向平均，获得垂向平均方程组。由上节可见，海流连续性方程和动量方程分别为

$$\begin{cases} \nabla_h \cdot \vec{\mathbf{v}}_h + \dfrac{\partial w}{\partial z} = 0 \\ \dfrac{\partial \vec{\mathbf{v}}_h}{\partial t} + \vec{\mathbf{v}} \cdot \nabla \vec{\mathbf{v}}_h + f\hat{\mathbf{k}} \times \vec{\mathbf{v}}_h = -\dfrac{1}{\rho_0}\nabla_h p + g\nabla_h(\overline{\eta}_M + \overline{\eta}_S) + \dfrac{1}{\rho_0}\vec{\mathbf{F}}_{\text{friction}}\big|_h \end{cases}$$

利用连续性方程 $\nabla_h \cdot \vec{\mathbf{v}}_h + \dfrac{\partial w}{\partial z} = 0$，水平速度的平流项可以改写为

$$\vec{\mathbf{v}} \cdot \nabla \vec{\mathbf{v}}_h = \vec{\mathbf{v}}_h \cdot \nabla_h \vec{\mathbf{v}}_h + w\frac{\partial \vec{\mathbf{v}}_h}{\partial z} = \nabla_h \cdot (\vec{\mathbf{v}}_h \vec{\mathbf{v}}_h) + \frac{\partial w \vec{\mathbf{v}}_h}{\partial z} = \nabla \cdot (\vec{\mathbf{v}} \vec{\mathbf{v}}_h)$$

于是上述的海流连续性方程和动量方程可以改写为

$$\begin{cases}\nabla_h \cdot \vec{\mathbf{v}}_{\mathbf{h}} + \dfrac{\partial w}{\partial z} = 0 \\ \dfrac{\partial \vec{\mathbf{v}}_h}{\partial t} + \nabla_h \cdot (\vec{\mathbf{v}}_h \vec{\mathbf{v}}_h) + \dfrac{\partial w \vec{\mathbf{v}}_h}{\partial t} + f\hat{\mathbf{k}} \times \vec{\mathbf{v}}_h = -\dfrac{1}{\rho_0}\nabla_h p + g\nabla_h(\overline{\eta}_M + \overline{\eta}_S) + \dfrac{1}{\rho_0}\vec{\mathbf{F}}_{\text{friction}}\big|_h\end{cases}$$

令 $\eta(t, x, y)$ 为海面，$H(t, x, y)$ 为水深，定义垂向平均的水平流速为

$$\vec{\mathbf{v}}_h = \frac{1}{\eta + H}\int_{-H}^{\eta} \vec{\mathbf{v}}_h \mathrm{d}z$$

在整个垂向平均方程组的推导中，我们都会用到下面的公式

$$\int_{-H}^{\eta} \frac{\partial Q}{\partial s}\mathrm{d}z = \frac{\partial}{\partial s}\int_{-H}^{\eta} Q\mathrm{d}z - Q\big|_{z=\eta}\frac{\partial \eta}{\partial s} - Q\big|_{z=-H}\frac{\partial H}{\partial s}$$

其中，$Q(t, x, y, z)$ 是任意函数，s 代表 t 、x 或 y 其中之一。

对体积守恒的连续性方程进行垂向积分，得

$$\begin{aligned}0 &= \int_{-H}^{\eta}\left(\nabla_h \cdot \vec{\mathbf{v}}_h + \frac{\partial w}{\partial z}\right)\mathrm{d}z \\ &= \nabla_h \cdot \int_{-H}^{\eta} \vec{\mathbf{v}}_h \mathrm{d}z - \vec{\mathbf{v}}_h\big|_{z=\eta} \cdot \nabla_h \eta - \vec{\mathbf{v}}_h\big|_{z=-H} \cdot \nabla_h H + w\big|_{z=\eta} - w\big|_{z=-H} \\ &= \nabla_h \cdot [(\eta + H)\vec{\mathbf{V}}_h] - \vec{\mathbf{v}}_h\big|_{z=\eta} \cdot \nabla_h \eta - \vec{\mathbf{v}}_h\big|_{z=-H} \cdot \nabla_h H + \frac{\mathrm{d}\eta}{\mathrm{d}t} + \frac{\mathrm{d}H}{\mathrm{d}t} \\ &= \nabla_h \cdot [(\eta + H)\vec{\mathbf{V}}_h] - \vec{\mathbf{v}}_h\big|_{z=\eta} \cdot \nabla_h \eta - \vec{\mathbf{v}}_h\big|_{z=-H} \cdot \nabla_h H + \frac{\partial \eta}{\partial t} + \vec{\mathbf{v}}_h\big|_{z=\eta} \cdot \nabla_h \eta + \vec{\mathbf{v}}_h\big|_{z=-H} \cdot \nabla_h H \\ &= \frac{\partial \eta}{\partial t} + \nabla_h \cdot [(\eta + H)\vec{\mathbf{V}}_h]\end{aligned}$$

对于水平流速方程，我们也要逐项求垂向积分。对水平速度的局地导数项求垂向积分得

$$\int_{-H}^{\eta} \frac{\partial \vec{\mathbf{v}}_h}{\partial t}\mathrm{d}z = \frac{\partial(\eta + H)\vec{\mathbf{V}}_h}{\partial t} - \vec{\mathbf{v}}_h\big|_{z=\eta}\frac{\partial \eta}{\partial t}$$

水平速度的平流项求垂向积分得

$$\begin{aligned}&\int_{-H}^{\eta}\left[\nabla \cdot (\vec{\mathbf{v}}_h \vec{\mathbf{v}}_h) + \frac{\partial w \vec{\mathbf{v}}_h}{\partial z}\right]\mathrm{d}z \\ &= \nabla_h \cdot \int_{-H}^{\eta}(\vec{\mathbf{v}}_h \vec{\mathbf{v}}_h)\mathrm{d}z - (\vec{\mathbf{v}}_h \vec{\mathbf{v}}_h)\big|_{z=\eta} \cdot \nabla_h \eta - (\vec{\mathbf{v}}_h \vec{\mathbf{v}}_h)\big|_{z=-H} \cdot \nabla_h H \\ &\quad + (w \vec{\mathbf{v}}_h)\big|_{z=\eta} - (w \vec{\mathbf{v}}_h)\big|_{z=-H} \\ &= \nabla_h \cdot \int_{-H}^{\eta}(\vec{\mathbf{v}}_h \vec{\mathbf{v}}_h)\mathrm{d}z - (\vec{\mathbf{v}}_h \vec{\mathbf{v}}_h)\big|_{z=\eta} \cdot \nabla_h \eta - (\vec{\mathbf{v}}_h \vec{\mathbf{v}}_h)\big|_{z=-H} \cdot \nabla_h H \\ &\quad + \frac{\mathrm{d}\eta}{\mathrm{d}t}\vec{\mathbf{v}}_h\big|_{z=\eta} + \frac{\mathrm{d}H}{\mathrm{d}t}\vec{\mathbf{v}}_h\big|_{z=-H}\end{aligned}$$

$$= \nabla_h \cdot \int_{-H}^{\eta} (\vec{\mathbf{v}}_h \vec{\mathbf{v}}_h) \mathrm{d}z - (\vec{\mathbf{v}}_h \vec{\mathbf{v}}_h)|_{z=\eta} \cdot \nabla_h \eta - (\vec{\mathbf{v}}_h \vec{\mathbf{v}}_h)|_{z=-H} \cdot \nabla_h H$$

$$+ \left(\frac{\partial \eta}{\partial t} + \vec{\mathbf{v}}_h|_{z=\eta} \cdot \nabla_h \eta \right) \vec{\mathbf{v}}_h|_{z=\eta} + (\vec{\mathbf{v}}_h|_{z=-H} \cdot \nabla_h H) \vec{\mathbf{v}}_h|_{z=-H}$$

$$= \nabla_h \cdot [(\eta + H) \vec{\boldsymbol{V}}_h \vec{\boldsymbol{V}}_h] + \nabla_h \cdot \int_{-H}^{\eta} (\vec{\mathbf{v}}'_h \vec{\mathbf{v}}'_h) \mathrm{d}z + \frac{\partial \eta}{\partial t} \vec{\mathbf{v}}_h|_{z=\eta}$$

对科氏力项求垂向积分得

$$\int_{-H}^{\eta} (f \hat{\mathbf{k}} \times \vec{\mathbf{v}}_h) \mathrm{d}z = f(\eta + H) \hat{\mathbf{k}} \times \vec{\boldsymbol{V}}_h$$

压强梯度力较为复杂，将密度分为平均值ρ_0和扰动量$\tilde{\rho}(x, y, z, t)$，利用静力平衡，压强可表达为

$$p(x, y, z, t) = p_a + \int_z^{\eta} \rho g \mathrm{d}z' = p_a + \int_z^{\eta} [\rho_0 + \tilde{\rho}(x, y, z', t)] g \mathrm{d}z'$$

$$= p_a + \rho_0 g(\eta - z) + \int_z^{\eta} \tilde{\rho}(x, y, z', t) g \mathrm{d}z'$$

其中，p_a为海洋表面大气压强。对压强梯度力项求垂向积分得

$$\int_{-H}^{\eta} \left(-\frac{1}{\rho_0} \nabla_h p \right) \mathrm{d}z$$

$$= -\frac{1}{\rho_0} \nabla_h \int_{-H}^{\eta} p \mathrm{d}z + \frac{1}{\rho_0} p|_{z=\eta} \nabla_h \eta + \frac{1}{\rho_0} p|_{z=-H} \nabla_h H$$

$$= -\frac{1}{\rho_0} \nabla_h \int_{-H}^{\eta} \left[p_a + \rho_0 g(\eta - z) + \int_z^{\eta} \tilde{\rho} g \mathrm{d}z' \right] \mathrm{d}z + \frac{1}{\rho_0} p_a \nabla_h \eta + \frac{1}{\rho_0} \left[p_a + \rho_0 g(\eta - z) + \int_z^{\eta} \tilde{\rho} g \mathrm{d}z' \right] \Big|_{z=-H} \nabla_h H$$

$$= -\frac{1}{\rho_0} \nabla_h [(\eta + H) p_a] + \frac{1}{\rho_0} p_a \nabla_h \eta + \frac{1}{\rho_0} p_a \nabla_h H - g \nabla_h [(\eta + H) \eta]$$

$$+ \frac{1}{2} g \nabla_h (\eta^2 - H^2) + g(\eta + H) \nabla_h H$$

$$- \frac{1}{\rho_0} \nabla_h \int_{-H}^{\eta} \left(\int_z^{\eta} \tilde{\rho} g \mathrm{d}z \right) \mathrm{d}z + \frac{1}{\rho_0} \left(\int_z^{\eta} \tilde{\rho} g \mathrm{d}z \right) \Big|_{z=-H} \nabla_h H$$

$$= -\frac{1}{\rho_0} (\eta + H) \nabla_h p_a - g(\eta + H) \nabla_h \eta - \frac{1}{\rho_0} \nabla_h \int_{-H}^{\eta} \left(\int_z^{\eta} \tilde{\rho} g \mathrm{d}z \right) \mathrm{d}z + \frac{1}{\rho_0} \left(\int_z^{\eta} \tilde{\rho} g \mathrm{d}z \right) \Big|_{z=-H} \nabla_h H$$

上式中$-\frac{1}{\rho_0} \nabla_h \int_{-H}^{\eta} \left(\int_z^{\eta} \tilde{\rho} g \mathrm{d}z \right) \mathrm{d}z$为斜压项，$\frac{1}{\rho_0} \left(\int_z^{\eta} \tilde{\rho} g \mathrm{d}z \right) \Big|_{z=-H} \nabla_h H$为斜压与海底起伏联合效应项(JEBAR：Joint Effect of Baroclinicity and Bottom Relief)。对于引潮力项求垂向积分得

$$\int_{-H}^{\eta} [g \nabla_h (\bar{\eta}_M + \bar{\eta}_S)] \mathrm{d}z = g(\eta + H) \nabla_h (\bar{\eta}_M + \bar{\eta}_S)$$

对于摩擦力，如果只考虑水平速度的垂向二阶导数项，那么水平速度的垂向二阶导数项的垂向积分为

$$\int_{-H}^{\eta}\left(\frac{1}{\rho_0}\vec{\mathbf{F}}_{\text{friction}}\mid_h\right)\mathrm{d}z=\int_{-H}^{\eta}\left[\frac{\partial}{\partial z}\left(k_m\frac{\partial\vec{\mathbf{v}}_h}{\partial z}\right)\right]\mathrm{d}z$$

$$=\left(k_m\frac{\partial\vec{\mathbf{v}}_h}{\partial z}\right)\Bigg|_{z=\eta}-\left(k_m\frac{\partial\vec{\mathbf{v}}_h}{\partial z}\right)\Bigg|_{z=-H}=-\vec{\boldsymbol{\tau}}_{\text{top}}+\vec{\boldsymbol{\tau}}_{\text{bottom}}$$

上式用到了如下关系

$$-\left(k_m\frac{\partial\vec{\mathbf{v}}_h}{\partial z}\right)\Bigg|_{z=\eta}=\vec{\boldsymbol{\tau}}_{\text{top}}\text{ 和 }-\left(k_m\frac{\partial\vec{v}_h}{\partial z}\right)\Bigg|_{z=-H}=\vec{\boldsymbol{\tau}}_{\text{bottom}}$$

最终得到水平流速方程的垂向平均为

$$\frac{\partial(\eta+H)\vec{\boldsymbol{V}}_h}{\partial t}+\nabla_h\cdot[(\eta+H)\vec{\boldsymbol{V}}_h\vec{\boldsymbol{V}}_h]+\nabla_h\cdot\int_{-H}^{\eta}(\vec{\mathbf{v}}'_h\vec{\mathbf{v}}'_h)\mathrm{d}z+f(\eta+H)\hat{k}\times\vec{\mathbf{V}}_h$$

$$=-\frac{1}{\rho_0}(\eta+H)\nabla_h p_a-g(\eta+H)\nabla_h\eta+g(\eta+H)\nabla_h(\overline{\eta}_M+\overline{\eta}_S)$$

$$-\frac{1}{\rho_0}\nabla_h\int_{-H}^{\eta}\left(\int_z^{\eta}\tilde{\rho}g\mathrm{d}z\right)\mathrm{d}z+\frac{1}{\rho_0}\left(\int_z^{\eta}\tilde{\rho}g\mathrm{d}z\right)\Big|_{z=-H}\nabla_h H-\vec{\boldsymbol{\tau}}_{\text{top}}+\vec{\boldsymbol{\tau}}_{\text{bottom}}$$

综上所述，如果可以忽略密度变化和垂向剪切(即考虑正压流体)，垂向平均方程组(外模态)即为

$$\begin{cases}\dfrac{\partial\eta}{\partial t}+\nabla_h\cdot[(\eta+H)\vec{\mathbf{V}}_h]=0\\[2ex]\dfrac{\partial[(\eta+H)\vec{\mathbf{V}}_h]}{\partial t}+\nabla_h\cdot[(\eta+H)\vec{\mathbf{V}}_h\vec{\mathbf{V}}_h]+f(\eta+H)\hat{\mathbf{k}}\times\vec{\mathbf{V}}_h\\[2ex]=-\dfrac{1}{\rho_0}(\eta+H)\nabla_h p_a-g(\eta+H)\nabla_h\eta+g(\eta+H)\nabla_h(\overline{\eta}_M+\overline{\eta}_S)+\vec{\boldsymbol{\tau}}_{\text{top}}-\vec{\boldsymbol{\tau}}_{\text{bottom}}\end{cases}$$

附录 6 波动运动学有关知识

附 6.1 行波的形式和有关参数

行波可以描述为如下形式

$$F(x, y, z, t) = A\cos(k_x x + k_y y + k_z z - \sigma t + \theta_0)$$

其中，A 为振幅，$(k_x x + k_y y + k_z z - \sigma t + \theta_0)$ 为位相，θ_0 为初位相，k_x 、k_y 和 k_z 分别为 x 轴、y 轴和 z 轴方向的波数，σ 为波动频率。上述行波还可以表述为

$$F(x, y, z, t) = A_R\cos(k_x x + k_y y + k_z z - \sigma t) + A_I\sin(k_x x + k_y y + k_z z - \sigma t)$$

其中，

$$A_R \equiv A\cos(\theta_0),\ A_I \equiv -A\sin(\theta_0)$$

还可以表述为

$$F(x, y, z, t) = \mathrm{Re}\{A_c\exp[\mathrm{i}(k_x x + k_y y + k_z z - \sigma t)]\}$$

其中，

$$A_c \equiv A_R - \mathrm{i}A_I = A\cos(\theta_0) + \mathrm{i}A\sin(\theta_0) = A\exp(\mathrm{i}\theta_0)$$

下面我们讨论一下相位中的有关参数。波动的周期 T 与频率 σ 有如下关系

$$T = \frac{2\pi}{\sigma} \text{或者} \sigma = \frac{2\pi}{T}$$

在一个波动周期内，等位相面(位相相同的点所构成的连续的平面)会在波的传播方向上传播一段距离，这段距离就是波的长度。如果另 λ_x 、λ_y 和 λ_z 分别为 x 轴、y 轴和 z 轴方向的波长，如附图 6-1-1 所示，则有

$$k_x = \frac{2\pi}{\lambda_x},\ k_y = \frac{2\pi}{\lambda_y},\ k_z = \frac{2\pi}{\lambda_z}$$

由图可见，λ 才是真正的波长，由图的几何关系可见，λ 与 λ_x 、λ_y 和 λ_z 不满足矢量与分量的关系，因此不是矢量。但是，$1/\lambda$ 却与 $1/\lambda_x$ 、$1/\lambda_y$ 和 $1/\lambda_z$ 满足矢量与分量的关系，即

$$\frac{1}{\lambda^2} = \frac{1}{\lambda_x^2} + \frac{1}{\lambda_y^2} + \frac{1}{\lambda_z^2} = \frac{1}{4\pi^2}(k_x^2 + k_y^2 + k_z^2)$$

如果定义波矢量为

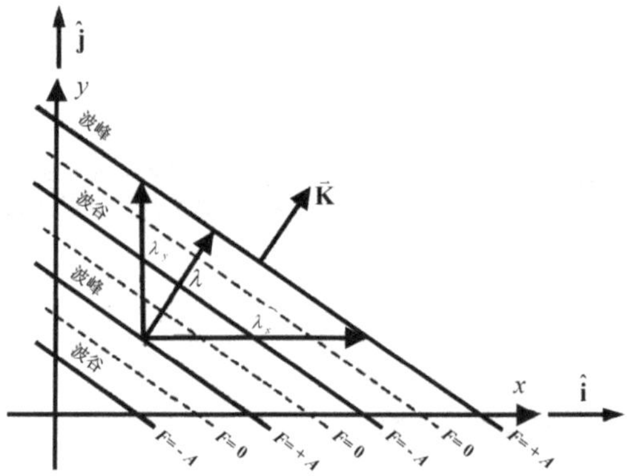

附图 6-1-1　行波的示意图

$$\vec{\mathbf{K}} = k_x\hat{\mathbf{i}} + k_y\hat{\mathbf{j}} + k_z\hat{\mathbf{k}}$$

则上式还可以表述为

$$\frac{1}{\lambda^2} = \frac{\vec{\mathbf{K}} \cdot \vec{\mathbf{K}}}{4\pi^2} = \frac{K^2}{4\pi^2}$$

其中，

$$K = |\vec{\mathbf{K}}| = |k_x\hat{\mathbf{i}} + k_y\hat{\mathbf{j}} + k_z\hat{\mathbf{k}}| = \sqrt{k_x^2 + k_y^2 + k_z^2}$$

于是有如下关系，

$$\frac{2\pi}{K} = \lambda \text{ 或者} \frac{2\pi}{\lambda} = K$$

附 6.2　相速度和群速度

1) 相速度

相速度 $\vec{\mathbf{c}}_p$ 是等位相面的移动速度，方向必为 $\vec{\mathbf{K}}/K$，大小则为 λ/T，于是，

$$\vec{\mathbf{c}}_p = \frac{\lambda}{T}\frac{\vec{\mathbf{K}}}{K} = \frac{2\pi/K}{2\pi/\sigma}\frac{\vec{\mathbf{K}}}{K} = \frac{\sigma}{K}\frac{\vec{\mathbf{K}}}{K} = \frac{\sigma}{K^2}\vec{\mathbf{K}}$$

我们可以类似地定义沿 x 轴、y 轴和 z 轴方向的相速度分别为

$$c_{px} = \frac{\sigma}{k_x},\ c_{py} = \frac{\sigma}{k_y},\ c_{pz} = \frac{\sigma}{k_z}$$

但是，很容易发现如此定义的 x 轴、y 轴和 z 轴方向的相速度并非是相速度 $\vec{\mathbf{c}}_p$ 的分量，而是满足如下的关系：

$$\vec{\mathbf{c}}_p = c_{px}\frac{k_x^2}{K^2}\hat{\mathbf{i}} + c_{py}\frac{k_y^2}{K^2}\hat{\mathbf{j}} + c_{pz}\frac{k_z^2}{K^2}\hat{\mathbf{k}}$$

2)群速度

在大学物理中，我们学到过“拍”的概念。简单来说，如果有两列行波 $A\cos(k_1 x - \sigma_1 t)$ 和 $A\cos(k_2 x - \sigma_2 t)$，这两列行波叠加到一起：

$$F(x,\ t) = A\cos(k_1 x - \sigma_1 t) + A\cos(k_2 x - \sigma_2 t)$$

利用高中所学的三角函数和差化积公式，

$$\begin{aligned} F(x,\ t) &= A\cos(k_1 x - \sigma_1 t) + A\cos(k_2 x - \sigma_2 t) \\ &= 2A\cos\left(\frac{k_1 + k_2}{2}x - \frac{\sigma_1 + \sigma_2}{2}t\right)\cos\left(\frac{k_1 - k_2}{2}x - \frac{\sigma_1 - \sigma_2}{2}t\right) \end{aligned}$$

叠加后如附图 6-2-1 所示。

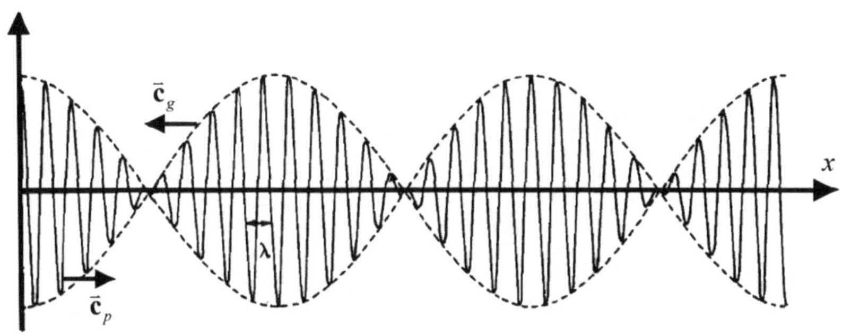

附图 6-2-1 两列行波的叠加

实线波动就是 $\cos\left(\frac{k_1 + k_2}{2}x - \frac{\sigma_1 + \sigma_2}{2}t\right)$ 所描述的波动；而虚线所围出的包络就是 $\cos\left(\frac{k_1 - k_2}{2}x - \frac{\sigma_1 - \sigma_2}{2}t\right)$ 所描述的波动，即波包的运动，很显然这种波包的运动是能量的传播，它的传播速度是 $\frac{\sigma_1 - \sigma_2}{k_1 - k_2}$。如果某个波动是由多个单一频率的波动叠加而成，则频率就是波数的函数，即 $\sigma(\vec{\mathbf{K}}) = \sigma(k_x,\ k_y,\ k_z)$，我们就可以定义波包的速度，即群速度 $\vec{\mathbf{c}}_g$ 为

$$\vec{\mathbf{c}}_g = \nabla_{\vec{K}}\sigma$$

同理，可以定义在 x 轴、y 轴和 z 轴方向的群速度分别为

$$c_{gx} = \frac{\partial\sigma}{\partial k_x},\quad c_{gy} = \frac{\partial\sigma}{\partial k_y},\quad c_{gz} = \frac{\partial\sigma}{\partial k_z}$$

显然，它们是群速度 $\vec{\mathbf{c}}_g$ 的分量，满足如下关系

$$\vec{\mathbf{c}}_g = c_{gx}\hat{\mathbf{i}} + c_{gy}\hat{\mathbf{j}} + c_{gz}\hat{\mathbf{k}}$$

由上可见，群速度与波包的传播速度一致，波包含有大量的能量，所以群速度被视为能量的传播速度。

附表 1　平衡潮的杜德森展开

附表 1.1　0 族(长周期分潮族)

二阶项展开的分潮：$\frac{1}{g}G_2^0(\varphi)A_2\cos(\bullet)$；

三阶项展开的分潮：$\frac{1}{g}G_3^0(\varphi)B_3\sin(\bullet)$；

式中，$G_2^0(\varphi)=G\left[\frac{1}{2}-\frac{3}{2}\sin^2(\varphi)\right]$，$G_3^0(\varphi)=1.118\,03G\sin(\varphi)\left[3-5\sin^2(\varphi)\right]$。

1	2						3	4	5
幅角数	τ	s	h	p	N'	p_S	名称	A_2	B_3
	n_1	n_2	n_3	n_4	n_5	n_6			
055.555	0	0	0	0	0	0	(A_0)	0.738 69	
055.565	0	0	0	0	1	0		−0.065 52	
055.575	0	0	0	0	2	0		0.000 64	
055.655	0	0	0	1	0	0			0.000 26
056.554	0	0	1	0	0	−1	(Sa)	0.011 60	
056.556	0	0	1	0	0	1		−0.000 61	
057.355	0	0	2	−2	0	0		0.000 73	
057.553	0	0	2	0	0	−2		0.000 30	
057.555	0	0	2	0	0	0	(Ssa)	0.072 99	
057.565	0	0	2	0	1	0		−0.001 81	
057.575	0	0	2	0	2	0		−0.000 40	
058.554	0	0	3	0	0	−1		0.004 27	
059.553	0	0	4	0	0	−2		0.000 17	
062.656	0	1	−3	1	0	1		0.000 68	

续表

1	2						3	4	5
幅角数	τ	s	h	p	N'	p_S	名称	A_2	B_3
	n_1	n_2	n_3	n_4	n_5	n_6			
063.445	0	1	−2	−1	−1	0		−0.000 16	
063.645	0	1	−2	1	−1	0		−0.001 13	
063.655	0	1	−2	1	0	0		0.015 78	
063.665	0	1	−2	1	1	0		−0.001 03	
064.456	0	1	−1	−1	0	1		0.000 51	
064.555	0	1	−1	0	0	0		−0.000 44	
064.654	0	1	−1	1	0	−1		−0.000 13	
065.445	0	1	0	−1	−1	0		−0.005 42	
065.455	0	1	0	−1	0	0	(*Mm*)	0.082 45	
065.465	0	1	0	−1	1	0		−0.005 35	
065.545	0	1	0	0	−1	0			−0.000 24
065.555	0	1	0	0	0	0			0.004 66
065.565	0	1	0	0	1	0			0.000 73
065.655	0	1	0	1	0	0		−0.004 42	
065.665	0	1	0	1	1	0		0.001 79	
065.675	0	1	0	1	2	0		−0.000 47	
066.454	0	1	1	−1	0	−1		−0.000 43	
067.455	0	1	2	−1	0	0		−0.001 16	
067.465	0	1	2	−1	1	0		−0.000 58	
071.755	0	2	−4	2	0	0		0.000 26	
072.556	0	2	−3	0	0	1		0.000 91	
073.545	0	2	−2	0	−1	0		0.000 98	
073.555	0	2	−2	0	0	0		0.013 70	
073.565	0	2	−2	0	1	0		−0.000 88	
073.655	0	2	−2	1	0	0			0.000 15
074.554	0	2	−1	0	0	−1		−0.000 17	

续表

1	2						3	4	5
幅角数	τ	s	h	p	N'	p_S	名称	A_2	B_3
	n_1	n_2	n_3	n_4	n_5	n_6			
074. 556	0	2	−1	0	0	1		0. 000 48	
074. 566	0	2	−1	0	1	1		0. 000 12	
075. 345	0	2	0	−2	−1	0		−0. 000 36	
075. 355	0	2	0	−2	0	0		0. 006 77	
075. 365	0	2	0	−2	1	0		−0. 000 44	
075. 455	0	2	0	−1	0	0			0. 000 76
075. 465	0	2	0	−1	1	0			0. 000 12
075. 555	0	2	0	0	0	0	(M_f)	0. 156 42	
075. 565	0	2	0	0	1	0		0. 064 81	
075. 575	0	2	0	0	2	0		0. 006 07	
075. 585	0	2	0	0	3	0		−0. 000 13	
076. 554	0	2	1	0	0	−1		−0. 000 54	
076. 564	0	2	1	0	1	−1		−0. 000 14	
077. 355	0	2	2	−2	0	0		−0. 000 47	
077. 365	0	2	2	−2	1	0		−0. 000 19	
081. 655	0	3	−4	1	0	0		0. 000 42	
082. 456	0	3	−3	−1	0	1		0. 000 16	
082. 656	0	3	−3	0	0	1		0. 000 26	
082. 666	0	3	−3	1	1	1		0. 000 11	
083. 445	0	3	−2	−1	−1	0		0. 000 22	
083. 455	0	3	−2	−1	0	0		0. 002 17	
083. 465	0	3	−2	−1	1	0		−0. 000 14	
083. 555	0	3	−2	0	0	0			0. 000 13
083. 655	0	3	−2	1	0	0		0. 005 69	
083. 665	0	3	−2	1	1	0		0. 002 36	
083. 675	0	3	−2	1	2	0		0. 000 21	

续表

1	2						3	4	5
幅角数	τ	s	h	p	N'	p_S	名称	A_2	B_3
	n_1	n_2	n_3	n_4	n_5	n_6			
084. 456	0	3	−1	−1	0	1		0. 000 28	
084. 466	0	3	−1	−1	1	1		0. 000 10	
084. 555	0	3	−1	0	0	0		−0. 000 16	
085. 255	0	3	0	−3	0	0		0. 000 54	
085. 455	0	3	0	−1	0	0		0. 029 95	
085. 465	0	3	0	−1	1	0		0. 012 41	
085. 475	0	3	0	−1	2	0		0. 001 17	
085. 555	0	3	0	0	0	0			0. 000 38
085. 565	0	3	0	0	1	0			0. 000 24
085. 675	0	3	0	1	2	0		−0. 000 12	
086. 454	0	3	1	−1	0	−1		−0. 000 26	
091. 555	0	4	−4	0	0	0		0. 000 24	
091. 755	0	4	−4	2	0	0		0. 000 14	
092. 556	0	4	−3	0	0	1		0. 000 32	
092. 566	0	4	−3	0	1	1		0. 000 13	
093. 355	0	4	−2	−2	0	0		0. 000 25	
093. 555	0	4	−2	0	0	0		0. 004 78	
093. 565	0	4	−2	0	1	0		0. 002 00	
093. 575	0	4	−2	0	2	0		0. 000 19	
095. 355	0	4	0	−2	0	0		0. 003 96	
095. 365	0	4	0	−2	1	0		0. 001 65	
095. 375	0	4	0	−2	2	0		0. 000 16	
095. 455	0	4	0	−1	0	0			0. 000 11
0X1. 655	0	5	−4	1	0	0		0. 000 23	
0X3. 455	0	5	−2	−1	0	0		0. 001 16	
0X3. 465	0	5	−2	−1	1	0		0. 000 48	

续表

1	2						3	4	5
幅角数	τ	s	h	p	N'	p_S	名称	A_2	B_3
	n_1	n_2	n_3	n_4	n_5	n_6			
0X5.255	0	5	0	−3	0	0		0.000 45	
0X5.265	0	5	0	−3	1	0		0.000 19	
0E1.555	0	6	−4	0	0	0		0.000 12	
0E3.355	0	6	−2	−2	0	0		0.000 19	

附表 1.2　1 族(日周期分潮族)

二阶项展开的分潮：$\frac{1}{g}G_2^1(\varphi)B_2\sin(\bullet)$；

三阶项展开的分潮：$\frac{1}{g}G_3^1(\varphi)A_3\cos(\bullet)$；

式中，$G_2^1(\varphi)=G\sin(2\varphi)$，$G_3^1(\varphi)=0.726\ 18G\cos(\varphi)[1-5\sin^2(\varphi)]$。

1	2						3	4	5
幅角数	τ	s	h	p	N'	p_S	名称	A_3	B_2
	n_1	n_2	n_3	n_4	n_5	n_6			
105.955	1	−5	0	4	0	0			0.000 11
107.755	1	−5	2	2	0	0			0.000 46
109.555	1	−5	4	0	0	0			0.000 28
115.755	1	−4	0	2	0	0		−0.000 10	
115.845	1	−4	0	3	−1	0			0.000 21
115.855	1	−4	0	3	0	0			0.001 08
117.555	1	−4	2	0	0	0		−0.000 10	
117.645	1	−4	2	1	−1	0			0.000 53
117.655	1	−4	2	1	0	0			0.002 78
118.654	1	−4	3	1	0	−1			0.000 21
119.445	1	−4	4	−1	−1	0			0.000 10

续表

1	2						3	4	5
幅角数	τ	s	h	p	N'	p_S	名称	A_3	B_2
	n_1	n_2	n_3	n_4	n_5	n_6			
119.455	1	-4	4	-1	0	0			0.000 54
124.756	1	-3	-1	2	0	1			-0.000 13
125.645	1	-3	0	1	-1	0		-0.000 23	
125.655	1	-3	0	1	0	0		-0.000 58	
125.745	1	-3	0	2	-1	0			0.001 80
125.755	1	-3	0	2	0	0	($2Q_1$)		0.009 55
126.556	1	-3	1	0	0	1			-0.000 16
126.655	1	-3	1	1	0	0			-0.000 11
126.754	1	-3	1	2	0	-1			0.000 15
127.455	1	-3	2	-1	0	0		-0.000 11	
127.545	1	-3	2	0	-1	0			0.002 18
127.555	1	-3	2	0	0	0	(σ_1)		0.011 53
128.544	1	-3	3	0	-1	-1			0.000 14
128.554	1	-3	3	0	0	-1			0.000 79
129.355	1	-3	4	-2	0	0			0.000 35
133.855	1	-2	-2	3	0	0			-0.000 23
134.656	1	-2	-1	1	0	1			-0.000 61
135.435	1	-2	0	-1	-2	0			-0.000 28
135.545	1	-2	0	0	-1	0		-0.000 84	
135.555	1	-2	0	0	0	0		-0.002 11	
135.635	1	-2	0	1	-2	0			-0.000 42
135.645	1	-2	0	1	-1	0			0.013 60
135.655	1	-2	0	1	0	0	(Q_1)		0.072 16
135.755	1	-2	0	2	0	0		-0.000 13	
135.855	1	-2	0	3	0	0			-0.000 19
136.456	1	-2	1	-1	0	1			-0.000 13

续表

1	2						3	4	5
幅角数	τ	s	h	p	N'	p_S	名称	A_3	B_2
	n_1	n_2	n_3	n_4	n_5	n_6			
136.555	1	−2	1	0	0	0			−0.000 39
136.644	1	−2	1	1	−1	−1			0.000 11
136.654	1	−2	1	1	0	−1			0.000 68
137.445	1	−2	2	−1	−1	0			0.002 58
137.455	1	−2	2	−1	0	0	(ρ_1)		0.013 71
137.555	1	−2	2	0	0	0		−0.000 18	
137.655	1	−2	2	1	0	0			−0.000 78
137.665	1	−2	2	1	1	0			0.000 24
138.444	1	−2	3	−1	−1	−1			0.000 11
138.454	1	−2	3	−1	0	−1			0.000 64
139.455	1	−2	4	−1	0	0			−0.000 14
143.535	1	−1	−2	0	−2	0			−0.000 17
143.745	1	−1	−2	2	−1	0			−0.000 20
143.755	1	−1	−2	2	0	0			−0.001 13
144.546	1	−1	−1	0	−1	1			−0.000 15
144.556	1	−1	−1	0	0	1			−0.001 30
145.455	1	−1	0	−1	0	0		0.000 12	
145.535	1	−1	0	0	−2	0			−0.002 18
145.545	1	−1	0	0	−1	0			0.071 05
145.555	1	−1	0	0	0	0	(O_1)		0.376 89
145.645	1	−1	0	1	−1	0		0.000 16	
145.655	1	−1	0	1	0	0		−0.001 08	
145.665	1	−1	0	1	1	0		0.000 14	
145.755	1	−1	0	2	0	0			−0.002 43
145.765	1	−1	0	2	1	0			−0.000 40
146.544	1	−1	1	0	−1	−1			0.000 12

续表

1	2						3	4	5
幅角数	τ	s	h	p	N'	p_S	名称	A_3	B_2
	n_1	n_2	n_3	n_4	n_5	n_6			
146.554	1	−1	1	0	0	−1			0.001 15
147.355	1	−1	2	−2	0	0			−0.000 21
147.455	1	−1	2	−1	0	0		−0.000 21	
147.545	1	−1	2	0	−1	0			0.000 14
147.555	1	−1	2	0	0	0	(τ_1)		−0.004 91
147.565	1	−1	2	0	1	0			0.001 07
148.554	1	−1	3	0	0	−1			−0.000 33
152.656	1	0	−3	1	0	1			−0.000 14
153.645	1	0	−2	1	−1	0			−0.000 63
153.655	1	0	−2	1	0	0			−0.002 78
154.656	1	0	−1	1	0	1			0.000 15
155.435	1	0	0	−1	−2	0			0.000 17
155.445	1	0	0	−1	−1	0			−0.001 97
155.455	1	0	0	−1	0	0	(M_1)		−0.010 65
155.545	1	0	0	0	−1	0		0.000 98	
155.555	1	0	0	0	0	0		−0.006 61	
155.565	1	0	0	0	1	0		0.000 86	
155.645	1	0	0	1	−1	0			0.000 85
155.655	1	0	0	1	0	0	(NO_1)		−0.029 64
155.665	1	0	0	1	1	0			−0.005 94
155.675	1	0	0	1	2	0			0.000 17
156.555	1	0	1	0	0	0			0.000 16
156.654	1	0	1	1	0	−1			−0.000 18
157.445	1	0	2	−1	−1	0			0.000 16
157.455	1	0	2	−1	0	0	(χ_1)		−0.005 66
157.465	1	0	2	−1	1	0			−0.001 24

续表

1	2						3	4	5
幅角数	τ	s	h	p	N'	p_S	名称	A_3	B_2
	n_1	n_2	n_3	n_4	n_5	n_6			
158.454	1	0	3	−1	0	−1			−0.000 24
161.557	1	1	−4	0	0	2			0.000 42
162.556	1	1	−3	0	0	1	(π_1)		0.010 29
163.535	1	1	−2	0	−2	0			0.000 14
163.545	1	1	−2	0	−1	0			−0.001 99
163.555	1	1	−2	0	0	0	(P_1)		0.175 84
163.557	1	1	−2	0	0	2			−0.000 11
163.755	1	1	−2	2	0	0			−0.000 26
164.554	1	1	−1	0	0	−1			−0.001 47
164.556	1	1	−1	0	0	1	(S_1)		−0.004 23
165.455	1	1	0	−1	0	0		−0.000 36	
165.545	1	1	0	0	−1	0			0.010 50
165.555	1	1	0	0	0	0	(K_1)		−0.530 50
165.565	1	1	0	0	1	0			−0.071 82
165.575	1	1	0	0	2	0			0.001 54
165.655	1	1	0	1	0	0		−0.000 13	
166.554	1	1	1	0	0	−1	(ψ_1)		−0.004 23
167.355	1	1	2	−2	0	0			−0.000 26
167.553	1	1	2	0	0	−2			−0.000 11
167.555	1	1	2	0	0	0	(φ_1)		−0.007 56
167.565	1	1	2	0	1	0			0.000 29
167.575	1	1	2	0	2	0			0.000 14
168.554	1	1	3	0	0	−1			−0.000 44
172.656	1	2	−3	1	0	1			−0.000 24
173.445	1	2	−2	−1	−1	0			−0.000 17
173.645	1	2	−2	1	−1	0			0.000 18

续表

1	2						3	4	5
幅角数	τ	s	h	p	N'	p_S	名称	A_3	B_2
	n_1	n_2	n_3	n_4	n_5	n_6			
173.655	1	2	−2	1	0	0	(θ_1)		−0.005 66
173.665	1	2	−2	1	1	0			−0.001 12
173.765	1	2	−2	2	1	0		−0.000 89	
174.456	1	2	−1	−1	0	1			−0.000 18
174.555	1	2	−1	0	0	0			0.000 16
175.445	1	2	0	−1	−1	0			0.000 87
175.455	1	2	0	−1	0	0	(J_1)		−0.029 64
175.465	1	2	0	−1	1	0			−0.005 87
175.475	1	2	0	−1	2	0			0.000 13
175.555	1	2	0	0	0	0		−0.002 41	
175.655	1	2	0	1	0	0			0.000 46
175.665	1	2	0	1	1	0			0.000 29
175.675	1	2	0	1	2	0			0.000 17
176.454	1	2	1	−1	0	−1			0.000 15
177.455	1	2	2	−1	0	0			0.000 12
182.556	1	3	−3	0	0	1			−0.000 32
183.545	1	3	−2	0	−1	0			−0.000 16
183.555	1	3	−2	0	0	0			−0.004 92
183.565	1	3	−2	0	1	0			−0.000 96
185.355	1	3	0	−2	0	0			−0.002 40
185.365	1	3	0	−2	1	0			−0.000 48
185.455	1	3	0	−1	0	0		−0.000 40	
185.465	1	3	0	−1	1	0		−0.000 16	
185.555	1	3	0	0	0	0	(OO_1)		−0.016 23
185.565	1	3	0	0	1	0			−0.010 39
185.575	1	3	0	0	2	0			−0.002 18

续表

1	2						3	4	5
幅角数	τ	s	h	p	N'	p_S	名称	A_3	B_2
	n_1	n_2	n_3	n_4	n_5	n_6			
185.585	1	3	0	0	3	0			-0.000 14
191.655	1	4	-4	1	0	0			-0.000 15
193.455	1	4	-2	-1	0	0			-0.000 78
193.465	1	4	-2	-1	1	0			-0.000 15
193.655	1	4	-2	1	0	0			-0.000 59
193.665	1	4	-2	1	1	0			-0.000 38
195.255	1	4	0	-3	0	0			-0.000 19
195.455	1	4	0	-1	0	0			-0.003 11
195.465	1	4	0	-1	1	0			-0.001 99
195.475	1	4	0	-1	2	0			-0.000 42
1X3.555	1	5	-2	0	0	0			-0.000 50
1X3.565	1	5	-2	0	1	0			-0.000 32
1X5.355	1	5	0	-2	0	0			-0.000 41
1X5.365	1	5	0	-2	1	0			-0.000 87
1E3.455	1	6	-2	-1	0	0			-0.000 12

附表 1.3　2 族(半日周期分潮族)

二阶项展开的分潮：$\frac{1}{g}G_2^2(\varphi)A_2\cos(\bullet)$；

三阶项展开的分潮：$\frac{1}{g}G_3^2(\varphi)B_3\sin(\bullet)$；

式中，$G_2^2(\varphi)=G\cos^2(\varphi)$，$G_3^2(\varphi)=2.598\ 08G\sin(\varphi)\cos^2(\varphi)$。

1	2						3	4	5
幅角数	τ	s	h	p	N'	p_S	名称	A_2	B_3
	n_1	n_2	n_3	n_4	n_5	n_6			
207.855	2	-5	2	3	0	0		0.000 15	

续表

1	2						3	4	5
幅角数	τ	s	h	p	N'	p_S	名称	A_2	B_3
	n_1	n_2	n_3	n_4	n_5	n_6			
209. 655	2	−5	4	1	0	0		0. 000 18	
215. 955	2	−4	0	4	0	0		0. 000 27	
217. 755	2	−4	2	2	0	0		0. 001 11	
219. 555	2	−4	4	0	0	0		0. 000 69	
225. 755	2	−3	0	2	0	0			−0. 000 27
225. 855	2	−3	0	3	0	0		0. 002 59	
226. 656	2	−3	1	1	0	1		−0. 000 12	
227. 555	2	−3	2	0	0	0			−0. 000 27
227. 645	2	−3	2	1	−1	0		−0. 000 25	
227. 655	2	−3	2	1	0	0	(ε_2)	0. 006 71	
228. 654	2	−3	3	1	0	−1		0. 000 54	
229. 455	2	−3	4	−1	0	0		0. 001 30	
22X. 454	2	−3	5	−1	0	−1		0. 000 15	
234. 756	2	−2	−1	2	0	1		−0. 000 31	
235. 535	2	−2	0	0	−2	0		−0. 000 14	
235. 645	2	−2	0	1	−1	0			−0. 000 27
235. 655	2	−2	0	1	0	0			−0. 001 56
235. 745	2	−2	0	2	−1	0		−0. 000 86	
235. 755	2	−2	0	2	0	0	($2N_2$)	0. 023 01	
236. 556	2	−2	1	0	0	1		−0. 000 40	
236. 655	2	−2	1	1	0	0		−0. 000 25	
236. 754	2	−2	1	2	0	−1		0. 000 36	
237. 455	2	−2	2	−1	0	0			−0. 000 29
237. 545	2	−2	2	0	−1	0		−0. 001 04	
237. 555	2	−2	2	0	0	0	(μ_2)	0. 027 77	
238. 554	2	−2	3	0	0	−1		0. 001 89	

续表

1	2						3	4	5
幅角数	τ	s	h	p	N'	p_S	名称	A_2	B_3
	n_1	n_2	n_3	n_4	n_5	n_6			
239. 355	2	−2	4	−2	0	0		0. 000 85	
243. 635	2	−1	−2	1	−2	0		−0. 000 15	
243. 855	2	−1	−2	3	0	0		−0. 000 56	
244. 656	2	−1	−1	1	0	1		−0. 001 47	
245. 435	2	−1	0	−1	−2	0		−0. 000 63	
245. 545	2	−1	0	0	−1	0			−0. 000 97
245. 555	2	−1	0	0	0	0			−0. 005 69
245. 556	2	−1	0	0	0	1		0. 000 14	
245. 645	2	−1	0	1	−1	0		−0. 006 48	
245. 655	2	−1	0	1	0	0	（N_2）	0. 173 87	
245. 755	2	−1	0	2	0	0			0. 000 11
246. 456	2	−1	1	−1	0	1		−0. 000 33	
246. 555	2	−1	1	0	0	0		−0. 000 94	
246. 654	2	−1	1	1	0	−1		0. 001 63	
247. 445	2	−1	2	−1	−1	0		−0. 001 23	
247. 455	2	−1	2	−1	0	0	（ν_2）	0. 033 03	
247. 555	2	−1	2	0	0	0			0. 000 15
247. 655	2	−1	2	1	0	0		0. 000 17	
247. 665	2	−1	2	1	1	0		−0. 000 12	
248. 454	2	−1	3	−1	0	−1		0. 001 53	
252. 756	2	0	−3	2	0	1		−0. 000 11	
253. 535	2	0	−2	0	−2	0		−0. 000 40	
253. 755	2	0	−2	2	0	0		−0. 002 73	
254. 556	2	0	−1	0	0	1		−0. 003 14	
254. 655	2	0	−1	1	0	0		−0. 000 14	
255. 455	2	0	0	−1	0	0			0. 000 32

续表

1	2						3	4	5
幅角数	τ	s	h	p	N'	p_S	名称	A_2	B_3
	n_1	n_2	n_3	n_4	n_5	n_6			
255.535	2	0	0	0	−2	0		0.000 47	
255.545	2	0	0	0	−1	0		−0.033 86	
255.555	2	0	0	0	0	0	(M_2)	0.908 12	
255.655	2	0	0	1	0	0			0.000 86
255.665	2	0	0	1	1	0			0.000 16
255.755	2	0	0	2	0	0		0.000 53	
255.765	2	0	0	2	1	0		0.000 19	
256.554	2	0	1	0	0	−1		0.002 76	
257.355	2	0	2	−2	0	0		−0.000 52	
257.455	2	0	2	−1	0	0			0.000 17
257.555	2	0	2	0	0	0		0.001 07	
257.565	2	0	2	0	1	0		−0.000 51	
257.575	2	0	2	0	2	0		0.000 18	
262.656	2	1	−3	1	0	1		−0.000 33	
263.645	2	1	−2	1	−1	0		0.000 24	
263.655	2	1	−2	1	0	0	(λ_2)	−0.006 70	
264.456	2	1	−1	−1	0	1		−0.000 10	
264.555	2	1	−1	0	0	0		0.000 17	
265.445	2	1	0	−1	−1	0		0.000 95	
265.455	2	1	0	−1	0	0	(L_2)	−0.025 67	
265.545	2	1	0	0	−1	0			−0.000 31
265.555	2	1	0	0	0	0			0.005 25
265.565	2	1	0	0	1	0			0.000 99
265.645	2	1	0	1	−1	0		−0.000 12	
265.655	2	1	0	1	0	0		0.006 43	
265.665	2	1	0	1	1	0		0.002 83	

续表

1	2						3	4	5
幅角数	τ	s	h	p	N'	p_S	名称	A_2	B_3
	n_1	n_2	n_3	n_4	n_5	n_6			
265.675	2	1	0	1	2	0		0.000 40	
267.455	2	1	2	−1	0	0		0.001 23	
267.465	2	1	2	−1	1	0		0.000 59	
271.557	2	2	−4	0	0	2		0.001 01	
272.556	2	2	−3	0	0	1	(T_2)	0.024 79	
273.545	2	2	−2	0	−1	0		0.000 94	
273.555	2	2	−2	0	0	0	(S_2)	0.423 58	
274.554	2	2	−1	0	0	−1	(R_2)	−0.003 54	
274.556	2	2	−1	0	0	1		0.000 92	
275.455	2	2	0	−1	0	0			0.000 29
275.545	2	2	0	0	−1	0		−0.001 47	
275.555	2	2	0	0	0	0	(K_2)	0.115 06	
275.565	2	2	0	0	1	0		0.034 23	
275.575	2	2	0	0	2	0		0.003 72	
276.554	2	2	1	0	0	−1		0.000 92	
277.555	2	2	2	0	0	0		0.000 78	
283.655	2	3	−2	1	0	0		0.001 23	
283.665	2	3	−2	1	1	0		0.000 54	
285.445	2	3	0	−1	−1	0		−0.000 12	
285.455	2	3	0	−1	0	0	(η_2)	0.006 43	
285.465	2	3	0	−1	1	0		0.002 80	
285.475	2	3	0	−1	2	0		0.000 30	
285.555	2	3	0	0	0	0			0.000 48
285.565	2	3	0	0	1	0			0.000 31
293.555	2	4	−2	0	0	0		0.001 07	
293.565	2	4	−2	0	1	0		0.000 46	

续表

1	2						3	4	5
幅角数	τ	s	h	p	N'	p_S	名称	A_2	B_3
	n_1	n_2	n_3	n_4	n_5	n_6			
295.355	2	4	0	−2	0	0		0.000 53	
295.365	2	4	0	−2	1	0		0.000 23	
295.555	2	4	0	0	0	0		0.001 68	
295.565	2	4	0	0	1	0		0.001 46	
295.575	2	4	0	0	2	0		0.000 47	
2X3.455	2	5	−2	−1	0	0		0.000 17	
2X5.455	2	5	0	−1	0	0		0.000 32	
2X5.465	2	5	0	−1	1	0		0.000 28	

附表 1.4　3 族(1/3 日周期分潮族)

三阶项展开的分潮：$\frac{1}{g}G_3^3(\varphi)A_3\cos(\bullet)$

式中，$G_3^3(\varphi)=G\cos^3(\varphi)$。

1	2						3	4	5
幅角数	τ	s	h	p	N'	p_S	名称	A_3	B
	n_1	n_2	n_3	n_4	n_5	n_6			
327.655	3	−3	2	1	0	0		−0.000 17	
335.755	3	−2	0	2	0	0		−0.000 56	
337.555	3	−2	2	0	0	0		−0.000 57	
345.645	3	−1	0	1	−1	0		0.000 18	
345.655	3	−1	0	1	0	0		−0.003 26	
347.455	3	−1	2	−1	0	0		−0.000 61	
355.545	3	0	0	0	−1	0		0.000 66	
355.555	3	0	0	0	0	0	(M_3)	−0.011 88	

续表

1	2						3	4	5
幅角数	τ	s	h	p	N'	p_S	名称	A_3	B
	n_1	n_2	n_3	n_4	n_5	n_6			
363.655	3	1	-2	1	0	0		0.000 17	
365.455	3	1	0	-1	0	0		0.000 67	
365.655	3	1	0	1	0	0		-0.000 25	
365.665	3	1	0	1	1	0		-0.000 11	
375.555	3	2	0	0	0	0		-0.001 55	
375.565	3	2	0	0	1	0		-0.000 68	

附表 2　1 年潮汐分析的 170 个分潮一览表

附表 2.1　1 年潮汐分析的 170 个分潮

1	2	3	4						5	6	7
序号	分潮	幅角数	15°	s	h	p	p_S	Δ	f	u	σ (°/h)
			k_1	k_2	k_3	k_4	k_5	(°)			
0	A_0	055. 555	0	0	0	0	0	0	1. 0	0. 0	0. 000 000 0
1	Sa	056. 555	0	0	1	0	0	0	1. 0	0. 0	0. 041 068 6
2	Ssa	057. 555	0	0	2	0	0	0	1. 0	0. 0	0. 082 137 3
3	(3)	058. 554	0	0	3	0	−1	0	1. 0	0. 0	0. 123 204 0
4	(4)	063. 655	0	1	−2	1	0	0	(4)	(4)	0. 471 521 1
5	Mm	065. 455	0	1	0	−1	0	0	(Mm)	(Mm)	0. 544 374 7
6	(6)	067. 455	0	1	2	−1	0	180	(6)	(6)	0. 626 512 0
7	MS_f	073. 555	0	2	−2	0	0	0	M_2S_2	S_2-M_2	1. 015 895 8

续表

1	2	3	4						5	6	7
序号	分潮	幅角数	15°	s	h	p	p_S	Δ	f	u	σ (°/h)
			k_1	k_2	k_3	k_4	k_5	(°)			
8	M_f	075.555	0	2	0	0	0	0	(M_f)	(M_f)	1.098 033 1
9	(9)	083.455	0	3	−2	−1	0	0	S_2N_2	S_2-N_2	1.560 270 5
10	Mn	085.455	0	3	0	−1	0	0	(Mn)	(Mn)	1.642 407 8
11	(11)	091.555	0	4	−4	0	0	0	1.0	0.0	2.031 791 6
12	(12)	093.555	0	4	−2	0	0	0	(12)	(12)	2.113 928 8
13	(13)	095.355	0	4	0	−2	0	0	(13)	(13)	2.186 782 5
14	(14)	0X3.455	0	5	−2	−1	0	0	(14)	(14)	2.658 303 5
15	$2Q_1$	125.755	1	−4	1	2	0	270	($2Q_1$)	($2Q_1$)	12.854 286 2
16	σ_1	127.555	1	−4	3	0	0	270	(σ_1)	(σ_1)	12.927 139 8
17	Q_1Sa_-	134.655	1	−3	0	1	0	270	Q_1Sa	Q_1-Sa	13.357 592 2
18	Q_1	135.655	1	−3	1	1	0	270	(Q_1)	(Q_1)	13.398 660 9
19	Q_1Sa_+	136.655	1	−3	2	1	0	270	Q_1Sa	Q_1+Sa	13.439 729 5
20	ρ_1	137.455	1	−3	3	−1	0	270	(ρ_1)	(ρ_1)	13.471 514 5
21	O_1Ssa_-	143.555	1	−2	−1	0	0	270	O_1Ssa	O_1-Ssa	13.860 898 3
22	O_1Sa_-	144.555	1	−2	0	0	0	270	O_1Sa	O_1-Sa	13.901 967 0
23	O_1	145.555	1	−2	1	0	0	270	(O_1)	(O_1)	13.943 035 6

续表

1	2	3	4						5	6	7
序号	分潮	幅角数	15°	s	h	p	p_S	Δ	f	u	σ (°/h)
			k_1	k_2	k_3	k_4	k_5	(°)			
24	O_1Sa_+	146.555	1	−2	2	0	0	270	O_1Sa	O_1+Sa	13.984 104 2
25	MP_1	147.555	1	−2	3	0	0	90	M_2P_1	M_2-P_1	14.025 172 9
26	ν_1	153.655	1	−1	−1	1	0	90	(ν_1)	(ν_1)	14.414 556 7
27	M_1	155.555	1	−1	1	0	0	0	N_2O_1	N_2-O_1	14.492 052 1
28	χ_1	157.455	1	−1	3	−1	0	90	(χ_1)	(χ_1)	14.569 547 6
29	π_1	162.556	1	0	−2	0	1	270	(π_1)	(π_1)	14.917 864 7
30	P_1	163.555	1	0	−1	0	0	270	(P_1)	(P_1)	14.958 931 4
31	S_1	164.555	1	0	0	0	0	90	(S_1)	(S_1)	15.000 000 0
32	K_1	165.555	1	0	1	0	0	90	(K_1)	(K_1)	15.041 068 6
33	ψ_1	166.554	1	0	2	0	−1	90	(ψ_1)	(ψ_1)	15.082 135 3
34	φ_1	167.555	1	0	3	0	0	90	(φ_1)	(φ_1)	15.123 205 9
35	θ_1	173.655	1	1	−1	1	0	90	(θ_1)	(θ_1)	15.512 589 7
36	J_1	175.455	1	1	1	−1	0	90	(J_1)	(J_1)	15.585 443 4
37	$2PO_1$	181.555	1	2	−3	0	0	270	$P_1^2O_1$	$2P_1-O_1$	15.974 827 1
38	SO_1	183.555	1	2	−1	0	0	90	S_2O_1	S_2-O_1	16.056 964 4
39	OO_1	185.555	1	2	1	0	0	90	(OO_1)	(OO_1)	16.139 101 7

续表

1	2	3	4						5	6	7
序号	分潮	幅角数	15°	s	h	p	p_S	Δ	f	u	σ (°/h)
			k_1	k_2	k_3	k_4	k_5	(°)			
40	KQ_1	195.455	1	3	1	-1	0	90	K_2Q_1	$K_2 - Q_1$	16.683 476 4
41	$2MN2S_2$	209.655	2	-7	6	1	0	0	$M_2^2N_2S_2^2$	$2M_2 + N_2 - 2S_2$	26.407 938 0
42	$2NS_2$	217.755	2	-6	4	2	0	0	$2N_2^2S_2$	$2N_2 - S_2$	26.879 459 1
43	$3M2S_2$	219.555	2	-6	6	0	0	0	$M_2^3S_2^2$	$3M_2 - 2S_2$	26.952 312 7
44	OQ_2	225.655	2	-5	2	1	0	180	O_1Q_1	$O_1 + Q_1$	27.341 696 5
45	MNS_2	227.655	2	-5	4	1	0	0	$M_2N_2S_2$	$M_2 + N_2 - S_2$	27.423 833 8
46	$MNK2S_2$	229.655	2	-5	6	1	0	0	$M_2N_2K_2S_2^2$	$M_2 + N_2 + K_2 - 2S_2$	27.505 971 0
47	$2MS2K_2$	233.555	2	-4	0	0	0	0	$M_2^2S_2K_2^2$	$2M_2 + S_2 - 2K_2$	27.803 933 9
48	$2N_2$	235.755	2	-4	2	2	0	0	($2N_2$)	($2N_2$)	27.895 354 8
49	μ_2	237.555	2	-4	4	0	0	0	(μ_2)	(μ_2)	27.968 208 5
50	SNK_2	243.655	2	-3	0	1	0	0	$S_2N_2K_2$	$S_2 + N_2 - K_2$	28.357 592 3
51	N_2Sa_-	244.655	2	-3	1	1	0	0	N_2Sa	$N_2 - Sa$	28.398 660 9
52	N_2	245.655	2	-3	2	1	0	0	(N_2)	(N_2)	28.439 729 5
53	N_2Sa_+	246.655	2	-3	3	1	0	0	N_2Sa	$N_2 + Sa$	28.480 798 2
54	ν_2	247.455	2	-3	4	-1	0	0	(ν_2)	(ν_2)	28.512 583 2
55	$2KN2S_2$	249.655	2	-3	6	1	0	0	$K_2^2N_2S_2^2$	$2K_2 + N_2 - 2S_2$	28.604 004 1

续表

1	2	3	4						5	6	7
序号	分潮	幅角数	15°	s	h	p	p_S	Δ	f	u	σ (°/h)
			k_1	k_2	k_3	k_4	k_5	(°)			
56	OP_2	253. 555	2	−2	0	0	0	180	O_1P_1	$O_1 + P_1$	28. 901 967 0
57	M_2Sa_-	254. 555	2	−2	1	0	0	0	M_2Sa	$M_2 - Sa$	28. 943 035 6
58	M_2	255. 555	2	−2	2	0	0	0	(M_2)	(M_2)	28. 984 104 2
59	M_2Sa_+	256. 555	2	−2	3	0	0	0	M_2Sa	$M_2 + Sa$	29. 025 172 9
60	MKS_2	257. 555	2	−2	4	0	0	0	$M_2K_2S_2$	$M_2 + K_2 - S_2$	29. 066 241 5
61	$M2(KS)_2$	259. 555	2	−2	6	0	0	0	$M_2K_2^2S_2^2$	$M_2 + 2K_2 - 2S_2$	29. 148 378 8
62	$2SN(MK)_2$	261. 655	2	−1	−2	1	0	0	$S_2^2N_2M_2K_2$	$2S_2 + N_2 - M_2 - K_2$	29. 373 488 0
63	λ_2	263. 655	2	−1	0	1	0	180	(λ_2)	(λ_2)	29. 455 625 3
64	L_2	265. 455	2	−1	2	−1	0	180	(L_2)	(L_2)	29. 528 478 9
65	$2SK_2$	271. 555	2	0	−2	0	0	0	$S_2^2K_2$	$2S_2 - K_2$	29. 917 862 7
66	T_2	272. 556	2	0	−1	0	1	0	1. 0	0. 0	29. 958 933 3
67	S_2	273. 555	2	0	0	0	0	0	(S_2)	(S_2)	30. 000 000 0
68	R_2	274. 554	2	0	1	0	−1	180	(R_2)	(R_2)	30. 041 066 7
69	K_2	275. 555	2	0	2	0	0	0	(K_2)	(K_2)	30. 082 137 3
70	MSN_2	283. 455	2	1	0	−1	0	0	$M_2S_2N_2$	$M_2 + S_2 - N_2$	30. 544 374 7
71	KJ_2	285. 455	2	1	2	−1	0	180	K_1J_1	$K_1 + J_1$	30. 626 512 0

续表

1	2	3	4						5	6	7
序号	分潮	幅角数	15°	s	h	p	p_S	Δ	f	u	σ
			k_1	k_2	k_3	k_4	k_5	(°)			(°/h)
72	$2KM(SN)_2$	287.455	2	1	4	−1	0	0	$K_2^2M_2S_2N_2$	$2K_2+M_2-S_2-N_2$	30.708 649 3
73	$2SM_2$	291.555	2	2	−2	0	0	0	$S_2^2M_2$	$2S_2-M_2$	31.015 895 8
74	SKM_2	293.555	2	2	0	0	0	0	$S_2K_2M_2$	$S_2+K_2-M_2$	31.098 033 1
75	$2SN_2$	2X1.455	2	3	−2	−1	0	0	$S_2^2N_2$	$2S_2-N_2$	31.560 270 5
76	SKN_2	2X3.455	2	3	0	−1	0	0	$S_2K_2N_2$	$S_2+K_2-N_2$	31.642 407 8
77	MQ_3	335.655	3	−5	3	1	0	270	M_2Q_1	M_2+Q_1	42.382 765 1
78	MO_3	345.555	3	−4	3	0	0	270	M_2O_1	M_2+O_1	42.927 139 8
79	$2MP_3$	347.555	3	−4	5	0	0	90	$M_2^2P_1$	$2M_2-P_1$	43.009 277 1
80	M_3	355.555	3	−3	3	0	0	0	(M_3)	(M_3)	43.476 156 4
81	SO_3	363.555	3	−2	1	0	0	270	S_2O_1	S_2+O_1	43.943 035 6
82	MK_3	365.555	3	−2	3	0	0	90	M_2K_1	M_2+K_1	44.025 172 9
83	$2MQ_3$	375.455	3	−1	3	−1	0	90	$M_2^2Q_1$	$2M_2-Q_1$	44.569 547 6
84	SP_3	381.555	3	0	−1	0	0	270	S_2P_1	S_2+P_1	44.958 931 4
85	SK_3	383.555	3	0	1	0	0	90	S_2K_1	S_2+K_1	45.041 068 7
86	K_3	385.555	3	0	3	0	0	90	K_2K_1	K_2+K_1	45.123 206 0
87	$2MNS_4$	427.655	4	−7	6	1	0	0	$M_2^2N_2S_2$	$2M_2+N_2-S_2$	56.407 938 0

续表

1	2	3	4						5	6	7
序号	分潮	幅角数	15°	s	h	p	p_S	Δ	f	u	σ (°/h)
			k_1	k_2	k_3	k_4	k_5	(°)			
88	$3MK_4$	435.555	4	−6	4	0	0	0	$M_2^3K_2$	$3M_2-K_2$	56.870 175 4
89	$3MS_4$	437.555	4	−6	6	0	0	0	$M_2^3S_2$	$3M_2-S_2$	56.952 312 7
90	$MSNK_4$	443.655	4	−5	2	1	0	0	$M_2S_2N_2K_2$	$M_2+S_2+N_2-K_2$	57.341 696 5
91	MN_4	445.655	4	−5	4	1	0	0	M_2N_2	M_2+N_2	57.423 833 8
92	$M\nu_4$	447.455	4	−5	6	−1	0	0	$M_2\nu_2$	$M_2+\nu_2$	57.496 687 4
93	$2MSK_4$	453.555	4	−4	2	0	0	0	$M_2^2S_2K_2$	$2M_2+S_2-K_2$	57.886 071 2
94	M_4	455.555	4	−4	4	0	0	0	M_2^2	$2M_2$	57.968 208 5
95	$2MKS_4$	457.555	4	−4	6	0	0	0	$M_2^2K_2S_2$	$2M_2+K_2-S_2$	58.050 345 8
96	SN_4	463.655	4	−3	2	1	0	0	S_2N_2	S_2+N_2	58.439 729 6
97	$3MN_4$	465.455	4	−3	4	−1	0	0	$M_2^3N_2$	$3M_2-N_2$	58.512 583 2
98	$2SMK_4$	471.555	4	−2	0	0	0	0	$S_2^2M_2K_2$	$2S_2+M_2-K_2$	58.901 967 0
99	MT_4	472.556	4	−2	1	0	1	0	M_2T_2	M_2+T_2	58.943 037 6
100	MS_4	473.555	4	−2	2	0	0	0	M_2S_2	M_2+S_2	58.984 104 3
101	MK_4	475.555	4	−2	4	0	0	0	M_2K_2	M_2+K_2	59.066 241 5
102	$2SNM_4$	481.655	4	−1	0	1	0	0	$S_2^2N_2M_2$	$2S_2+N_2-M_2$	59.455 625 3
103	$2MSN_4$	483.455	4	−1	2	−1	0	0	$M_2^2S_2N_2$	$2M_2+S_2-N_2$	59.528 479 0

续表

1	2	3	4						5	6	7
序号	分潮	幅角数	15°	s	h	p	p_S	Δ	f	u	σ
			k_1	k_2	k_3	k_4	k_5	(°)			(°/h)
104	S_4	491. 555	4	0	0	0	0	0	S_2^2	$2S_2$	60. 000 000 0
105	SK_4	493. 555	4	0	2	0	0	0	S_2K_2	S_2+K_2	60. 082 137 3
106	$2SMN_4$	4X1. 455	4	1	0	−1	0	0	$S_2^2M_2N_2$	$2S_2+M_2-N_2$	60. 544 374 7
107	$3SM_4$	4EL. 555	4	2	−2	0	0	0	$S_2^3M_2$	$3S_2-M_2$	61. 015 895 8
108	$2SKM_4$	4E1. 555	4	2	0	0	0	0	$S_2^2K_2M_2$	$2S_2+K_2-M_2$	61. 098 033 1
109	MNO_5	535. 655	5	−7	5	1	0	270	$M_2N_2O_1$	$M_2+N_2+O_1$	71. 366 869 4
110	$2MO_5$	545. 555	5	−6	5	0	0	270	$M_2^2O_1$	$2M_2+O_1$	71. 911 244 1
111	$3MP_5$	547. 555	5	−6	7	0	0	90	$M_2^3P_1$	$3M_2-P_1$	71. 993 381 3
112	M_5	555. 555	5	−5	5	0	0	0	M_4M_1	M_4+M_1	72. 460 260 6
113	$2MP_5$	563. 555	5	−4	3	0	0	270	$M_2^2P_1$	$2M_2+P_1$	72. 927 139 9
114	$2MK_5$	565. 555	5	−4	5	0	0	90	$M_2^2K_1$	$2M_2+K_1$	73. 009 277 1
115	MSK_5	583. 555	5	−2	3	0	0	90	$M_2S_2K_1$	$M_2+S_2+K_1$	74. 025 172 9
116	KKM_5	585. 555	5	−2	5	0	0	90	$K_2K_1M_2$	$K_2+K_1+M_2$	74. 107 310 2
117	$2(MN)S_6$	617. 755	6	−10	8	2	0	0	$M_2^2N_2^2S_2$	$2M_2+2N_2-S_2$	84. 847 667 5
118	$3NKS_6$	627. 855	6	−9	8	3	0	0	$N_2^3K_2^2S_2$	$3N_2+K_2-S_2$	85. 401 325 9
119	$2NM_6$	635. 755	6	−8	6	2	0	0	$N_2^2M_2$	$2N_2+M_2$	85. 863 563 3

续表

1	2	3	4						5	6	7
序号	分潮	幅角数	15°	s	h	p	p_S	Δ	f	u	σ (°/h)
			k_1	k_2	k_3	k_4	k_5	(°)			
120	$2NMKS_6$	637.755	6	−8	8	2	0	0	$N_2^2M_2K_2S_2$	$2N_2+M_2+K_2-S_2$	85.945 700 6
121	$2MSNK_6$	643.655	6	−7	4	1	0	0	$M_2^2S_2N_2K_2$	$2M_2+S_2+N_2-K_2$	86.325 800 7
122	$2MN_6$	645.655	6	−7	6	1	0	0	$M_2^2N_2$	$2M_2+N_2$	86.407 938 0
123	$2MNKS_6$	647.655	6	−7	8	1	0	0	$M_2^2N_2K_2S_2$	$2M_2+N_2+K_2-S_2$	86.490 075 3
124	$3MSK_6$	653.555	6	−6	4	0	0	0	$M_2^3S_2K_2$	$3M_2+S_2-K_2$	86.870 175 4
125	M_6	655.555	6	−6	6	0	0	0	M_2^3	$3M_2$	86.952 312 7
126	MSN_6	663.655	6	−5	4	1	0	0	$M_2S_2N_2$	$M_2+S_2+N_2$	87.423 833 8
127	MKN_6	665.655	6	−5	6	1	0	0	$M_2K_2N_2$	$M_2+K_2+N_2$	87.505 971 1
128	$MK\nu_6$	667.455	6	−5	8	−1	0	0	$M_2K_2\nu_2$	$M_2+K_2+\nu_2$	87.578 824 7
129	$2MS_6$	673.555	6	−4	4	0	0	0	$M_2^2S_2$	$2M_2+S_2$	87.968 208 5
130	$2MK_6$	675.555	6	−4	6	0	0	0	$M_2^2K_2$	$2M_2+K_2$	88.050 345 8
131	$2SN_6$	681.655	6	−3	2	1	0	0	$S_2^2N_2$	$2S_2+N_2$	88.439 729 6
132	NSK_6	683.655	6	−3	4	1	0	0	$N_2S_2K_2$	$N_2+S_2+K_2$	88.521 866 9
133	MKL_6	685.455	6	−3	6	−1	0	180	$M_2K_2L_2$	$M_2+K_2+L_2$	88.594 720 5
134	$2SM_6$	691.555	6	−2	2	0	0	0	$S_2^2M_2$	$2S_2+M_2$	88.984 104 3
135	MSK_6	693.555	6	−2	4	0	0	0	$M_2S_2K_2$	$M_2+S_2+K_2$	89.066 241 6

续表

1	2	3	4						5	6	7
序号	分潮	幅角数	15°	s	h	p	p_S	Δ	f	u	σ (°/h)
			k_1	k_2	k_3	k_4	k_5	(°)			
136	S_6	6EL. 555	6	0	0	0	0	0	S_2^3	$3S_2$	90. 000 000 0
137	$2SK_6$	6E1. 555	6	0	2	0	0	0	$S_2^2K_2$	$2S_2 + K_2$	90. 082 137 3
138	$2MNO_7$	735. 655	7	-9	7	1	0	270	$M_2^2N_2O_1$	$2M_2 + N_2 + O_1$	100. 350 973 6
139	$2NMK_7$	745. 755	7	-8	7	2	0	90	$N_2^2M_2K_1$	$2N_2 + M_2 + K_1$	100. 904 632 0
140	M_7	755. 555	7	-7	7	0	0	0	$M_2^2M_3$	$2M_2 + M_3$	101. 444 364 8
141	$2MSO_7$	763. 555	7	-6	5	0	0	270	$M_2^2S_2O_1$	$2M_2 + S_2 + O_1$	101. 911 244 1
142	$MSKO_7$	783. 555	7	-4	5	0	0	270	$M_2S_2K_2O_1$	$M_2 + S_2 + K_2 + O_1$	103. 009 277 2
143	$2(MN)_8$	835. 755	8	-10	8	2	0	0	$M_2^2N_2^2$	$2M_2 + 2N_2$	114. 847 667 6
144	$3MN_8$	845. 655	8	-9	8	1	0	0	$M_2^3N_2$	$3M_2 + N_2$	115. 392 042 3
145	$3MNKS_8$	847. 655	8	-9	10	1	0	0	$M_2^3N_2K_2S_2$	$3M_2 + N_2 + K_2 - S_2$	115. 474 179 5
146	M_8	855. 555	8	-8	8	0	0	0	M_2^4	$4M_2$	115. 936 417 0
147	$2MSN_8$	863. 655	8	-7	6	1	0	0	$M_2^2S_2N_2$	$2M_2 + S_2 + N_2$	116. 407 938 0
148	$2MNK_8$	865. 655	8	-7	8	1	0	0	$M_2^2N_2K_2$	$2M_2 + N_2 + K_2$	116. 490 075 3
149	$3MS_8$	873. 555	8	-6	6	0	0	0	$M_2^3S_2$	$3M_2 + S_2$	116. 952 312 7
150	$3MK_8$	875. 555	8	-6	8	0	0	0	$M_2^3K_2$	$3M_2 + K_2$	117. 034 450 0
151	$MSNK_8$	883. 655	8	-5	6	1	0	0	$M_2S_2N_2K_2$	$M_2 + S_2 + N_2 + K_2$	117. 505 971 1

续表

1	2	3	4						5	6	7
序号	分潮	幅角数	15°	s	h	p	p_S	Δ	f	u	σ
			k_1	k_2	k_3	k_4	k_5	(°)			(°/h)
152	$2(MS)_8$	891.555	8	−4	4	0	0	0	$M_2^2S_2^2$	$2M_2+2S_2$	117.968 208 5
153	$2MSK_8$	893.555	8	−4	6	0	0	0	$M_2^2S_2K_2$	$2M_2+S_2+K_2$	118.050 345 8
154	$2M2NK_9$	945.755	9	−10	9	2	0	90	$M_2^2N_2^2K_1$	$2M_2+2N_2+K_1$	129.888 736 2
155	$3MNK_9$	955.655	9	−9	9	1	0	90	$M_2^3N_2K_1$	$3M_2+N_2+K_1$	130.433 110 9
156	$4MK_9$	965.555	9	−8	9	0	0	90	$M_2^4K_1$	$4M_2+K_1$	130.977 485 6
157	$3MSK_9$	983.555	9	−6	7	0	0	90	$M_2^3S_2K_1$	$3M_2+S_2+K_1$	131.993 381 4
158	$4MN_{10}$	1045.655	10	−11	10	1	0	0	$M_2^4N_2$	$4M_2+N_2$	144.376 146 5
159	M_{10}	1055.555	10	−10	10	0	0	0	M_2^5	$5M_2$	144.920 521 2
160	$3MNS_{10}$	1063.655	10	−9	8	1	0	0	$M_2^3N_2S_2$	$3M_2+N_2+S_2$	145.392 042 3
161	$4MS_{10}$	1073.555	10	−8	8	0	0	0	$M_2^4S_2$	$4M_2+S_2$	145.936 417 0
162	$2(MS)N_{10}$	1081.655	10	−7	6	1	0	0	$M_2^2S_2^2N_2$	$2M_2+2S_2+N_2$	146.407 938 1
163	$2MNSK_{10}$	1083.655	10	−7	8	1	0	0	$M_2^2N_2S_2K_2$	$2M_2+N_2+S_2+K_2$	146.490 075 3
164	$3M2S_{10}$	1091.555	10	−6	6	0	0	0	$M_2^3S_2^2$	$3M_2+2S_2$	146.952 312 8
165	$4MSK_{11}$	1183.555	11	−8	9	0	0	90	$M_2^4S_2K_1$	$4M_2+S_2+K_1$	160.977 485 6
166	M_{12}	1255.555	12	−12	12	0	0	0	M_2^6	$6M_2$	173.904 625 4
167	$4MNS_{12}$	1263.655	12	−11	10	1	0	0	$M_2^4N_2S_2$	$4M_2+N_2+S_2$	174.376 146 5

续表

1	2	3	4						5	6	7
序号	分潮	幅角数	15°	s	h	p	p_S	Δ	f	u	σ (°/h)
			k_1	k_2	k_3	k_4	k_5	(°)			
168	$5MS_{12}$	1273.555	12	−10	10	0	0	0	$M_2^5S_2$	$5M_2+S_2$	174.920 521 2
169	$3MNKS_{12}$	1283.655	12	−9	10	1	0	0	$M_2^3N_2K_2S_2$	$3M_2+N_2+K_2+S_2$	175.474 179 6
170	$4M2S_{12}$	1291.555	12	−8	8	0	0	0	$M_2^4S_2^2$	$4M_2+2S_2$	175.936 417 0

注：附表1的 n_1、n_2 和 n_3 与附表2的 k_1、k_2 和 k_3 的关系为 $k_1=n_1$、$k_2=n_2-n_1$ 和 $k_3=n_3+n_1$。

附表 2.2 杜德森展开中35个分潮的 f 和 u

本附表给出了附表2.1中35个杜德森展开分潮的 f 和 u 的计算公式，序号与分潮和附表2.1相对应。

序号	分潮	f 和 u 的计算公式
4	(4)	$\begin{cases} f\cos(u)=1-0.136\,79\cos(N)-0.009\,50\cos(2p-N)-0.003\,80\cos(2p-2N) \\ f\sin(u)=-0.006\,33\sin(N)+0.009\,50\sin(2p-N)+0.003\,80\sin(2p-2N) \end{cases}$
5	Mm	$\begin{cases} f\cos(u)=1-0.130\,60\cos(N)+0.000\,85\cos(2N)-0.053\,43\cos(2p)-0.021\,81\cos(2p-N)-0.005\,94\cos(2p-2N) \\ f\sin(u)=-0.000\,72\sin(N)+0.000\,85\sin(2N)-0.053\,43\sin(2p)-0.021\,81\sin(2p-N)-0.005\,94\sin(2p-2N) \end{cases}$
6	(6)	$\begin{cases} f\cos(u)=1+0.504\,35\cos(N)+0.086\,96\cos(2N) \\ f\sin(u)=-0.504\,35\sin(N)-0.086\,96\sin(2N) \end{cases}$
8	M_f	$\begin{cases} f\cos(u)=1+0.414\,33\cos(N)+0.038\,73\cos(2N)-0.000\,83\cos(3N)+0.043\,20\cos(2p)-0.002\,81\cos(2p+N)-0.002\,30\cos(2p-N) \\ f\sin(u)=-0.414\,33\sin(N)-0.038\,73\sin(2N)+0.000\,83\sin(3N)-0.043\,20\sin(2p)+0.002\,81\sin(2p+N)+0.002\,30\sin(2p-N) \end{cases}$

续表

序号	分潮	f 和 u 的计算公式
10	Mn	$f\cos(u) = 1 + 0.414\,22\cos(N) + 0.038\,38\cos(2N) - 0.004\,01\cos(2p-2N) - 0.003\,00\cos(2p-p_S+N) - 0.003\,00\cos(2p+p_S+N)$ $+ 0.018\,02\cos(2p) - 0.001\,67\cos(2p-3N)$ $f\sin(u) = -0.414\,22\sin(N) - 0.038\,38\sin(2N) - 0.004\,01\sin(2p-2N) + 0.003\,00\sin(2p-p_S+N) + 0.003\,00\sin(2p+p_S+N)$ $-0.018\,02\sin(2p) - 0.001\,67\sin(2p-3N)$
12	(12)	$f\cos(u) = 1 + 0.414\,23\cos(N) + 0.037\,66\cos(2N) + 0.054\,39\cos(2p)$ $f\sin(u) = -0.414\,23\sin(N) - 0.037\,66\sin(2N) - 0.054\,39\sin(2p)$
13	(13)	$f\cos(u) = 1 + 0.414\,14\cos(N) + 0.037\,88\cos(2N)$ $f\sin(u) = -0.414\,14\sin(N) - 0.037\,88\sin(2N)$
14	(14)	$f\cos(u) = 1 + 0.413\,79\cos(N)$ $f\sin(u) = -0.413\,79\sin(N)$
15	$2Q_1$	$f\cos(u) = 1 + 0.188\,48\cos(N) - 0.006\,28\cos(2N) - 0.006\,28\cos(2p-2N)$ $f\sin(u) = 0.188\,48\sin(N) - 0.006\,28\sin(2N) + 0.006\,28\sin(2p-2N)$
16	σ_1	$f\cos(u) = 1 + 0.188\,37\cos(N) - 0.006\,08\cos(2N) - 0.008\,68\cos(2p)$ $f\sin(u) = 0.188\,37\sin(N) - 0.006\,08\sin(2N) - 0.008\,68\sin(2p)$
18	Q_1	$f\cos(u) = 1 + 0.188\,44\cos(N) - 0.005\,68\cos(2N) - 0.002\,77\cos(2p) - 0.003\,88\cos(2p-2N) + 0.000\,83\cos(p-p_S) - 0.000\,69\cos(2p-3N)$ $f\sin(u) = 0.188\,44\sin(N) - 0.005\,68\sin(2N) - 0.002\,77\sin(2p) + 0.003\,88\sin(2p-2N) - 0.000\,83\cos(p-p_S) + 0.000\,69\cos(2p-3N)$
20	ρ_1	$f\cos(u) = 1 + 0.188\,18\cos(N) - 0.057\,62\cos(2p) + 0.017\,51\cos(2p-N) - 0.005\,84\cos(2N)$ $f\sin(u) = 0.188\,18\sin(N) - 0.057\,62\sin(2p) + 0.017\,51\sin(2p-N) - 0.005\,84\sin(2N)$
23	O_1	$f\cos(u) = 1 + 0.188\,52\cos(N) - 0.005\,78\cos(2N) - 0.006\,45\cos(2p) - 0.001\,03\cos(2p-N) + 0.000\,19\cos(2p+N)$ $f\sin(u) = 0.188\,52\sin(N) - 0.005\,78\sin(2N) - 0.006\,45\sin(2p) - 0.001\,03\sin(2p-N) + 0.000\,19\sin(2p+N)$
26	ν_1	$f\cos(u) = 1 + 0.226\,62\cos(N)$ $f\sin(u) = 0.222\,62\sin(N)$

续表

序号	分潮	f 和 u 的计算公式
28	χ_1	$\begin{cases} f\cos(u) = 1 + 0.19047\cos(N) \\ f\sin(u) = -0.24691\sin(N) \end{cases}$
29	π_1	$\begin{cases} f\cos(u) = 1 - 0.00778\cos(N) \\ f\sin(u) = 0.00778\sin(N) \end{cases}$
30	P_1	$\begin{cases} f\cos(u) = 1 - 0.01123\cos(N) - 0.00040\cos(2p_S) - 0.00148\cos(2p) - 0.00029\cos(2p-N) + 0.00080\cos(2N) \\ f\sin(u) = -0.01123\sin(N) - 0.00040\sin(2p_S) - 0.00148\sin(2p) - 0.00029\sin(2p-N) + 0.00080\sin(2N) \end{cases}$
31	S_1	$\begin{cases} f\cos(u) = 1 + 0.35337\cos(2p_S) - 0.02644\cos(N) \\ f\sin(u) = -0.35337\sin(2p_S) + 0.02644\sin(N) \end{cases}$
32	K_1	$\begin{cases} f\cos(u) = 1 + 0.11573\cos(N) - 0.00281\cos(2N) + 0.00019\cos(2p-N) \\ f\sin(u) = -0.15539\sin(N) + 0.00303\sin(2N) - 0.00019\sin(2p-N) \end{cases}$
33	ψ_1	$\begin{cases} f\cos(u) = 1 + 0.01896\cos(N) \\ f\sin(u) = -0.01896\sin(N) \end{cases}$
34	φ_1	$\begin{cases} f\cos(u) = 1 + 0.01325\cos(2p_S) - 0.03841\cos(N) - 0.01854\cos(2N) + 0.03444\cos(2p) + 0.01060\cos(2p+N) \\ f\sin(u) = -0.01325\sin(2p_S) + 0.03841\sin(N) + 0.01854\sin(2N) - 0.03444\sin(2p) - 0.01060\sin(2p+N) \end{cases}$
35	θ_1	$\begin{cases} f\cos(u) = 1 + 0.16754\cos(N) + 0.02998\cos(2p-N) \\ f\sin(u) = -0.23104\sin(N) - 0.02998\sin(2p-N) \end{cases}$
36	J_1	$\begin{cases} f\cos(u) = 1 + 0.16865\cos(N) - 0.00472\cos(2N) - 0.01518\cos(2p) - 0.00978\cos(2p-N) - 0.00574\cos(2p-2N) \\ f\sin(u) = -0.22739\sin(N) + 0.00472\sin(2N) - 0.01518\sin(2p) - 0.00978\sin(2p-N) - 0.00574\sin(2p-2N) \end{cases}$
39	OO_1	$\begin{cases} f\cos(u) = 1 + 0.63978\cos(N) + 0.13424\cos(2N) + 0.00862\cos(3N) - 0.00369\cos(2p-N) + 0.14963\cos(2p) + 0.02956\cos(2p+N) \\ f\sin(u) = -0.63978\sin(N) - 0.13424\sin(2N) - 0.00862\sin(3N) + 0.00369\sin(2p-N) - 0.14963\sin(2p) - 0.02956\sin(2p+N) \end{cases}$
48	$2N_2$	$\begin{cases} f\cos(u) = 1 - 0.03738\cos(N) - 0.00608\cos(2p-2N) \\ f\sin(u) = -0.03738\sin(N) + 0.00608\sin(2p-2N) \end{cases}$

续表

序号	分潮	f 和 u 的计算公式
49	μ_2	$\begin{cases} f\cos(u) = 1 - 0.03746\cos(N) \\ f\sin(u) = -0.03746\sin(N) \end{cases}$
52	N_2	$\begin{cases} f\cos(u) = 1 - 0.03733\cos(N) + 0.00052\cos(2N) + 0.00081\cos(p - p_S) - 0.00385\cos(2p - 2N) \\ f\sin(u) = -0.03733\sin(N) + 0.00052\sin(2N) - 0.00081\sin(p - p_S) + 0.00385\sin(2p - 2N) \end{cases}$
54	ν_2	$\begin{cases} f\cos(u) = 1 - 0.03725\cos(N) + 0.00424\cos(2p) - 0.00363\cos(2p - N) \\ f\sin(u) = -0.03725\sin(N) + 0.00424\sin(2p) - 0.00363\sin(2p - N) \end{cases}$
58	M_2	$\begin{cases} f\cos(u) = 1 - 0.03733\cos(N) + 0.00052\cos(2N) + 0.00058\cos(2p) + 0.00021\cos(2p - N) \\ f\sin(u) = -0.03733\sin(N) + 0.00052\sin(2N) + 0.00058\sin(2p) + 0.00021\sin(2p - N) \end{cases}$
63	λ_2	$\begin{cases} f\cos(u) = 1 - 0.04478\cos(N) \\ f\sin(u) = -0.04478\sin(N) \end{cases}$
64	L_2	$\begin{cases} f\cos(u) = 1 - 0.03662\cos(N) + 0.00467\cos(2p + N) - 0.25049\cos(2p) - 0.11025\cos(2p - N) - 0.01558\cos(2p - 2N) \\ f\sin(u) = -0.03662\sin(N) + 0.00467\sin(2p + N) - 0.25049\sin(2p) - 0.11025\sin(2p - N) - 0.01558\sin(2p - 2N) \end{cases}$
67	S_2	$\begin{cases} f\cos(u) = 1 + 0.00225\cos(N) + 0.00014\cos(2p) \\ f\sin(u) = 0.00225\sin(N) + 0.00014\sin(2p) \end{cases}$
68	R_2	$\begin{cases} f\cos(u) = 1 - 0.25352\cos(2p_S) + 0.01408\cos(2p_S - N) \\ f\sin(u) = -0.25352\sin(2p_S) + 0.01408\sin(2p_S - N) \end{cases}$
69	K_2	$\begin{cases} f\cos(u) = 1 + 0.28518\cos(N) + 0.03235\cos(2N) \\ f\sin(u) = -0.31074\sin(N) - 0.03235\sin(2N) \end{cases}$
80	M_3	$\begin{cases} f\cos(u) = 1 - 0.05640\cos(N) \\ f\sin(u) = -0.05640\sin(N) \end{cases}$

附表 3　1 月潮汐分析的分潮一览表

序号	分潮	V_0					f				u		
		s	h	p	p_S	Δ		cos(N)	cos(2N)	cos(3N)	sin(N)	sin(2N)	sin(3N)
		k_2	k_3	k_4	k_5	(°)	n_0	n_1	n_2	n_3	m_1	m_2	m_3
0	A_0	0	0	0	0	0	1. 000 0	0. 000 0	0. 000 0	0. 000 0	0. 00	0. 00	0. 00
1	M_m	1	0	-1	0	0	1. 000 0	-0. 130 0	0. 001 3	0. 000 0	0. 00	0. 00	0. 00
2	MS_f	2	-2	0	0	0	1. 000 4	-0. 037 3	0. 000 2	0. 000 0	0. 00	2. 14	0. 00
3	M_n	3	0	-1	0	0	1. 042 9	0. 413 5	-0. 004 0	0. 000 0	-23. 74	2. 68	-0. 38
4	σ_1	-4	3	0	0	270	1. 008 9	0. 187 1	-0. 014 7	0. 001 4	10. 80	-1. 34	0. 19
5	Q_1	-3	1	1	0	270	1. 008 9	0. 187 1	-0. 014 7	0. 001 4	10. 80	-1. 34	0. 19
6	O_1	-2	1	0	0	270	1. 008 9	0. 187 1	-0. 014 7	0. 001 4	10. 80	-1. 34	0. 19
7	M_1	-1	1	0	0	90	*	*	*	*	*	*	*
8	K_1	0	1	0	0	90	1. 006 0	0. 115 0	-0. 008 8	0. 000 6	-8. 86	0. 68	-0. 67
9	J_1	1	1	-1	0	90	1. 012 9	0. 167 6	-0. 017 0	0. 001 6	-12. 96	1. 34	-0. 19
10	OO_1	2	1	0	0	90	1. 102 7	0. 650 4	0. 031 7	-0. 001 4	-36. 68	4. 02	-0. 57

续表

序号	分潮	V_0					f				u		
		s	h	p	p_S	Δ		$\cos(N)$	$\cos(2N)$	$\cos(3N)$	$\sin(N)$	$\sin(2N)$	$\sin(3N)$
		k_2	k_3	k_4	k_5	°	n_0	n_1	n_2	n_3	m_1	m_2	m_3
11	KQ_1	3	1	-1	0	90	1. 059 9	0. 479 1	0. 020 2	0. 001 4	-28. 54	2. 02	-0. 23
12	$3M2S_2$	-6	6	0	0	0	1. 003 3	-0. 112 1	0. 002 7	0. 000 0	-6. 42	0. 00	0. 00
13	MNS_2	-5	4	1	0	0	1. 001 5	-0. 074 6	0. 001 1	0. 000 0	-4. 28	0. 00	0. 00
14	μ_2	-4	4	0	0	0	1. 000 4	-0. 037 3	0. 000 2	0. 000 0	-2. 14	0. 00	0. 00
15	N_2	-3	2	1	0	0	1. 000 4	-0. 037 3	0. 000 2	0. 000 0	-2. 14	0. 00	0. 00
16	M_2	-2	2	0	0	0	1. 000 4	-0. 037 3	0. 000 2	0. 000 0	-2. 14	0. 00	0. 00
17	L_2	-1	2	-1	0	180	*	*	*	*	*	*	*
18	S_2	0	0	0	0	0	1. 000 0	0. 000 0	0. 000 0	0. 000 0	0. 00	0. 00	0. 00
19	$2SM_2$	2	-2	0	0	0	1. 000 4	-0. 037 3	0. 000 2	0. 000 0	2. 14	0. 00	0. 00
20	MQ_3	-5	3	1	0	270	1. 005 8	0. 149 8	-0. 018 0	0. 001 7	8. 66	-1. 34	0. 19
21	MO_3	-4	3	0	0	270	1. 005 8	0. 149 8	-0. 018 0	0. 001 7	8. 66	-1. 34	0. 19
22	M_3	-3	3	0	0	180	1. 000 6	-0. 056 0	0. 000 3	0. 000 0	-3. 21	0. 00	0. 00
23	MK_3	-2	3	0	0	90	1. 004 3	0. 077 7	-0. 010 8	0. 000 8	-11. 00	0. 68	-0. 07
24	$2MQ_3$	-1	3	-1	0	90	1. 003 4	0. 112 7	-0. 020 7	0. 002 0	-15. 08	1. 34	-0. 19
25	SK_3	0	1	0	0	90	1. 006 0	0. 115 0	-0. 008 8	0. 000 6	-8. 86	0. 68	-0. 07
26	$2MNS_4$	-7	6	1	0	0	1. 003 3	-0. 112 1	0. 002 7	0. 000 0	-6. 14	0. 00	0. 00
27	$3MS_4$	-6	6	0	0	0	1. 003 3	-0. 112 1	0. 002 7	0. 000 0	-6. 14	0. 00	0. 00

续表

序号	分潮	V_0					f				u		
		s	h	p	p_S	Δ		cos(*N*)	cos(2*N*)	cos(3*N*)	sin(*N*)	sin(2*N*)	sin(3*N*)
		k_2	k_3	k_4	k_5	°	n_0	n_1	n_2	n_3	m_1	m_2	m_3
28	MN_4	-5	4	1	0	0	1.001 5	0.074 6	0.001 1	0.000 0	-4.28	0.00	0.00
29	M_4	-4	4	0	0	0	1.001 5	0.074 6	0.001 1	0.000 0	-4.28	0.00	0.00
30	SN_4	-3	2	1	0	0	1.000 4	-0.037 3	0.000 2	0.000 0	-2.14	0.00	0.00
31	MS_4	-2	2	0	0	0	1.000 4	-0.037 3	0.000 2	0.000 0	-2.14	0.00	0.00
32	$2MSN_4$	-1	2	-1	0	0	1.003 3	-0.112 1	0.002 7	0.000 0	-2.14	0.00	0.00
33	S_4	0	0	0	0	0	1.000 0	0.000 0	0.000 0	0.000 0	0.00	0.00	0.00
34	MNO_5	-7	5	1	0	270	1.003 4	0.112 7	-0.020 7	0.002 0	-6.52	-1.34	0.19
35	$2MO_5$	-6	5	0	0	270	1.003 4	0.112 7	-0.020 7	0.002 0	-6.52	-1.34	0.19
36	M_5	-5	5	0	0	0	1.002 0	-0.093 3	0.001 5	0.000 0	-5.35	0.00	0.00
37	$2MK_5$	-4	5	0	0	90	1.003 2	0.040 5	-0.012 0	0.001 0	-13.14	0.68	-0.07
38	MSK_5	-2	3	0	0	90	1.004 3	0.007 7	-0.010 8	0.000 8	-11.00	0.68	-0.07
39	$2NM_6$	-8	6	2	0	0	1.003 3	-0.112 1	0.002 7	0.000 0	-6.42	0.00	0.00
40	$2MN_6$	-7	6	1	0	0	1.003 3	-0.112 1	0.002 7	0.000 0	-6.42	0.00	0.00
41	M_6	-6	6	0	0	0	1.003 3	-0.112 1	0.002 7	0.000 0	-6.42	0.00	0.00
42	MSN_6	-5	4	1	0	0	1.001 5	-0.074 6	0.001 1	0.000 0	-4.28	0.00	0.00
43	$2MS_6$	-4	4	0	0	0	1.001 5	-0.074 6	0.001 1	0.000 0	-4.28	0.00	0.00
44	$2SN_6$	-3	2	1	0	0	1.000 4	-0.037 3	0.000 2	0.000 0	-2.14	0.00	0.00

续表

序号	分潮	V_0					f				u		
		s	h	p	p_S	Δ		cos(N)	cos(2N)	cos(3N)	sin(N)	sin(2N)	sin(3N)
		k_2	k_3	k_4	k_5	°	n_0	n_1	n_2	n_3	m_1	m_2	m_3
45	$2SM_6$	−2	2	0	0	0	1.000 4	−0.037 3	0.000 2	0.000 0	−2.14	0.00	0.00
46	S_6	0	0	0	0	0	1.000 0	0.000 0	0.000 0	0.000 0	0.00	0.00	0.00
47	$2Q_1$	−4	1	2	0	270	1.008 9	0.187 1	−0.014 7	0.001 4	10.80	−1.34	0.19
48	ρ_1	−3	3	−1	0	270	1.008 9	0.187 1	−0.014 7	0.001 4	10.80	−1.34	0.19
49	χ_1	−1	3	−1	0	90	1.012 9	0.167 6	−0.017 0	0.001 6	−12.96	1.34	−0.19
50	π_1	0	−2	0	1	270	1.000 0	0.000 0	0.000 0	0.000 0	0.00	0.00	0.00
51	P_1	0	−1	0	0	270	1.000 0	0.000 0	0.000 0	0.000 0	0.00	0.00	0.00
52	ψ_1	0	2	0	−1	90	1.000 0	0.000 0	0.000 0	0.000 0	0.00	0.00	0.00
53	φ_1	0	3	0	0	90	1.000 0	0.000 0	0.000 0	0.000 0	0.00	0.00	0.00
54	θ_1	1	−1	1	0	90	1.012 9	0.167 6	−0.017 0	0.001 6	−12.96	1.34	−0.19
55	$2NS_2$	−6	4	2	0	0	1.001 5	−0.074 6	0.001 1	0.000 0	−4.28	0.00	0.00
56	$2N_2$	−4	2	2	0	0	1.000 4	−0.037 3	0.000 2	0.000 0	−2.14	0.00	0.00
57	ν_2	−3	4	−1	0	0	1.000 4	−0.037 3	0.000 2	0.000 0	−2.14	0.00	0.00
58	λ_2	−1	0	1	0	180	1.000 4	−0.037 3	0.000 2	0.000 0	−2.14	0.00	0.00
59	T_2	0	−1	0	1	0	1.000 0	0.000 0	0.000 0	0.000 0	0.00	0.00	0.00
60	R_2	0	1	0	−1	180	1.000 0	0.000 0	0.000 0	0.000 0	0.00	0.00	0.00
61	K_2	0	2	0	0	0	1.024 1	0.286 1	0.008 3	−0.001 5	−17.74	0.68	−0.04

续表

序号	分潮	V_0					f				u		
		s	h	p	p_S	Δ		cos(N)	cos(2N)	cos(3N)	sin(N)	sin(2N)	sin(3N)
		k_2	k_3	k_4	k_5	°	n_0	n_1	n_2	n_3	m_1	m_2	m_3
62	SKM_2	2	0	0	0	0	1.019 2	0.248 1	0.003 2	-0.001 6	-15.60	0.68	-0.04
63	$3MK_4$	-6	4	0	0	0	1.011 4	0.172 4	-0.004 9	-0.001 6	11.32	-0.68	0.04
64	$M\upsilon_2$	-5	6	-1	0	0	1.001 5	-0.074 6	0.001 1	0.000 0	-4.28	0.00	0.00
65	$2MSK_4$	-4	2	0	0	0	0.015 0	0.210 2	-0.001 2	-0.001 7	13.46	-0.68	0.04
66	$2MKS_4$	-4	6	0	0	0	0.015 0	0.210 2	-0.001 2	-0.001 7	-22.02	0.68	-0.04
67	$3MN_4$	-3	4	-1	0	0	1.005 8	-0.149 6	0.005 0	-0.000 1	-4.28	0.00	0.00
68	MT_4	-2	1	0	1	0	1.000 4	-0.037 3	0.000 2	0.000 0	-2.14	0.00	0.00
69	MK_4	-2	4	0	0	0	1.019 2	0.248 1	0.003 2	-0.001 6	-19.88	0.68	0.04
70	$2SNM_4$	-1	0	1	0	0	1.001 5	-0.074 6	0.001 1	0.000 0	0.00	0.00	0.00
71	SK_4	0	2	0	0	0	1.024 1	0.286 3	0.008 3	-0.001 5	-17.74	0.68	-0.04
72	MKN_6	-5	6	1	0	0	1.015 0	0.210 2	-0.001 2	-0.001 7	-22.02	0.68	-0.04
73	$2MK_6$	-4	6	0	0	0	1.015 0	0.210 2	-0.001 2	-0.001 7	-22.02	0.68	-0.04
74	MSK_6	-2	4	0	0	0	1.019 2	0.248 1	0.003 2	-0.001 6	-19.88	0.68	-0.04

注：m_1、m_2 和 m_3 的单位为度；

$$* M_1:\begin{cases} f\cos(u) = 2\cos(p) + 0.4\cos(p-N) \\ f\sin(u) = \sin(p) + 0.2\sin(p-N) \end{cases}$$

$$L_2:\begin{cases} f\cos(u) = 1.0000 - 0.0366\cos(N) + 0.0047\cos(2p+N) - 0.2505\cos(2p) - 0.1103\cos(2p-N) - 0.0156\cos(2p-2N) \\ f\sin(u) = -0.0366\sin(N) + 0.0047\sin(2p+N) - 0.2505\sin(2p) - 0.0013\sin(2p-N) - 0.0156\sin(2p-2N) \end{cases}$$

参考文献

方国洪，1974. 潮汐分析和预报的准调和分潮方法 Ⅰ：准调和分潮. 海洋科学集刊，（9）：1-15.

方国洪，于克俊，1981. 浅水港口潮汐预报的一个方法. 海洋与湖沼，12(5)：383-390.

方国洪，郑文振，陈宗镛，等，1986. 潮汐和潮流的分析和预报. 北京：海洋出版社.

方欣华，杜涛，2005. 海洋内波基础和中国海内波. 青岛：中国海洋大学出版社.

黄祖珂，黄磊，2005. 潮汐原理与计算. 青岛：中国海洋大学出版社.

梁昆淼，1996. 数学物理方法. 北京：高等教育出版社 .

王传崑，卢苇，2009. 海洋能资源分析方法及储量评估[M]. 北京：海洋出版社.

王东晓，宏波，蔡树群，等，2005. 海洋环流数值模拟// Dale B Haidvogel，Aike Beckmann . 北京：气象出版社.

王骥，方国洪，1986. 高、低潮数据的调和分析. 海洋与湖沼，4：318-328.

王骥，刘克修，2002. 潮汐分析和预报的准调和分潮方法. 海洋测绘，22(4)，10-13.

王永刚，魏泽勋，方国洪，等，2014. 印度尼西亚海域潮波的数值研究. 海洋学报，36(3)，1-8.

叶安乐，李凤岐，1992. 物理海洋学. 青岛：青岛海洋大学出版社.

ARBIC BRIAN K，STEPHEN T GARNER，ROBERT W HALLBERG，et al.，2004. The accuracy of surface elevations in forward global barotropic and baroclinic tide models. Deep-Sea Research II，51，3069-3101.

CARTWRIGHT D E，TAYLER R J，1971. New computations of the tide-generating potential. Geophysical Journal International，23(1)：45-73.

CUMMINS PATRICK F，LIE-YAUW OEY，1997. Simulation of Barotropic and Baroclinic Tides off Northern British Columbia. Journal of Physical Oceanography，27，762-781.

CUSHMAN-ROISIN BENOIT，JEAN-MARIE BECKERS，2009. Introduction to Geophysical Fluid Dynamics. Salt Lake City：Academic Press.

EGBERT G D，R D RAY，2000. Significant dissipation of tidal energy in the deep ocean inferred from satellite altimeter data. Nature，405，775-778.

EZER T，G L MELLOR，2004. A generalized coordinate ocean model and a comparison of the bottom boundary layer dynamics in terrain-following and in z-level grids. Ocean Modelling，6，379-403.

HAN GUIJUN，LI WEI，HE ZHONGJIE，et al.，2006. Assimilated Tidal Results of Tide Gauge and TOPEX/POSEIDON Data over the China Seas Using a Variational Adjoint Approach with a Nonlinear Numerical Model. Advances in Atmospheric Sciences，23(3)，449-460.

HANSEN W，1952. Gezeiten und Gezeitenströme der halbtägigen Hauptmondtide M2 in der Nordsee. Hamburg：Deutsches Hydrographisches Institut.

LOVE A E H，1909. The yielding of the Earth to disturbing forces. Proceedings of the Royal Society of London.

Series A, Containing Papers of a Mathematical and Physical Character, 82(551): 73–88.

MELLOR G, S HAKKINEN, T EZER, et al., 2002. A generalization of a sigma coordinate ocean model and an intercomparison of model vertical grids. Ocean Forecasting: Conceptual basis and Applications. N. Pinardi and J. Woods Eds., Springer, 55–72.

MELLOR GEORGE L, 2002. users guide for a three–dimensional, primitive equation, numerical ocean model. http: //www. aos. princeton. edu/WWWPUBLIC/htdocs. pom/.

MUNK W H, D E CARTWRIGHT, 1966. Tidal Spectroscopy and Prediction. Philosophical Transactions of the Royal Society B Biological Sciences.

MUNK W, C WUNSCH, 1998. Abyssal recipes Ⅱ: Energetics of tidal and wind mixing. Deep Sea Research Part Ⅰ: Oceanographic Research Papers, 45(12), 1977–2010, doi: 10. 1016/S0967–0637(98)00070–3.

RAY RICHARD D, DAVID E CARTWRIGHT, 2001. Estimates of internal tide energy fluxes from Topex/Poseidon altimetry: Central North Pacific. Geophysical Research Letters, 28(7), 1259–1262.

SHIDA T, 1912. On the Elasticity of the Earth and the Earth′s Crust. Memoirs of the College of Science and Engineering, Kyoto Imperial University, 4: 1–286.

SHRIVER J F, B K ARBIC, J G RICHMAN, et al., 2012. An evaluation of the barotropic and internal tides in a high–resolution global ocean circulation model. Journal of Geophysical Research, 117, C10024, doi: 10. 1029/2012JC008170.

ZHAO ZHONGXIANG, MATTHEW H ALFORD, JAMES B GIRTON, et al., 2016. Global Observations of Open–Ocean Mode–1 M2 Internal Tides. Journal of Physical Oceanography, 46, 1657–1684.